EDA 技术丛书

VHDL 实用教程

（修订版）

潘 松 王国栋 编著

李广军 审校

电子科技大学出版社

图书在版编目（CIP）数据

VHDL 实用教程/潘松，王国栋编著．—2 版．—成都：电子科技大学出版社，2001.7(2013.10 重印)

（EDA 技术丛书）

ISBN 978-7-81065-290-2

Ⅰ.V…Ⅱ.①潘…②王…Ⅲ.硬件描述语言，VHDL—程序设计 - 高等学校 - 教材 Ⅳ.TP312

中国版本图书馆 CIP 数据核字（2007）第 114299 号

内容简介

本书比较系统地介绍了 VHDL 的基本语言现象和实用技术。全书以实用和可操作为基点，简洁而又不失完整地介绍了 VHDL 基于 EDA 技术的理论与实践方面的知识。

其中包括 VHDL 语句语法基础知识（第 1 章至第 7 章）、仿真（第 8 章），逻辑综合与编程技术（第 9 章）、有限状态机及其设计（第 10 章）、基于 FPGA 的数字滤波器设计（第 11 章）、多种常用的支持 VHDL 的 EDA 软件使用方法（第 12 章）、VHDL 数字系统设计实践（第 13 章）和大学生电子设计竞赛题的 VHDL 应用介绍（第 14 章）。全书列举了大量 VHDL 设计示例，其中大部分经第 12 章介绍的 VHDL 综合器编译通过，第 13 章的程序绝大部分都通过了附录介绍的 EDA 实验系统上的硬件测试，可直接使用。书中还附有大量程序设计和实验/实践方面的习题。

本书可作为高等院校的电子工程、通信、工业自动化、计算机应用技术、电子对抗、仪器仪表、数字信号处理、图像处理等学科领域和专业的高年级本科生或研究生的 VHDL 或 EDA 技术课程的教材及实验指导，也可作为相关专业技术人员的自学参考书。

VHDL 实用教程

（修订版）

潘 松 王国栋 编著

李广军 审校

出 版：电子科技大学出版社（成都市建设北路二段四号，邮编：610054）
责任编辑：张 琴
发 行：新华书店
主 页：www. uestcp. com. cn
电子邮件：uestcp@ uestcp. com. cn
印 刷：成都蜀通印务有限责任公司
开 本：787×1092 1/16 印张 23.75 字数 575 千字
版 次：2001 年 7 月第二版
印 次：2013 年 10 月第十三次印刷
书 号：ISBN 978-7-81065-290-2
定 价：25.00 元

前　言

随着 VLSI 的发展，电子产品市场运作节奏的进一步加快，涉及诸多领域（如计算机应用、通信、智能仪表、医用设备、军事、民用电器等领域）的现代电子设计技术已迈入一个全新的阶段，其特点是：（1）电子器件及其技术的发展将更多地趋向于支持 EDA（Electronic Design Automation）；（2）借助于硬件描述语言，硬件设计与软件设计技术得到了有机的融合；（3）就电子设计的技术、开发过程和目标器件的形式与结构来说，将从过去的“群雄并起”的局面向规范化、标准化发展；（4）应用系统的设计已从单纯的 ASIC 设计走向了系统设计和单片系统 SOC（System On a Chip）设计。一些专家预言，未来的电子技术将是 EDA 的时代。为了适应这一时代，国外各大 VLSI 厂商纷纷推出各种系列的大规模和超大规模 FPGA 和 CPLD 产品。其产品性能提高之快，品种之多让人应接不暇。Xilinx 公司和 Altera 公司推出了多种高性能的 FPGA/CPLD 芯片，FPGA 器件的规模已进入了千万门的行列。作为世界最早发明 GAL 等可编程逻辑器件的 Lattice 公司，在原来已成熟的 PLD/CPLD 产品的基础上，再次首创了可编程逻辑器件革命性的编程下载方式，即在系统可编程下载方式，并相继推出了多种系列各具特色的 ISP 下载方式的 CPLD 器件，以及大规模在系统可编程模拟器件。在最近几年中，可编程逻辑器件的开发生产和销售规模以惊人的速度增长，统计资料表明，其平均年增长率高达 23%。与此相适应，Cadence、Data I/O、Mentor Graphics、OrCAD、Synopsys 和 Viewlogic 等世界各大 EDA 公司亦相继推出各类高性能的 EDA 工具软件。在现代电子设计技术高速推进浪潮的多层因素促进下，CAD、CAM、CAT 和 CAE 技术发生了进一步融合与升华，形成了更为强大的 EDA 和 ESDA（Electronic System Design Automation）技术，从而成为当代电子设计技术发展的总趋势。

面对现代电子技术的迅猛发展，高新技术日新月异的变化以及人才市场、产品市场的迫切需求，我国许多高校迅速地作出了积极的反应，在不长的时间内，在相关的专业教学与学科领域卓有成效地完成了具有重要意义的教学改革及学科建设。例如，适用于各种教学层次的 EDA 实验室的建立；EDA、VHDL 及大规模可编程逻辑器件相关课程的设置；两年一度的全国大学生电子设计竞赛也已使用了 FPGA、CPLD 及相应的 EDA 开发系统；同时对革新传统的数字电路课程的教学内容和实验方式作了许多大胆的尝试，从而使得诸如电子信息、通信工程、计算机应用、工业自动化等专业的毕业生的实际电子工程设计能力、新技术应用能力以及高新技术市场的适应能力都有了明显的提高。

VHDL 作为 IEEE 标准的硬件描述语言和 EDA 的重要组成部分，经过十几年的发展、应用和完善，以其强大的系统描述能力、规范的程序设计结构、灵活的语句表达风格和多层次的仿真测试手段，受到业界的普遍认同和广泛的接受，从数十种国际流行的硬件描述语言中脱颖而出，成为现代 EDA 领域的首选硬件设计计算机语言，而且目前流行的 EDA 工具软件全部支持 VHDL。除了作为电子系统设计的主选硬件描述语言外，VHDL 在 EDA 领域的仿真测试、学术交流、电子设计的存档、程序模块的移植、ASIC 设计源程序的交付、IP 核（Intelligence Property Core）的应用等方面担任着不可或缺的角色，因此不可避免地将成为了我国高等教育中电子信息类专业知识结构的重要组成部分。

在新世纪中，电子技术的发展将更加迅猛，电子设计的自动化程度将更高，电子产品的上市节奏将更快，传统的电子设计技术、工具和器件将在更大的程度上被 EDA 所取代，EDA 技术和 VHDL 势必成为广大电子信息工程类各专业领域工程技术人员的必修课。

与一般的高级语言相比，VHDL 的学习具有更强的实践性，它的学习和应用所涉及的内容和工具比较多，类似传统软件编程语言的语法语句和编程练习的学习已不足以掌握 VHDL。有鉴于此，本教程从实际的应用出发，以实用和可操作为基点，以初步掌握 EDA 技术和培养基于 VHDL 的开发能力为目标，始终围绕一个主题：学以致用。

实用性是本教程的特点，主要表现在：（1）适当略去有关行为仿真语句的内容，主要考虑到这些内容不能参与综合和在硬件电路中实现。而在实用中，VHDL 的仿真大都采用功能仿真、时序仿真和硬件仿真。（2）以可综合的 VHDL 程序设计介绍为基点，将软件程序与对应的硬件电路结构紧密联系在一起，力图提高读者实现既定硬件电路的 VHDL 软件设计驾御能力，在教程中尽可能给出对应程序的综合后的电路原理图。（3）全书从不同角度介绍了 VHDL 的最直接的实用技术。本教程的另一特点是可操作性：（1）教程中的程序几乎全部经 VHDL 综合器通过，且大部分经硬件测试，并可直接在实验或电子设计中使用，特别是第 11 章至第 14 章中的实践与实验项目，许多是我校毕业生的课余作品和毕业设计项目，这些同学有蔡邦忠、金荣伟、傅剑斌、姜寒冰和李永成等。（2）在第 12 章安排了 3 种目前最流行的基于 PC 的 VHDL 设计 EDA 软件的使用介绍，而且采用的是"向导"式介绍方法，即从一个 VHDL 设计实例开始，通过各个处理项目，从编辑、编译、仿真、布局布线和适配，直至配置/下载和硬件测试，向读者完整地展示了该软件的各项主要功能使用的全过程，比较适合于 EDA 工具使用的速成式自学。（3）附录 1 和附录 2 为 VHDL 学习的最后一个阶段，为 VHDL 的实验和硬件仿真/调试提供了有用的信息。

我们期望本教程能有助于读者在 EDA 的教学与实验方面、在学生的电子设计和电子工程实践能力的提高方面、在高新技术领域的产品开发与推广以及相关学科领域的技术拓展方面收到良好的效果。

不可否认，本书的出发点是一回事，实际编写水平可能又是另外一回事。良好的愿望未必就是现实。我们真诚地欢迎，并期待读者能对书中的错误给予指正，让我们共同进步！

与作者的联系方式如下：

E-mail：span88@mail.hz.zj.cn　　电　话：0571-5525171 / 5972935

地　址：杭州文一路 65 号，杭州电子工业学院电子信息学院（310012）

责任编辑联系方式：

E-mail：Hjwang@uestc.edu.cn，电　话：（028）3203189，3251067-8999

地　址：成都电子科技大学出版社（610054）

编　者

2001 年 3 月于杭州电子工业学院

目 录

第1章 绪 论

电子设计的必由之路是数字化已成为共识。在数字化的道路上，我国电子设计技术的发展经历了，并将继续经历许多重大的变革与飞跃。从应用 SSI 通用数字电路芯片构成电路系统，到广泛地应用 MCU（微控制器或单片机），在电子系统设计上发生了具有里程碑意义的飞跃。这一飞跃不但克服了纯 SSI 数字电路系统许多不可逾越的困难，同时也为电子设计技术的应用开拓了更广阔的前景。它使得电子系统的智能化水平在广度和深度上产生了质的飞跃。MCU 的广泛应用并没有抛弃 SSI 的应用，而是为它们在电子系统中找到了更合理的地位。随着社会经济发展的延伸，各类新型电子产品的开发为我们提出了许多全新的课题和更高的要求。FPGA/CPLD（现场可编程逻辑器件/复杂可编程逻辑器件）在 EDA 基础上的广泛应用，从某种意义上说，新的电子系统运转的物理机制又将回到原来的纯数字电路结构，但这是一种更高层次的循环，应是一次否定之否定的运动，它在更高层次上容纳了过去数字技术的优秀部分，对 MCU 系统将是一种扬弃，但在电子设计的技术操作和系统构成的整体上却发生了质的飞跃。如果说 MCU 在逻辑的实现上是无限的话，那么高速发展的 FPGA/CPLD 不但包括了 MCU 这一特点，并兼有串、并行工作方式和高速、高可靠性以及宽口径适用性等诸多方面的特点。不仅如此，随着 EDA 技术的发展和 FPGA/CPLD 在深亚微米领域的进军，它们与 MCU、MPU、DSP、A/D、D/A、RAM 和 ROM 等独立器件间的物理与功能界限正日趋模糊。特别是软/硬 IP 芯核产业的迅猛发展，嵌入式通用与标准 CPLD 和 FPGA 器件的出现，片上系统已成为可能。以大规模集成电路为物质基础的 EDA 技术终于打破了软硬件之间最后的屏障，使软硬件工程师们有了共同的语言。

§1.1 关于 EDA

在电子设计技术领域，可编程逻辑器件的广泛应用，为数字系统的设计带来了极大的灵活性。由于该器件可以通过软件编程而对其硬件的结构和工作方式进行重构，使得硬件的设计可以如同软件设计那样方便快捷。这一切极大地改变了传统的数字系统设计方法、设计过程乃至设计观念。在传统的数字系统设计中，用户能够通过编程方式改变器件逻辑功能只有两种途径，即微处理器的软件编程（如单片机）和特定器件的控制字配置（如 8255）。在传统的设计概念中，器件引脚功能的硬件方式的任意确定是不可能的。而对于系统构成的设计过程只能对器件功能和电路板图分别进行设计和确定，通过设计电路板来规划系统功能。在此期间，大量的时间和精力花在元件选配和系统结构的可行性定位上。但若采用可编程逻辑器件，便可利用计算机软件的方式对目标器件进行设计，而以硬件的形式实现既定的系统功能。在设计过程中，设计者可根据需要，随时改变器件的内部逻辑功能和管脚的信号方式。借助于大规模集成的可编程逻辑器件和高效的设计软件，用户不仅可通过直接对芯片结构的设计实现多种数字逻辑系统功能，而且由于管脚定义的灵活性，大大减轻了电路图设计和电路板设计的工作量和难度；同时，这种基于可编程逻辑器件芯片的设计大大减少了系统芯片的数量，缩小了系统的体积，提高了系统的可靠性。

纵观可编程逻辑器件（PLD）的发展史，它在结构原理、集成规模、下载方式、逻辑设计手段等方面的每一次进步都为现代电子设计技术的革命与发展提供了不可或缺的强大动力。不难理解，如果失去了可编程逻辑器件，电子设计自动化将成为无源之水。

随着可编程逻辑器件自身功能的不断完善和计算机辅助设计技术的提高，在现代电子系统设计领域中的 EDA 便应运而生了。传统的数字电路设计模式、卡诺图的逻辑化简手段、冗杂难懂的布尔方程表达方式、小规模的 TTL 芯片的堆砌技术在迅速崛起的 EDA 面前已成为历史的风景。

EDA 是电子设计自动化（Electronic Design Automation）的缩写，是 20 世纪 90 年代初，从 CAD（计算机辅助设计）、CAM（计算机辅助制造）、CAT（计算机辅助测试）和 CAE（计算机辅助工程）的概念发展而来的。EDA 技术就是以计算机为工具，在 EDA 软件平台上，对以硬件描述语言 HDL 为系统逻辑描述手段完成的设计文件自动地完成逻辑编译、逻辑化简、逻辑分割、逻辑综合及优化、逻辑布局布线、逻辑仿真，直至对于特定目标芯片的适配编译、逻辑映射和编程下载等工作。设计者的工作仅限于利用软件的方式，即利用硬件描述语言来完成对系统硬件功能的描述，在 EDA 工具的帮助下就可以得到最后的设计结果。尽管目标系统是硬件，但整个设计和修改过程如同完成软件设计一样方便和高效。

EDA 技术中最为瞩目的功能，即最具现代电子设计技术特征的功能就是日益强大的逻辑设计仿真测试技术。EDA 仿真测试技术只需通过计算机就能对所设计的电子系统从各种不同层次的系统性能特点完成一系列准确的测试与仿真操作，在完成实际系统的安装后还能对系统上的目标器件进行所谓边界扫描测试。这一切都极大地提高了大规模系统电子设计的自动化程度。

另一方面，高速发展的 CPLD/FPGA 器件又为 EDA 技术的不断进步奠定了坚实的物质基础。CPLD/FPGA 器件更广泛的应用及厂商间的竞争，使得普通的设计人员获得廉价的器件和 EDA 软件成为可能。

现代的 EDA 工具软件已突破了早期仅能进行 PCB 版图设计，或类似某些仅限于电路功能模拟的、纯软件范围的局限，以最终实现可靠的硬件系统为目标，配备了系统设计自动化的全部工具。如配置了各种常用的硬件描述语言平台 VHDL、Verilog HDL、ABEL-HDL 等；配置了多种能兼用和混合使用的逻辑描述输入工具，如硬件描述语言文本输入法（其中包括布尔方程描述方式、原理图描述方式、状态图描述方式等）以及原理图输入法、波形输入法等；同时还配置了高性能的逻辑综合、优化和仿真模拟工具。

所有这一切都为今天的电子设计工程技术人员提供了强有力的工具。在过去令人难以置信的事，今天已成为平常之事，一台计算机、一套 EDA 软件和一片 CPLD 或 FPGA 芯片，就能在家中完成大规模集成电路和数字系统的设计。

未来的 EDA 将会超越电子设计的范畴进入其它领域，随着基于 EDA 的 SOC（单片系统）设计技术的发展，软硬功能核库的建立，以及基于 VHDL 所谓自顶向下设计理念的确立，未来的电子系统的设计与规划将不再是电子工程师们的专利。

§ 1.2 关于 VHDL

VHDL 的英文全名是 Very-High-Speed Integrated Circuit Hardware Description Language，诞生于1982年。1987年底，VHDL被IEEE（The Institute of Electrical and Electronics Engineers）和美国国防部确认为标准硬件描述语言。自 IEEE 公布了 VHDL 的标准版本（IEEE-1076）之后，各EDA公司相继推出了自己的VHDL设计环境，或宣布自己的设计工具可以和VHDL接口。此后VHDL在电子设计领域得到了广泛的接受，并逐步取代了原有的非标准硬件描述语言。1993年，IEEE对VHDL进行了修订，从更高的抽象层次和系统描述能力上扩展 VHDL 的内容，公布了新版本的 VHDL，即 IEEE 标准的 1076-1993 版本。现在，VHDL和Verilog作为IEEE的工业标准硬件描述语言，又得到众多EDA公司的支持，在电子工程领域，已成为事实上的通用硬件描述语言。有专家认为，在新的世纪中，VHDL与Verilog语言将承担起几乎全部的数字系统设计任务。

1. VHDL的特点

VHDL 主要用于描述数字系统的结构、行为、功能和接口。除了含有许多具有硬件特征的语句外，VHDL的语言形式和描述风格与句法十分类似于一般的计算机高级语言。VHDL的程序结构特点是将一项工程设计，或称设计实体（可以是一个元件、一个电路模块或一个系统）分成外部(或称可视部分，即端口)和内部（或称不可视部分），即设计实体的内部功能和算法完成部分。在对一个设计实体定义了外部界面后，一旦其内部开发完成后，其它的设计就可以直接调用这个实体。这种将设计实体分成内外部分的概念是 VHDL 系统设计的基本点。应用VHDL进行工程设计的优点是多方面的，具体如下：

- 与其它的硬件描述语言相比，VHDL 具有更强的行为描述能力，从而决定了它成为系统设计领域最佳的硬件描述语言。强大的行为描述能力是避开具体的器件结构，从逻辑行为上描述和设计大规模电子系统的重要保证。就目前流行的 EDA 工具和 VHDL 综合器而言，将基于抽象的行为描述风格的 VHDL 程序综合成为具体的 FPGA 和 CPLD 等目标器件的网表文件已不成问题，只是在综合与优化效率上略有差异。
- VHDL 最初是作为一种仿真标准格式出现的，因此 VHDL 既是一种硬件电路描述和设计语言，也是一种标准的网表格式，还是一种仿真语言，其丰富的仿真语句和库函数，使得在任何大系统的设计早期（即尚未完成），就能用于查验设计系统的功能可行性，随时可对设计进行仿真模拟。即在远离门级的高层次上进行模拟，使设计者对整个工程设计的结构和功能的可行性作出决策。
- VHDL 语句的行为描述能力和程序结构决定了它具有支持大规模设计的分解和已有设计的再利用功能，符合市场所需求的，大规模系统高效、高速的完成必须由多人甚至多个开发组共同并行工作才能实现的特点。VHDL 中设计实体的概念、程序包的概念、设计库的概念为设计的分解和并行工作提供了有力的支持。
- 对于用VHDL完成的一个确定的设计，可以利用EDA工具进行逻辑综合和优化，并自动地把 VHDL 描述设计转变成门级网表。这种方式突破了门级设计的瓶颈，极大地减少了电路设计的时间和可能发生的错误，降低了开发成本。应用EDA工具的逻辑优化功能，可以自动地把一个综合后的设计变成一个更高效、更高速的电路系统。反过来，设计者还可以容易地从综合和优化后的电路获得设计信息，反回去更新修改 VHDL 设计描述，使之更为完善。

- VHDL 对设计的描述具有相对独立性，设计者可以不懂硬件的结构，也不必管最终设计实现的目标器件是什么，而进行独立的设计。正因为 VHDL 的硬件描述与具体的工艺技术和硬件结构无关，VHDL 设计程序的硬件实现目标器件有广阔的选择范围，其中包括各系列的CPLD、FPGA及各种门阵列实现目标。
- 由于 VHDL 具有类属描述语句和子程序调用等功能，对于已完成的设计，在不改变源程序的条件下，只需改变端口类属参量或函数，就能轻易地改变设计的规模和结构。

2. VHDL与Verilog、ABEL语言的比较

一般的硬件描述语言可以在三个层次上进行电路描述，其层次由高到低依次可分为行为级、RTL 级和门电路级。具备行为级描述能力的硬件描述语言是以自顶向下方式设计系统级电子线路的基本保证。而 VHDL 语言的特点决定了它更适于行为级（也包括 RTL 级）的描述，难怪有人将它称为行为描述语言。Verilog 属于 RTL 级硬件描述语言，通常只适于RTL级和更低层次的门电路级的描述。由于任何一种语言源程序，最终都要转换成门电路级才能被布线器或适配器所接受，因此VHDL语言源程序的综合通常要经过行为级→RTL级→门电路级的转化，而Verilog语言源程序的综合过程要稍简单，即经过RTL级→门电路级的转化。与 Verilog 相比，VHDL 语言是一种高级描述语言，适用于电路高级建模，比较适合于FPGA/CPLD目标器件的设计，或间接方式的ASIC设计。随着VHDL综合器的进步，综合的效率和效果将越来越好。Verilog 语言则是一种较低级的描述语言，更适用于描述门级电路，易于控制电路资源，因此更适合于直接的大规模集成电路或 ASIC 设计。显然，VHDL 和 Verilog 主要的区别在于逻辑表达的描述级别。VHDL 虽然也可以直接描述门电路，但这方面的能力却不如Verilog语言；反之，Verilog在高级描述方面不如VHDL。Verilog 语言的描述风格接近于电路原理图，从某种意义上说，它是电路原理图的高级文本表示方式。VHDL 语言适于描述电路的行为，然后由综合器根据功能（行为）要求来生成符合要求的电路网络。

由于VHDL和Verilog各有所长，市场占有量也相差不多。VHDL描述语言层次较高，不易控制底层电路，因而对 VHDL 综合器的综合性能要求较高。但是当设计者积累一定经验后会发现，每种综合器一般将一定描述风格的语言综合成确定的电路，只要熟悉基本单元电路的描述风格，综合后的电路还是易于控制的。VHDL 入门相对稍难，但在熟悉以后，设计效率明显高于 Verilog，生成的电路性能也与Verilog的不相上下。在VHDL设计中，综合器完成的工作量是巨大的，设计者所做的工作就相对减少了；而在Verilog设计中，工作量通常比较大，因为设计者需要搞清楚具体电路结构的细节。

目前，大多数高档 EDA 软件都支持 VHDL 和 Verilog 混合设计，因而在工程应用中，有些电路模块可以用 VHDL 设计，其它的电路模块则可以用 Verilog 设计，各取所长，已成为目前 EDA应用技术发展的一个重要趋势。

ABEL语言与Verilog语言属同一种描述级别（ABEL与许多其它的HDL在语句格式和用法上具有相似性），但ABEL语言的特性和受支持的程度远远不如Verilog。Verilog是从集成电路设计中发展而来，语言较为成熟，支持的EDA工具很多。而ABEL语言是从可编程逻辑器件（PLD）的设计中发展而来，ABEL-HDL是一种支持各种不同输入方式的HDL，其输入方式，即电路系统设计的表达方式，包括布尔方程、高级语言方程、状态图和真值表。ABEL-HDL被广泛用于各种可编程逻辑器件的逻辑功能设计，由于其语言描述的独立性，因而适用于各种不同规模的可编程器的设计。如DOS版的ABEL3.0软件可对包括GAL器件进行全方位的逻辑描述和设计，而在诸如Lattice的ispEXPERT、DATAIO的Synario、Vantis的Design-Direct、Xilinx的FOUNDATION和WEBPACK等EDA软件中，ABEL-HDL同样可用于更大规模的FPGA/CPLD器件功能设计。ABEL-HDL还能对所设计的逻辑系统进行功能仿真。ABEL-HDL的设计也能通过标准格式设计转换文件转换成其他设计环境，如VHDL、Verilog-HDL等。与VHDL、Verilog-HDL等硬件描述语言相比，ABEL-HDL具有适用面宽（DOS，Windows版，及大、中小规模PLD设计）、使用灵活、格式简洁、编译要求宽松等优点。虽然有不少EDA软件支持ABEL-HDL，但提供ABEL-HDL综合器的EDA公司仅DATAIO一家。描述风格一般只用门电路级描述方式。但从Internet上获知，ABEL已经开始了国际标准化的努力。

§1.3 关于自顶向下的系统设计方法

传统的电路设计方法都是自底向上的，即首先确定可用的元器件，然后根据这些器件进行逻辑设计，完成各模块后进行连接，最后形成系统。基于EDA技术的所谓自顶向下的（TOP-TO-DOWN）设计方法正好相反，其步骤首先是从整体上对系统设计作详细的规划，然后完成电路系统功能行为方面的设计，一般是采用完全独立于具体器件物理结构的硬件描述语言，如VHDL，从系统的基本功能或行为级上对设计的产品进行描述和定义，进行多层次的仿真评估，在确保设计的可行性与正确性的前提下，完成功能确认，即以VHDL描述的系统行为模型的目标就是确保使之具有可模拟性和正确的功能行为。这一切都可以在综合之前完成。其测试仿真方法也同样可以用VHDL设计出相应的测试基准，在行为机上为电路模型产生激励信号，以检测系统响应的正确性。在行为级仿真测试中，还能根据目标系统的需要，利用各种现成的VHDL仿真模型，如MCU、RAM、ROM、其它的FPGA和ASIC器件等仿真模型，对所设计的系统在整体运行上作测试。当一切通过后，再利用EDA工具的逻辑综合功能，把功能描述转换成一具体目标芯片的网表文件。随着设计流程的下行，设计项目的详细程度逐渐增加，输出给该器件厂商的布局布线适配器，进行逻辑映射及布局布线，再利用产生的仿真文件进行包括功能和时序的验证，以确保实际系统的性能。即系统的结构构成方式与系统的行为或算法方式相混的描述（称为混合层次描述），由于VHDL具有这种描述能力，设计者就可以在抽象度相当高的层次上描述系统的基本结构，自顶向下设计方法的优越性表现在：（1）由于顶层的功能描述可以完全独立于目标器件的结构，在设计的最初阶段，设计人员可不受芯片结构的约束，集中精力对产品进行最适应市场需求的设计，从而避免了传统设计方法中的再设计风险，缩短了产品的上市周期。(2) 设计成果的再利用得到保证。就这方面而言，单片机系统的设计成果难以得到再利用。现代的电子应用系统以及电子产品的开发与生产正向模块化发展，或者说向软硬核组合的方向发展。对于以往成功的设计成果稍作修改、组合就能投入再利用，从而产生全新的或派生的设计模块，同时还可以以一种 IP 核的方式进行存档。(3) 由于采用的是结构化开发手段，一旦主系统基本功能结构得到确认，即可实现多人多任务的并行工作方式，使系统的设计规模和效率大幅度提高。(4) 在选择实现系统的目标器件的类型、规模、硬件结构等方面具有更大的自由度。

如上所述，基于现代 EDA 技术的自顶向下设计方法有两个重要的阶段，即行为仿真测试阶段和面向实现的综合阶段，在前一阶段里，在整个系统设计的行为级仿真评估中，大量使用现成的，以硬件描述语言表达的器件模型和测试模型；而在最终实现硬件系统的综合过程的阶段中，也同样大量使用现成的，以硬件描述语言表达的功能模块，即 IP Core。

由此我们不难发现，作为优秀的行为级硬件描述语言 VHDL 无疑成了整个设计过程的主角，从顶层目标系统的构建、行为级仿真测试系统的表达、现成的通用测试模型的程序、测试基准的设计，直到可综合系统的行为描述、参与综合的 IP 核的表达、综合后产生的用于时序仿真的文件格式，乃至输出的网表文件，几乎全部可以用 VHDL 来担任。

§ 1.4 关于应用 VHDL 的 EDA 过程

为了使读者对 VHDL 的应用和工程设计的一般过程有个轮廓性的了解，本节将对此作扼要介绍。详细过程可参阅以后各章，特别是第 12、13 章。

由于 VHDL 的适用面比较广，且 EDA 技术的发展日新月异，因此，如图 1-1 所示的 VHDL 工程设计流程图只表示目前比较常用的设计流程，并非最一般的设计流程。本流程图旨在配合本教程的内容，对 VHDL 的应用作一些说明。

图 1-1 所示的整个过程是通常的工程设计的基本流程，也是 VHDL 学习实践所必须完成的过程。VHDL 最初的目的就是用于大规模及超大规模集成电路的设计，作为一种标准硬件描述语言，在工程应用上需要 EDA 工具的支持。一般地，VHDL 的设计文件（程序）需依靠 EDA 软件转换为实际可用的电路网表，最后生成用于 IC 生产的版图，或者由适配软件用此网表对 FPGA / CPLD 进行布线。图 1-1 所示的过程主要是针对目标器件为 FPGA 和 CPLD 的 VHDL 设计。

如图 1-1 所示，一项工程的设计（包括 VHDL 程序的设计和验证）首先需利用 EDA 工具的文本编辑器或图形编辑器将它用文本方式（VHDL 程序方式）或图形方式（流程图方式和状态图方式）表达出来。这两种表达方式必须首先通过 EDA 工具进行排错编译，变成 VHDL 文件格式，为进一步的逻辑综合作准备。在此，对于不少 EDA 软件来说，最初的设计究竟采用哪一种输入形式（文本形式或流程图/状态图形式）是可选的。如果采

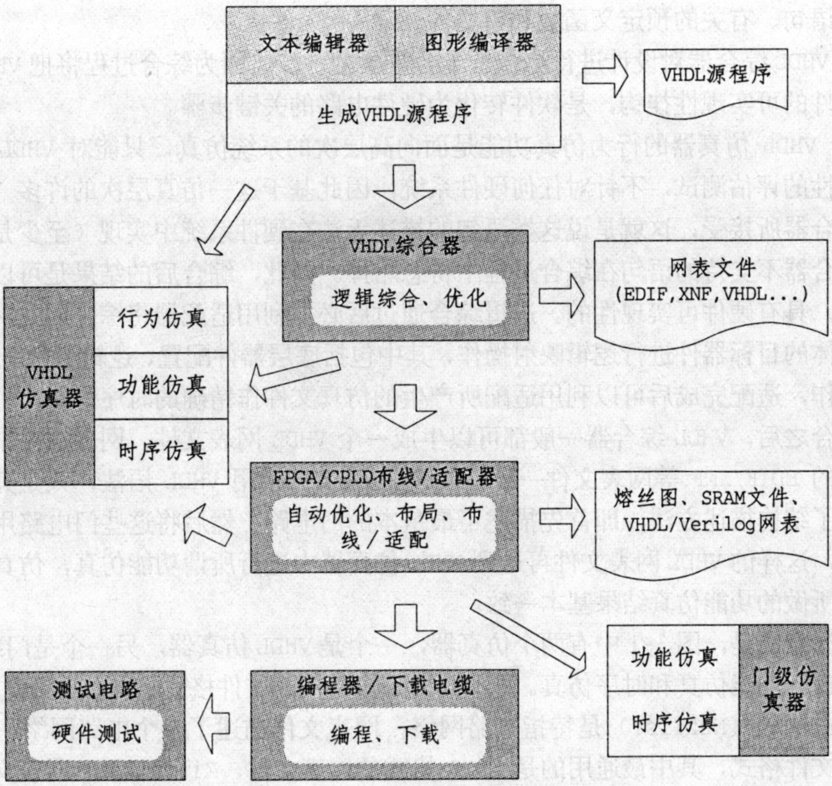

图 1-1　VHDL 工程设计流程图

用原理图输入方式，就必须利用 EDA 工具提供的图形编译器。原理图输入方式比较容易掌握，直观而方便，所画的电路原理图（请注意，这种原理图与利用 PROTEL 画的原理图有本质的区别）与传统的器件连接方式完全一样，很容易被人接受，而且编辑器中有许多现成的单元器件可以利用，自己也可以根据需要设计元件。然而原理图输入法同时也有它的缺点：（1）随着设计规模增大，设计的易读性迅速下降，对于图中密密麻麻的电路连线，极难搞清电路的实际功能；（2）一旦完成，电路结构的改变将十分困难，因而几乎没有可再利用的设计模块；（3）移植困难、入档困难、交流困难、设计交付困难，因为不可能存在一个标准化的原理图编辑器。

状态图输入方式也是一种比较先进的 VHDL 编辑方式。随着 EDA 技术的发展，图形化的 VHDL 设计工具中，最典型的设计工具是状态机图形工具，如 StateCAD、Renoir、Active-FSM 等。在这些图形工具中，用直接的方法以图形的方式表示状态图。当填好时钟信号名、状态转换条件、状态机类型等要素后，就可以自动生成 VHDL 程序。这种设计方式简化了状态机的设计，比较流行。

当然最一般化、最具普遍性的输入方法是 VHDL 软件程序的文本方式。这种方式最为通用，任何支持 VHDL 的 DEA 工具都支持文本方式的编辑和编译。

在综合以前可以先对 VHDL 所描述的内容进行行为仿真，即将 VHDL 设计源程序直接送到 VHDL 仿真器中仿真，这就是所谓的 VHDL 行为仿真。因为此时的仿真只是根据 VHDL 的语义进行的，与具体电路没有关系。在这时的仿真中，可以充分发挥 VHDL 中的适用于仿真控制的语句、有关的预定义函数和库文件。

利用 VHDL 综合器对设计进行综合是十分重要的一步，因为综合过程将把 VHDL 的软件设计与硬件的可实现性挂钩，是软件转化为硬件电路的关键步骤。

由于 VHDL 仿真器的行为仿真功能是面向高层次的系统仿真，只能对 VHDL 的系统描述作可行性的评估测试，不针对任何硬件系统，因此基于这一仿真层次的许多 VHDL 语句不能被综合器所接受，这就是说这类语句的描述无法在硬件系统中实现（至少是现阶段），这时，综合器不支持的语句在综合过程中将忽略掉。因此，综合后的结果是可以为硬件系统所接受，具有硬件可实现性的。逻辑综合通过后必须利用适配器将综合后的网表文件针对某一具体的目标器件进行逻辑映射操作，其中包括底层器件配置、逻辑分割、逻辑优化、布线与操作，适配完成后可以利用适配所产生的仿真文件作精确的时序仿真。

在综合之后，VHDL 综合器一般都可以生成一个 VHDL 网表文件。网表文件中描述的电路与生成的 EDIF/XNF 等网表文件一致。VHDL 网表文件采用 VHDL 语法，只是其中的电路描述采用了结构描述方法，即首先描述了最基本的门电路，然后将这些门电路用例化语句连接起来，这样的 VHDL 网表文件再送到 VHDL 仿真器中进行所谓功能仿真，仿真结果与门级仿真器所做的功能仿真结果基本一致。

需要注意的是，图 1-1 中有两个仿真器，一个是 VHDL 仿真器，另一个是门级仿真器，它们都能进行功能仿真和时序仿真。所不同的是仿真用的文件格式不同，即网表文件不同。这里所谓的网表（Netlist）是特指电路网络，网表文件描述了一个电路网络。目前流行多种网表文件格式，其中最通用的是 EDIF 格式的网表文件，Xilinx XNF 网表文件格式也很流行，不过一般只在使用 Xilinx FPGA/CPLD 时才会用到 XNF 格式。VHDL 文件格式也可以用来描述电路网络，即采用 VHDL 语法描述各级电路互联，称之为 VHDL 网表。

功能仿真是仅对 VHDL 描述的逻辑功能进行测试模拟，以了解其实现的功能是否满足原设计的要求，仿真过程不涉及具体器件的硬件特性，如延迟特性。时序仿真是接近真实器件运行的仿真，仿真过程中已将器件硬件特性考虑进去了，因而，仿真精度要高得多。但时序仿真的仿真文件必须来自针对具体器件的布线 / 适配器所产生的仿真文件。综合后所得的 EDIF/XNF 门级网表文件通常作为 FPGA 布线器或 CPLD 适配器的输入文件。通过布线 / 适配的处理后，布线器 / 适配器将生成一个 VHDL 网表文件，这个网表文件中包含了较为精确的延迟信息，网表文件中描述的电路结构与布线 / 适配后的结果是一致的。此时，将这个 VHDL 网表文件送到 VHDL 仿真器中进行仿真，就可以得到精确的时序仿真结果了。

如果以上的所有过程，包括编译、综合、布线/适配和行为仿真、功能仿真、时序仿真都没有发现问题，即满足原设计的要求，就可以将由 FPGA/CPLD 布线/适配器产生的配置/下载文件通过编程器或下载电缆载入目标芯片 FPGA 或 CPLD 中，进入如图 1-1 所示的最后一个步骤：硬件仿真或硬件测试（Hardware Debug）。尽管已进行了各层次的软件仿真，硬件测试仍然是十分必要的。因为直接的硬件测试能在更真实的环境中检验 VHDL 设计的运行情况，特别是对于 VHDL 程序设计上不是十分规范、语义上含有一定歧义的程序。一般的仿真器，包括 VHDL 行为仿真器和 VHDL 功能仿真器，它们对于同一 VHDL 设计的“理解”，即仿真模型的产生，与 VHDL 综合器的“理解”，即综合模型的产生，常常是不一致的。此外，由于目标器件功能的可行性约束，综合器对于设计的“理解”常在一有限范围内选择，而 VHDL 仿真器的“理解”是纯软件行为，其“理解”的选择范围要宽得多，结果这种“理解”的偏差势必导致仿真结果与综合后实现的硬件电路在功能上的不一致。当然还有许多其它的因素也会产生这种不一致，由此可见，VHDL 设计的硬件仿真和硬件测试是十分必要的。

这里所谓的硬件仿真是针对 ASIC 设计而言的。在 ASIC 设计中，比较常用的方法是利用 FPGA 对系统的设计进行功能检测，通过后再将其 VHDL 设计以 ASIC 形式实现；而硬件测试则是针对 FPGA 或 CPLD 直接用于应用系统的检测而言的。

在实际的开发或 VHDL 学习过程中，以上各步骤需反复进行，直至将既定的 VHDL 设计通过所有的测试为止。当然，对于小系统的开发或小规模的 VHDL 程序设计，以上所有的仿真过程是可以绕过的，如行为仿真和功能仿真。

这里必须强调的是，EDA 工具与其它 CAD 工具在构成上有本质的区别。严格地讲，PROTEL、PSPICE、EWB、POWERPCB 等软件都不能称为 EDA 软件。如上所述，EDA 就是利用计算机，通过软件方式的设计和测试，达到对既定功能的硬件系统的设计和实现。为此，典型的 EDA 工具中必须包含两个特殊的软件包或其中之一，即综合器和适配器，而诸如 PROTEL、PSPICE、EWB、POWERPCB 等工具中不存在这些软件包。

如上所述，综合器的功能就是将设计者在 EDA 平台上完成的针对某个系统项目的 HDL、原理图或状态图形描述，针对给定的硬件结构组件，进行编译、优化、转换和综合，最终获得门级电路甚至更底层的电路描述文件。由此可见，综合器工作前，必须给定最后实现的硬件结构参数，它的功能就是将软件描述与给定的硬件结构用某种网表文件的方式联系起来。显然，综合器是软件描述与硬件实现的一座桥梁。综合过程就是将电路的高级语言描述转换成低级的，可与 FPGA/CPLD 或构成 ASIC 的门阵列基本结构相映射的网表文件。

适配器的功能是将由综合器产生的网表文件配置于指定的目标器件中，产生最终的下载文件，如 JEDEC 格式的文件。适配所选定的目标器件（FPGA/CPLD 芯片）必须属于原综合器指定的目标器件系列。对于一般的可编程模拟器件所对应的 EDA 软件来说，一般仅需包含一个适配器就可以了，如 Lattice 的 PAC-DESIGNER。通常，EDA 软件中的综合器可由专业的第三方 EDA 公司提供，而适配器则需由 FPGA/CPLD 供应商自己提供，因为适配器的适配对象直接与器件结构相对应。

§ 1.5 关于在系统编程技术

采用 EEPROM 编程下载技术的可编程逻辑器件具有可反复编程且能长期保存的优点，但编程时需用昂贵的专用编程器，编程效率低，使用不便，特别是对于目前的一些十分常用但引脚多，且具有诸如 PLCC、TQFP、PQFP、BGA 等封装的器件，采用专用编程器方式的下载已几乎无法进入实用。因为芯片在编程器上的插拔过程中会损伤引脚，以致于要经修正后才能上贴装机，从而导致生产效率低下。

由 Lattice 公司发明的在系统可编程 ISP（In-System Programmability）技术，很好地解决了可编程器件在编程下载方面的诸多问题。这一编程方式已被其它 PLD 公司广泛采用，甚至许多单片机的编程下载方式也都采用了 ISP 技术。在系统可编程器件是一种无需将器件从电路板上取下，无需专门的编程高压，即可编程的芯片。它通过 4～5 根编程连线与计算机的并行口相连，在专门的烧录软件的帮助下，可非常方便地实现编程下载。使用这种技术可以免去以往 PLD 的那种拔插芯片的麻烦过程。

ISP 器件的编程方法多种多样，可利用 PC 或工作站编程，还可用微处理器进行编程。ISP 还允许红外线编程、电话线或互联网进行远程编程等，因此可适用于各种不同的需要。采用 ISP 技术的 CPLD/FPGA 系统可以在装配后进行逻辑设计和编程下载，并能根据需要对系统硬件功能实地加以修改或按预定程序改变逻辑组态，从而使整个硬件系统变得像软件那样灵活而易于修改。即利用 ISP 技术，可在不改变硬件电路和结构的情况下重构逻辑，或硬件升级，甚至在系统不停止工作的条件下，进行远程硬件升级。显然，ISP 技术的问世使现代数字系统设计的面貌为之一新，有力地促进了 EDA 技术的发展。

§1.6 关于 FPGA/CPLD 的优势

高集成度、高速和高可靠是 FPGA/CPLD 最明显的特点，其时钟延迟可达纳秒级，结合其并行工作方式，在超高速应用领域和实时测控方面有非常广阔的应用前景。在高可靠应用领域，如果设计得当，将不会存在类似于 MCU 的复位不可靠和 PC 可能跑飞等问题。CPLD/FPGA 的高可靠性还表现在，几乎可将整个系统下载于同一芯片中，实现所谓片上系统，从而大大缩小了体积，易于管理和屏蔽。

由于 FPGA/CPLD 的集成规模非常大，可利用先进的 EDA 工具进行电子系统设计和产品开发。由于开发工具的通用性、设计语言的标准化以及设计过程几乎与所用器件的硬件结构没有关系，所以设计成功的各类逻辑功能块软件有很好的兼容性和可移植性，它几乎可用于任何型号和规模的 FPGA/CPLD 中，从而使得产品设计效率大幅度提高。可以在很短时间内完成十分复杂的系统设计，这正是产品快速进入市场最宝贵的特征。美国 TI 公司认为，一个 ASIC 80%的功能可用 IP 核等现成逻辑合成。而未来大系统的 CPLD/FPGA 设计仅仅是各类再应用逻辑与 IP 核的拼装，其设计周期将更短。

与 ASIC 设计相比，FPGA/CPLD 显著的优势是开发周期短，投资风险小，产品上市速度快，市场适应能力强和硬件升级回旋余地大，而且当产品定型和产量扩大后，可将在生产中达到充分检验的 VHDL 设计迅速实现 ASIC 投产。

第 11 章中介绍的数字滤波器的 VHDL 设计，充分展现了 FPGA/CPLD 器件的优势。

§1.7 关于 VHDL 的学习

相对于其它计算机语言的学习，如 C 或汇编语言，VHDL 具有明显的特点。这不仅仅是由于 VHDL 作为一种硬件描述语言的学习需要了解较多的数字逻辑方面的硬件电路知识，包括目标芯片基本结构方面的知识，更重要的是由于 VHDL 描述的对象始终是客观的电路系统。由于电路系统内部的子系统乃至部分元器件的工作状态和工作方式可以是相互独立、互不相关的，也可以是互为因果的。这表明，在任一时刻，电路系统可以有许多相关和不相关的事件同时并行发生。例如可以在多个独立的模块中同时进行不同方式的数据交换和控制信号传输，这种并行工作方式是任何一种基于 CPU 的软件程序语言所无法描绘和实现的。传统的软件编程语言只能根据 CPU 的工作方式，以排队式指令的形式来对特定的事件和信息进行控制或接收。在 CPU 工作的任一时间段内只能完成一种操作。因此，任何复杂的程序在一个单 CPU 的计算机中的运行，永远是单向和一维的。因而程序设计者也几乎只需以一维的思维模式就可以编程和工作了。

VHDL 则不同，它必须适应实际电路系统的工作方式，以并行和顺序的多种语句方式来描述在同一时刻中所有可能发生的事件。因此可以认为，VHDL 具有描述由相关和不相关的多维时空组合的复合体系统的功能。这要求系统设计人员摆脱一维的思维模式，以多维并发的思路来完成 VHDL 的程序设计。所以，VHDL 的学习也应该适应这一思维模式的转换。VHDL 语言的语言要素及设计概念最早是从美国军用计算机语言 ADA 发展而来的。利用 ADA 并行语言将软件系统分为许多进程，这些进程是同时运行的，进程之间通过信号来传递信息。VHDL 语言则继承了这种思想，把这种思想延伸到电路系统。电路系统本质上也是许多并行工作的门电路构成，如果将这些门电路组合成单元电路，则可以认为电路系统是由许多并行工作的单元电路构成的，它们之间是通过电信号来传递信息，VHDL 正是从这种电路系统构成思想出发的。

一般而言，利用 VHDL 进行大系统的设计，可以在脱离具体目标器件的情况下进行，但在具体的工程设计中，必须清楚软件程序和硬件构成之间的联系，在考虑语句所能实现的功能的同时，必须考虑实现这些功能可能付出的硬件代价，要对这一程序可能耗费的硬件资源有一明确的估计。由于任何规模的目标芯片的资源都是有限的，一条不恰当的语句、一个不恰当的算法、一项本可省去的操作都有可能使硬件资源的占用量大幅上升。对于已经确定了目标器件的 VHDL 设计，资源的占用情况将显得尤为重要。一项成功的 VHDL 工程设计，除了满足功能要求、速度要求和可靠性要求等项指标外，还必须占用尽可能少的硬件资源。在实践过程中，不断提高通过驾御软件语句来控制硬件构成的能力。一般地，每一项设计的资源占用情况可以直接从适配报告中获得，也可从 RTL 原理图或门级原理图中间接获得。

另一方面，必须注意 VHDL 虽然也含有类似于软件编程语言的顺序描述语句结构，但其工作方式是完全不同的。软件语言的语句是根据 CPU 的顺序控制信号，按时钟节拍对应的指令周期节拍逐条运行的，每运行一条指令都有确定的执行周期。但 VHDL 则不同，从表面上看，VHDL 的顺序语句与软件语句有相同的行为描述方式，但在标准的仿真执行中，有很大的区别。VHDL 的语言描述只是综合器赖以构成硬件结构的一种依据，但进程语句结构中的顺序语句的执行方式决非是按时钟节拍运行的。实际情况是，其中的每一条语句的执行时间几乎是 0（但该语句的运行时间却不一定为 0），即 1000 条顺序语句与 10 条顺序语句的执行时间是相同的。在此，语句的运行和执行具有不同的概念（在软件语言中，它们的概念是相同的），执行是指启动一条语句，允许它运行一次，而运行就是指该语句完成其设定的功能。

第 2 章 VHDL 入门

本章将通过几个比较典型的设计示例，力图使读者能迅速地从整体上把握 VHDL 程序的基本结构和设计特点，达到快速入门的目的，为以后各章的学习提供一个良好的开端。

§ 2.1 用 VHDL 设计多路选择器和锁存器

1. 2 选 1 多路选择器设计

图 2-1 是一个 2 选 1 的多路选择器逻辑图，a 和 b 分别是两个数据输入端的端口名，s 为通道选择控制信号输入端的端口名，y 为输出端的端口名。

其逻辑功能可表述为：若 s＝0 则 y＝a；若 s＝1 则 y＝b 。

图 2-1 2 选 1 选择器 mux21

此选择器的功能可作如下的 VHDL 描述：

【程序 2-1】

IEEE 库使用说明

```
LIBRARY IEEE;
USE IEEE.STD_LOGIC_1164.ALL;
```

器件 mux21 的外部接口信号说明，PORT 相当于器件的引脚，这一部分称为实体

```
ENTITY mux21 IS
  PORT ( a, b : IN  STD_LOGIC;
            s : IN  STD_LOGIC;
            y : OUT STD_LOGIC  );
END ENTITY mux21;
```

器件 mux21 的内部工作逻辑描述，即为实体描述的器件功能结构，称为结构体

```
ARCHITECTURE one OF mux21 IS
  BEGIN
    y <= a  WHEN  s = '0'  ELSE
         b  WHEN  s = '1' ;
  END ARCHITECTURE one;
```

这是一个完整的 2 选 1 多路选择器的 VHDL 文件。VHDL 编译器和综合器可以独立地对它进行编译和综合，对于综合后得到的标准格式网表文件，如 EDIF 文件，可用于通过针对特定的目标芯片，如 ALTERA 公司的某一器件 EPM7128S 进行适配。由此可获得对应的仿真文件和编程下载文件，前者可用于对程序 2-1 的设计进行仿真测试，以便了解其逻辑功能是否满足原设计的要求，而后者是对器件 EPM7128S 的编程文件，可用于实现硬件功能

和完成硬件测试（HARDWARE DEBUG)。即可利用某个EDA平台，例如MUX+PLUSII(详细使用方法可参考第12章)，将此VHDL文件进行编译、综合等处理，然后将mux21的4个引脚信号a、b、s、y锁定于某个具体的目标芯片引脚上，再进行映射适配。即利用计算机，在MUX+PLUSII的帮助下，将程序2-1的文件综合后得到的网表文件，配置进该选定的FPGA或CPLD器件中，最后将所得的配置文件编程下载进这一芯片中，这时芯片就有了如程序2-1所描述的2选1逻辑器件mux21的功能。如果对这片赋予了2选1逻辑功能的器件进行实际的测试，即为硬件仿真。集成电路厂商能够很容易地将符合工业标准的VHDL所描述的逻辑设计文件综合成可映射于半导体门阵列的网表文件。但是，如果仅仅准备将此芯片直接用于产品的电路板上，这个测试过程只能称为硬件调试。

从上例文件的描述层次上来看，选择器整体设计的VHDL描述使用了3个层次：

(1) 库(LIBRARY)说明

它包含了描述器件的输入、输出端口数据类型（即端口信号的取值类型或范围）中将要用到的IEEE的标准库中的STD_LOGIC_1164程序包。

明确地指定和严格地定义端口信号的取值类型是VHDL的重要特点，此所谓强类型语言，这是学习VHDL特别应当注意的地方。

(2) 实体(ENTITY)说明

实体的电路意义相当于器件，在电路原理图上相当于元件符号。实体是一个完整的、独立的语言模块，它描述了mux21接口信息，定义了器件mux21端口引脚a、b、s、y的输入输出性质和数据类型。它利用PORT语句说明了mux21的外部引脚的工作方式。所以PORT所描述的就相当于电路器件的外部引脚。IN对端口引脚a和b作了信号流向的方向说明，它规定了信号必须由外部通过端口引脚a、b流进所描述的器件内部；而OUT则规定了器件内部的信号需通过端口引脚y向外输出。同时指明了端口a、b、s和y信号的数据类型是符合IEEE库中STD_LOGIC_1164程序包中的标准数据位，STD_LOGIC中所定义的数据类型。

(3) 结构体(ARCHITECTURE)说明

这一层次描述了mux21内部的逻辑功能，在电路上相当于器件的内部电路结构。此例的逻辑描述十分简洁，它并没有将选择器内部逻辑门的连接方式表达出来，而是将此选择器看成一个黑盒，以类似于计算机高级语言的表达方式描述了它的外部逻辑行为。符号“<=”是信号赋值符，是信号传递的意思，“y <= a”表示将a获得的信号赋给(传入)y输出端，这是一个单向过程。

需要指出的是，程序2-1中，实体和结构体分别是以“END ENTITY mux21”和“END ARCHITECTURE one”语句结尾的，这是符合VHDL新版本IEEE STD 1076_1993的语法要求的。若根据VHDL’87版本，IEEE STD 1076_1987的语法要求，这两条结尾语句只需写成“END mux21”和“END one”。但考虑到目前绝大多数常用的EDA工具中的VHDL综合器仍以支持VHDL’87版本所有语法规则为主，且许多最新的VHDL方面的资料，仍然使用VHDL’87版本语言规则。因此，出于实用的目的，对于以后出现的示例，不再特意指出VHDL两种版本的语法差异处。

一个可综合的VHDL描述的最小和最基本的逻辑结构中，IEEE标准库说明、实体和结构体是最基本的和不可缺少的3个部分，其它的结构层次可根据需要选用。程序2-1作为一个完整的 VHDL 描述既可以作为一个独立的功能器件使用和保存，也能被其它的由 VHDL 描述的逻辑电路所调用，成为其中的一个功能部件。在本章§2.2 和§2.3 节中将很清楚地看到如何利用 VHDL 完成多器件调用来实现具有更强功能的逻辑电路的设计。

从程序 2-1 可以清晰地看出，一个完整的 VHDL 描述是以对一个功能元件的完整描述为基础的，因此元件是 VHDL 的特定概念，也是 VHDL 的鲜明特色，把握了元件的结构和功能的完整描述，就把握了 VHDL 的基本结构。由于元件本身具有层次性，即任一元件既可以是单一功能的简单元件，也可以是由许多元件组合而成的，具有更复杂功能的元件，乃至一个电路系统。但从基本结构上看，都能用程序 2-1 给出的 3 个部分来描述，这种元件概念的直观性是其它 HDL 所无法比拟的，它为自顶向下或自下向上灵活的设计流程奠定了坚实的基础。

2. 锁存器设计

与多路选择器不同，锁存器的工作状态必须用时序逻辑来描述，以下将举例说明一个简单时序逻辑电路，1 位锁存器的 VHDL 设计描述。图 2-2 是一个锁存器的原理图，其中锁存器的引脚 D 是数据输入端口；ENA 是数据锁存使能控制端口（当 ENA 为高电平时允许数据锁入，为低电平时禁止数据锁入）；Q 为数据输出端口。程序 2-2 是此锁存器的 VHDL 描述。

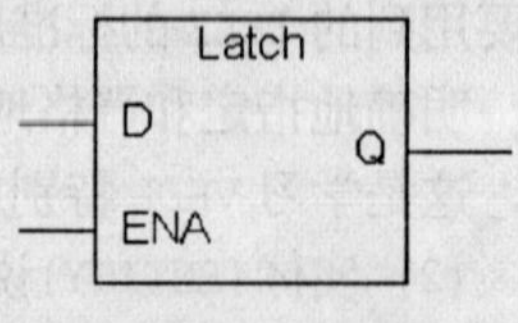

图 2-2 1 位锁存器

【程序 2-2】

1 位锁存器

锁存器的实体，定义了此器件的输入输出引脚及其信号属性

结构体

定义信号

进程语句结构，描述逻辑的时序方式

```
LIBRARY IEEE;
USE IEEE.STD_LOGIC_1164.ALL;
ENTITY Latch IS
PORT (
      D : IN STD_LOGIC;
    ENA : IN STD_LOGIC;
      Q : OUT STD_LOGIC
     );
END ENTITY Latch;
ARCHITECTURE one OF Latch IS
  SIGNAL sig_save : STD_LOGIC;
  BEGIN
    PROCESS (D, ENA)
      BEGIN
       IF ENA = '1' THEN
         sig_save <= D ;
       END IF ;
       Q <= sig_save ;
    END PROCESS ;
END ARCHITECTURE one;
```

与程序 2-1 相比，在 1 位锁存器的设计文件中增加了两个部分的内容：

(1) 增加了一条信号赋值语句 SIGNAL…

由信号赋值语句 SIGNAL…定义了一个信号变量 sig_save，它的功能是存储来自外部信号 D 的被锁存的数据位。显然，经综合后将由一个硬件时序器件来完成这一任务。

(2) 使用了一个进程语句结构 PROCESS (D, ENA)→END PROCESS

这个语句从系统仿真的角度看，是为此语句结构的行为仿真设定了两个敏感量 D 和 ENA，以利于逻辑顺序的测定。但从系统综合结果的角度看，必须引入锁存器才能完成这个时序逻辑过程(VHDL 综合器根据语句自动判别，并完成寄存器的引入)。

进程结构中的逻辑描述表明，如果使能控制信号 ENA 为高电平，则将数据输入端 D 的最新值传入信号变量 sig_save，然后通过 sig_save，将此值传给信号输出端 Q；反之，若使能控制信号 ENA 为低电平，则将 sig_save 上的原值传给信号输出端 Q，即保留原值不变。

程序中的 IF_THEN 语句结构所给出的描述方式，是令 VHDL 综合器引入时序元件的常用方法，其特点是当 IF 引导的逻辑表达式满足条件时，作数据传入操作：sig_save <= D，而当不满足条件时，不作任何描述即以“END IF”结束 IF_THEN 语句。

通常，PROCESS 进程语句用在行为描述方式中。VHDL 的建模方法称为描述风格。VHDL 有 3 种基本描述风格：行为描述风格、结构描述风格和数据流描述风格。

程序行“PROCESS(D, ENA)”中的(D, ENA)称为敏感信号表，这说明信号 D 和 ENA 中的任何一个信号发生变化时，都将引起本进程的执行(在系统的行为仿真中)。因此，如果一个结构体只有一个进程(没有其它并行语句)，则所有的输入信号通常都要列入敏感信号表中，否则信号可能被 VHDL 模拟器忽略。

比较程序 2-1 和 2-2，不难发现 VHDL 的另一重要特点，即 VHDL 描述与电路器件的硬件特性无关。程序 2-1 和 2-2 的描述中不包含任何类似于 ABEL 中“COM”、“REG”等有关组合或时序逻辑的指示词，也没有关于时钟信号线连接方式的描述。

§ 2.2 用 VHDL 设计全加器

全加器可以由两个 1 位的半加器构成，而 1 位半加器可以由如图 2-3 所示的门电路构成。

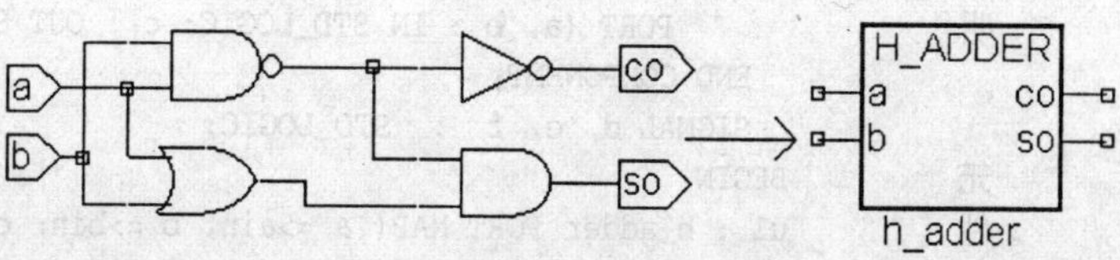

图 2-3 1 位半加器逻辑原理图

1 位半加器的端口信号 a 和 b 分别是两位相加的二进制输入信号，so 是相加和的输出信号，co 是进位输出信号，左边的门电路结构构成了右边的半加器 h_adder。而在硬件上可以利用半加器构成如图 2-4 所示的全加器，当然还可以将一组这样的全加器级联起来构成一个串行进位的加法器。图 2-4 中，全加器 f_adder 内部的功能结构是由 3 个逻辑器件构成的，即由两个半加器 u1、u2 和一个或门 u3 连接而成。程序 2-3 是利用 VHDL 对图 2-4 中全加器的逻辑原理图的完整描述，可以在任何一个支持 VHDL 的 EDA 平台上进行编译、综合、时序仿真，直至编程配置于选定的目标器件中。

【程序 2-3】 --或门逻辑描述

```
LIBRARY  IEEE ;
USE IEEE.STD_LOGIC_1164.ALL;
ENTITY or2 IS
  PORT (a,b :IN STD_LOGIC; c : OUT STD_LOGIC );
END ENTITY or2;
ARCHITECTURE fu1 OF or2 IS
 BEGIN
 c <= a OR b ;
END ARCHITECTURE fu1;
--半加器描述
LIBRARY  IEEE;
USE IEEE.STD_LOGIC_1164.ALL;
ENTITY h_adder IS
  PORT (a, b : IN STD_LOGIC; co, so : OUT STD_LOGIC);
END ENTITY h_adder;
 ARCHITECTURE fh1 OF h_adder IS
  BEGIN
   so <= (a OR b)AND(a NAND b);
   co <= NOT( a NAND b);
  END ARCHITECTURE fh1;
--1位二进制全加器顶层设计描述
LIBRARY  IEEE;
USE IEEE.STD_LOGIC_1164.ALL;
ENTITY f_adder IS
 PORT (   ain, bin, cin   : IN STD_LOGIC;
          Cout, sum   : OUT STD_LOGIC );
END ENTITY f_adder;
 ARCHITECTURE fd1 OF f_adder IS
    COMPONENT h_adder                              -- 元件调用声明
       PORT (    a, b :  IN STD_LOGIC;
                 co, so :   OUT STD_LOGIC);
     END COMPONENT ;
    COMPONENT or2
         PORT (a, b : IN STD_LOGIC; c : OUT STD_LOGIC);
    END COMPONENT;
    SIGNAL d, e, f   :  STD_LOGIC;
  BEGIN                                            -- 元件连接
  u1 : h_adder PORT MAP( a =>ain, b =>bin, co=>d, so =>e);
  u2 : h_adder PORT MAP( a =>e, b =>cin, co =>f, so =>sum);
  u3 :   or2    PORT MAP(a =>d,  b =>f, c =>cout);
 END ARCHITECTURE fd1 ;
```

对于对数综合器来说，程序 2-3 所列的全部程序可以同时输入相应的 EDA 软件进行编译，也能以单独的元件模块分别进行编辑、文件存档、编译和综合。程序 2-3 中共有 3 个独立的 VHDL 设计模块，即 2 个元件模块和 1 个顶层设计模块（f_adder）。存档的文件名最好与对应的 VHDL 程序的实体一致，如可分别将它们取名为：or2.vhd、h_adder.vhd 和 f_adder.vhd 。程序 2-3 的解析如下：

(1) 作为文件说明部分，由双横线“--”引导了一段注释语句。在 VHDL 程序的任何一行中，双横线“--”后的文字都不参加编译和综合。

(2) 实体 or2 语句段定义了或门 or2 的引脚信号 a、b（输入）和 c（输出）。其结构体语句段描述了输入与输出信号间的逻辑关系，即将输入信号 a、b 相或后传给输出信号端 c。由此实体和结构体描述了一个完整的或门元件，这一描述可以进行独立编译、独立综合与存档，或被其它的电路系统所调用。

(3) 实体 h_adder 和结构体 fh1 描述了一个如图 2-3 所示的半加器。由其结构体的描述可以看到，它是由一个与非门、一个非门、一个或门和一个与门连接而成的，其逻辑关系来自于半加器真值表(表 2-1)。在 VHDL 中，逻辑算符 NAND、NOT、OR 和 AND 分别代表“与非”、“非”、“或”和“与”4 种逻辑运算关系。

(4) 在全加器接口逻辑，即顶层文件的 VHDL 描述中，根据图 2-4 右侧的 1 位二进制全加器 f_adder 的原理图，其实体定义了引脚的端口信号属性和数据类型。其中，ain 和 bin 分别为两个输入的相加位，cin 为低位进位输入，cout 为进位输出，sum 为 1 位和输出。结构体 fd1 的功能是利用 COMPONENT 和 COMPONENT 例化语句将上面由两个实体 or2 和 h_adder 描述的独立器件，按照图 2-4 全加器内部逻辑原理图中的接线方式连接起来。全加器的逻辑功能如表 2-2 所示。

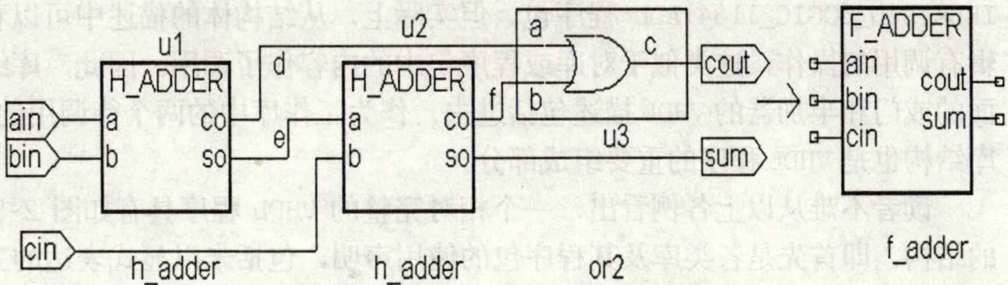

图 2-4　1 位全加器逻辑原理图

表 2-1　半加器 H_ADDER 逻辑功能真值表

a	B	So	co
0	0	0	0
0	1	1	0
1	0	1	0
1	1	0	1

表 2-2　全加器 F_ADDER 逻辑功能真值表

输　入			输　出	
Ain	Bin	Cin	Cout	sum
0	0	0	0	0
0	0	1	0	1
0	1	0	0	1
0	1	1	1	0
1	0	0	0	1
1	0	1	1	0
1	1	0	1	0
1	1	1	1	1

(5) 在结构体 fd1 中，COMPONENT→END COMPONENT 语句结构对所要调用的或门和半加器两个元件作了声明(Component Declaration)，并由 SIGNAL 语句定义了 3 个信号 d、e 和 f，作为中间信号转存点，以利于几个器件间的信号连接。接下去的“PORT MAP( )”语句称为元件例化语句(Component Instantiation)。所谓例化，在电路板上，相当于往上装配元器件；在逻辑原理图上，相当于从元件库中取了一个元件符号放在电路原理图上，并对此符号的各引脚进行连线。例化也可理解为元件映射或元件连接，MAP 是映射的意思。例如，由“u2”指示的语句表示将实体 h_adder 描述的元件的引脚信号 a、b、co 和 so 分别连向外部信号 e、cin、f 和 sum。符号 => 表示信号连接。

(6) 由程序 2-3 可见，实体 f_adder 引导的逻辑描述也是由 3 个主要部分构成的，即库、实体和结构体。从表面上看来，库的部分仅包含了一个 IEEE 标准库和打开的 IEEE.STD_LOGIC_1164.ALL 程序包。但实际上，从结构体的描述中可以看出，对外部的逻辑有调用的操作，这类似于对库或程序包中的内容作了调用。因此，库结构部分还应将上面的或门和半加器的 VHDL 描述包括进去，作为工作库中的两个待调用的元件。由此可见，库结构也是 VHDL 程序的重要组成部分。

读者不难从以上各例看出，一个相对完整的 VHDL 程序具有如图 2-5 所示的比较固定的结构。即首先是各类库及其程序包的使用声明，包括未以显式表达的工作库 WORK 库的使用声明。然后是实体描述，在这个实体中，含有一个或一个以上的结构体，而在每一个结构体中可以含有一个或多个进程，当然还可以是其它语句结构，例如其它形式的并行语句结构，最后是配置说明语句结构，这个语句结构在以上给出的示例中没有出现。配置说明主要用于以层次化的方式对特定的设计实体进行元件例化，或是为实体选定某个特定的结构体。一个相对完整的 VHDL 程序设计构建称为设计实体。在第 3 章中，将对如图 2-5 所示的 VHDL 程序构成的各语句结构作详细的说明。

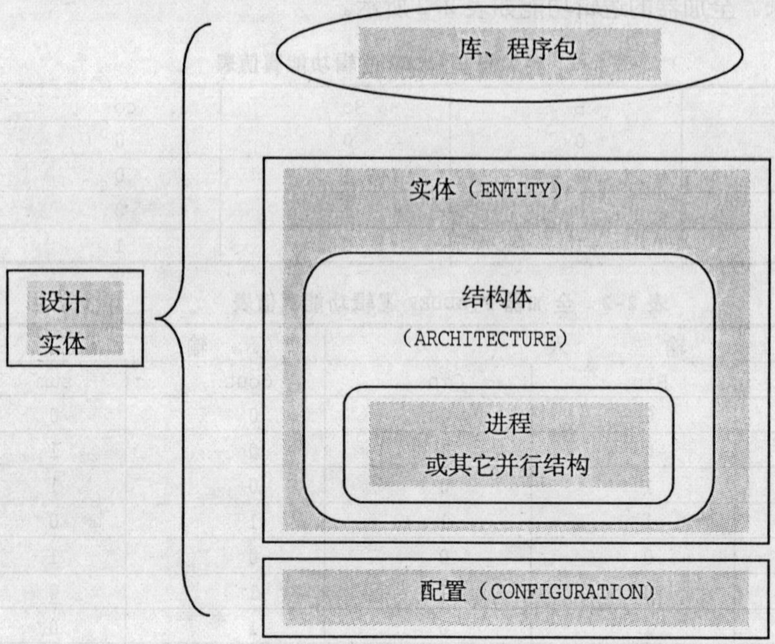

图 2-5 VHDL 程序设计基本结构

第 3 章　VHDL 程序结构

如何才算一个完整的 VHDL 程序，或者说设计实体，并没有完全一致的结论，因为不同的程序设计目的可以有不同的程序结构。例如，对于在综合后具有相同逻辑功能的 VHDL 程序，设计者注重于系统的行为仿真和仅注重综合后的时序仿真，对程序结构的要求是不一样的，因为后者无需在程序中加入控制仿真的语句及设置相关的参数。

通常可以认为，一个完整的设计实体的最低要求应该能为 VHDL 综合器所接受，并能作为一个独立设计单元，即元件的形式而存在的 VHDL 程序。这里的所谓元件，既可以被高层次的系统所调用，成为该系统的一部分，也可以作为一个电路功能块而独立存在和独立运行。

图 2-5 只是一般意义上的 VHDL 结构模式，并不是必须具备的模式。在 VHDL 程序中，实体（ENTITY）和结构体（ARCHITECTURE）这两个基本结构是必需的，它们可以构成最简单的 VHDL 程序。实体是设计实体的组成部分，它包含了对设计实体输入和输出的定义和说明，而设计实体则包含了实体和结构体两个在 VHDL 程序中的最基本的部分。通常，最简单的 VHDL 程序结构中还应包括另一重要的部分，即库（LIBRARY）和程序包（PACKAGE）。一个实用的 VHDL 程序可以由一个或多个设计实体构成，可以将一个设计实体作为一个完整的系统直接利用，也可以将其作为其它设计实体的一个低层次的结构，即元件来例化（元件调用和连接），就是用实体来说明一个具体的器件。图 2-5 中配置（CONFIGURATION）结构的设置，常用于行为仿真中，如用于对特定结构体的选择控制。VHDL 程序结构的一个显著特点就是，任何一个完整的设计实体都可以分成内外两个部分，外面的部分称为可视部分，它由实体名和端口组成；里面的部分称为不可视部分，由实际的功能描述组成。一旦对已完成的设计实体定义了它的可视界面后，其它的设计实体就可以将其作为已开发好的成果直接调用，这正是一种基于自顶向下的多层次的系统设计概念的实现途径。

§ 3.1　实 体（ENTITY）

实体作为一个设计实体的组成部分，其功能是对这个设计实体与外部电路进行接口描述。实体是设计实体的表层设计单元，实体说明部分规定了设计单元的输入输出接口信号或引脚，它是设计实体对外的一个通信界面。就一个设计实体而言，外界所看到的仅仅是它的界面上的各种接口。设计实体可以拥有一个或多个结构体，用于描述此设计实体的逻辑结构和逻辑功能。对于外界来说，这一部分是不可见的。

不同逻辑功能的设计实体可以拥有相同的实体描述，这是因为实体类似于原理图中的一个部件符号，而其具体的逻辑功能是由设计实体中结构体的描述确定的。实体是 VHDL 的基本设计单元，它可以对一个门电路、一个芯片、一块电路板乃至整个系统进行接口描述。

1. 实体语句结构

以下是实体说明单元的常用语句结构：

```
ENTITY  实体名  IS
   [GENERIC ( 类属表 ); ]
   [PORT ( 端口表 ); ]
END  ENTITY 实体名;
```

实体说明单元必须按照这一结构来编写，实体应以语句“ENTITY 实体名 IS”开始，以语句“END ENTITY 实体名 ;”结束，其中的实体名可以由设计者自己添加。中间在方括号内的语句描述，在特定的情况下并非是必需的。例如构建一个 VHDL 仿真测试基准等情况中可以省去方括号中的语句。对于 VHDL 的编译器和综合器来说，程序文字的大小写是不加区分的，但为了便于阅读和分辨，建议将 VHDL 的标识符或基本语句关键词以大写方式表示，而由设计者添加的内容可以以小写方式来表示，如实体的结尾可写为“END ENTITY nand”，其中的 nand 即为设计者取的实体名。

2. 实体名

一个设计实体无论多大和多复杂，在实体中定义的实体名即为这个设计实体的名称。在例化（已有元件的调用和连接）中，即可以用此名对相应的设计实体进行调用。程序 2-3 中的 1 位全加器的设计就是在其结构体中调用了描述或门和半加器的设计实体，在其例化操作中，直接使用了它们的实体名（注意，不是该文件的文件名）。例如：

【程序 3-1】

```
...
COMPONENT h_adder                         -- 元件调用说明
    PORT (  a, b : IN STD_LOGIC ;
            co, so : OUT STD_LOGIC );
END COMPONENT;
...
u1 :  h_adder PORT MAP ( a =>ain, b =>bin, co=>d, so =>e);
...                                          -- 这里的符号“=>”是端口关联符号
```

此例中调用的元件名 h_adder 即为程序 2-3 中半加器的实体名。

有的 EDA 软件对 VHDL 文件的取名有特殊要求，如 MAX+PLUSII 要求文件名必须与实体名一致，如 h_adder.vhd。一般地，将 VHDL 程序的文件名取为此程序的实体名是一种比较好的编程习惯。

3. GENERIC 类属说明语句

类属（GENERIC）参量是一种端口界面常数，常以一种说明的形式放在实体或块结构体前的说明部分。类属为所说明的环境提供了一种静态信息通道。类属与常数不同，常数只能从设计实体的内部得到赋值，且不能再改变，而类属的值可以由设计实体外部提供。因此，设计者可以从外面通过类属参量的重新设定而容易地改变一个设计实体或一个元件的内部电路结构和规模。

类属说明的一般书写格式如下：

```
GENERIC([ 常数名 : 数据类型 [ : 设定值 ]
  { ; 常数名 : 数据类型 [ : 设定值 ] } ) ;
```

类属参量以关键词 GENERIC 引导一个类属参量表，在表中提供时间参数或总线宽度等静态信息。类属表说明用于设计实体和其外部环境通信的参数，传递静态的信息。类属在所定义的环境中的地位与常数十分接近，但却能从环境（如设计实体）外部动态地接受赋值，其行为又有点类似于端口 PORT。因此常如以上的实体定义语句那样，将类属说明放在其中，且放在端口说明语句的前面。

在一个实体中定义的、来自外部赋入类属的值可以在实体内部或与之相应的结构体中读到。对于同一个设计实体，可以通过 GENERIC 参数类属的说明，为它创建多个行为不同的逻辑结构。比较常见的情况是利用类属来动态规定一个实体的端口的大小，或设计实体的物理特性，或结构体中的总线宽度，或设计实体中底层中同种元件的例化数量等等。

一般在结构体中，类属的应用与常数是一样的。例如，当用实体例化一个设计实体的器件时，可以用类属表中的参数项定制这个器件，如可以将一个实体的传输延迟、上升和下降延时等参数加到类属参数表中，然后根据这些参数进行定制，这对于系统仿真控制是十分方便的。其中的**常数名**是由设计者确定的类属常数名，**数据类型**通常取 INTEGER 或 TIME 等类型，**设定值**即为常数名所代表的数值。但需注意，VHDL 综合器仅支持数据类型为整数的类属值。

程序 3-2 和程序 3-3 是两个使用了类属说明的实例描述。

【程序 3-2】

```
ENTITY  mcu1  IS
   GENERIC (addrwidth : INTEGER := 16);
   PORT(
     add_bus : OUT STD_LOGIC_VECTOR(addrwidth-1 DOWNTO 0) );
     ...
```

在这里，GENERIC 语句对实体 mcu1 作为地址总线的端口 add_bus 的数据类型和宽度作了定义，即定义 add_bus 为一个 16 位的标准位矢量，定义 addrwidth 的数据类型是整数 INTEGER 。其中，常数名 addrwidth 减 1 即为 15，所以这类似于将上例端口表写成：

```
PORT (add_bus   :  OUT STD_LOGIC_VECTOR (15 DOWNTO 0));
```

由程序 3-2 可见，对于类属值 addrwidth 的改变将对结构体中所有相关的总线的定义同时作改变，由此将改变整个设计实体的硬件结构。

【程序 3-3】 2 输入与门的实体描述。

```
ENTITY  PGAND2  IS
   GENERIC (    trise : TIME := 1 ns;
                 tfall : TIME := 1 ns  ) ;
     PORT (    a1 :  IN STD_LOGIC ;
               a0 :  IN STD_LOGIC ;
               z0 :  OUT STD_LOGIC  );
```

```
END ENTITY PGAND2;
```

这是一个准备作为 2 输入与门的设计实体的实体描述，在类属说明中定义参数 trise 为上沿宽度；tfall 为下沿宽度，它们分别为 1ns，这两个参数用于仿真模块的设计。

程序 3-5 是一个顶层设计文件，它在例化语句中调用了程序 3-4。读者应注意到，在程序 3-4 中的类属变量 n 并没有如程序 3-2 那样明确规定了它的取值，n 的具体取值是在程序 3-5 中的类属映射语句 GENERIC MAP ( )中指定的，并在两个不同的类属映射语句中作了不同的赋值。

程序 3-4 和程序 3-5 给出了类属语句的一种典型应用。显然，类属语句的应用，为方便而迅速地改变电路的结构和规模提供了极便利的条件。

【程序 3-4】

```
LIBRARY IEEE;
USE IEEE.STD_LOGIC_1164.ALL;
ENTITY andn IS
   GENERIC (  n : INTEGER );
      PORT(a : IN STD_LOGIC_VECTOR(n-1 DOWNTO 0);
           c : OUT STD_LOGIC);
END;
ARCHITECTURE behav OF andn IS
  BEGIN
    PROCESS (a)
       VARIABLE int : STD_LOGIC;
    BEGIN
       int := '1';
       FOR i IN a'LENGTH - 1 DOWNTO 0 LOOP
          IF a(i)='0' THEN
               int := '0';
          END IF;
       END LOOP;
        c <=int ;
    END PROCESS;
 END;
```

【程序 3-5】

```
LIBRARY IEEE;
USE IEEE.STD_LOGIC_1164.ALL;
ENTITY exn IS
   PORT(d1,d2,d3,d4,d5,d6,d7 : IN STD_LOGIC;
                     q1,q2  : OUT STD_LOGIC);
END;
ARCHITECTURE exn_behav OF exn IS
    COMPONENT andn
      GENERIC (  n : INTEGER);
        PORT(a: IN STD_LOGIC_VECTOR(n-1 DOWNTO 0);
              c: OUT STD_LOGIC);
    END COMPONENT ;
 BEGIN
   U1: andn GENERIC MAP (n =>2)
     PORT MAP (a(0)=>d1,a(1)=>d2,c=>q1);
   U2: andn GENERIC MAP (n =>5)
```

```
        PORT MAP (a(0)=>d3,a(1)=>d4,a(2)=>d5,
                  a(3)=>d6,a(4)=>d7, c=>q2);
    END;
```

程序 3-5 给出了类属映射语句 GENERIC MAP ( )配合端口映射语句 PORT MAP ( ) 语句的使用范例。端口映射语句是本结构体对外部元件调用和连接过程中，描述元件间端口的衔接方式的，而类属映射语句具有相似的功能，它描述相应元件类属参数间的衔接和传送方式，读者不妨利用程序 3-5 中 GENERIC MAP ( )的使用方法，作一些相关的练习。

4. PORT 端口说明

由 PORT 引导的端口说明语句是对一个设计实体界面的说明。其端口表部分对设计实体与外部电路的接口通道进行了说明，其中包括对每一接口的输入输出模式（MODE 或称端口模式）和数据类型（TYPE）进行了定义。在实体说明的前面，可以有库的说明，即由关键词“LIBRARY”和“USE”引导一些对库和程序包使用的说明语句，其中的一些内容可以为实体端口数据类型的定义所用。

实体端口说明的一般书写格式如下：

```
PORT ( 端口名 : 端口模式  数据类型 ;
     { 端口名 : 端口模式  数据类型} ) ;
```

其中的**端口名**是设计者为实体的每一个对外通道所取的名字，**端口模式**是指这些通道上的数据流动方式，如输入或输出等。**数据类型**是指端口上流动的数据的表达格式或取值类型，这是由于 VHDL 是一种强类型语言，即对语句中的所有的端口信号、内部信号和操作数的数据类型有严格的规定，只有相同数据类型的端口信号和操作数才能相互作用。

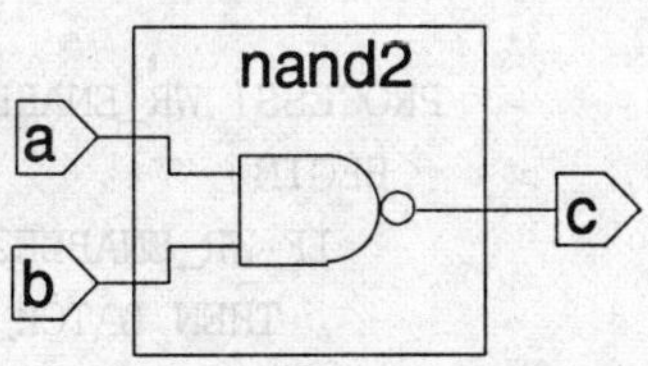

图 3-1 nand 对应的原理图符号

一个实体通常有一个或多个端口，端口类似于原理图部件符号上的管脚。实体与外界交流的信息必须通过端口通道流入或流出。程序 3-6 是一个 2 输入与非门的实体描述示例，图 3-1 是它对应的原理图。

【程序 3-6】

```
LIBRARY IEEE;
USE IEEE.STD_LOGIC_1164.ALL ;
ENTITY nand2 IS
    PORT(a : IN  STD_LOGIC ;
         b : IN  STD_LOGIC ;
         c : OUT STD_LOGIC ) ;
END nand2 ;
...
```

图 3-1 中的 nand2 可以看成一个设计实体，它的外部接口界面由输入输出信号端口 a、b 和 c 构成，内部逻辑功能是一个与非门。在电路图上，端口对应于器件符号的外部引脚。端口名作为外部引脚的名称，端口模式用来定义外部引脚的信号流向。IEEE 1076 标准程序包中定义了以下的常用端口模式：

• IN 模式：IN 定义的通道确定为输入端口，并规定为单向只读模式，可以通过此端口将变量（Variable）信息或信号（Signal）信息读入设计实体中。

• OUT 模式：OUT 定义的通道确定为输出端口，并规定为单向输出模式，可以通过此端口将信号输出设计实体，或者说可以将设计实体中的信号向此端口赋值。

• INOUT 模式：INOUT 定义的通道确定为输入输出双向端口，即从端口的内部看，可以对此端口进行赋值，也可以通过此端口读入外部的数据信息；而从端口的外部看，信号既可以从此端口流出，也可以向此端口输入信号。INOUT 模式包含了 IN、OUT 和 BUFFER 3 种模式，因此可替代其中任何一种模式，但为了明确程序中各端口的实际任务，一般不作这种替代。

程序 3-7 中将 MCS51 单片机的数据口 P0 的工作模式定义为 INOUT，因此在程序中很方便地实现了 P0 口作为可读可写的双向端口的功能。

【程序 3-7】

```
...
ENTITY MCS51 IS
  PORT (                                              -- 与 8031 接口的各端口定义
    P0 : INOUT STD_LOGIC_VECTOR(7 DOWNTO 0);          -- 双向地址/数据口
    P2 : IN    STD_LOGIC_VECTOR(7 DOWNTO 0);          -- 高 8 位地址线
    RD, WR : IN STD_LOGIC;                            -- 读、写允许
...
END MCS51;
...
   PROCESS( WR_ENABLE2 )
     BEGIN
       IF WR_ENABLE2'EVENT AND WR_ENABLE2 = '1'
         THEN LATCH_OUT2 <= P0;  END IF;  --从 P0 口读入外部信息
   END PROCESS;
  PROCESS( P2,LATCH_ADDRES,READY,RD )
     BEGIN
      IF (LATCH_ADDRES="01111110") AND (P2="10011111")
              AND (READY='1') AND (RD='0')   THEN
              P0 <= LATCH_IN1 ; -- 寄存器中的数据输入 P0 口,由 P0 向外输出
        ELSE P0 <= "ZZZZZZZZ" ;
     END IF;  -- 禁止读数，P0 口输出呈高阻态
   END PROCESS;
...
```

• BUFFER 模式：BUFFER 定义的通道确定为具有数据读入功能的输出端口，它与双向端口的区别在于只能接受一个驱动源。BUFFER 模式从本质上将仍是 OUT 模式，只是在内部结构中具有将输出至外端口的信号回读的功能，即允许内部回读输出的信号，即允许反馈。如计数器的设计，可将计数器输出的计数信号回读，以作下一计数值的初值。与 INOUT 模式相比，显然，BUFFER 的区别在于回读（输入）的信号不是由外部输入的，而是由内部产生，向外输出的信号，有时往往在时序上有所差异。

通常实现内部反馈有两种方式，即利用 BUFFER 建立一个缓冲模式的端口，如程序 3-8 所示；或在结构体内定义一个缓冲节点信号 SIGNAL，如程序 3-9 所示。它们的逻辑功能和综合后的电路都是一样的，图 3-2 就是程序 3-8 或程序 3-9 综合后的逻辑电路。由图 3-2 可以看出，BUFFER 并不总是一个特定的端口，而可能是一种电路的接口方式。

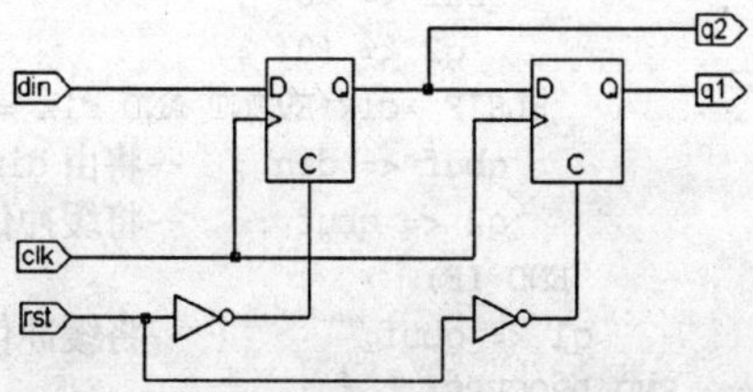

图 3-2 程序 3-8 或程序 3-9 综合后的电路

【程序 3-8】

```
LIBRARY IEEE;
USE IEEE.STD_LOGIC_1164.ALL ;
ENTITY bfexp IS
   PORT(
          clk,rst,din : IN  STD_LOGIC ;
                           q1 : BUFFER  STD_LOGIC ;
                           q2 : OUT STD_LOGIC
         ) ;
END bfexp ;
ARCHITECTURE behav1 OF bfexp IS
  BEGIN
    PROCESS(clk,rst)
      BEGIN
        IF rst ='0'  THEN
           q1 <= '0' ;
           q2 <= '0' ;
         ELSIF  clk'EVENT AND clk = '1' THEN
           q1 <= din ;  --将由 din 读入的数据向 q1 输出
           q2 <= q1 ;   --将向 q1 输出的数据回读,并向 q2 赋值
        END IF;
     END PROCESS;
   END;
```

【程序 3-9】

```
LIBRARY IEEE;
USE IEEE.STD_LOGIC_1164.ALL ;
ENTITY bfexp IS
   PORT(clk,rst,din : IN  STD_LOGIC ;
                          q1 : OUT STD_LOGIC ;
                          q2 : OUT STD_LOGIC ) ;
END bfexp ;
ARCHITECTURE behav1 OF bfexp IS
  SIGNAL qbuf : STD_LOGIC;  --定义数据暂存缓冲信号 qbuf
  BEGIN
    PROCESS(clk,rst)
      BEGIN
```

```
        IF rst ='0'  THEN
           qbuf <= '0' ;
              q2 <= '0' ;
         ELSIF  clk'EVENT AND clk = '1'  THEN
           qbuf <= din ;  --将由 din 读入的数据暂存于 qbuf
           q2 <= qbuf ;   --将缓冲信号 qbuf 中的数据向 q2 赋值
        END IF;
      q1 <= qbuf;         --将缓冲信号 qbuf 中的数据向 q1 赋值,并由此输出
   END PROCESS;
   END;
```

综上所述，在实际的数字集成电路中，IN 相当于只可输入的引脚，OUT 相当于只可输出的引脚，BUFFER 相当于带输出缓冲器并可以回读的引脚（与 TRI 引脚不同），而 INOUT 相当于双向引脚（即 BIDIR 引脚），是普通输出端口（OUT）加入三态输出缓冲器和输入缓冲器构成的。表 3-1 列出了端口的功能。

在实用中，端口描述中的数据类型主要有两类：位（BIT）和位矢量（BIT_VECTOR）。若端口的数据类型定义为 BIT，则其信号值是一个 1 位的二进制数，取值只能是 0 或 1，如程序 3-3 的端口 a0、a1 和 z0 的数据类型是 STD_LOGIC，这是取自 IEEE 库中 STD_LOGIC_1164 程序包中 BIT 数据类型的定义；若端口的数据类型定义为 BIT_VECTOR，则其信号值是一组二进制数。如程序 3-2 的 add_bus 定义为一组 16 位的二进制数，从而构成一个地址总线端口。add_bus 的数据类型 STD_LOGIC_VECTOR 也是取自 IEEE 库中 STD_LOGIC_1164 程序包中标准位矢量数据类型的定义。

表 3-1 端口模式说明

端口模式	端口模式说明（以设计实体为主体）
IN	输入，只读模式
OUT	输出，单向赋值模式
BUFFER	具有读功能的输出模式，（从内部看）可以读或写，只能有一个驱动源
INOUT	双向，（从内部或外部看都）可以读或写

§ 3.2 结构体（ARCHITECTURE）

由图 2-5 可知，结构体是实体所定义的设计实体中的一个组成部分。结构体描述设计实体的内部结构和/或外部设计实体端口间的逻辑关系。结构体由以下部分组成：

- 对数据类型、常数、信号、子程序和元件等元素的说明部分。
- 描述实体逻辑行为的，以各种不同的描述风格表达的功能描述语句，它们包括各种形式的顺序描述语句和并行描述语句。
- 以元件例化语句为特征的外部元件（设计实体）端口间的连接方式（如程序 2-3）。

结构体将具体实现一个实体。每个实体可以有多个结构体，每个结构体对应着实体不同的结构和算法实现方案，其间的各个结构体的地位是同等的，它们完整地实现了实体的行为。但同一结构体不能为不同的实体所拥有。结构体不能单独存在，它必须有一个界

面说明，即一个实体。对于具有多个结构体的实体，必须用 CONFIGURATION 配置语句指明用于综合的结构体和用于仿真的结构体。即在综合后的可映射于硬件电路的设计实体中，一个实体只能对应一个结构体。在电路中，如果实体代表一个器件符号，则结构体描述了这个符号的内部行为。当把这个符号例化成一个实际的器件安装到电路上时，则需配置语句为这个例化的器件指定一个结构体（即指定一种实现方案），或由编译器自动选一个结构体。

1．结构体的一般语言格式

结构体的语句格式如下：

```
ARCHITECTURE 结构体名 OF 实体名 IS
    [说明语句]
BEGIN
    [功能描述语句]
END ARCHITECTURE 结构体名;
```

在书写格式上，**实体名**必须是所在设计实体的名字，而**结构体名**可以由设计者自己选择，但当一个实体具有多个结构体时，结构体的取名不可相重。结构体的说明语句部分必须放在关键词“ARCHITECTURE”和“BEGIN”之间，结构体必须以“END ARCHITECTURE 结构体名;”作为结束句。

如程序 2-2 中的实体名是 Latch，结构体名是 one。在说明语句部分，定义了一个信号 sig_save ，它的数据类型定义为 STD_LOGIC。

结构体内部构造的描述层次和描述内容可以用图 3-3 来说明，它只是对结构体的内部构造作了一般的描述，并非所有的结构体必须同时具有如图 3-3 所示的所有的说明语句结构。一般地，如图 3-3 所示，一个完整的结构体由两个基本层次组成，即说明语句和功能描述语句两部分。

2．结构体说明语句

结构体中的说明语句是对结构体的功能描述语句中将要用到的信号(SIGNAL)、数据类型(TYPE)、常数(CONSTANT)、元件(COMPONENT)、函数(FUNCTION)和过程(PROCEDURE)等加以说明。需要注意的是，在一个结构体中说明和定义的数据类型、常数、元件、函数和过程只能用于这个结构体中。如果希望这些定义也能用于其它的实体或结构体中，需要将其作为程序包来处理。

3．功能描述语句结构

如图 3-3 所示的功能描述语句结构可以含有 5 种不同类型的以并行方式工作的语句结构。这可以看成是结构体的 5 个子结构。而在每一语句结构的内部可能含有并行运行的逻辑描述语句或顺序运行的逻辑描述语句。这就是说，这 5 种语句结构本身是并行语句，但它们内部所包含的语句并不一定是并行语句，如进程语句内所包含的是顺序语句。

图 3-3 中的 5 种语句结构的基本组成和功能分别是：

- 块语句是由一系列并行执行语句构成的组合体，它的功能是将结构体中的并行语句组成一个或多个子模块。

- 进程语句定义顺序语句模块，用以将从外部获得的信号值，或内部的运算数据向其它的信号进行赋值。
- 信号赋值语句将设计实体内的处理结果向定义的信号或界面端口进行赋值。
- 子程序调用语句用以调用过程或函数，并将获得的结果赋值于信号。
- 元件例化语句对其它的设计实体作元件调用说明，并将此元件的端口与其它的元件、信号或高层次实体的界面端口进行连接。

图 3-3 结构体构造图

程序 3-10 是与程序 3-3 实体 PGAND2 对应的一个结构体，它的结构体名是 behav，结构体内有一个进程语句子结构，在此结构中用顺序语句描述了与门的输入信号 a0 和 a1 与输出信号 z0 间的逻辑关系，以及它们的时延关系。

【程序 3-10】

```
ARCHITECTURE behav OF PGAND2 IS
  BEGIN
      PROCESS (a1, a0)
        VARIABLE zdf : STD_LOGIC ;
    BEGIN
          Zdf  := a1 AND a0 ;                    -- 向变量赋值
          IF  zdf ='1'  THEN
              z0 <= TRANSPORT zdf AFTER trise ;
          ELSIF zdf ='0'  THEN
```

```
            z0 <= TRANSPORT zdf AFTER tfall ;
         ELSE
            z0 <= TRANSPORT zdf ;
      END IF ;
   END PROCESS ;
END ARCHITECTURE behav ;
```

请注意，VHDL 综合器将不支持或忽略此例中的时延关系，如“AFTER tfall”。

§ 3.3 块语句结构（BLOCK）

块（BLOCK）的应用类似于利用 PROTEL98 画一个大的电路原理图时，可以将一个总的原理图分成多个子模块，则这个总的原理图成为一个由多个子模块原理图连接而成的顶层模块图，而每一个子模块可以是一个具体的电路原理图。但是，如果子模块的原理图仍然太大，还可将它变成更低层次的原理图模块的连接图（BLOCK 嵌套）。显然，按照这种方式划分结构体仅是形式上的，而非功能上的改变。事实上，将结构体以模块方式划分的方法有多种，使用元件例化语句也是一种将结构体的并行描述分成多个层次的方法，其区别只是后者涉及到多个实体和结构体，且综合后硬件结构的逻辑层次有所增加。

实际上，结构体本身就等价于一个 BLOCK，或者说是一个功能块。BLOCK 是 VHDL 中具有的一种划分机制，这种机制允许设计者合理地将一个模块分为数个区域，在每个块都能对其局部信号、数据类型和常量加以描述和定义。任何能在结构体的说明部分进行说明的对象都能在 BLOCK 说明部分中进行说明

BLOCK 语句应用只是一种将结构体中的并行描述语句进行组合的方法，它的主要目的是改善并行语句及其结构的可读性，或是利用 BLOCK 的保护表达式关闭某些信号。

1. BLOCK 语句的格式

BLOCK 语句的表达格式如下：

```
块标号  : BLOCK [（块保护表达式）]
    接口说明
        类属说明
        BEGIN
    并行语句
    END BLOCK 块标号;
```

作为一个 BLOCK 语句结构，在关键词“BLOCK”的前面必须设置一个块标号，并在结尾语句“END BLOCK”右侧也写上此标号（此处的块标号不是必需的）。

接口说明部分有点类似于实体的定义部分，它可包含由关键词 PORT、GENERIC、PORT MAP 和 GENERIC MAP 引导的接口说明等语句，对 BLOCK 的接口设置以及与外界信号的连接状况加以说明。这类似于原理图间的图示接口说明。

块的**类属说明**部分和接口说明部分的适用范围仅限于当前 BLOCK。所以，所有这些在

BLOCK 内部的说明对于这个块的外部来说是完全不透明的，即不能适用于外部环境，或由外部环境所调用，但对于嵌套于更内层的块却是透明的，即可将信息向内部传递。块的说明部分可以定义的项目主要有：

- 定义 USE 语句
- 定义子程序
- 定义数据类型
- 定义子类型
- 定义常数
- 定义信号
- 定义元件

块中的并行语句部分可包含结构体中的任何并行语句结构。BLOCK 语句本身属并行语句，BLOCK 语句中所包含的语句也是并行语句。

2. BLOCK 的应用

BLOCK 的应用可使结构体层次鲜明，结构明确。利用 BLOCK 语句可以将结构体中的并行语句划分成多个并列方式的 BLOCK，每一个 BLOCK 都像一个独立的设计实体，具有自己的类属参数说明和界面端口，以及与外部环境的衔接描述。以下是两个使用 BLOCK 语句的实例，程序 3-11 给出了 BLOCK 语句的一个使用示例，而程序 3-12 描述了一个具有块嵌套方式的 BLOCK 语句结构。

在较大的 VHDL 程序的编程中，恰当的块语句的应用对于技术交流、程序移植、排错和仿真都是有益的。

【程序 3-11】

```
 ...
ENTITY gat IS
   GENERIC(l_time : TIME ;  s_time : TIME ) ; -- 类属说明
  PORT (b1, b2, b3 : INOUT BIT) ;             -- 结构体全局端口定义
  END ENTITY gat  ;
  ARCHITECTURE func OF gat IS
     SIGNAL  a1 : BIT ;                       -- 结构体全局信号 a1 定义
     BEGIN
Blk1 : BLOCK                                  -- 块定义，块标号名是 blk1
     GENERIC (gb1, gb2 : Time) ;              -- 定义块中的局部类属参量
     GENERIC MAP (gb1 => l_time,gb2 => s_time) ; -- 局部端口参量设定
     PORT (pb : IN BIT; pb2 : INOUT BIT );       -- 块结构中局部端口定义
     PORT MAP (pb1 => b1, pb2 => a1 ) ;          -- 块结构端口连接说明
     CONSTANT delay : Time := 1 ms ;             -- 局部常数定义
     SIGNAL s1 : BIT ;                           -- 局部信号定义
     BEGIN
     s1 <= pb1 AFTER delay ;
     pb2 <= s1 AFTER gb1, b1 AFTER gb2 ;
     END BLOCK blk1 ;
```

```
    END ARCHITECTURE func ;
```

程序 3-11 是对 BLOCK 语句结构的一个说明，其中的一些赋值实际上是不需要的。

【程序 3-12】

```
  ...
b1 :  BLOCK
     SIGNAL s1: BIT ;
     BEGIN
     S1 <= a AND b ;
b2 :  BLOCK
     SIGNAL s2: BIT ;
     BEGIN
       s2 <= c AND d ;
       b3 : BLOCK
        BEGIN
           Z <= s2 ;
        END BLOCK b3 ;
     END BLOCK b2 ;
       y <= s1 ;
   END BLOCK b1 ;
  ...
```

程序 3-12 在不同层次的块中定义了同名的信号，显示了信号的有效范围。

3．BLOCK 语句在综合中的地位

与大部分的 VHDL 语句不同，BLOCK 语句的应用，包括其中的类属说明和端口定义，都不会影响对原结构体的逻辑功能的仿真结果。如程序 3-13 和程序 3-14 的仿真结果是完全相同的。

【程序 3-13】

```
a1 : out1 <= '1' after 3 ns ;
blk1 : BLOCK
    BEGIN
A2 : out2 <= '1' AFTER 3 ns ;
A3 : out3 <= '0' AFTER 2 ns ;
    END BLOCK blk1 ;
```

【程序 3-14】

```
a1 : out1 <= '1' AFTER 3 ns ;
a2 : out2 <= '1' AFTER 3 ns ;
a3 : out3 <= '0' AFTER 2 ns ;
```

由于 VHDL 综合器不支持保护式 BLOCK 语句（GUARDED BLOCK），在此不讨论该语句的应用。但从综合的角度看，BLOCK 语句的存在也是毫无实际意义的，因为无论是否存在 BLOCK 语句结构，对于同一设计实体，综合后的逻辑功能是不会有任何变化的。在综合过程中，VHDL 综合器将略去所有的块语句。基于实用的观点，结构体中功能语句的划分最好使用元件例化（COMPONENT INSTANTIATION）的方式来完成。

§ 3.4 进程（PROCESS）

PROCESS 概念产生于软件语言，但在 VHDL 中，PROCESS 结构则是最具特色的语句，它的运行方式与软件语言中的 PROCESS 也完全不同，这是读者需要特别注意的。

PROCESS 语句结构包含了一个代表着设计实体中部分逻辑行为的、独立的顺序语句描述的进程。与并行语句的同时执行方式不同，顺序语句可以根据设计者的要求，利用顺序可控的语句，完成逐条执行的功能。顺序语句与 C 或 PASCAL 等软件编程语言中的语句功能是相类似的，即语句运行的顺序是同程序语句书写的顺序相一致的。一个结构体中可以有多个并行运行的进程结构，而每一个进程的内部结构却是由一系列顺序语句来构成的。

需要注意的是，在 VHDL 中，所谓顺序仅仅是指语句按序执行上的顺序性，但这并不意味着 PROCESS 语句结构所对应的硬件逻辑行为也具有相同的顺序性。PROCESS 结构中的顺序语句，及其所谓的顺序执行过程只是相对于计算机中的软件行为仿真的模拟过程而言的，这个过程与硬件结构中实现的对应的逻辑行为是不相同的。PROCESS 结构中既可以有时序逻辑的描述，也可以有组合逻辑的描述，它们都可以用顺序语句来表达。然而，硬件中的组合逻辑具有最典型的并行逻辑功能，而硬件中的时序逻辑也并非都是以顺序方式工作的。

1. PROCESS 语句格式

PROCESS 语句的表达格式如下：

```
[进程标号：] PROCESS [ ( 敏感信号参数表  ) ] [IS]
 [进程说明部分]
  BEGIN
   顺序描述语句
 END PROCESS [进程标号];
```

每一个 PROCESS 语句结构可以赋予一个**进程标号**，但这个标号不是必需的。**进程说明**部分定义该进程所需的局部数据环境。

顺序描述语句部分是一段顺序执行的语句，描述该进程的行为。PROCESS 中规定了每个进程语句在当它的某个敏感信号（由**敏感信号参量表**列出）的值改变时都必须立即完成某一功能行为，这个行为由进程语句中的顺序语句定义，行为的结果可以赋给信号，并通过信号被其它的 PROCESS 或 BLOCK 读取或赋值。当进程中定义的任一敏感信号发生更新时，由顺序语句定义的行为就要重复执行一次，当进程中最后一个语句执行完成后，执行过程将返回到进程的第一个语句，以等待下一次敏感信号变化。如此循环往复以至无限。但当遇到 WAIT 语句时，执行过程将被有条件地终止，即所谓的挂起（Suspention）。

一个结构体中可以含有多个 PROCESS 结构，每一 PROCESS 结构对于其敏感信号参数表中定义的任一敏感参量的变化，每个进程可以在任何时刻被激活或者称为启动。而在一结构体中，所有被激活的进程都是并行运行的，这就是为什么 PROCESS 结构本身是并行语句的道理。

PROCESS 语句必须以语句“END PROCESS [进程标号]；”结尾，对于目前常用的综合器来说，其中进程标号不是必须的，敏感表旁的[IS]也不是必须的。

2．PROCESS 组成

如上所述，PROCESS 语句结构是由 3 个部分组成的，即进程说明部分、顺序描述语句部分和敏感信号参数表。

(1) 进程说明部分主要定义一些局部量，可包括数据类型、常数、变量、属性、子程序等。但需注意，在进程说明部分中不允许定义信号和共享变量。

(2) 顺序描述语句部分可分为赋值语句、进程启动语句、子程序调用语句、顺序描述语句和进程跳出语句等，它们包括：

- 信号赋值语句：即在进程中将计算或处理的结果向信号（SIGNAL）赋值。
- 变量赋值语句：即在进程中以变量（VARIABLE）的形式存储计算的中间值。
- 进程启动语句：当 PROCESS 的敏感信号参数表中没有列出任何敏感量时，进程的启动只能通过进程启动语句 WAIT 语句。这时可以利用 WAIT 语句监视信号的变化情况，以便决定是否启动进程。WAIT 语句可以看成是一种隐式的敏感信号表。
- 子程序调用语句：对已定义的过程和函数进行调用，并参与计算。
- 顺序描述语句：包括 IF 语句、CASE 语句、LOOP 语句、NULL 语句等。
- 进程跳出语句：包括 NEXT 语句、EXIT 语句，用于控制进程的运行方向。

(3) 敏感信号参数表需列出用于启动本进程可读入的信号名（当有 WAIT 语句时例外）。

程序 3-15 是一个含有进程的结构体，进程标号是 p1（进程标号不是必须的），进程的敏感信号参数表中未列出敏感信号，所以进程的启动需靠 WAIT 语句。在此，信号 clock 即为该进程的敏感信号。每当出现一个时钟脉冲 clock 时，即进入 WAIT 语句以下的顺序语句执行进程中，且当 driver 为高电平时进入 CASE 语句结构。

【程序 3-15】

```
ARCHITECURE  s_mode  OF  stat  IS
 BEGIN
  p1:  PROCESS
   BEGIN
    WAIT UNTIL clock  ;              -- 等待 clock 激活进程
    IF  (driver = '1' )  THEN
      CASE  output  IS
        WHEN  s1 =>  output <=  s2 ;
        WHEN  s2 =>  output <=  s3 ;
        WHEN  s3 =>  output <=  s4 ;
        WHEN  s4 =>  output <=  s1 ;
      END CASE ;
   END IF ;
  END PROCESS  p1 ;
```

```
END  ARCHITECURE  s_mode ;
```

程序 3-16 是一个 4 位二进制加法计数器结构体内的逻辑描述，该结构体中的进程含有 IF 语句，进程定义了 3 个敏感信号 clk、clear、stop。当其中任何一个信号改变时，都将启动进程的运行。信号 cnt4 被综合器用寄存器来实现。

该计数器除了有时钟输入信号 clk 外，还设置了计数清零信号 clear 和计数使能信号 stop，进程都将它们列为敏感信号。

【程序 3-16】

```
SIGNAL cnt4 : INTEGER RANGE 0 TO 15 ;          -- 注意 cnt4 的数据类型
  ...
PROCESS (clk, clear, stop)
BEGIN
   IF clear = '0' THEN
      cnt4 <= 0 ;
   ELSIF clk'EVENT AND clk = '1' THEN            --如果遇到时钟上升沿，则…
      IF stop = '0' THEN                         --如果 stop 为低电平，则进行
         cnt4 <= cnt4 + 1 ;                      --加法计数，否则停止计数
      END IF ;
   END IF ;
END PROCESS ;
```

3. 进程要点

从设计者的认识角度看，VHDL 程序与普通软件语言构成的程序有很大的不同，普通软件语言中的语句的执行方式和功能实现十分具体和直观，编程中，几乎可以立即作出判断。但 VHLD 程序，特别是进程结构，设计者应当从 3 个方面去判断它的功能和执行情况：

（1）基于 CPU 的纯软件的行为仿真运行方式；

（2）基于 VHDL 综合器的综合结果所可能实现的运行方式；

（3）基于最终实现的硬件电路的运行方式。

其它语句相比，进程语句结构具有更多的特点，对进程的认识和进行进程设计需要注意以下几方面的问题：

(1) 在同一结构体中的任一进程是一个独立的无限循环程序结构，但进程中却不必放置诸如软件语言中的返回语句，它的返回是自动的。进程只有两种运行状态，即执行状态和等待状态。进程是否进入执行状态，取决于是否满足特定的条件，如敏感变量是否发生变化。如果满足条件，即进入执行状态，当遇到 END PROCESS 语句后即停止执行，自动返回到起始语句 PROCESS，进入等待状态。

(2) 必须注意，PROCESS 中的顺序语句的执行方式与通常的软件语言中的语句的顺序执行方式有很大的不同。软件语言中每一条语句的执行是按 CPU 的机器周期的节拍顺序执行的，每一条语句的执行的时间与 CPU 的工作方式、工作晶振的频率、机器周期及指令周期的长短有密切的关系；但在 PROCESS 中，一个执行状态的运行周期，即从 PROCESS 的启动执行到遇到 END PROCESS 为止所花的时间与任何外部因素都无关（从综合结果来看），

甚至与 PROCESS 语法结构中的顺序语句的多少都没有关系，其执行时间从行为仿真的角度看只有一个 VHDL 模拟器的最小分辨时间，即一个 δ 时间；但从综合和硬件运行的角度看，其执行时间是 0，这与信号的传输延时无关，与被执行的语句的实现时间也无关。即在同一 PROCESS 中，10 条语句和 1000 条语句的执行时间是一样的。这就是为什么用进程的顺序语句方式也同样能描述全并行的逻辑工作方式的道理。

(3) 虽然同一结构体中的不同进程是并行运行的，但同一进程中的逻辑描述语句则是顺序运行的，因而在进程中只能设置顺序语句。

(4) 进程的激活必须由敏感信号表中定义的任一敏感信号的变化来启动，否则必须有一个显式的 WAIT 语句来激励。这就是说，进程既可以通过敏感信号的变化来启动，也可以由满足条件的 WAIT 语句而激活；反之，在遇到不满足条件的 WAIT 语句后进程将被挂起。因此，进程中必须定义显式或隐式的敏感信号。如果一个进程对一个信号集合总是敏感的，那么，我们可以使用敏感表来指定进程的敏感信号。但是，在一个使用了敏感表的进程（或者由该进程所调用的子程序）中不能含有任何等待语句。

(5) 结构体中多个进程之所以能并行同步运行，一个很重要的原因是进程之间的通信是通过传递信号和共享变量值来实现的。所以相对于结构体来说，信号具有全局特性，它是进程间进行并行联系的重要途径。因此，在任一进程的进程说明部分不允许定义信号和共享变量（共享变量是 VHDL'93 增加的内容）。

(6) 进程是 VHDL 重要的建模工具。与 BLOCK 语句不同的一个重要方面是，进程结构不但为综合器所支持，而且进程的建模方式将直接影响仿真和综合结果。

(7) 进程有组合进程和时序进程两种类型，组合进程只产生组合电路，时序进程产生时序和相配合的组合电路，这两种类型的进程设计必须密切注意 VHDL 语句应用的特殊方面，这在多进程的状态机的设计中，各进程有明确分工。设计中，需要特别注意的是，组合进程中所有输入信号，包括赋值符号右边的所有信号和条件表达式中的所有信号，都必须包含于此进程的敏感信号表中！否则，当没有被包括在敏感信号表中的信号发生变化时，进程中的输出信号不能按照组合逻辑的要求得到即时的新的信号，VHDL 综合器将会给出错误判断，将误判为设计者有存储数据的意图，即判断为时序电路。这时综合器将会为对应的输出信号引入一个保存原值的锁存器，这样就打破了设计组合进程的初衷。在实际电路中，这类“组合进程”的运行速度、逻辑资源效率和工作可靠性都将受到不良影响。

时序进程必须是列入敏感表中某一时钟信号的同步逻辑，或同一时钟信号使结构体中的多个时序进程构成同步逻辑。当然，一个时序进程也可以利用另一进程（组合或时序进程）中产生的信号作为自己的时钟信号。引入时序元件的详细方法可参阅第 9、第 10 章。

§ 3.5 子程序(SUBPROGRAM)

子程序是一个 VHDL 程序模块，这个模块是利用顺序语句来定义和完成算法的，因此只能使用顺序语句，这一点与进程十分相似。所不同的是，子程序不能像进程那样可以从本结构体的其它块或进程结构中直接读取信号值或者向信号赋值。此外，VHDL 子程序与其它软件语言程序中的子程序的应用目的是相似的，即能更有效地完成重复性的计算工作。子程序的使用方式只能通过子程序调用及与子程序的界面端口进行通信。子程序的应用与元件例化（元件调用）是不同的，如果在一个设计实体或另一个子程序中调用子程序后，并不像元件例化那样会产生一个新的设计层次。

子程序可以在 VHDL 程序的 3 个不同位置进行定义，即在程序包、结构体和进程中定义。但由于只有在程序包中定义的子程序可被几个不同的设计所调用，所以一般应该将子程序放在程序包中。

VHDL 子程序具有可重载性的特点，即允许有许多重名的子程序，但这些子程序的参数类型及返回值数据类型是不同的。子程序的可重载性是一个非常有用的特性。

子程序有两种类型，即过程（PROCEDURE）和函数（FUNCTION）。

过程的调用可通过其界面提供多个返回值，或不提供任何值，而函数只能返回一个值。在函数入口中，所有参数都是输入参数，而过程有输入参数、输出参数和双向参数。过程一般被看作一种语句结构，常在结构体或进程中以分散的形式存在，而函数通常是表达式的一部分，常在赋值语句或表达式中使用。过程可以单独存在，其行为类似于进程，而函数通常作为语句的一部分被调用（在第 5、第 6 章中，对子程序的应用有更具体的说明）。

在实用中必须注意，综合后的子程序将映射于目标芯片中的一个相应的电路模块，且每一次调用都将在硬件结构中产生对应于具有相同结构的不同的模块，这一点与在普通的软件中调用子程序有很大的不同。在 PC 机或单片机软件程序执行中（包括 VHDL 的行为仿真），无论对程序中的子程序调用多少次，都不会发生计算机资源，如存储资源不够用的情况，但在面向 VHDL 的综合中，每调用一次子程序都意味着增加了一个硬件电路模块。因此，在实用中，要密切关注和严格控制子程序的调用次数。

3.5.1 函数（FUNCTION）

在 VHDL 中有多种函数形式，如用于不同目的的用户自定义函数和在库中现成的具有专用功能的预定义函数。例如转换函数和决断函数。转换函数用于从一种数据类型到另一种数据类型的转换，如在元件例化语句中利用转换函数可允许不同数据类型的信号和端口间进行映射；决断函数用于在多驱动信号时解决信号竞争问题。

函数的语言表达格式如下：

```
FUNCTION 函数名（参数表） RETURN  数据类型              --函数首

FUNCTION  函数名（参数表）RETURN  数据类型 IS           --函数体
    [ 说明部分 ]
    BEGIN
    顺序语句 ;
  END FUNCTION  函数名;
```

一般地，函数定义应由两部分组成，即函数首和函数体，在进程或结构体中不必定义函数首，而在程序包中必须定义函数首。

1．函数首

函数首是由**函数名**、**参数表**和返回值的数据类型三部分组成的，如果将所定义的函数组织成程序包入库的话，定义函数首是必需的，这时的函数首就相当于一个入库货物名称与货物位置表，入库的是函数体。函数首的名称即为函数的名称，需放在关键词 FUNCTION 之后，此名称可以是普通的标识符，也可以是运算符，运算符必须加上双引号，这就是所谓的运算符重载。运算符重载就是对 VHDL 中现存的运算符进行重新定义，以获得新的功能。新功能的定义是靠函数体来完成的，函数的参数表是用来定义输出值的，所以不必以显式表示参数的方向，函数参量可以是信号或常数，参数名需放在关键词 CONSTANT 或 SIGNAL 之后。如果没有特别说明，则参数被默认为常数。如果要将一个已编制好的函数并入程序包，函数首必须放在程序包的说明部分，而函数体需放在程序包的包体内。如果只是在一个结构体中定义并调用函数，则仅需函数体即可。由此可见，函数首的作用只是作为程序包的有关此函数的一个接口界面。有关的示例如下：

【程序 3-17】

```
PACKAGE  packexp IS                                --定义程序包
  FUNCTION  max( a,b : IN STD_LOGIC_VECTOR)        --定义函数首
    RETURN STD_LOGIC_VECTOR ;
  FUNCTION  func1 ( a ,b ,c : REAL )               --定义函数首
    RETURN REAL ;
  FUNCTION  "*"   ( a ,b : INTEGER )               --定义函数首
    RETURN INTEGER ;
  FUNCTION  as2  (SIGNAL  in1 ,in2 : REAL )        --定义函数首
    RETURN REAL ;
END;

PACKAGE  BODY packexp IS
  FUNCTION  max( a,b : IN STD_LOGIC_VECTOR)        --定义函数体
    RETURN STD_LOGIC_VECTOR IS
  BEGIN
    IF a > b THEN RETURN  a;
      ELSE       RETURN  b;
    END IF;
  END FUNCTION max;                     --结束 FUNCTION 语句
END;                                    --结束 PACKAGE  BODY 语句


  -- 函数应用实例
  ...
  USE WORK. Packexp.ALL;
  ENTITY  axamp IS
    PORT(...);
  END;
```

```
ARCHITECTURE bhv OF axamp IS
  BEGIN
   ...
   out1 <=  max(dat1,dat2);  --用在赋值语句中的并行函数调用语句
  PROCESS(dat3,dat4)
  BEGIN
   out2 <= max(dat3,dat4);   --顺序函数调用语句
  END PROCESS;
   ...
 END;
```

程序 3-17 有 4 个不同的函数首，它们都放在程序包 packexp 的说明部分。

第 1 个函数中的参量 a、b 的数据类型是标准位矢量类型，返回值是 a、b 中的最大值，其数据类型也是标准位矢量类型。

第 2 个函数中的参量 a、b、c 的数据类型都是实数类型，返回值也是实数类型。

第 3 个函数定义了一种新的乘法算符，即通过用此函数定义的算符"*"可以进行两个整数间的乘法，且返回值也是整数。值得注意的是，这个函数的函数名用的是以双引号相间的乘法算符，对于其它算符的重载定义也必须加双引号，如"+"。

最后一个函数定义的输入参量是信号。书写格式上，在函数名后的括号中先写上参量目标类型 SIGNAL ，以表示 in1 和 in2 是两个信号，最后写上此两个信号的数据类型是实数 REAL，返回值也是实数类型。

2. 函数体

函数体包含一个对数据类型、常数、变量等的局部说明，以及用以完成规定算法或转换的顺序语句部分。一旦函数被调用，就将执行这部分语句。

在函数体结尾需以关键词 END FUNCTION 以及函数名结尾。

程序 3-17 是一个将函数定义于程序包，及实际应用的实例。程序中段，有一个对函数 max 的函数体的定义实例，其中以顺序语句描述了此函数的功能；下段给出了一个调用此函数的应用实例。

程序 3-18 在一个结构体内定义了一个完成某种算法的函数，并在进程 PROCESS 中调用了此函数，这个函数没有函数首。在进程中，输入端口信号位矢 a 被列为敏感信号，当 a 的 3 个位输入元素 a(0)、a(1)和 a(2)中的任何一位有变化时，将启动对函数 sam 的调用，并将函数的返回值赋给 m 输出。

【程序 3-18】

```
LIBRARY IEEE;
USE IEEE.STD_LOGIC_1164.ALL ;
ENTITY func IS
  PORT   ( a :   IN STD_LOGIC_VECTOR (0 to 2 ) ;
           m :  OUT STD_LOGIC_VECTOR (0 to 2 )     );
 END ENTITY func ;
 ARCHITECTURE demo OF func IS
```

```
FUNCTION sam(x ,y ,z : STD_LOGIC) RETURN STD_LOGIC IS
BEGIN
  RETURN ( x AND y ) OR y ;
END FUNCTION sam ;
BEGIN
  PROCESS ( a )
  BEGIN
   m(0) <= sam( a(0),  a(1),  a(2) ) ;
   m(1) <= sam( a(2),  a(0),  a(1) ) ;
   m(2) <= sam( a(1),  a(2),  a(0) ) ;
  END PROCESS ;
END ARCHITECTURE demo ;
```

程序 3-19 给出的函数体是通过满足某种条件来完成算法的，它返回的值也是位矢。注意，MAX+PLUSII 不支持 IF 或 CASE 语句中的 RETURN 语句，所以不支持程序 3-19 给出的语法格式，这是 MAX+PLUSII 的缺陷。

【程序 3-19】

```
FUNCTION trans ( value : IN BIT_VECTOR (0 TO 1) ) ;
   RETURN BIT_VECTOR IS
  BEGIN
  CASE value IS
  WHEN "0000" => RETURN "1100" ;
  WHEN "0101" => RETURN "0001" ;
  WHEN OTHERS => RETURN "1111" ;
  END CASE ;
END FUNCTION trans ;
```

在参数说明部分的“IN”不是必需的(第 5 章中将进一步讨论函数的使用方法)。

3.5.2 重载函数（OVERLOADED FUNCTION）

VHDL 允许以相同的函数名定义函数，但要求函数中定义的操作数具有不同的数据类型，以便调用时用以分辨不同功能的同名函数。即同样名称的函数可以用不同的数据类型作为此函数的参数定义多次，以此定义的函数称为重载函数。函数还可以允许用任意位矢长度来调用。程序 3-20 是一个比较完整的重载函数 max 的定义和调用的实例。

【程序 3-20】

```
LIBRARY IEEE ;
USE IEEE.STD_LOGIC_1164.ALL ;
PACKAGE  packexp IS                               --定义程序包
 FUNCTION  max( a,b : IN STD_LOGIC_VECTOR)     --定义函数首
  RETURN STD_LOGIC_VECTOR ;
```

```
  FUNCTION  max( a,b : IN BIT_VECTOR)  --定义函数首
    RETURN BIT_VECTOR ;
  FUNCTION  max( a,b : IN INTEGER )    --定义函数首
    RETURN INTEGER ;
  END;

 PACKAGE BODY packexp IS
  FUNCTION  max( a,b : IN STD_LOGIC_VECTOR)   --定义函数体
    RETURN STD_LOGIC_VECTOR IS
  BEGIN
    IF a > b THEN RETURN  a;
      ELSE          RETURN  b;     END IF;
   END FUNCTION max;              --结束 FUNCTION 语句
  FUNCTION  max( a,b : IN INTEGER)  --定义函数体
    RETURN INTEGER IS
  BEGIN
    IF a > b THEN RETURN  a;
      ELSE          RETURN  b;     END IF;
   END FUNCTION max;              --结束 FUNCTION 语句

  FUNCTION  max( a,b : IN BIT_VECTOR)   --定义函数体
    RETURN BIT_VECTOR IS
  BEGIN
    IF a > b THEN RETURN  a;
      ELSE          RETURN  b;     END IF;
   END FUNCTION max;              --结束 FUNCTION 语句
 END;                             --结束 PACKAGE  BODY 语句

-- 以下是调用重载函数 max 的程序:

LIBRARY IEEE ;
USE IEEE.STD_LOGIC_1164.ALL ;
USE WORK.packexp.ALL;
ENTITY  axamp IS
  PORT(a1,b1 : IN STD_LOGIC_VECTOR(3 DOWNTO 0);
       a2,b2 : IN BIT_VECTOR(4 DOWNTO 0);
       a3,b3 : IN INTEGER 0 TO 15;
          c1 : OUT STD_LOGIC_VECTOR(3 DOWNTO 0);
          c2 : OUT BIT_VECTOR(4 DOWNTO 0);
          c3 : OUT INTEGER 0 TO 15);
 END;
ARCHITECTURE bhv OF axamp IS
```

```
 BEGIN
 c1 <=  max(a1,b1); --对函数max( a,b : IN STD_LOGIC_VECTOR)的调用
 c2 <=  max(a2,b2); --对函数max( a,b : IN BIT_VECTOR) 的调用
 c3 <=  max(a3,b3); --对函数max( a,b : IN INTEGER)  的调用
END;
```

作为强类型语言，VHDL 不允许不同数据类型的操作数间进行直接操作或运算。为此，在具有不同数据类型操作数构成的同名函数中，可定义以运算符重载式的重载函数，这种函数为不同数据类型间的运算带来极大的方便。程序 3-21 中以加号“+”为函数名的函数即为运算符重载函数。VHDL 的 IEEE 库中的 STD_LOGIC_UNSIGNED 程序包中预定义的操作符如"+"、"-"、"*"、"="、">="、"<="、">"、"<"、"/="、"AND"和"MOD"等，对相应的数据类型 INTEGRE、STD_LOGIC 和 STD_LOGIC_VECTOR 的操作作了重载，赋予了新的数据类型操作功能，即通过重新定义运算符的方式，允许被重载的运算符能够对新的数据类型进行操作，或者允许不同的数据类型之间用此运算符进行运算。程序 3-21 给出了一个 Synopsys 公司的程序包 STD_LOGIC_UNSIGNED 中的部分函数结构。示例没有把全部内容列出。在程序包 STD_LOGIC_UNSIGNED 的说明部分只列出了 4 个函数的函数首；在程序包体部分只列出了对应的部分内容，程序包体部分的 UNSIGNED（ ）函数是从 IEEE.STD_LOGIC_ARITH 库中调用的，在程序包体中的最大整型数检出函数 MAXIUM 只有函数体，没有函数首，这是因为它只在程序包体内调用。

【程序 3-21】

```
LIBRARY IEEE ;                                             -- 程序包首
USE IEEE.std_logic_1164.all ;
USE IEEE.std_logic_arith.all ;
PACKAGE STD_LOGIC_UNSIGNED is
function "+" (L : STD_LOGIC_VECTOR ; R : INTEGER)
                    return STD_LOGIC_VECTOR ;
function "+" (L : INTEGER;  R : STD_LOGIC_VECTOR)
                    return STD_LOGIC_VECTOR ;
function "+" (L : STD_LOGIC_VECTOR ; R : STD_LOGIC )
return STD_LOGIC_VECTOR ;
function SHR (ARG : STD_LOGIC_VECTOR ;
  COUNT : STD_LOGIC_VECTOR ) return STD_LOGIC_VECTOR ;
...
end STD_LOGIC_UNSIGNED  ;

LIBRARY IEEE ;                                              --  程序包体
use IEEE.std_logic_1164.all ;
use IEEE.std_logic_arith.all ;
package body STD_LOGIC_UNSIGNED is
function maximum (L, R :  INTEGER) return  INTEGER  is
begin
    if L > R then
```

```
        return L;
    else
        return R;
    end if;
end;
function "+" (L : STD_LOGIC_VECTOR ;  R : INTEGER)
return  STD_LOGIC_VECTOR  is
Variable result : STD_LOGIC_VECTOR (L'range) ;
Begin
  result :=   UNSIGNED(L) + R ;
  return std_logic_vector(result) ;
end ;
...
end STD_LOGIC_UNSIGNED ;
```

通过此例，读者不但可以看到在程序包中完整的函数置位形式，而且还将注意到，在函数首的 3 个函数的函数名都是同名的，即都是以加法运算符“+”作为函数名，以这种方式定义函数即所谓运算符重载。对运算符重载，即对运算符重新定义的函数称为重载函数。

实用中，如果已用“USE”语句打开了程序包 STD_LOGIC_UNSIGNED，这时，如果设计实体中有一个 STD_LOGIC_VECTOR 位矢和一个整数相加，程序就会自动调用第一个函数，并返回位矢类型的值；若有一个位矢与 STD_LOGIC 数据类型的数相加，则调用第 3 个函数，并以位矢类型的值返回。

有了重载函数，4 位二进制加法计数器就可以用以下的 VHDL 程序实现了。试比较程序 3-22 与程序 3-16 中操作数数据类型方面的不同之处。

【程序 3-22】

```
LIBRARY IEEE ;
USE IEEE.STD_LOGIC_1164.ALL ;
USE IEEE.STD_LOGIC_UNSIGNED.ALL ;        -- 注意此程序包的功能！
ENTITY cnt4 IS
    PORT
          Clk : IN STD_LOGIC ;
           q : BUFFER STD_LOGIC_VECTOR(3 DOWNTO 0)
          );
END cnt4;
ARCHITECTURE one OF cnt4 IS
BEGIN
   PROCESS ( clk )
   BEGIN
      IF  clk'EVENT AND clk = '1'  THEN
          IF q=15 THEN      -- 这里，程序自动调用了等号“=”的重载函数
            q <= "0000" ;
          ELSE
```

```
            q <= q + 1 ;   -- 这里，程序自动调用了加号“+”的重载函数
        END IF ;
    END IF ;
  END PROCESS ;
END one ;
```

此例中，式“q = 15”等号两边的数据类型是不一样的，q 的数据类型是位矢量类型（位的数组类型），而“15”属于整数类型；式“q<=q + 1”中“+”两边的数据类型也不一样，“1”也是整数类型。之所以不同类型的操作数可以在一起作用，全得益于利用了语句：

```
USE IEEE.STD_LOGIC_UNSIGNED.ALL
```

打开了运算符重载函数的程序包。

3.5.3 过程（PROCEDURE）

VHDL 中，子程序的另外一种形式是过程 PROCEDURE，过程的语句格式是：

```
PROCEDURE 过程名（参数表）                    -- 过程首

PROCEDURE 过程名（参数表） IS    ⎫
   [说明部分]                    ⎪
   BIGIN                         ⎬  -- 过程体
     顺序语句;                   ⎪
   END PROCEDURE 过程名;         ⎭
```

与函数一样，过程也由两部分组成，即由过程首和过程体构成，过程首也不是必需的，过程体可以独立存在和使用。即在进程或结构体中不必定义过程首，而在程序包中必须定义过程首。

1．过程首

过程首由过程名和参数表组成。参数表可以对常数、变量和信号 3 类数据对象目标作出说明，并用关键词 IN、OUT 和 INOUT 定义这些参数的工作模式，即信息的流向。如果没有指定模式，则默认为 IN。以下是 3 个过程首的定义示例。

【程序 3-23】

```
PROCEDURE  pro1  (VARIABLE  a, b :  INOUT REAL) ;
PROCEDURE  pro2  (CONSTANT  a1 :  IN INTEGER ;
                    VARIABLE  b1 :  OUT INTEGER ) ;
PROCEDURE  pro3  (SIGNAL sig :  INOUT BIT) ;
```

过程 pro1 定义了两个实数双向变量 a 和 b ；过程 pro2 定义了两个参量。第一个是常数，它的数据类型为整数，流向模式是 IN，第二个参量是变量，信号模式和数据类型

分别是 OUT 和整数；过程 pro3 中只定义了一个信号参量，即 sig，它的流向模式是双向 INOUT，数据类型是 BIT。一般地，可在参量表中定义 3 种流向模式，即 IN、OUT 和 INOUT。如果只定义了 IN 模式而未定义目标参量类型，则默认为常量；若只定义了 INOUT 或 OUT，则默认目标参量类型是变量。

2．过程体

过程体是由顺序语句组成的，过程的调用即启动了对过程体的顺序语句的执行。与函数一样，过程体中的说明部分只是局部的，其中的各种定义只能适用于过程体内部。过程体的顺序语句部分可以包含任何顺序执行的语句，包括 WAIT 语句。但需注意，如果一个过程是在进程中调用的，且这个进程已列出了敏感参量表，则不能在此过程中使用 WAIT 语句。

在不同的调用环境中，可以有两种不同的语句方式对过程进行调用，即顺序语句方式或并行语句方式。对于前者，在一般的顺序语句自然执行过程中，一个过程被执行，则属于顺序语句方式，因为这时它只相当于一条顺序语句的执行；对于后者，一个过程相当于一个小的进程，当这个过程处于并行语句环境中时，其过程体中定义的任一 IN 或 INOUT 的目标参量（即数据对象：变量、信号、常数）发生改变时，将启动过程的调用，这时的调用是属于并行语句方式的。过程与函数一样可以重复调用或嵌套式调用。综合器一般不支持含有 Wait 语句的过程。以下是两个过程体的使用示例。

【程序 3-24】

```
PROCEDURE  prg1(VARIABLE value:INOUT BIT_VECTOR(0 TO 7)) IS
  BEGIN
   CASE value IS
    WHEN "0000" => value: "0101" ;
    WHEN "0101" => value: "0000" ;
    WHEN OTHERS => value: "1111" ;
   END CASE ;
    END PROCEDURE  prg1 ;
```

这个过程对具有双向模式变量的值 value 作了一个数据转换运算。

【程序 3-25】

```
PROCEDURE  comp ( a, r : IN REAL;
                       m : IN INTEGER ;
                  v1, v2: OUT REAL) IS
VARIABLE cnt : INTEGER ;
BEGIN
     v1 := 1.6 * a ;                          -- 赋初始值
     v2 := 1.0 ;                              -- 赋初始值
Q1 :  FOR  cnt  IN  1 TO m  LOOP
      v2 :=  v2 * v1 ;
   EXIT  Q1  WHEN  v2 > v1;                -- 当 v2 > v1，跳出循环 LOOP
 END LOOP Q1
```

```
    ASSERT (v2 < v1 )
        REPORT  "OUT OF RANGE"               -- 输出错误报告
            SEVERITY  ERROR ;
END PROCEDURE  comp   ;
```

在以上过程 comp 的参量表中，定义 a 和 r 为输入模式，数据类型为实数；m 为输入模式，数据类型为整数。这 3 个参量都没有以显式定义它们的目标参量类型，显然它们的默认类型都是常数。由于 v2、v1 定义为输入模式的实数，因此默认类型是变量。在过程 comp 的 LOOP 语句中,对 v2 进行循环计算直到 v2 大于 r，EXIT 语句中断运算,并由 REPORT 语句给出错误报告。

3.5.4 重载过程（OVERLOADED PROCEDURE）

两个或两个以上有相同的过程名和互不相同的参数数量及数据类型的过程称为重载过程。十分类似于重载函数，对于重载过程，也是靠参量类型来辨别究竟调用哪一个过程。

【程序 3-26】

```
PROCEDURE  calcu (  v1, v2 : IN REAL ;
                  SIGNAL out1 : INOUT INTEGER) ;
PROCEDURE  calcu (  v1, v2 : IN INTEGER ;
                  SIGNAL out1 : INOUT REAL) ;
...
calcu (20.15, 1.42, signl) ;         -- 调用第一个重载过程 calcu
calcu (23,  320, sign2 ) ;           -- 调用第二个重载过程 calcu
...
```

此例中定义了两个重载过程，它们的过程名、参量数目及各参量的模式是相同的，但参量的数据类型是不同的。第一个过程中定义的两个输入参量 v1 和 v2 为实数型常数，out1 为 INOUT 模式的整数信号；而第二个过程中 v1、v2 则为整数常数，out1 为实数信号。所以在下面过程调用中将首先调用第一个过程。

如前所述，在过程结构中的语句是顺序执行的，调用者在调用过程前应先将初始值传递给过程的输入参数，一旦调用，即启动过程语句按顺序自上而下执行过程中的语句，执行结束后，将输出值返回到调用者的“OUT”和“INOUT”所定义的变量或信号中。

另外，从程序 3-26 可见，过程的调用方式与函数完全不同。函数的调用中，是将所定义的函数作为语句中的一个因子，如一个操作数或一个赋值数据对象或信号等，而过程的调用，是将所定义的过程名作为一条语句来执行。

§3.6 库（LIBRARY）

在利用 VHDL 进行工程设计中，为了提高设计效率以及使设计遵循某些统一的语言标准或数据格式，有必要将一些有用的信息汇集在一个或几个库中以供调用。这些信息可以是预先定义好的数据类型、子程序等设计单元的集合体（程序包），或预先设计好的各种设计实体（元件库程序包）。因此，可以把库看成是一种用来存储预先完成的程序包、数据集合体和元件的仓库。如果要在一项 VHDL 设计中用到某一程序包，就必须在这项设计中预先打开这个程序包，使此设计能随时使用这一程序包中的内容。在综合过程中，每当综合器在较高层次的 VHDL 源文件中遇到库语言，就将随库指定的源文件读入，并参与综合。这就是说，在综合过程中，所要调用的库必须以 VHDL 源文件的方式存在，并能使综合器随时读入使用。为此必须在这一设计实体前使用库语句和 USE 语句（USE 语句将在后面介绍）。一般地，在 VHDL 程序中被声明打开的库和程序包，对于本项设计称为是可视的，那么这些库中的内容就可以被设计项目所调用。有些库被 IEEE 认可，成为 IEEE 库，IEEE 库存放了 IEEE 标准 1076 中标准设计单元，如 Synopsys 公司的 STD_LOGIC_UNSIGNED 程序包等。

通常，库中放置不同数量的程序包，而程序包中又可放置不同数量的子程序；子程序中又含有函数、过程、设计实体（元件）等基础设计单元。

VHDL 语言的库分为两类：一类是设计库，如在具体设计项目中设定的目录所对应的 WORK 库，另一类是资源库，资源库是常规元件和标准模块存放的库，如 IEEE 库。设计库对当前项目是默认可视的，无需用 LIBRARY 和 USE 等语句以显式声明。

库（LIBRARY）的语句格式如下：

```
LIBRARY  库名;
```

这一语句即相当于为其后的设计实体打开了以此库名命名的库，以便设计实体可以利用其中的程序包。如语句“ LIBRARY IEEE ;”表示打开 IEEE 库。

1. 库的种类

VHDL 程序设计中常用的库有以下几种：

- IEEE 库

IEEE 库是 VHDL 设计中最为常见的库，它包含有 IEEE 标准的程序包和其它一些支持工业标准的程序包。IEEE 库中的标准程序包主要包括 STD_LOGIC_1164、NUMERIC_BIT 和 NUMERIC_STD 等程序包。其中的 STD_LOGIC_1164 是最重要和最常用的程序包，大部分基于数字系统设计的程序包都是以此程序包中设定的标准为基础的。

此外，还有一些程序包虽非 IEEE 标准，但由于其已成事实上的工业标准，也都并入了 IEEE 库。这些程序包中，最常用的是 Synopsys 公司的 STD_LOGIC_ARITH、STD_LOGIC_SIGNED 和 STD_LOGIC_UNSIGNED 程序包，目前流行于我国的大多数 EDA 工具都支持 Synopsys 公司的程序包。一般基于大规模可编程逻辑器件的数字系统设计，IEEE 库中的 4 个程序包 STD_LOGIC_1164 、STD_LOGIC_ARITH 、STD_LOGIC_SIGNED 和 STD_LOGIC_UNSIGNED 已足够使用。另外需要注意的是，在 IEEE 库中符合 IEEE 标准的程序包并非符合 VHDL 语言标准，如 STD_LOGIC_1164 程序包。因此在使用 VHDL 设计实体的前面必须以显式表达出来。

• STD 库

VHDL 语言标准定义了两个标准程序包，即 STANDARD 和 TEXTIO 程序包（文件输入/输出程序包），它们都被收入在 STD 库中，只要在 VHDL 应用环境中，即可随时调用这两个程序包中的所有内容。即在编译和综合过程中，VHDL 的每一项设计都自动地将其包含进去了。由于 STD 库符合 VHDL 语言标准，在应用中不必如 IEEE 库那样以显式表达出来，如在程序中，以下的库使用语句是不必要的。

```
LIBRARY STD ;
USE STD.STANDARD.ALL ;
```

• WORK 库

WORK 库是用户的 VHDL 设计的现行工作库，用于存放用户设计和定义的一些设计单元和程序包，因而是用户的临时仓库，用户设计项目的成品、半成品模块，以及先期已设计好的元件都放在其中。WORK 库自动满足 VHDL 语言标准，在实际调用中，也不必以显式预先说明。基于 VHDL 所要求的 WORK 库的基本概念，在 PC 机或工作站上利用 VHDL 进行项目设计，不允许在根目录下进行，而是必须为此设定一个目录，用于保存所有此项目的设计文件，VHDL 综合器将此目录默认为 WORK 库。但必须注意，工作库并不是这个目录的目录名，而是一个逻辑名。综合器将指示器指向该目录的路径。VHDL 标准规定工作库总是可见的，因此，不必在 VHDL 程序中明确指定。

• VITAL 库

使用 VITAL 库，可以提高 VHDL 门级时序模拟的精度，因而只在 VHDL 仿真器中使用。库中包含时序程序包 VITAL_TIMING 和 VITAL_PRIMITIVES。VITAL 程序包已经成为 IEEE 标准，在当前的 VHDL 仿真器的库中，VITAL 库中的程序包都已经并到 IEEE 库中。实际上，由于各 FPGA/CPLD 生产厂商的适配工具（如 ispEXPERT Compiler，参见第 12 章）都能为各自的芯片生成带时序信息的 VHDL 门级网表，用 VHDL 仿真器仿真该网表可以得到非常精确的时序仿真结果。因此，基于实用的观点，在 FPGA/CPLD 设计开发过程中，一般并不需要 VITAL 库中的程序包。

除了以上提到的库外，EDA 工具开发商为了 FPGA/CPLD 开发设计上的方便，都有自己的扩展库和相应的程序包，如 DATAIO 公司的 GENERICS 库、DATAIO 库等，以及上面提到的 Synopsys 公司的一些库。

在 VHDL 设计中，有的 EDA 工具将一些程序包和设计单元放在一个目录下，而将此目录名（如“WORK”）作为库名，如 Synplicity 公司的 Synplify（详细用法可参见第 12 章）。有的 EDA 工具是通过配置语句结构来指定库和库中的程序包，这时的配置即成为一个设计实体中最顶层的设计单元。

此外，用户还可以自己定义一些库，将自己的设计内容或通过交流获得的程序包设计实体并入这些库中。

2. 库的用法

在 VHDL 语言中，库的说明语句总是放在实体单元前面。这样，在设计实体内的语句就可以使用库中的数据和文件。由此可见，库的用处在于使设计者可以共享已经编译过的设计成果。VHDL 允许在一个设计实体中同时打开多个不同的库，但库之间必须是相互独立的。

程序 3-22 中最前面的 3 条语句：

```
LIBRARY IEEE ;
USE IEEE.STD_LOGIC_1164.ALL ;
USE IEEE.STD_LOGIC_UNSIGNED.ALL ;
```

表示打开 IEEE 库，再打开此库中的 STD_LOGIC_1164 程序包和 STD_LOGIC_UNSIGNED 程序包的所有内容。由此可见，在实际使用中，库是以程序包集合的方式存在的，具体调用的是程序包中的内容，因此对于任一 VHDL 设计，所需从库中调用的程序包在设计中应是可见的（可调出的），即以明确的语句表达方式加以定义，库语句指明库中的程序包以及包中的待调用文件。

对于必须以显式表达的库及其程序包的语言表达式应放在每一项设计实体的最前面，成为这项设计的最高层次的设计单元。库语句一般必须与 USE 语句同用。库语句关键词 LIBRARY，指明所使用的库名。USE 语句指明库中的程序包。一旦说明了库和程序包，整个设计实体都可进入访问或调用，但其作用范围仅限于所说明的设计实体。VHDL 要求一项含有多个设计实体的更大的系统中，每一个设计实体都必须有自己完整的库说明语句和 USE 语句。

USE 语句的使用将使所说明的程序包对本设计实体部分或全部开放，即是可视的。USE 语句的使用有两种常用格式：

```
USE 库名.程序包名.项目名 ;
USE 库名.程序包名.ALL ;
```

第一语句格式的作用是，向本设计实体开放指定库中的特定程序包内所选定的项目。第二语句格式的作用是，向本设计实体开放指定库中的特定程序包内所有的内容。

合法的 USE 语句的使用方法是，将 USE 语句说明中所要开放的设计实体对象紧跟在 USE 语句之后。例如，语句

```
USE IEEE.STD_LOGIC_1164.ALL ;
```

表明打开 IEEE 库中的 STD_LOGIC_1164 程序包，并使程序包中所有的公共资源对于本语句后面的 VHDL 设计实体程序全部开放，即该语句后的程序可任意使用程序包中的公共资源。这里用到了关键词“ALL”，代表程序包中所有资源。

【程序 3-27】

```
LIBRARY IEEE ;
USE IEEE.STD_LOGIC_1164.STD_ULOGIC ;
```

```
USE IEEE.STD_LOGIC_1164.RISING_EDGE ;
```

此例中向当前设计实体开放了 STD_LOGIC_1164 程序包中的 RISING_EDGE 函数，但由于此函数需要用到数据类型 STD_ULOGIC，所以在上一条 USE 语句中开放了同一程序包中的这一数据类型。

§ 3.7 程序包（PACKAGE）

已在设计实体中定义的数据类型、子程序或数据对象对于其它设计实体是不可用的，或者说是不可见的。为了使已定义的常数、数据类型、元件调用说明以及子程序能被更多的 VHDL 设计实体方便地访问和共享，可以将它们收集在一个 VHDL 程序包中。多个程序包可以并入一个 VHDL 库中，使之适用于更一般的访问和调用范围。这一点对于大系统开发，多个或多组开发人员同步并行工作显得尤为重要。

程序包的内容主要由如下 4 种基本结构组成，因此一个程序包中至少应包含以下结构中的一种。

- 常数说明：在程序包中的常数说明结构主要用于预定义系统的宽度，如数据总线通道的宽度。
- VHDL 数据类型说明：主要用于在整个设计中通用的数据类型，例如通用的地址总线数据类型定义等（第 4 章将对数据类型作详细说明）。
- 元件定义：元件定义主要规定在 VHDL 设计中参与文件例化的文件（已完成的设计实体）对外的接口界面。
- 子程序：并入程序包的子程序有利于在设计中任一处进行方便地调用。

通常程序包中的内容应具有更大的适用面和良好的独立性，以供各种不同设计需求的调用，如 STD_LOGIC_1164 程序包定义的数据类型 STD_LOGIC 和 STD_LOGIC_VECTOR。一旦定义了一个程序包，各种独立的设计就能方便地调用。

定义程序包的一般语句结构如下：

```
PACKAGE  程序包名  IS                     --  程序包首
   程序包首说明部分
END  程序包名;

PACKAGE BODY  程序包名  IS                --  程序包体
程序包体说明部分以及包体内
END  程序包名;
```

程序包的结构由程序包的说明部分即程序包首和程序包的内容部分即程序包体两部分组成。一个完整的程序包中，程序包首的程序包名与程序包体的程序包名是同一个名字。如程序 3-21 所示的程序包 STD_LOGIC_UNSIGNED 是程序包组成结构的一个很好的示例。

1. 程序包首

程序包首的说明部分可收集多个不同的 VHDL 设计所需的公共信息，其中包括数据类型说明、信号说明、子程序说明及元件说明等。所有这些信息虽然也可以在每一个设计实体中进行逐一单独的定义和说明，但如果将这些经常用到的，并具有一般性的说明定义放在程序包中供随时调用，显然可以提高设计的效率和程序的可读性。

在程序包结构中，程序包体并非总是必须的，程序包首也可以独立定义和使用。

【程序 3-28】

```
PACKAGE pacl IS                                    -- 程序包首开始
  TYPE byte IS RANGE 0 TO 255 ;                    -- 定义数据类型 byte
  SUBTYPE nibble IS byte RANGE 0 TO 15 ;           -- 定义子类型 nibble
CONSTANT byte_ff  : byte := 255 ;                  -- 定义常数 byte_ff
SIGNAL addend : nibble ;                           -- 定义信号 addend
COMPONENT byte_adder                               -- 定义元件
PORT( a, b : IN byte ;
       c : OUT byte ;
  overflow : OUT BOOLEAN ) ;
  END COMPONENT ;
  FUNCTION my_function (a : IN byte) Return byte ; -- 定义函数
END pacl ;                                         -- 程序包首结束
```

这显然是一个程序包首，其程序包名是 pacl，在其中定义了一个新的数据类型 byte 和一个子类型 nibble；接着定义了一个数据类型为 byte 的常数 byte_ff 和一个数据类型为 nibble 的信号 addend；还定义了一个元件和函数。由于元件和函数必须有具体的内容，所以将这些内容安排在程序包体中。如果要使用这个程序包中的所有定义，可利用 USE 语句按如下方式获得访问此程序包的方法。

```
LIBRARY WORK ;
USE WORK.pacl.ALL ;
ENTITY ...
ARCHITHCYURE ...
      ...
```

由于 WORK 库是默认打开的，所以可省去 LIBRARY WORK 语句，只要加入相应的 USE 语句即可。程序 3-29 是另一个在现行 WORK 库中定义程序包并立即使用的示例。

【程序 3-29】

```
PACKAGE  seven IS
    SUBTYPE segments is BIT_VECTOR(0 TO 6) ;
    TYPE bcd IS RANGE 0 TO 9 ;
END seven ;
USE WORK.seven.ALL ;
ENTITY decoder IS
    PORT (input: bcd; drive : out segments) ;
END decoder ;
ARCHITECTURE simple OF decoder IS
```

```
BEGIN
   WITH input SELECT
      drive <= B"1111110"  WHEN 0 ,
               B"0110000"  WHEN 1 ,
               B"1101101"  WHEN 2 ,
               B"1111001"  WHEN 3 ,
               B"0110011"  WHEN 4 ,
               B"1011011"  WHEN 5 ,
               B"1011111"  WHEN 6 ,
               B"1110000"  WHEN 7 ,
               B"1111111"  WHEN 8 ,
               B"1111011"  WHEN 9 ,
               B"0000000"  WHEN  OTHERS ;
END simple ;
```

此例是一个可以直接综合的 4 位 BCD 码向 7 段译码显示码转换的 VHDL 描述。此例在程序包 seven 中定义了两个新的数据类型 segments 和 bcd。在 7 段显示译码器 decoder 的实体描述中即使用了这两个数据类型。由于 WORK 库默认是打开的，程序中只加入了 USE 语句。

2. 程序包体

程序包体将包括在程序包首中已定义的子程序的子程序体。程序包体说明部分的组成内容可以是 USE 语句（允许对其它程序包的调用）、子程序定义、子程序体、数据类型说明、子类型说明和常数说明等。对于没有具体子程序说明的程序包体可以省去。

如程序 3-28 所示，如果仅仅是定义数据类型或定义数据对象等内容，程序包体是不必要的，程序包首可以独立地被使用；但在程序包中若有子程序说明时，则必须有对应的子程序包体。这时，子程序体必须放在程序包体中。

程序包常用来封装属于多个设计单元分享的信息。

常用的预定义的程序包有：

- STD_LOGIC_1164 程序包

STD_LOGIC_1164 程序包是 IEEE 库中最常用的程序包，是 IEEE 的标准程序包。其中包含了一些数据类型、子类型和函数的定义，这些定义将 VHDL 扩展为一个能描述多值逻辑（即除具有“0”和“1”以外还有其它的逻辑量，如高阻态“Z”、不定态“X”等）的硬件描述语言，很好地满足了实际数字系统的设计需求。STD_LOGIC_1164 程序包中用得最多和最广的是定义了满足工业标准的两个数据类型 STD_LOGIC 和 STD_LOGIC_VECTOR，它们非常适合于 FPGA/CPLD 器件中多值逻辑设计结构。

- STD_LOGIC_ARITH 程序包

STD_LOGIC_ARITH 预先编译在 IEEE 库中，是 Synopsys 公司的程序包。此程序包在 STD_LOGIC_1164 程序包的基础上扩展了 3 个数据类型 UNSIGNED、SIGNED 和 SMALL_INT，并为其定义了相关的算术运算符和转换函数。

• STD_LOGIC_UNSIGNED和STD_LOGIC_SIGNED程序包

STD_LOGIC_UNSIGNED 和 STD_LOGIC_SIGNED 程序包都是 Synopsys 公司的程序包，都预先编译在 IEEE 库中。这些程序包重载了可用于 INTEGER 型及 STD_LOGIC 和 STD_LOGIC_VECTOR型混合运算的运算符，并定义了一个由STD_LOGIC_VECTOR型到INTEGER型的转换函数。这两个程序包的区别是，STD_LOGIC_SIGNED 中定义的运算符考虑到了符号，是有符号数的运算。

程序包STD_LOGIC_ARITH、STD_LOGIC_UNSIGNED和STD_LOGIC_SIGNED虽然未成为IEEE标准，但已经成为事实上的工业标准，绝大多数的VHDL综合器和VHDL仿真器都支持它们。

• STANDARD和TEXTIO程序包

以上已经提到了 STANDARD 和 TEXTIO 程序包，它们都是 STD 库中的预编译程序包。STANDARD程序包中定义了许多基本的数据类型、子类型和函数。由于STANDARD程序包是VHDL标准程序包，实际应用中已隐性地打开了，所以不必再用USE语句另作声明。TEXTIO程序包定义了支持文本文件操作的许多类型和子程序。在使用本程序包之前，需加语句USE STD.TEXTIO.ALL 。

TEXTIO 程序包主要仅供仿真器使用。可以用文本编辑器建立一个数据文件，文件中包含仿真时需要的数据，然后仿真时用 TEXTIO 程序包中的子程序存取这些数据。在 VHDL 综合器中，此程序包被忽略。

§ 3.8 配置（CONFIGURATION）

配置可以把特定的结构体关联到（指定给）一个确定的实体。正如“配置”一词本身的含义一样，配置语句就是用来为较大的系统设计提供管理和工程组织的。通常在大而复杂的 VHDL 工程设计中，配置语句可以为实体指定或配属一个结构体，如可以利用配置使仿真器为同一实体配置不同的结构体以使设计者比较不同结构体的仿真差别，或者为例化的各元件实体配置指定的结构体，从而形成一个所希望的例化元件层次构成的设计实体。

配置也是 VHDL 设计实体中的一个基本单元，在综合或仿真中，可以利用配置语句为确定整个设计提供许多有用信息。例如对以元件例化的层次方式构成的 VHDL 设计实体，就可以把配置语句的设置看成是一个元件表，以配置语句指定在顶层设计中的每一元件与一特定结构体相衔接，或赋予特定属性。配置语句还能用于对元件的端口连接进行重新安排等。VHDL 综合器允许将配置规定对一个设计实体中的最高层设计单元，但只支持对最顶层的实体进行配置。但是，通常情况下，配置主要用在VHDL的行为仿真中。

配置语句的一般格式如下：

```
CONFIGURATION 配置名 OF 实体名 IS
   配置说明
 END 配置名;
```

配置主要为顶层设计实体指定结构体，或为参与例化的元件实体指定所希望的结构体，以层次方式来对元件例化作结构配置。如前所述，每个实体可以拥有多个不同的结构体，而每个结构体的地位是相同的，在这种情况下，可以利用配置说明为这个实体指定一个结构体。程序 3-30 是一个配置的简单方式应用，即在一个描述与非门 nand 的设计实体中会有两个以不同的逻辑描述方式构成的结构体，用配置语句来为特定的结构体需求作配置指定。

【程序 3-30】

```
LIBRARY IEEEE ;
USE IEEE.STD_LOGIC_1164.ALL ;
ENTITY nand IS
   PORT (a : IN STD_LOGIC ;
         b : IN STD_LOGIC ;
         c : OUT STD_LOGIC ) ;
END ENTITY nand ;
ARCHITECTURE one OF nand IS
  BEGIN
   c <= NOT (a AND b) ;
  END ARCHITECTURE one ;
ARCHITECTURE two OF nand IS
   BEGIN
     c <= '1' WHEN (a = '0')AND(b = '0') ELSE
          '1' WHEN (a = '0')AND(b = '1') ELSE
          '1' WHEN (a = '1')AND(b = '0') ELSE
          '0' WHEN (a = '1')AND(b = '1') ELSE
          '0';
   END ARCHITECTURE two ;
CONFIGURATION second OF nand IS
   FOR two
   END FOR ;
  END second ;
  CONFIGURATION first OF nand IS
   FOR one
   END FOR ;
END first ;
```

在程序 3-30 中若指定配置名为 second，则为实体 nand 配置的结构体为 two；若指定配置名为 first，则为实体 nand 配置的结构体为 one。这两种结构的描述方式是不同的，但具有相同的逻辑功能。

如果将程序 3-30 中的配置语句全部除去，则可以用此具有两个结构体的实体 nand 构成另一个更高层次设计实体中的元件，并由此设计实体中的配置语句来指定元件实体 nand 使用哪一个结构体。程序 3-31 就是利用程序 3-30 的文件 nand 实现 RS 触发器设计的。最后利用配置语句指定元件实体 nand 中的第二个结构体 two 来构成 nand 的结构体。

【程序 3-31】

```
LIBRARY LEEE;
USE LEEEE.STD_LOGIC_1164.ALL ;
```

```
ENTITY rs1 IS
  PORT (   r : IN STD_LOGIC ;
           s : IN STD_LOGIC ;
           q : OUT STD_LOGIC ;
          qf : OUT STD_LOGIC) ;
END rs1 ;
ARCHITECTURE rsf OF rs1 IS
COMPONENT nand
  PORT ( a : IN STD_LOGIC ;
         b : IN STD_LOGIC ;
         c : OUT STD_LOGIC ;
 END COMPONENT ;
BEGIN
  U1:  nand PORT MAP ( a => s, b => qf, c => q ) ;
  U2:  nand PORT MAP ( a => q, b => r, c => qf ) ;
END rsf  ;
CONFIGURATION sel OF rs1 IS
  FOR rsf
     FOR  u1, u2 : nand
     USE ENTITY WORK.nand( two ) ;
     END FOR ;
   END FOR ;
END sel ;
```

这里假设与非门的设计实体已进入工作库 WORK。

【习题】

3-1 简述实体（ENTITY）描述与原理图的关系、结构体描述与原理图的关系。

3-2 子程序调用与元件例化有何区别？函数与过程在具体使用上有何不同？

3-3 VHDL 自上而下系统设计功能的语言结构的基石是什么？

3-4 是否有这样的可能，PROCESS 的运行状态已结束，即已从运行状态进入等待状态，而 PROCESS 中的某条赋值语句尚未完成赋值操作？为什么？从行为仿真和电路实现两方面来谈。

3-5 类属参量与常数有何区别？与原理图输入法相比，类属参量语句的特点为 VHDL 程序设计带来怎样的便利？

3-6 什么是重载函数？重载算符有何用处？如何调用重载算符函数？

3-7 写出 8 位锁存器（如 74LS373）的实体，输入为 D、CLOCK 和 OE，输出为 Q。

3-8 画出与下例实体描述对应的原理图符号：

(1)

```
ENTITY buf3s IS                           -- 三态缓冲器
   PORT (input : IN STD_LOGIC ;           -- 输入端
         Enable : IN STD_LOGIC ;          -- 使能端
         output : OUT STD_LOGIC ) ;       -- 输出端
```

```
END buf3x ;
(2)
ENTITY mux21 IS                          -- 2 选 1 多路选择器
   PORT (in0,                            -- 数据输入 0
         in1,                               -- 数据输入 1
         sel :  IN STD_LOGIC;               -- 选择信号输入
         output : OUT STD_LOGIC);          -- 输出
END mux21 ;
```

3-9　根据图 3-4 写出相应的 VHDL 的结构体（内部信号名由读者自己定义）。

3-10　根据如下的 VHDL 描述画出相应的原理图：

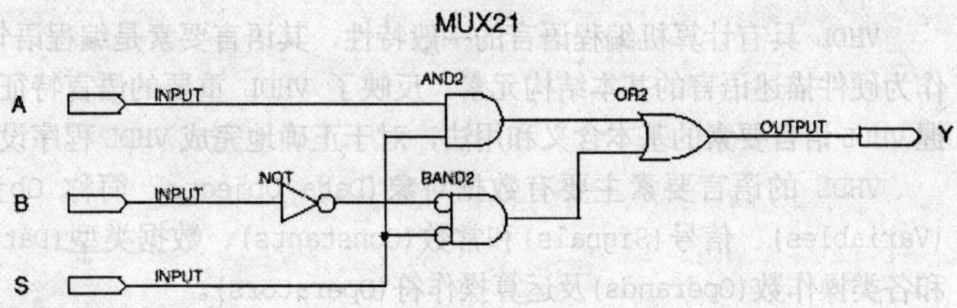

图　3-4

```
ENTITY dlatch IS
   PORT( d, cp : IN STD_LOGIC ;
         q, qn : BUFFER STD_LOGIC ) ;
END dlatch ;
ARCHITECTURE one OF dlatch IS
   SINGAL n1, n2 : STD_LOGIC ;
BEGIN
   n1<= (NOT d) NAND cp ;
   n2<= d NAND cp ;q <= qn NAND n1 ;  qn <= q NAND n2 ;
END one ;
```

3-11　下面是一个简单的 VHDL 描述，请画出其实体（ENTITY）对应的原理图符号，并画出与结构体相应的电路原理图。

```
ENTITY SN74LS20 IS
   PORT ( I1A, I1B, I1C, I1D : IN STD_LOIGC ;
          I2A, I2B, I2C, I2D : IN STD_LOIGC ;
          O1, O2 : OUT STD_LOGIC  ) ;
END SN74LS20 ;
ARCHITECTURE struc OF SN74LS20 IS
BEGIN
   O1 <= NOT (I1A AND I1B AND I1C AND I1D) ;
   O2 <= NOT (I1A AND I1B AND I1C AND I1D) ;
END struc;
```

3-12　在 VHDL 程序中配置有何用处？

3-13　嵌套 BLOCK 的可视性规则是什么？以嵌套 BLOCK 的语句方式设计 3 个并列的 3 输入或门。

3-14　叙述函数与过程的异同点、过程与进程的异同点。

第 4 章 VHDL 语言要素

VHDL 具有计算机编程语言的一般特性，其语言要素是编程语句的基本单元，是 VHDL 作为硬件描述语言的基本结构元素，反映了 VHDL 重要的语言特征。准确无误地理解和掌握 VHDL 语言要素的基本含义和用法，对于正确地完成 VHDL 程序设计十分重要。

VHDL 的语言要素主要有数据对象(Data Objects，简称 Objects)，其中包括变量(Variables)、信号(Signals)和常数(Constants)、数据类型(Data Types，简称 Types)和各类操作数(Operands)及运算操作符(Operators)。

§4.1 VHDL 文字规则

与其它计算机高级语言一样，VHDL 也有自己的文字规则，在编程中需认真遵循。除了具有类似于计算机高级语言编程的一般文字规则外，VHDL 还包含特有的文字规则和表达方式。VHDL 文字(Literal)主要包括数值和标识符。数值型文字所描述的值主要有数字型、字符串型、位串型。

1. 数字型文字

数字型文字的值有多种表达方式，现列举如下：

- 整数文字：整数文字都是十进制的数，如：

```
5,  678,  0,  156E2(=15600),  45_234_287 (=45234287)
```

数字间的下划线仅仅是为了提高文字的可读性，相当于一个空的间隔符，而没有其它的意义，因而不影响文字本身的数值。

- 实数文字：实数文字也都是十进制的数，但必须带有小数点，如：

```
188.993,  88_670_551.453_909(=88670551.453909) ,  1.0
44.99E-2(=0.4499) ,  1.335 ,  0.0
```

- 以数制基数表示的文字：用这种方式表示的数由 5 个部分组成。第一部分，用十进制数标明数制进位的基数；第二部分，数制隔离符号“#”；第三部分，表达的文字；第四部分，指数隔离符号“#”；第五部分，用十进制表示的指数部分，这一部分的数如果为 0 可以省去不写。

现举例如下：

```
...
SIGNAL d1,d2,d3,d4,d5, : INTEGER RANGE 0 TO 255;
d1 <= 110#170# ;          -- 十进制表示，等于 170
d2 <= 16#FE#    ;         -- 十六进制表示，等于 254
d3 <= 2#1111_1110#;       -- 二进制表示，等于 254
d4 <= 8#376#      ;       -- 八进制表示，等于 254
d5 <= 16#E#E1      ;      -- 十六进制表示，等于 2#1110000#，等于 224
...
```

• 物理量文字(VHDL 综合器不接受此类文字)。如：

60s (60 秒)，100m (100 米)，1kΩ (1 千欧姆)，177A (177 安培)

2. 字符串型文字

字符是用单引号引起来的 ASCII 字符，可以是数值，也可以是符号或字母，如：

'R'，'a'，'*'，'Z'，'U'，'0'，'11'，'-'，'L' …

如可用字符来定义一个新的数据类型：

```
TYPE STD_ULOGIC IS ( 'U', 'X', '0', '1', 'W', 'L', 'H', '-' )
```

字符串则是一维的字符数组，需放在双引号中。有两种类型的字符串：数位字符串和文字字符串。

(1) 文字字符串

文字字符串是用双引号引起来的一串文字，如：

"ERROR"　，　"Both S and Q equal to 1"　，　"X"　，　"BB$CC"

(2) 数位字符串

数位字符串也称位矢量，是预定义的数据类型 Bit 的一位数组。数位字符串与文字字符串相似，但所代表的是二进制、八进制或十六进制的数组。它们所代表的位矢量的长度即为等值的二进制数的位数。字符串数值的数据类型是一维的枚举型数组。与文字字符串表示不同，数位字符串的表示首先要有计算基数，然后将该基数表示的值放在双引号中，基数符以“B”、“O”和“X”表示，并放在字符串的前面。它们的含义分别是：

• B：二进制基数符号，表示二进制位 0 或 1，在字符串中的每一个位表示一个 Bit。

• O：八进制基数符号，在字符串中的每一个数代表一个八进制数，即代表一个 3 位(BIT)的二进制数。

• X：十六进制基数符号(0～F)，代表一个十六进制数，即代表一个 4 位的二进制数。

例如：

```
data1 <= B"1_1101_1110"        -- 二进制数数组，位矢数组长度是 9
data2 <= O"15"                 -- 八进制数数组，位矢数组长度是 6
data3 <= X"AD0"                -- 十六进制数数组，位矢数组长度是 12
data4 <= B"101_010_101_010"    -- 二进制数数组，位矢数组长度是 12
```

```
data5 <= "101_010_101_010"        --表达错误，确 B
data6 <= "0AD0"                   --表达错误，确 X
```

3. 标识符

标识符是最常用的操作符，标识符可以是常数、变量、信号、端口、子程序或参数的名字。VHDL 基本标识符的书写遵守如下规则：

- 有效的字符：英文字母包括 26 个大小写字母：a～z，A～Z；数字包括 0～9 以及下划线“_”。
- 任何标识符必须以英文字母开头。
- 必须是单一下划线“_”，且其前后都必须有英文字母或数字。
- 标识符中的英语字母不分大小写。

VHDL’93 标准还支持扩展标识符：

- 扩展标识符以反斜杠来界定，可以以数字打头，如\74LS373\ 、\Hello World\ 都是合法的标识符。
- 允许包含图形符号(如回车符、换行符等)，也允许包含空格符。如\IRDY#\ 、\C/BE\ 、\A or B\ 等都是合法的标识符。
- 两个反斜杠之前允许有多个下划线相邻，扩展标识符要分大小写。扩展标识符与短标识符不同。扩展标识符如果含有一个反斜杠，则用两个反斜杠来代替它。

支持扩展标识符的目的是免受 1987 标准中的短标识符的限制，描述起来更为直观和方便。但是目前仍有许多 VHDL 工具不支持扩展标识符。

以下是几种标识符的示例：

合法的标识符：

```
Decoder_1 , FFT , Sig_N , Not_Ack , State0 , Idle
```

非法的标识符：

```
_Decoder_1       -- 起始为非英文字母
2FFT             -- 起始为数字
Sig_#N           -- 符号“#”不能成为标识符的构成
Not-Ack          -- 符号“-” 不能成为标识符的构成
RyY_RST_         -- 标识符的最后不能是下划线“_”
data_ _BUS       -- 标识符中不能有双下划线
return           -- 关键词
```

4. 下标名

下标名用于指示数组型变量或信号的某一元素。下标段名则用于指示数组型变量或信号的某一段元素。下标名的语句格式如下：

标识符(表达式)

标识符必须是数组型的变量或信号的名字，**表达式**所代表的值必须是数组下标范围中的一个值，这个值将对应数组中的一个元素。

如果这个表达式是一个可计算的值，则此操作数可很容易地进行综合。如果是不可计算的，则只能在特定的情况下综合，且耗费资源较大。

下例的两个下标名中一个是m，属不可计算，另一个是3，属可计算的。

```
SIGNAL  a, b : BIT_VECTOR (0 TO 3) ;
SIGNAL  m    : INTEGER  RANGE 0 TO 3 ;
SIGNAL  y, z : BIT ;
y <= a(m) ;                --  不可计算型下标表示
z <= b(3) ;                --  可计算型下标表示
```

5. 段名

段名即多个下标名的组合，段名将对应数组中某一段的元素。段名的表达形式是：

标识符(表达式 方向 表达式)

这里的标识符必须是数组类型的信号名或变量名，每一个表达式的数值必须在数组元素下标号范围以内，并且必须是可计算的(立即数)。方向用TO或者DOWNTO来表示。TO表示数组下标序列由低到高，如(2 TO 8)；DOWNTO表示数组下标序列由高到低，如(8 DOWNTO 2)，所以段中两表达式值的方向必须与原数组一致。

下例各信号分别以段的方式进行赋值，内部则按对应位的方式分别进行赋值：

```
SIGNAL a, z : BIT_VECTOR (0 TO 7) ;
SIGNAL b    : STD_LOGIC_VECTOR (4 DOWNTO 0) ;
SIGNAL c    : STD_LOGIC_VECTOR (0 TO 4) ;
SIGNAL e    : STD_LOGIC_VECTOR (0 TO 3) ;
SIGNAL d    : STD_LOGIC ;
...
z(0 TO 3) <= a(4 TO 7) ; --赋值对应：z (0) <=a(4)、z (1) <=a(5)、...
z(4 TO 7) <= a(0 TO 3) ;
b(2) <= '1';
b(3 DOWNTO 0) <= "1010"; --赋值对应：b (3) <='1'、b (2) <='0'、...
c(0 TO 3) <= "0110";
c(2) <= d ;
c <= b ; --即c(0 TO 4)<=b(4 DOWNTO 0)，对应：c (0) <=b(4)、c (1) <=b(3)、...
e <= c ;               --错误，双方位矢长度不等！
e <= c (0 TO 3)  ;  --正确！
e <= c (1 TO 4)  ;  --正确！
```

§ 4.2 VHDL数据对象

在VHDL中，数据对象(Data Objects)类似于一种容器，它接受不同数据类型的赋值。数据对象有3类，即变量(VARIABLE)、常量(CONSTANT)和信号(SIGNAL)。前两种可以从传统的计算机高级语言中找到对应的数据类型，其语言行为与高级语言中的变量和常量十分相似。但信号这一数据对象比较特殊，它具有更多的硬件特征，是 VHDL 中最有特色的语言要素之一。

从硬件电路系统来看，变量和信号相当于组合电路系统中门与门间的连线及其连线上的信号值；常量相当于电路中的恒定电平，如 GND 或 VCC 接口。从行为仿真和 VHDL 语句功能上看，信号与变量具有比较明显的区别，其差异主要表现在接受和保持信号的方式和信息保持与转递的区域大小上。例如信号可以设置传输延迟量，而变量则不能；变量只能作为局部的信息载体，如只能在所定义的进程中有效，而信号则可作为模块间的信息载体，如在结构体中各进程间传递信息。变量的设置有时只是一种过渡，最后的信息传输和界面间的通信都靠信号来完成。综合后的 VHDL 文件中信号将对应更多的硬件结构。但需注意的是，对于信号和变量的认识单从行为仿真和语法要求的角度去认识是不完整的。事实上，在许多情况下，综合后所对应的硬件电路结构中信号和变量并没有什么区别，例如在满足一定条件的进程中，综合后它们都能引入寄存器。其关键在于，它们都具有能够接受赋值这一重要的共性，而 VHDL 综合器并不理会它们在接受赋值时存在的延时特性(只有 VHDL 行为仿真器才会考虑这一特性差异)。

此外还应注意，尽管 VHDL 仿真器允许变量和信号设置初始值，但在实际应用中，VHDL 综合器并不会把这些信息综合进去。这是因为实际的 FPGA/CPLD 芯片在上电后，并不能确保其初始状态的取向。因此，对于时序仿真来说，设置的初始值在综合时是没有实际意义的。

4.2.1 变量(VARIABLE)

在 VHDL 语法规则中，变量是一个局部量，只能在进程和子程序中使用。变量不能将信息带出对它作出定义的当前设计单元。变量的赋值是一种理想化的数据传输，是立即发生，不存在任何延时的行为。VHDL 语言规则不支持变量附加延时语句。变量常用在实现某种算法的赋值语句中。

定义变量的语法格式如下：

```
VARIABLE 变量名: 数据类型 := 初始值 ;
```

例如变量定义语句：

```
VARIABLE  a : INTEGER ;
VARIABLE  b, c : INTEGER := 2 ;
VARIABLE  d : STD_LOGIC ;
```

分别定义 a 为整数型变量；b 和 c 也为整数型变量，初始值为 2；d 为标准位变量。

变量作为局部量，其适用范围仅限于定义了变量的进程或子程序中。仿真过程中惟一的例外是共享变量。变量的值将随变量赋值语句的运算而改变。变量定义语句中的初始值可以是一个与变量具有相同数据类型的常数值，也可以是一个全局静态表达式，这个表达式的数据类型必须与所赋值的变量一致。此初始值不是必需的，综合过程中综合器将略去所有的初始值。

变量赋值语句的语法格式如下：

目标变量名 := 表达式 ;

变量赋值符号是“:=”，变量数值的改变是通过变量赋值来实现的。赋值语句右方的**表达式**必须是一个与**目标变量**具有相同数据类型的数值，这个表达式可以是一个运算表达式，也可以是一个数值。通过赋值操作，新的变量值的获得是立刻发生的。变量赋值语句左边的目标变量可以是单值变量，也可以是一个变量的集合，即数组型变量。

程序 4-1 表达了变量不同的赋值方式，请注意它们数据类型的一致性。

【程序 4-1】

```
VARIABLE  x, y : REAL ;
VARIABLE  a, b : BIT_VECTOR( 0 TO 7 ) ;
x := 100.0 ;                                    -- 实数赋值，x 是实数变量
y := 1.5+x ;                                    -- 运算表达式赋值，y 也是实数变量
a := b ;
a := "1010101" ;                      -- 位矢量赋值，a 的数据类型是位矢量
a (3 TO 6) :=  ( '1', '1', '0', '1') ; -- 段赋值，注意赋值格式！
a (0 TO 5) :=  b (2 TO 7) ;
a (7) := '0' ;                                 -- 位赋值
```

程序 4-1 中 a 和 b 是以变量数组的方式定义的，它们的位宽都为 8，即分别含有 8 个单变量 a (0) 、a (1) … a (7)和 b (0)、b (1)…b (7)，赋值方式也可以是多种多样的。

VHDL' 93 支持共享变量，共享变量具有某种全局性特征，它可以在进程和子程序之外定义，也可以在结构体、块或程序包中定义。以下是共享变量定义示例：

```
SHARED VARIABLE  fre: BOOLEAN := true ;
```

但是，目前多数 VHDL 仿真器和综合器都不支持共享变量。

4.2.2 信号(SIGNAL)

信号是描述硬件系统的基本数据对象，它类似于连接线。信号可以作为设计实体中并行语句模块间的信息交流通道（交流来自顺序语句结构中的信息）。在 VHDL 中，信号及其相关的信号赋值语句、决断函数、延时语句等很好地描述了硬件系统的许多基本特征。如硬件系统运行的并行性、信号传输过程中的惯性延迟特性、多驱动源的总线行为等。

信号作为一种数值容器，不但可以容纳当前值，也可以保持历史值。这一属性与触发器的记忆功能有很好的对应关系，因此它又类似于 ABEL 语言中定义了“REG”的节点 NODE 的功能，只是不必注明信号上数据流动的方向。信号定义的语句格式与变量非常相似，信号定义也可以设置初始值，它的定义格式如下：

SIGNAL 信号名: 数据类型 := 初始值 ;

同样，信号**初始值**的设置不是必需的，而且初始值仅在 VHDL 的行为仿真中有效。与变量相比，信号的硬件特征更为明显，它具有全局性特征。例如，在程序包中定义的信号，

对于所有调用此程序包的设计实体都是可见（可直接调用的）的；在实体中定义的信号，在其对应的结构体中都是可见的。

事实上，除了没有方向说明以外，信号与实体的端口(Port)概念是一致的。对于端口来说，其区别只是输出端口不能读入数据，输入端口不能被赋值。信号可以看成是实体内部的端口。反之，实体的端口只是一种隐形的信号，端口的定义实质上是作了隐式的信号定义，并附加了数据流动的方向。信号本身的定义是一种显式的定义。因此，在实体中定义的端口，在其结构体中都可以看成是一个信号，并加以使用，而不必另作定义。以下是信号的定义示例：

```
SIGNAL  temp : STD_LOGIC := 0 ;
SIGNAL  flaga, flagb : BIT ;
SIGNAL  data : STD_LOGIC_VECTOR(15 DOWNTO 0 ) ;
SIGNAL  a : INTEGER RANGE 0 TO 15;
```

此例中第一组定义了一个单值信号 temp，数据类型是标准位 STD_LOGIC ，信号初始值为低电平；第二组定义了两个数据类型为位 BIT 的信号 flaga 和 flagb；第三组定义了一个位矢量信号或者说是总线信号，或数组信号；数据类型是标准位矢 STD_LOGIC_VECTOR，共有 16 个信号元素；最后一组定义信号 a 的数据类型是整数，变化范围是 0～15。

以下示例定义的信号数据类型是设计者自行定义的，这是 VHDL 所允许的：

```
TYPE four IS  ( 'X', '0', '1', 'Z' ) ;
SIGNAL  s1 : four ;
SIGNAL  s2 : four :=  'X' ;
SIGNAL  s3 : four :=  '1' ;
```

示例中定义的 3 个信号的数据类型都是人为定义的 four，TYPE 是由用户自行定义新的数据类型的关键词，由 four 的取值范围可见，并没有超出 STD_LOGIC 的范围。信号 s1 的初始值取为默认值，VHDL 规定初始值的默认值取 LEFT'most 项，即数组中的最左项，在此例中是'X'（任意状态）。信号 s2 的初始值取值以显性的方式表达，设为'X'；信号 s3 的初始值取为 '1'，即高电平。

此外需要注意，信号的使用和定义范围是实体、结构体和程序包。在进程和子程序中不允许定义变量。信号可以有多个驱动源，或者说是赋值信号源，但必须将此信号的数据类型定义为决断性数据类型。

需要特别注意的是，在进程中，只能将信号列入敏感表，而不能将变量列入敏感表。可见进程只对信号敏感，而对变量不敏感，这是因为，只有信号才能把进程外的信息带入进程内部。

当信号定义了数据类型和表达方式后，在 VHDL 设计中就能对信号进行赋值了。信号的赋值语句表达式如下：

```
目标信号名 <= 表达式 ;
```

这里的表达式可以是一个运算表达式，也可以是数据对象(变量、信号或常量)。符号“<=”表示赋值操作，即将数据信息传入。数据信息的传入可以设置延时量。因此目标

信号获得传入的数据并不是即时的。即使是零延时（不作任何显式的延时设置），也要经历一个特定的延时过程(延时概念在第 8 章中介绍)。因此，符号“<=”两边的数值并不总是一致的，这与实际器件的传播延迟特性十分接近，显然与变量的赋值过程有很大差别。所以，赋值符号用“<=”而非“:=”。但须注意，信号的初始赋值符号仍是“:=”，这是因为仿真的时间坐标是从初始赋值开始的，在此之前无所谓延时时间。以下是 3 个赋值语句示例：

```
x <= 9 ;
y <= x ;
z <= x AFTER 5ns ;
```

第三句信号的赋值是在 5ns 后将 x 赋予 z 的，关键词 AFTER 后是延迟时间值，在这一点上，与变量的赋值很不相同。尽管如前所述，综合器在综合过程中将略去所设的延时值，但是即使没有利用 AFTER 关键词设置信号的赋值延时值，任何信号赋值都是存在延时的。在综合后的功能仿真中，信号或变量间的延时是看成零延时的，但为了给信息传输的先后作出符合逻辑的排序，将自动设置一个小的延时量，即所谓的δ 延时量。δ 延时量在仿真中，即一个 VHDL 模拟器的最小分辨时间。

信号的赋值可以出现在一个进程中，也可以直接出现在结构体中的并行语句结构中，但它们运行的含义是不一样的。前者属顺序信号赋值，这时的信号赋值操作要视进程是否已被启动，后者属并行信号赋值，其赋值操作是各自独立并行地发生的。

在进程中，可以允许同一信号有多个驱动源(赋值源)，即在同一进程中存在多个同名的信号被赋值，其结果只有最后的赋值语句被启动，并进行赋值操作。例如：

【程序 4-2】

```
  ...
SIGNAL a, b, c, y, z: INTEGER ;
  ...
PROCESS (a, b, c)
BEGIN
  y <= a * b ;
  z <= c - x ;
  y <= b ;
END PROCESS ;
  ...
```

此例的进程中，a、b、c 被列入进程敏感表，当进程运行后，信号赋值将自上而下顺序执行，但第一项赋值操作并不会发生，这是因为 y 的最后一项驱动源是 b，因此 y 被赋值 b。

在结构体中(包括块中)的并行信号赋值语句的运行是独立于结构体中的其他语句的，每当驱动源改变，都会引发并行赋值操作。以下是一半加器结构体的逻辑描述。

【程序 4-3】

```
ARCHITECTURE fun1 OF adder_h IS
BEGIN
      sum <= a XOR b  ;
```

```
    carry <= a AND b ;
END ARCHITECTURE  fun1 ;
```

在此例中，每当 a 或 b 的值发生改变，两个赋值语句将被同时并行启动，并将新值分别赋予 sum 和 carry。

读者可以通过第 9 章的程序 9-8、程序 9-9 和程序 9-25 进一步了解变量和信号的使用特点及其它们之间的不同之处。

4.2.3 常数(CONSTANT)

常数的定义和设置主要是为了使设计实体中的常数更容易阅读和修改。例如，将位矢的宽度定义为一个常量，只要修改这个常量就能很容易地改变宽度，从而改变硬件结构。在程序中，常量是一个恒定不变的值，一旦作了数据类型和赋值定义后，在程序中不能再改变，因而具有全局性意义。常量的定义形式与变量十分相似，其形式如下：

```
CONSTANT  常数名：数据类型 := 表达式 ;
```

例如：

```
CONSTANT  fbus : BIT_VECTOR := "010115" ;   --位矢数据类型
CONSTANT  Vcc : REAL := 5.0 ;               --实数数据类型
CONSTANT  dely : TIME := 25ns ;             --时间数据类型
```

VHDL 要求所定义的常量数据类型必须与表达式的数据类型一致。常量的数据类型可以是标量类型或复合类型，但不能是文件类型(file)或存取类型(Access)。

常量定义语句所允许的设计单元有实体、结构体、程序包、块、进程和子程序。在程序包中定义的常量可以暂不设定具体数值，它可以在程序包体中设定，如程序 4-4 所示。

【程序 4-4】

```
PACKAGE  t  IS
   CONSTANT rst : STD_LOGIC ;
END PACKAGE t ;
PACKAGE BODY  t  IS
CONSTANT rst : STD_LOGIC := '0'  ;
END PACKAGE BODY  t ;
```

程序 4-4 在程序包首中没有设定 rst 的具体值，其值是在程序包体中设定的。

常量的可视性，即常量的使用范围取决于它被定义的位置。如果在程序包中定义，常量具有最大的全局化特征，可以用在调用此程序包的所有设计实体中；常量如果定义在设计实体中，其有效范围为这个实体定义的所有的结构体；如果常量定义在设计实体的某一结构体中，则只能用于此结构体；如果常量定义在结构体的某一单元，如一个进程中，则这个常量只能用在这一进程中。这就是常数的可视性规则。这一规则与信号的可视性规则是完全一致的。

§ 4.3　VHDL 数据类型

读者可以从§4.2 节看出，在数据对象的定义中，必不可少的一项说明就是设定所定义的数据对象的数据类型(TYPES)，并且要求此对象的赋值源也必须是相同的数据类型。这是因为 VHDL 是一种强类型语言，对运算关系与赋值关系中各量(操作数)的数据类型有严格要求。VHDL 要求设计实体中的每一个常数、信号、变量、函数以及设定的各种参量都必须具有确定的数据类型，并且相同数据类型的量才能互相传递和作用。VHDL 作为强类型语言的好处是使 VHDL 编译或综合工具很容易地找出设计中的各种常见错误。VHDL 中的各种预定义数据类型大多数体现了硬件电路的不同特性，因此也为其它大多数硬件描述语言所采纳。例如 BIT，可以描述电路中的开关信号。

VHDL 中的数据类型可以分成 4 大类。

1. 标量型(Scalar Type)

属单元素的最基本的数据类型。即不可能再有更细小、更基本的数据类型，它们通常用于描述一个单值数据对象。

标量类型包括：

- 实数类型
- 整数类型
- 枚举类型
- 时间类型

2. 复合类型(Composite Type)

复合类型可以由细小的数据类型复合而成，如可由标量型复合而成。复合类型主要有数组型(Array)和记录型(Record)。

3. 存取类型(Access Type)

为给定的数据类型的数据对象提供存取方式。

4. 文件类型(Files Type)

用于提供多值存取类型。

这 4 大数据类型又可分成在现成程序包中可以随时获得的预定义数据类型和用户自定义数据类型两大类别。预定义的 VHDL 数据类型是 VHDL 最常用，最基本的数据类型。这些数据类型都已在 VHDL 的标准程序包 STANDARD 和 STD_LOGIC_1164 及其它的标准程序包中作了定义，并可在设计中随时调用。

如上所述，除了标准的预定义数据类型外，VHDL 还允许用户自己定义其它的数据类型以及子类型。通常，新定义的数据类型和子类型的基本元素一般仍属 VHDL 的预定义数据类型。尽管 VHDL 仿真器支持所有的数据类型，但 VHDL 综合器并不支持所有的预定义数据类型和用户定义的数据类型，如 REAL、TIME、FILE 等数据类型。在综合中，它们将被忽略或宣布为不支持。这意味着，不是所有的数据类型都能在目前的数字系统硬件中实现。由于在综合后，所有进入综合的数据类型都转换成二进制类型和高阻态类型（只有部分芯片支持内部高阻态），即电路网表中的二进制信号，综合器通常忽略不能综合的数据类型，并给出警告信息。

4.3.1 VHDL的预定义数据类型

VHDL的预定义数据类型都是在VHDL标准程序包STANDARD中定义的，在实际使用中，已自动包含进VHDL的源文件中，因而不必通过USE语句以显式调用。

1. 布尔（BOOLEAN）数据类型

程序包STANDARD中定义的源代码如下：

```
TYPE BOOLEAN IS (FALSE, TRUE) ;
```

布尔数据类型实际上是一个二值枚举型数据类型。它的取值如以上的定义所示，即FALSE（伪）和TRUE（真）两种。综合器将用一个二进制位表示BOOLEAN型变量或信号。布尔量不属于数值，因此不能用于运算，它只能通过关系运算符获得。

例如，当a大于b时，在IF语句中的关系运算表达式（a>b）的结果是布尔量TRUE，反之为FALSE。综合器将其变为1或0信号值，对应于硬件系统中的一根线。

布尔数据与位数据类型可以用转换函数相互转换。

2. 位（BIT）数据类型

位数据类型也属于枚举型，取值只能是1或者0。位数据类型的数据对象，如变量、信号等，可以参与逻辑运算，运算结果仍是位的数据类型。VHDL综合器用一个二进制位表示BIT。在程序包STANDARD中定义的源代码是：

```
TYPE BIT IS  ( '0', '1' ) ;
```

3. 位矢量（BIT_VECTOR）数据类型

位矢量只是基于BIT数据类型的数组，在程序包STANDARD中定义的源代码是：

```
TYPE BIT_VECTOR IS ARRAY (Natural Range <> ) OF  BIT ;
```

使用位矢量必须注明位宽，即数组中的元素个数和排列，例如：

```
SIGNAL a : BIT_VECTOR(7 TO 0) ;
```

信号a被定义为一个具有8位位宽的矢量，它的最左位是a(7)，最右位是a(0)。

4. 字符（CHARACTER）数据类型

字符类型通常用单引号引起来，如'A'。字符类型区分大小写，如'B'不同于'b'。字符类型已在STANDARD程序包中作了定义，定义如下：

```
TYPE CHARACTER IS (
    NUL, SOH, STX, ETX, EOT, ENQ, ACK, BEL ,
    BS, HT, LF, VT, FF, CR, SO, SI,
    DLE, DC1, DC2, DC3, DC4, NAK, SYN, ETB,
    CAN, EM, SUB, ESC, FSP, GSP, RSP, USP,
    ' ', '!', '"', '#', '$', '%', '&', ''',
    '(', ')', '*', '+', ',', '-', '.', '/',
    '0', '1', '2', '3', '4', '5', '6', '7',
    '8', '9', ':', ';', '<', '=', '>', '?',
    '@', 'A', 'B', 'C', 'D', 'E', 'F', 'G',
    'H', 'I', 'J', 'K', 'L', 'M', 'N', 'O',
    'P', 'Q', 'R', 'S', 'T', 'U', 'V', 'W',
    'X', 'Y', 'Z', '[', '\', ']', '^', '_',
    ''', 'a', 'b', 'c', 'd', 'e', 'f', 'g',
    'h', 'i', 'j', 'k', 'l', 'm', 'n', 'o',
    'p', 'q', 'r', 's', 't', 'u', 'v', 'w',
    'x', 'y', 'z', '{', '|', '}', '~', DEL
     …) ;
```

请注意，在 VHDL 程序设计中，标识符的大小写一般是不分的，但用了单引号的字符的大小写是有区分的，如上所示在程序包中定义的每一个数字、符号、大小写字母都是互不相同的。

5. 整数(INTEGER)数据类型

整数类型的数代表正整数、负整数和零。整数类型与算术整数相似，可以使用预定义的运算操作符，如加“+”、减“－”、乘“*”、除“/”等进行算术运算。在 VHDL 中，整数的取值范围是－2147483647～＋2147483647 ，即可用 32 位有符号的二进制数表示。在实际应用中，VHDL 仿真器通常将 INTEGER 类型作为有符号数处理，而 VHDL 综合器则将 Integer 作为无符号数处理。在使用整数时，VHDL 综合器要求用 RANGE 子句为所定义的数限定范围，然后根据所限定的范围来决定表示此信号或变量的二进制数的位数，因为 VHDL 综合器无法综合未限定范围的整数类型的信号或变量。

如下面语句：

```
SIGNAL typei  :  INTEGER RANGE  0 TO 15 ;
```

规定整数 typei 的取值范围是 0～15 共 16 个值，可用 4 位二进制数来表示，因此，typei 将被综合成由 4 条信号线构成的总线式信号。

整数常量的书写方式示例如下：

```
2                    十进制整数
0                    十进制整数
77459102             十进制整数
10E4                 十进制整数
16#D2#               十六进制整数
8#720#               八进制整数
2#11010010#          二进制整数
```

6. 自然数(NATURAL)和正整数(POSITIVE)数据类型

自然数是整数的一个子类型，非负的整数，即零和正整数。

正整数也是整数的一个子类型，它包括整数中非零和非负的数值。

它们在 STANDARD 程序包中定义的源代码如下：

```
SUBTYPE  NATURAL   IS  INTEGER  RANGE 0 TO INTEGER'HIGH ;
SUBTYPE  POSITIVE    IS  INTEGER  RANGE 1 TO INTEGER'HIGH ;
```

7. 实数(REAL)数据类型

VHDL 的实数类型也类似于数学上的实数，或称浮点数。实数的取值范围为－1.0E38～＋1.0E38。通常情况下，实数类型仅能在 VHDL 仿真器中使用，VHDL 综合器则不支持实数，因为直接的实数类型的表达和实现相当复杂，目前在电路规模上难以承受。实数常量的书写方式举例如下：

```
1.0                     十进制浮点数
0.0                     十进制浮点数
65971.333333            十进制浮点数
65_971.333_3333         与上一行等价
8#43.6#e+4              八进制浮点数
43.6E-4                 十进制浮点数
```

8. 字符串(STRING)数据类型

字符串数据类型是字符数据类型的一个非约束型数组，或称为字符串数组。字符串必须用双引号标明。如：

```
VARIABLE string_var : STRING (1 TO 7 ) ;
string_var := "a b c d" ;
```

9. 时间(TIME)数据类型

VHDL 中惟一的预定义物理类型是时间。完整的时间类型包括整数和物理量单位两部分，整数和单位之间至少留一个空格，如 55 ms，20 ns。

STANDARD 程序包中也定义了时间。定义如下：

```
TYPE time IS RANGE -2147483647 TO 2147483647
  units
     fs ;                   -- 飞秒，VHDL 中的最小时间单位
     ps = 1000 fs ;         -- 皮秒
     ns = 1000 ps ;         -- 纳秒
     us = 1000 ns ;         -- 微秒
     ms = 1000 us ;         -- 毫秒
     sec = 1000 ms ;        -- 秒
     min = 60 sec ;         -- 分
     hr = 60 min ;          -- 时
```

```
end units ;
```

10. 错误等级(SEVERITY LEVEL)

在 VHDL 仿真器中，错误等级用来指示设计系统的工作状态，共有 4 种可能的状态值，即 NOTE(注意)、 WARNING(警告)、ERROR(出错)、FAILURE(失败)。在仿真过程中，可输出这 4 种值来提示被仿真系统当前的工作情况。其定义如下：

```
TYPE severity_level IS (note, warning, error, failure) ;
```

11. 综合器不支持的数据类型

(1) 物理类型：综合器不支持物理类型的数据，如具有量纲型的数据，包括时间类型。这些类型只能用于仿真过程。

(2) 浮点型：如 REAL 型。

(3) Aceess 型：综合器不支持存取型结构，因为不存在这样对应的硬件结构。

(4) File 型：综合器不支持磁盘文件型，硬件对应的文件仅为 RAM 和 ROM。

4.3.2 IEEE 预定义标准逻辑位与矢量

在 IEEE 库的程序包 STD_LOGIC_1164 中，定义了两个非常重要的数据类型，即标准逻辑位 STD_LOGIC 和标准逻辑矢量 STD_LOGIC_VECTOR。

1. 标准逻辑位 STD_LOGIC 数据类型

以下是定义在 IEEE 库程序包 STD_LOGIC_1164 中的数据类型。数据类型 STD_LOGIC 的定义如下所示：

```
TYPE STD_LOGIC IS
        'U' ,        -- 未初始化的
        'X' ,        -- 强未知的
        '0' ,        -- 强 0
        '1' ,        -- 强 1
        'Z' ,        -- 高阻态
        'W' ,        -- 弱未知的
        'L' ,        -- 弱 0
        'H' ,        -- 弱 1
        '-'          -- 忽略
    ) ;
```

在程序中使用此数据类型前，需加入下面的语句：

```
LIBRARY IEEE;
USE IEEE.STD_LOIGC_1164.ALL;
```

由定义可见，STD_LOGIC 是标准 BIT 数据类型的扩展，共定义了 9 种值，这意味着，

对于定义为数据类型是标准逻辑位 STD_LOGIC 的数据对象，其可能的取值已非传统的 BIT 那样只有 0 和 1 两种取值，而是如上定义的那样有 9 种可能的取值。目前在设计中一般只使用 IEEE 的 STD_LOGIC 标准逻辑位数据类型，BIT 型则很少使用。

由于标准逻辑位数据类型的多值性，在编程时应当特别注意。因为在条件语句中，如果未考虑到 STD_LOGIC 的所有可能的取值情况，综合器可能会插入不希望的锁存器。

程序包 STD_LOGIC_1164 中还定义了 STD_LOGIC 型逻辑运算符 AND、NAND、OR、NOR、XOR 和 NOT 的重载函数，以及两个转换函数，用于 BIT 与 STD_LOGIC 的相互转换。

在仿真和综合中，STD_LOGIC 值是非常重要的，它可以使设计者精确地模拟一些未知的和高阻态的线路情况。对于综合器，高阻态和“－”忽略态可用于三态的描述。但就综合而言，STD_LOGIC 型数据能够在数字器件中实现的只有其中的 4 种值，即－、0、1 和 Z。当然，这并不表明其余的 5 种值不存在。这 9 种值对于 VHDL 的行为仿真都有重要意义。

2. 标准逻辑矢量(STD_LOGIC_VECTOR)数据类型

STD_LOGIC_VECTOR 类型定义如下：

```
TYPE STD_LOGIC_VECTOR IS ARRAY ( NATURAL RANGE <> ) OF STD_LOGIC ;
```

显然，STD_LOGIC_VECTOR 是定义在 STD_LOGIC_1164 程序包中的标准一维数组，数组中的每一个元素的数据类型都是以上定义的标准逻辑位 STD_LOGIC。

在使用中，向标准逻辑矢量 STD_LOGIC_VECTOR 数据类型的数据对象赋值的方式与普通的一维数组 ARRAY 是一样的，即必须严格考虑位矢的宽度。同位宽、同数据类型的矢量间才能进行赋值。程序 4-5 描述的是 CPU 中数据总线上位矢赋值的操作示意情况，注意例中信号的数据类型定义和赋值操作中信号的数组位宽。

【程序 4-5】

```
...
TYPE t_data IS ARRAY(7 DOWNTO 0) OF STD_LOGIC;   --自定义数组类型
  SIGNAL databus, memory : t_data ;              -- 定义信号 databus,memory
CPU : PROCESS                                    -- CPU 工作进程开始
VARIABLE rega : t_data ;                         -- 定义寄存器变量 rega
BEGIN
...
databus <= rega;                                 -- 向 8 位数据总线赋值
END PROCESS CPU;                                 -- CPU 工作进程结束
MEM : PROCESS                                    -- RAM 工作进程开始
BEGIN
...
databus <= memory ;
END PROCESS MEM ;
...
```

描述总线信号，使用 STD_LOGIC_VECTOR 是最方便的，但需注意的是总线中的每一根信号线都必须定义为同一种数据类型 STD_LOGIC。

4.3.3 其它预定义标准数据类型

VHDL 综合工具配带的扩展程序包中,定义了一些有用的类型。如 Synopsys 公司在 IEEE 库中加入的程序包 STD_LOGIC_ARITH 中定义了如下的数据类型:

- 无符号型(UNSIGNED)
- 有符号型(SIGNED)
- 小整型(SMALL_INT)

在程序包 STD_LOGIC_ARITH 中的类型定义如下:

```
TYPE UNSIGNED IS array (NATURAL range < >) OF STD_LOGIC ;
TYPE SIGNED IS ARRAY (NATURAL range < >) OF STD_LOGIC ;
SUBTYPE SMALL_INT IS INTEGER RANGE 0 TO 1 ;
```

如果将信号或变量定义为这几个数据类型，就可以使用本程序包中定义的运算符。在使用之前，请注意必须加入下面的语句:

```
LIBRARY IEEE ;
USE IEEE.STD_LOIGC_ARITH.ALL ;
```

UNSIGNED 类型和 SIGNED 类型是用来设计可综合的数学运算程序的重要类型,UNSIGNED 用于无符号数的运算，SIGNED 用于有符号数的运算。在实际应用中，大多数运算都需要用到它们。

在 IEEE 程序包 NUMERIC_STD 和 NUMERIC_BIT 中也定义了 UNSIGNED 型及 SIGNED 型，NUMERIC_STD 是针对于 STD_LOGIC 型定义的，而 NUMERIC_BIT 是针对于 BIT 型定义的。在程序包中还定义了相应的运算符重载函数。有些综合器没有附带 STD_LOGIC_ARITH 程序包，此时只能使用 NUMBER_STD 和 NUMERIC_BIT 程序包。

在 STANDARD 程序包中没有定义 STD_LOGIC_VECTOR 的运算符，而整数类型一般只在仿真的时候用来描述算法，或作数组下标运算，因此 UNSIGNED 和 SIGNED 的使用率是很高的。

1. 无符号数据类型(UNSIGNED TYPE)

UNSIGNED 数据类型代表一个无符号的数值，在综合器中，这个数值被解释为一个二进制数，这个二进制数的最左位是其最高位。例如，十进制的 8 可以作如下表示:

```
UNSIGNED'("1000")
```

如果要定义一个变量或信号的数据类型为 UNSIGNED，则其位矢长度越长，所能代表的数值就越大。如一个 4 位变量的最大值为 15，一个 8 位变量的最大值则为 255，0 是其最小值，不能用 UNSIGNED 定义负数。以下是两则无符号数据定义的示例:

```
VARIABLE var : UNSIGNED(0 TO 10) ;
SIGNAL   sig : UNSIGNED(5 TO 0) ;
```

其中变量 var 有 11 位数值，最高位是 var(0)，而非 var(10)；信号 sig 有 6 位数值，最高位是 sig(5)。

2. 有符号数据类型(SIGNED TYPE)

SIGNED 数据类型表示一个有符号的数值，综合器将其解释为补码，此数的最高位是符号位，例如：

```
SIGNED'("0101") 代表 +5，5
SIGNED'("1011") 代表 –5
```

若将上例的 var 定义为 SIGNED 数据类型，则数值意义就不同了，如：

```
VARIABLE var : SIGNED(0 TO 10) ;
```

其中变量 var 有 11 位，最左位 var(0)是符号位。

4.3.4 用户自定义数据类型方式

除了上述一些标准的预定义数据类型外，VHDL 还允许用户自行定义新的数据类型，由用户定义的数据类型可以有多种，如枚举类型(Enumeration Types)、整数类型(Interger Types)、数组类型(Array Types)、记录类型(Record Types)、时间类型(Time Types)、实数类型(Real Types)等。在后面几节中将介绍这些数据类型。用户自定义数据类型是用类型定义语句 TYPE 和子类型定义语句 SUBTYPE 实现的，以下将介绍这两种语句的使用方法。

1. TYPE 语句用法

TYPE 语句语法结构如下：

```
        TYPE  数据类型名  IS  数据类型定义  OF 基本数据类型 ;
或
        Type  数据类型名  IS  数据类型定义  ;
```

利用 TYPE 语句进行数据类型自定义有两种不同的格式，但方式是相同的，其中，**数据类型名**由设计者自定，此名将作为数据类型定义之用，其方法与以上提到的预定义数据类型的用法一样；**数据类型定义**部分用来描述所定义的数据类型的表达方式和表达内容；关键词 OF 后的 **基本数据类型**是指**数据类型**定义 中所定义的元素的基本数据类型，一般都是取已有的预定义数据类型，如 BIT、STD_LOGIC 或 INTEGER 等。

以下列出了两种不同的定义方式：

```
TYPE st1 IS ARRAY ( 0 TO 15 ) OF STD_LOGIC ;
TYPE week IS (sun, mon, tue, wed, thu, fri, sat) ;
TYPE byt  IS  STD_LOGIC(15 TO 0) ;     --错误
```

第一句定义的数据类型 st1 是一个具有 16 个元素的数组型数据类型，数组中的每一个元素的数据类型都是 STD_LOGIC 型；第二句所定义的数据类型是由一组文字表示的，而其中的每一文字都代表一个具体的数值，如可令 sun = “1010”；第三句定义的方式是错误的，TYPE 定义的数据类型应该是一种全新的，即 VHDL 预定义库中未被定义过的数据类型，这里的 STD_LOGIC 已被定义为标准位了。

如前所述，在 VHDL 中，任一数据对象(SIGNAL、VARIABLE、CONSTANT)都必须归属某一数据类型，只有同数据类型的数据对象才能进行相互作用。利用 TYPE 语句可以完成各种形式的自定义数据类型以供不同类型的数据对象间的相互作用和计算。

下例中为变量 v1 定义了具有 8 位数组的新的数据类型 byte ：

```
TYPE byte IS ARRAY(7 DOWNTO 0) of  BIT ;
VARIABLE  v1 : byte ; --v1 的数据类型定义为 byte
```

又如，可以将一组表示颜色的文字组合起来定义一个新的数据类型 colour，如：

```
TYPE colour IS  (Red, Green, Yellow, Blou, Violet);
...
a <= colour'(Red) ;                  -- 将 Red 的代码赋给信号 a
```

2. SUBTYPE 语句用法

子类型 SUBTYPE 只是由 TYPE 所定义的原数据类型的一个子集，它满足原数据类型的所有约束条件，原数据类型称为基本数据类型。子类型 SUBTYPE 的语句格式如下：

```
SUBTYPE  子类型名 IS 基本数据类型 RANGE 约束范围 ;
```

子类型的定义只在基本数据类型上作一些约束，并没有定义新的数据类型，这是与 TYPE 最大的不同之处。子类型定义中的基本数据类型必须在前面已有过 TYPE 定义的类型，包括已在 VHDL 预定义程序包中用 TYPE 定义过的类型。如下例：

```
SUBTYPE digits IS INTEGER RANGE 0 to 9 ;
```

例中，INTEGER 是标准程序包中已定义过的数据类型，子类型 digits 只是把 INTEGER 约束到只含 10 个值的数据类型。下例第二句是错误的，因为不能用 SUBTYPE 来定义一种新的数据类型。

```
SUBTYPE dig1 IS STD_LOGIC_VECTOR(7 DOWNTO 0)  ;
SUBTYPE dig3 IS ARRAY(7 DOWNTO 0) of  STD_LOGIC;-- 错误
```

事实上，在程序包 STANDARD 中，已有两个预定义子类型，即自然数类型(Natural type)和正整数类型(Positive type)，它们的基本数据类型都是 INTEGER。

由于子类型与其基本数据类型属同一数据类型，因此属于子类型的和属于基本数据类型的数据对象间的赋值和被赋值可以直接进行，不必进行数据类型的转换。

利用子类型定义数据对象的好处是，除了使程序提高可读性和易处理外，其实质性的好处还在于有利于提高综合的优化效率，这是因为综合器可以根据子类型所设的约束范围，有效地推知参与综合的寄存器的最合适的数目。

4.3.5 枚举类型

VHDL 中的枚举数据类型是一种特殊的数据类型，它们是用文字符号来表示一组实际的二进制数。例如，状态机的每一状态在实际电路中是以一组触发器的当前二进制数位的组合来表示的，但设计者在状态机的设计中，为了更利于阅读、编译和 VHDL 综合器的优化，往往将表征每一状态的二进制数组用文字符号来代表，即状态符号化。例如：

```
TYPE m_state IS  ( state1, state2, state3, state4, state5 ) ;
SIGNAL present_state, next_state  :  m_state  ;
```

在这里，信号 present_state 和 next_state 的数据类型定义为 m_state，它们的取值范围是可枚举的，即从 state1～state5 共 5 种，而这些状态代表五组惟一的二进制数值。实际上，读者已经从前面的章节中看到，在 VHDL 中，许多十分常用的数据类型，如位（BIT）、布尔量(BOOLEAN)、字符(CHARACTER)及 STD_LOGIC 等都是程序包中已定义的枚举型数据类型。如 BIT 的取值是 0 和 1 ，它们与普通的 0 和 1 是不一样的，因而不能进行常规的数学运算。它们只代表一个数据对象的两种可能的取值方向。因此，0 和 1 也是一种文字。对于此类枚举数据，在综合过程中，都将转化成二进制代码。当然枚举类型也可以直接用数值来定义，但必须使用单引号，如：

【程序 4-6】

```
TYPE my_logic IS  ( '1' , 'Z' , 'U' , '0' ) ;
SIGNAL s1 : my_logic ;
   s1 <=  'Z' ;
TYPE STD_LOGIC IS  ( 'U', 'X', '0' , '1', 'Z',  'W', 'L' , 'H' , '-' ) ;
SIGNAL sig : STD_LOGIC   ;
   sig <= 'Z'  ;
```

在综合过程中，枚举类型文字元素的编码通常是自动的，编码顺序是默认的，一般将第一个枚举量(最左边的量)编码为 0，以后的依次加 1。综合器在编码过程中自动将每一枚举元素转变成位矢量，位矢的长度将取所需表达的所有枚举元素的最小值。如前例中用于表达 5 个状态的位矢长度应该为 3，编码默认值为如下方式：

```
state1 = '000' ;
state2 = '001' ;
state3 = '010' ;
state4 = '011' ;
state5 = '100' ;
```

于是它们的数值顺序便成为 state1 < state2 < state3 < state4 < state5 。一般而言，编码方式因综合器及综合控制方式不同而不同。为了某些特殊的需要，编码顺序也可以人为设置，有关示例可参阅第 9 章的有关内容。

4.3.6 整数类型和实数类型

读者已经从前面看到，整数和实数的数据类型在标准的程序包中已作了定义。在实际应用中，特别在综合中，由于这两种非枚举型的数据类型的取值定义范围太大，综合器无法进行综合。因此，定义为整数或实数的数据对象的具体的数据类型必须由用户根据实际的需要重新定义，并限定其取值范围，以便能为综合器所接受，从而提高芯片资源的利用率。

实用中，VHDL 仿真器通常将整数或实数类型作为有符号数处理，VHDL 综合器对整数或实数的编码方法是：

- 对用户已定义的数据类型和子类型中的负数，编码为二进制补码；
- 对用户已定义的数据类型和子类型中的正数，编码为二进制原码。

编码的位数，即综合后信号线的数目只取决于用户定义的数值的最大值。在综合中，以浮点数表示的实数将首先转换成相应数值大小的整数。因此在使用整数时，VHDL 综合器要求使用数值限定关键词 RANGE，对整数的使用范围作明确的限制。如下例所示：

```
TYPE percent IS  RANGE  -100 TO 100  ;
```

这是一隐含的整数类型，仿真中用 8 位位矢量表示，其中 1 位符号位，7 位数据位。

读者可从下例看到将整数类型进行综合的方式：

【程序 4-7】

```
          数据类型定义                                   综合结果
TYPE num1 IS range 0 to 100 ;                          -- 7位二进制原码
TYPE num2 IS range 10 to 100 ;                         -- 7位二进制原码
TYPE num3 IS range -100 to 100 ;                       -- 8位二进制补码
SUBTYPE num4 IS num3 RANGE 0 to 6 ;                    -- 3位二进制原码
```

4.3.7 数组类型

数组类型属复合类型，是将一组具有相同数据类型的元素集合在一起，作为一个数据对象来处理的数据类型。数组可以是一维(每个元素只有一个下标)数组或多维数组(每个元素有多个下标)。VHDL 仿真器支持多维数组，但 VHDL 综合器只支持一维数组，故在此不讨论多维数组。

数组的元素可以是任何一种数据类型，用以定义数组元素的下标范围子句决定了数组中元素的个数，以及元素的排序方向，即下标数是由低到高，或是由高到低。如子句“0 TO 7”是由低到高排序的 8 个元素；“15 DOWNTO 0”是由高到低排序的 16 个元素。

VHDL 允许定义两种不同类型的数组，即限定性数组和非限定性数组。它们的区别是，限定性数组下标的取值范围在数组定义时就被确定了，而非限定性数组下标的取值范围需留待随后确定。

限定性数组定义语句格式如下：

```
TYPE 数组名 IS ARRAY (数组范围)OF 数据类型 ;
```

其中**数组名**是新定义的限定性数组类型的名称，可以是任何标识符；**数据类型**与数组元素的数据类型相同，**数组范围**明确指出数组元素的定义数量和排序方式，以整数来表示其数组的下标，**数据类型**即指数组各元素的数据类型。

以下是两个限定性数组定义示例：

```
TYPE stb IS ARRAY (7 DOWNTO 0) of STD_LOGIC ;
```

这个数组类型的名称是 stb，它有 8 个元素，它的下标排序是 7、6、5、4、3、2、1、0。各元素的排序是 stb(7)、stb(6) …stb(0) 。

```
TYPE x is (low, high) ;
TYPE data_bus IS ARRAY (0 TO 7, x) of BIT ;
```

首先定义 x 为两元素的枚举数据类型，然后将 data_bus 定义为一个有 9 个元素的数组类型，其中每一元素的数据类型是 BIT。

数组还可以用另一种方式来定义，就是不说明所定义的数组下标的取值范围，而是定义某一数据对象为此数组类型时，再确定该数组下标范围取值。这样就可以通过不同的定义取值，使相同的数据对象具有不同下标取值的数组类型，这就是非限制性数组类型。

非限制性数组的定义语句格式如下：

```
TYPE 数组名 IS ARRAY (数组下标名 RANGE <>)OF 数据类型 ;
```

其中数组名是定义的非限制性数组类型的取名，数组下标名是以整数类型设定的一个数组下标名称，其中符号“<>”是下标范围待定符号，用到该数组类型时，再填入具体的数值范围。注意符号“<>”间不能有空格，例如“< >”的书写方式是错误的。数据类型是数组中每一元素的数据类型。

以下 3 例表达了非限制性数组类型的不同用法。

【程序 4-8】

```
TYPE Bit_Vector IS Array (Natural Range <>)OF BIT ;
VARIABLE  va: Bit_Vector (1 to 6) ;          -- 将数组取值范围定在 1～6
```

【程序 4-9】

```
TYPE Real_Matrix IS ARRAY (POSITIVE RANGE <>) of RAEL ;
VARIABLE Real_Matrix_Object : Real_Matrix (1 TO 8) ; --限定范围
```

【程序 4-10】

```
TYPE Log_4_Vector IS ARRAY (NATURAL RANGE <>,
                      POSITIVE RANGE<>) OF Log_4 ;
VARIABLE L4_Object : Log_4_Vector (0 TO 7, 1 TO 2) ; --限定范围
```

程序 4-11 是非限制性数组类型的一个完整的使用实例，其综合后的 RTL 电路原理图见图 4-1。

【程序 4-11】

```
LIBRARY IEEE;
USE IEEE.STD_LOGIC_1164.ALL;
```

```
 USE IEEE.STD_LOGIC_UNSIGNED.ALL;
ENTITY  regfile IS
    PORT (    q : OUT STD_LOGIC_VECTOR(7 DOWNTO 0);
               d : IN STD_LOGIC_VECTOR (7 DOWNTO 0);
           addr : IN STD_LOGIC_VECTOR (3 DOWNTO 0);
        we, clk : IN STD_LOGIC);
END regfile;
ARCHITECTURE behave OF regfile IS
    TYPE rf_type IS ARRAY (NATURAL RANGE <>) OF
          STD_LOGIC_VECTOR(7 DOWNTO 0);
    SIGNAL rf : rf_type (15 DOWNTO 0);
BEGIN
  PROCESS (clk)
  BEGIN
    IF RISING_EDGE(clk) THEN
        IF we = '1' THEN rf(CONV_INTEGER(addr)) <= d;
        END IF;
    END IF;
END PROCESS;
 q <= rf(CONV_INTEGER(addr));
END behave;
```

这是一个深度为 16，数据位宽为 8 位的 RAM，也即其存储量位 16B 的 RAM。

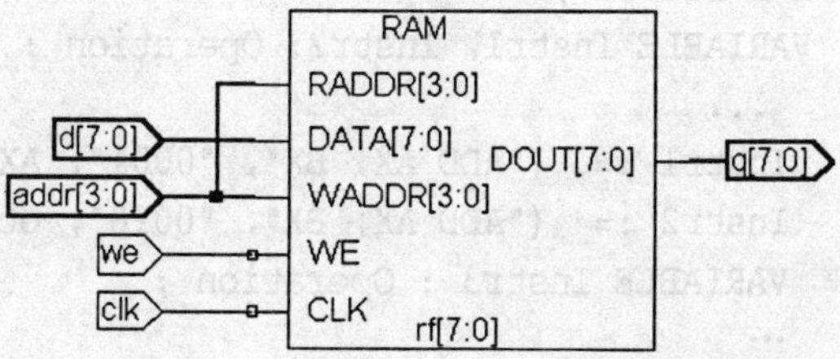

图 4-1 程序 4-11 综合的 RTL 电路原理图

4.3.8 记录类型

记录类型与数组类型都属数组，由相同数据类型的对象元素构成的数组称为数组类型的对象，由不同数据类型的对象元素构成的数组称为记录类型的对象。记录是一种异构复合类型，也就是说，记录中的元素可以是不同的类型。

构成记录类型的各种不同的数据类型可以是任何一种已定义过的数据类型，也包括数组类型和已定义的记录类型。显然，具有记录类型的数据对象的数值是一个复合值，这些复合值是由这个记录类型的元素决定的。

定义记录类型的语句格式如下：

```
TYPE  记录类型名  IS  RECORD
      元素名 : 元素数据类型 ;
      元素名 : 元素数据类型 ;
 ...
END RECORD [记录类型名];
```

记录类型定义示例如下：

【程序 4-12】

```
TYPE GlitchDataType IS RECORD      -- 将 GlitchDataType 定义为四元素记录类型
  SchedTime     : TIME ;           -- 将元素 SchedTime 定义为时间类型
  GlitchTime    : TIME ;           -- 将元素 GlitchTime 定义为时间类型
  SchedValue    : STD_LOGIC ;      -- 将元素 SchedValue 定义为标准位类型
  CurrentValue  : STD_LOGIC ;      -- 将元素 CurrentValue 定义为标准位类型
END RECORD ;
```

对于记录类型的数据对象赋值的方式可以是整体赋值或对其中的单个元素进行赋值。在使用整体赋值方式时，可以有位置关联或名字关联两种表达方式。如果使用位置关联，则默认为元素赋值的顺序与记录类型声明时的顺序相同。如果使用了 OTHERS 选项，则至少应有一个元素被赋值，如果有两个或更多的元素由 OTHERS 选项来赋值，则这些元素必须具有相同的类型。此外，如果有两个或两个以上的元素具有相同的子类型，就可以以记录类型的方式放在一起定义。

程序 4-13 利用记录类型定义了一个微处理器的命令信息表。

【程序 4-13】

```
TYPE  RegName IS (AX, BX, CX, DX) ;
TYPE  Operation IS RECORD
            Mnemonic : STRING (1 TO 10) ;
              OpCode : BIT_VECTOR(3 DOWNTO 0) ;
       Op1, Op2, Res : RegName ;
 END record ;
 VARIABLE Instr1, Instr2: Operation ;
   ...
  Instr1 := ("ADD AX, BX", "0001", AX, BX, AX) ;
  Instr2 := ("ADD AX, BX", "0010", others => BX) ;
  VARIABLE Instr3 : Operation ;
  …
  Instr3.Mnemonic := "MUL AX, BX" ;
  Instr3.Op1 := AX ;
```

程序中，定义的记录类型 Operation 共有 5 个元素，一个是加法指令码的字符串 Mnemonic，一个是 4 位操作码 OpCode，以及 3 个枚举型数组 Op1 、Op2、Res，其中，Op1 和 Op2 是操作数，Res 是目标码。程序中定义的变量 Instr1 的数据类型是记录型 Operation，它的第一个元素是加法指令字符串 "ADD AX, BX"；第二个元素是此指令的 4 位命令代码 "0001"；第三、第四个元素为操作数 AX 和 BX，AX 和 BX 相加后的结果送入第五个元素 AX，因此这里的 AX 是目标码。

程序中，语句“Instr3.Mnemonic := "MUL AX, BX" ;”表示将字符串"MUL AX, BX" 赋给 Instr3 中的元素 Mnemonic 。一般地，对于记录类型的数据对象进行单元素赋值时，就在记录类型对象名后加点(“.”)再加赋值元素的元素名。

记录类型中的每一个元素仅为标量型数据类型构成，称为线性记录类型；否则为非线性记录类型。只有线性记录类型的数据对象才是可综合的。

4.3.9 数据类型转换

由于 VHDL 是一种强类型语言，这就意味着即使对于非常接近的数据类型的数据对象，在相互操作时，也需要进行数据类型转换。

1. 类型转换函数方式

先来看以下的加法计数器的设计程序。

【程序 4-14】

```
PACKAGE defs IS
SUBTYPE short IS INTEGER RANGE 0 TO 15 ;
END defs ;
USE WORK.defs.ALL ;
ENTITY cnt4 IS
 PORT (clk : IN BOOLEAN ;
          P : INOUT short) ;
END ENTITY cnt4;
ARCHITECTURE behv OF cnt4 IS
BEGIN
 PROCESS (clk)
  BEGIN
    IF clk AND clk'EVENT THEN
       P <= P + 1 ;
    END IF ;
  END PROCESS ;
END behv ;
```

由图 4-2 可见，程序 4-14 描述的是一个 4 位二进制加法计数器，其中利用程序包 defs 定义了一个新的数据类型 short，并将其界定为 0～15 的整数范围。在实体中将计数信号 P 的数据类型定义为 short，其目的就是为了利用加法运算符“+”，对 P 直接加 1 计数，VHDL 中预定义的运算符“+”只能对整数类型的数据进行运算操作。虽然这是可综合的设计示例，但理论上讲，是无法通过 PLD 芯片的 I/O 接口将计数值 P 输入和输出的。这是因为 P 的数据类型是整数，而 PLD 的 I/O 接口是以二进制方式表达的。解决这个矛盾一般有两种方法，一种是定义新的加载算符“+”，使其能用于不同的数据类型之间的运算；另一种方法是通过数据类型转换来实现。以下示例就是利用了数据类型转换的方法：

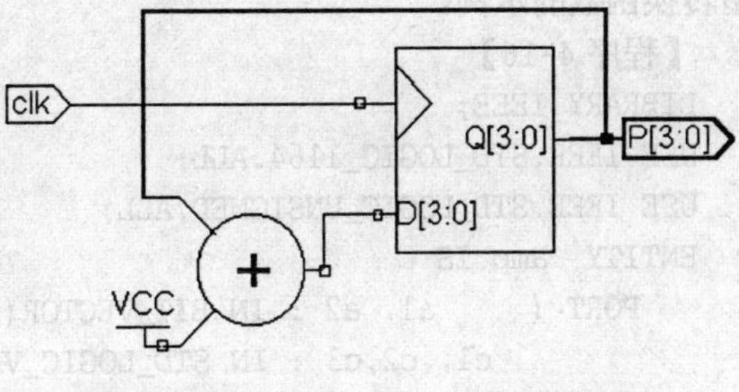

图 4-2 程序 4-14 综合的 RTL 电路原理图

【例 4-15】

```
LIBRARY IEEE;
```

```
USE IEEE.STD_LOGIC_1164.ALL ;
ENTITY cnt4 IS
PORT (clk : IN  STD_LOGIC ;
      p : INOUT STD_LOGIC_VECTOR (3 DOWNTO 0) ) ;
END cnt4
LIBRARY dataio ;
USE dataio.STD_LOGIC_ops.ALL
ARCHITECTURE behv OF cnt4 IS
  BEGIN
    PROCESS (clk)
      BEGIN
       IF clk = '1' AND clk'EVENT  THEN
         p <= To_Vector(2 ,To_Integer(p)+1) ;
       END IF
  END PROCESS ;
END behv ;
```

此例中利用了 dataio 库（这是 DATAIO 公司的函数库）中的程序包 STD_LOGIC_ops 中的两个数据类型转换函数：To_Vector(将 NTEGER 转换成 STD_LOGIC_VECTOR)和 To_Integer(将 STD_LOGIC_VECTOR 转成 INTEGER)。通过这两个转换函数，就可以使用"+"算符进行直接加 1 操作了，同时又能保证最后的加法结果是 STD_LOGIC_VECTOR 数据类型。

在这里，转换函数的作用就是将一种属于某种数据类型的数据对象转换成属于另一种数据类型的数据对象（目前许多常用的 EDA 工具并不在乎如程序 4-14 定义的数据类型，在综合中，其综合器会利用已有的转换函数自动将整数数据类型的输出量转换成二进制数输出量）。

利用类型转换函数来进行类型的转换需定义一个函数，使其参数类型被变换为被转换的类型，返回值为转换后的类型。这样就可以自由地进行类型转换。在实际应用中，类型转换函数是很常用的。VHDL 的标准程序包中提供了一些常用的转换函数。

VHDL 中不同数据类型的转换有多种方式，如上一章中提到的调用算符重载函数的方式；或调用预定义的类型转换函数；或自定义转换函数。以下是几个调用现成预定义的类型转换函数的示例。

【程序 4-16】

```
LIBRARY IEEE;
USE IEEE.STD_LOGIC_1164.ALL;
USE IEEE.STD_LOGIC_UNSIGNED.ALL;
ENTITY  amp IS
   PORT (     a1, a2 : IN BIT_VECTOR(3 DOWNTO 0);
          c1, c2,c3 : IN STD_LOGIC_VECTOR (3 DOWNTO 0);
           b1, b2, b3 : INTEGER RANGE 0 TO 15;
          d1,d2,d3,d4 : OUT STD_LOGIC_VECTOR(3 DOWNTO 0)     );
END amp;
...
d1 <= TO_STDLOGICVECTOR(a1 AND a2);                   --(1)
```

```
...
  d2 < = CONV_STD_LOGIC_VECTOR(b1,4) WHEN CONV_INTEGER(b2)=9
         else   CONV_STD_LOGIC_VECTOR(b3,4);      --(2)
...
   d3 < = c1 WHEN CONV_INTEGER(c2)= 8 ELSE c3;  --(3)
...
   d4 < = c1 WHEN  c2 = 8 else c3;              --(4)
```

以上各例句都调用了数据类型转换函数，其中第(1)句调用的是程序包 IEEE.STD_LOGIC_1164 中的转换函数，它们在程序包中定义的函数首如下：

```
FUNCTION TO_STDLOGICVECTOR( s : BIT_VECTOR)
         RETURN STD_LOGIC_VECTOR;
```

更常用的转换函数是将 STD_LOGIC_VECTOR 与一个整数相互转换的函数。其对应的转换函数在程序包 IEEE.STD_LOGIC_UNSIGNED 中已有定义，如：

```
FUNCTION CONV_INTEGER(arg: STD_LOGIC_VECTOR)
         RETURN INTEGER;
FUNCTION CONV_STD_LOGIC_VECTOR(arg: INTEGER;size INTEGER)
         RETURN  STD_LOGIC_VECTOR
```

第(2)、(3)句调用的是以上的转换换函数；第(4)句调用的是 STD_LOGIC_UNSIGNED 中的支持函数 "=" 对数据 STD_LOGIC_VECTOR 与整数转换的算符重载函数。

程序 4-17 是一个利用转换函数 CONV_INTEGER( )完成的 3-8 译码器的完整设计程序，程序结构极为巧妙简练。

【程序 4-17】

```
LIBRARY IEEE;
USE IEEE.STD_LOGIC_1164.ALL;
USE IEEE.STD_LOGIC_UNSIGNED.ALL;
ENTITY decoder3to8 IS
  PORT (  input: IN STD_LOGIC_VECTOR (2 DOWNTO 0);
      Output: OUT STD_LOGIC_VECTOR (7 DOWNTO 0));
END decoder3to8;
ARCHITECTURE behave OF decoder3to8 IS
  BEGIN
     PROCESS (input)
     BEGIN
         output <= (OTHERS => '0');
         output(CONV_INTEGER(input)) <= '1';
  END PROCESS;
END behave;
```

以下是另几个预定义转换函数的函数首表达式：

【程序 4-18】

```
FUNCTION To_bit ( s : std_ulogic; xmap : BIT := '0' ) RETURN BIT ;
FUNCTION To_bitvector ( s : std_logic_vector ;
```

```
                          xmap : BIT := '0' ) RETURN BIT_VECTOR ;
FUNCTION To_bitvector ( s : std_ulogic_vector ;
                          xmap : BIT := '0' ) RETURN BIT_VECTOR ;
```

下面是转换函数 To_bitvector 的函数体：

```
FUNCTION To_bitvector ( s : std_logic_vector ;
                          Xmap : BIT := '0' )
                          RETURN BIT_VECTOR IS
    ALIAS sv : std_logic_vector(s'LENGTH-1 DOWNTO 0 ) IS s ;
    VARIABLE result : BIT_VECTOR(s'LENGTH-1 DOWNTO 0 );
BEGIN
    FOR i IN result'RANGE LOOP
        CASE sv(i) IS
            WHEN '0'|'L' => result(i) := '0';
            WHEN '1'|'H' => result(i) := '1';
            WHEN OTHERS => result(i) := xmap;
        END CASE ;
    END LOOP ;
    RETURN result ;
END ;
```

不难看出，转换函数 To_bitvector 的功能就是将 std_logic_vector 的数据类型转换成 BIT_VECTOR 的数据类型。

注意，在 STANDARD 程序包和 STD_LOGIC_1164 程序包中都没有定义 Vector 与 INTEGER 类型之间的转换函数，而一些 EDA 工具厂商的程序包里含有这些转换函数。

2. 直接类型转换方式

以上所讲的是用转换函数的方式进行数据类型转换，但也可以直接利用 VHDL 的类型转换语句进行数据类型间的转换。此种直接类型转换的一般语句格式是：

数据类型标识符 (表达式)

一般情况下，直接类型转换仅限于非常关联(数据类型相互间的关联性非常大)的数据类型之间，即必须遵循以下规则：

- 所有的抽象数字类型是非常关联的类型(如整型、浮点型)，如果浮点数转换为整数，则转换结果是最接近的一个整型数。
- 如果两个数组有相同的维数，两个数组的元素是同一类型，并且在各自的下标范围内索引是同一类型或非常接近的类型，那么这两个数组是非常关联类型。
- 枚举型不能被转换。

如果类型标识符所指的是非限定数组，则结果会将被转换的数组的下标范围去掉，即成为非限定数组。如果类型标识符所指的是限定性数组，则转换后的数组的下标范围与类型标识符所指的下标范围相同。转换结束后，数组中元素的值等价于原数组中的元素值，见程序 4-19。

【程序 4-19】

```
VARIABLE Data_Calc, Param_Calc : INTEGER ;
```

```
...
Data_Calc := INTEGER(74.94 * REAL(Param_Calc) ) ;
```

在类型与其子类型之间无需类型转换。即使两个数组的下标索引方向不同，这两个数组仍有可能是非常关联类型的。

§ 4.4　VHDL 操作符

与传统的程序设计语言一样，VHDL 各种表达式中的基本元素也是由不同类型的运算符相连而成的。这里所说的基本元素称为操作数(Operands)，运算符称为操作符(Operators)。操作数和操作符相结合就成了描述 VHDL 算术或逻辑运算的表达式。其中操作数是各种运算的对象，而操作符规定运算的方式。

4.4.1　操作符种类

在 VHDL 中，有 4 类操作符，如表 4-1 所示，即逻辑操作符(Logical Operator)、关系操作符(Relational Operator)、算术操作符(Arithmetic Operator)和符号操作符(Sign Operator)。此外还有重载操作符(Overloading Operator)。前 3 类操作符是完成逻辑和算术运算的最基本的操作符单元，重载操作符是对基本操作符作了重新定义的函数型操作符。

逻辑运算符 AND、OR、NAND、NOR、XOR、XNOR 及 NOT 对 BIT 或 BOOLEAN 型的值进行运算。由于 STD_LOGIC_1164 程序包中重载了这些算符，因此这些算符也可用于 STD_LOGIC 型数值。如果 AND、OR、NAND、NOR、XOR、XNOR 左边和右边值的类型为数组，则这两个数组的尺寸，即位宽要相等。

通常，在一个表达式中有两个以上的算符时，需要使用括号将这些运算分组。如果一串运算中的算符相同，且是 AND、OR、XOR 这 3 个算符中的一种，则不需使用括号；如果一串运算中的算符不同或有除这 3 种算符之外的算符，则必须使用括号。例如：

```
A and B and C and D
(A or B) xor C
```

对于 VHDL 中的操作符与操作数间的运算有两点需要特别注意：

- 严格遵循在基本操作符间操作数是同数据类型的规则。
- 严格遵循操作数的数据类型必须与操作符所要求的数据类型完全一致。

这意味着 VHDL 设计者不仅要了解所用的操作符的操作功能，而且还要了解此操作符所要求的操作数的数据类型(表 4-1 的右栏已大致列出了各种操作符所要求的数据类型)。例如参与加减运算的操作数的数据类型必须是整数，而 BIT 或 STD_LOGIC 类型的数是不能直接进行加减操作的，这与 ABEL-HDL 的语法要求有很大差别。

其次需注意操作符之间是有优先级别的，它们的优先级如表 4-2 所示。操作符 ** 、ABS 和 NOT 运算级别最高，在算式中被最优先执行。除 NOT 以外的逻辑操作符的优先级别最低，所以在编程中应注意括号的正确应用。

表 4-1 VHDL 操作符列表

类　型	操作符	功　能	操作数数据类型
算术操作符	+	加	整数
	—	减	整数
	&	并置	一维数组
	*	乘	整数和实数(包括浮点数)
	/	除	整数和实数(包括浮点数)
	MOD	取模	整数
	REM	取余	整数
	SLL	逻辑左移	BIT 或布尔型一维数组
	SRL	逻辑右移	BIT 或布尔型一维数组
	SLA	算术左移	BIT 或布尔型一维数组
	SRA	算术右移	BIT 或布尔型一维数组
	ROL	逻辑循环左移	BIT 或布尔型一维数组
	ROR	逻辑循环右移	BIT 或布尔型一维数组
	**	乘方	整数
	ABS	取绝对值	整数
关系操作符	=	等于	任何数据类型
	/=	不等于	任何数据类型
	<	小于	枚举与整数类型，及对应的一维数组
	>	大于	枚举与整数类型，及对应的一维数组
	<=	小于等于	枚举与整数类型，及对应的一维数组
	>=	大于等于	枚举与整数类型，及对应的一维数组
逻辑操作符	AND	与	BIT，BOOLEAN，STD_LOGIC
	OR	或	BIT，BOOLEAN，STD_LOGIC
	NAND	与非	BIT，BOOLEAN，STD_LOGIC
	NOR	或非	BIT，BOOLEAN，STD_LOGIC
	XOR	异或	BIT，BOOLEAN，STD_LOGIC
	XNOR	异或非	BIT，BOOLEAN，STD_LOGIC
	NOT	非	BIT，BOOLEAN，STD_LOGIC
符号操作符	+	正	整数
	—	负	整数

表 4-2 VHDL 操作符优先级

运　算　符	优　先　级
NOT，ABS，**	最高优先级
* ，/ ，MOD， REM	↑
+(正号)， —(负号)	
+ ， — ， &	
SLL， SLA， SRL， SRA， ROL， ROR	
=， /=， <， <=， >， >=	
AND， OR， NAND， NOR， XOR， XNOR	最低优先级

4.4.2 逻辑操作符

VHDL 共有 7 种基本逻辑操作符，它们是 AND(与)、OR(或)、NAND(与非)、NOR(或非)、

XOR(异或)、XNOR（同或）和 NOT(取反)。信号或变量在这些操作符的直接作用下，可构成组合电路。逻辑操作符所要求的操作数(如变量或信号)的基本数据类型有 3 种，即 BIT、BOOLEAN 和 STD_LOGIC。

操作数的数据类型也可以是一维数组，其数据类型则必须为 BIT_VECTOR 或 STD_LOGIC_VECTOR。由表 4-2 可见，在所有的操作符中，除 NOT 外，逻辑操作符的优先级别是最低的。

以下是一组逻辑运算操作示例，请注意它们的运算表达方式和不加括号的条件。

【程序 4-20】

```
SIGNAL a , b, c : STD_LOGIC_VECTOR (3 DOWNTO 0) ;
SIGNAL d, e, f, g : STD_LOGIC_VECTOR (1 DOWNTO 0) ;
SIGNAL h, I, j, k : STD_LOGIC ;
SIGNAL l, m, n, o, p : BOOLEAN ;
...
a<=b AND c ;                  -- b、c 相与后向 a 赋值，a、b、c
                              -- 的数据类型同属 4 位长的位矢量
d<=e OR f OR g ;              -- 两个操作符 OR 相同，不需括号
h<=(i NAND j)NAND k ;         -- NAND 不属上述 3 种算符中的一种，必须加括号
l<=(m XOR n)AND(o XOR p);     -- 操作符不同，必须加括号
h<=i AND j AND k ;            -- 两个操作符都是 AND，不必加括号
h<=i AND j OR k ;             -- 两个操作符不同，未加括号，表达错误
a<=b AND e ;                  -- 操作数 b 与 e 的位矢长度不一致，表达错误
h<=i OR l ;                   -- i 的数据类型是位 STD_LOGIC，而 l 的数据类型是
 ...                          -- 布尔量 BOOLEAN，因而不能相互作用，表达错误
```

表 4-3 是 7 种基本逻辑操作符对逻辑位 BIT 的逻辑操作真值表。

表 4-3 操作符真值表

操作数		逻 辑 操 作						
a	b	NOT a	a AND b	a OR b	a XOR b	a NAND b	a NOR b	a XNOR b
0	0	1	0	0	0	1	1	1
0	1	1	0	1	1	1	0	0
1	0	0	0	1	1	1	0	0
1	1	0	1	1	0	0	0	1

只要将表 4-3 中的 1 换成 TRUE，0 换成 FALSE，就能得到 BOOLEAN 的操作符真值表。

对于数组型(如 STD_LOGIC_VECTOR)数据对象的相互作用是按位进行的。

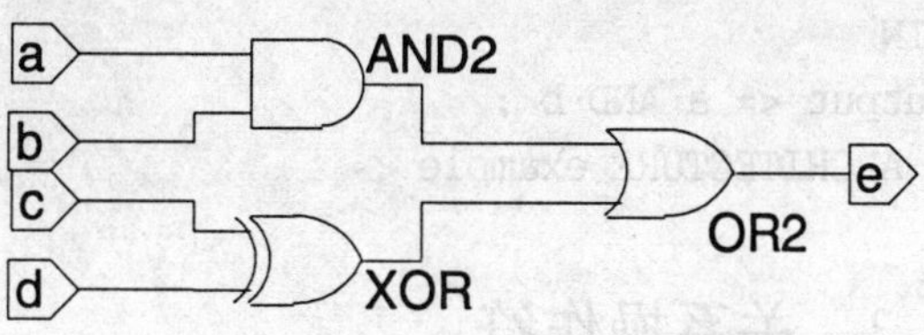

图 4-3 程序 4-21 的实现电路

一般情况下，经综合器综合后，逻辑操作符将直接生成门电路。图 4-3 和图 4-4 分别对应程序 4-21 和程序 4-22 的逻辑描述。请注意，程序 4-21 中操作数的数据类型是 STD_LOGIC，程序 4-22 操作数的数据类型则是 STD_LOGIC_VECTOR。由图 4-4 可以看出综合器对数组型数据对象的作用是按位进行的。

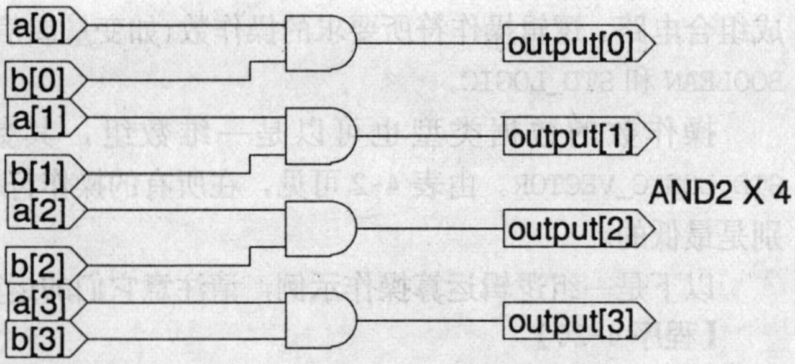

图 4-4 程序 4-22 的实现电路

【程序4-21】

```
LIBRARY IEEE
USE IEEE.STD_LOGIC_1164.ALL ;
ENTITY logical_ops_1 IS
PORT (a, b, c, d : IN STD_LOGIC ;
        E: OUT STD_LOGIC);
END logical_ops_1 ;
ARCHITECTURE example OF logical_ops_1 IS
SIGNAL tmp: STD_LOGIC;
BEGIN
    E <= (a AND b) OR tmp;                -- 并行信号赋值
   Tmp <= c XOR d;                        -- 并行信号赋值
END ARCHITECTURE example;
```

【程序4-22】

```
LIBRARY IEEE
USE IEEE.STD_LOGIC_1164.ALL ;
ENTITY logical_ops_2 IS
  PORT (  a, b : IN STD_LOGIC_VECTOR (0 TO 3) ;
        output : OUT STD_LOGIC_VECTOR (0 TO 3)
        ) ;
END logical_ops_2 ;
ARCHITECTURE example OF logical_ops_2 IS
BEGIN
  Output <= a AND b ;
END ARCHITECTURE example ;
```

4.4.3 关系操作符

关系操作符的作用是将相同数据类型的数据对象进行数值比较或关系排序判断，并将结果以布尔类型(BOOLEAN)的数据表示出来，即 TRUE 或 FALSE 两种。VHDL 提供了如表 4-1 所示的 6 种关系运算操作符："="(等于)、"/="(不等于)、">"(大于)、"<"(小于)、">="(大于等于)和"<="(小于等于)。

VHDL 规定，等于和不等于操作符的操作对象可以是 VHDL 中的任何数据类型构成的操作数。例如，对于标量型数据 a 和 b，如果它们的数据类型相同，且数值也相同，则(a= b)的运算结果是 TRUE；(a /= b)的运算结果是 FALSE。对于数组或记录类型(复合型，或称非标量型)的操作数，VHDL 编译器将逐位比较对应位置各位数值的大小。只有当等号两边数据中的每一对应位全部相等时才返还 BOOLEAN 结果 TRUE。对于不等号的比较，等号两边数据中的任一元素不等则判为不等，返回值为 TRUE。

余下的关系操作符 < 、<= 、> 和 >= 称为排序操作符，它们的操作对象的数据类型有一定限制。允许的数据类型包括所有枚举数据类型、整数数据类型以及由枚举型或整数型数据类型元素构成的一维数组。不同长度的数组也可进行排序。VHDL 的排序判断规则是，整数值的大小排序坐标是从正无限到负无限，枚举型数据的大小排序方式与它们的定义方式一致，如：

```
'1' > '0' ;  TRUE > FALSE  ;  a > b (若 a=1,  b=0)
```

两个数组的排序判断是通过从左至右逐一对元素进行比较来决定的，在比较过程中，并不管原数组的下标定义顺序，即不管用 TO 还是用 DOWNTO。在比较过程中，若发现有一对元素不等，便确定了这对数组的排序情况，即最后所测元素中具有较大值的那个数值确定为大值数组。例如，位矢(1011)判为大于(101011)，这是因为，排序判断是从左至右的(101011)，左起第四位是 0，故而判为小。在下例的关系操作符中，VHDL 都判为 TRUE。

```
  '1' = '1'     ;
"101" = "101" ;
  "1" > "011" ;
"101" < "110" ;
```

对于以上的一些明显的判断错误可以利用 STD_LOGIC_ARITH 程序包中定义的 UNSIGNED 数据类型来解决，可将这些进行比较的数据的数据类型定义为 UNSIGNED 即可。如下式：

```
UNSIGNED' "1" < UNSIGNED' "011"
```

的比较结果将判为 TRUE。

就综合而言，简单的比较运算(= 和 /=)在实现硬件结构时，比排序操作符构成的电路芯片资源利用率要高。程序 4-23 和程序 4-24 对此作了示例性的说明。

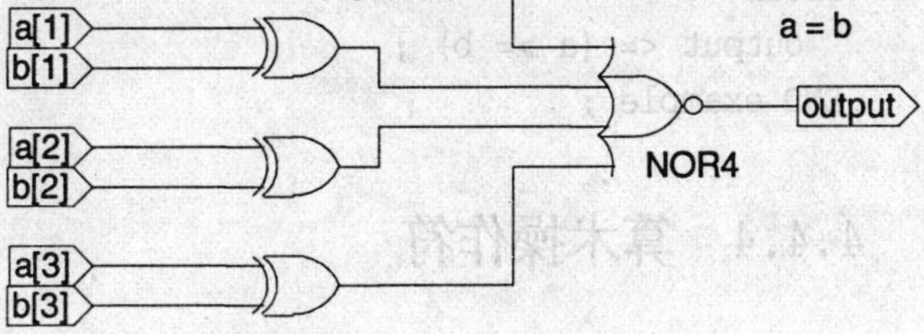

图 4-5 程序 4-23 的实现电路

同样是对 4 位二进制数进行比较，程序 4-23 使用了"="操作符，程序 4-24 使用了">="操作符，除这两个操作符不同外，两个程序是完全一样的。比较程序 4-23 的实现电路图 4-5 和程序 4-24 的实现电路图 4-6，可以发现程序 4-24 使用的门数近 3 倍于程序 4-23 使用的门数。

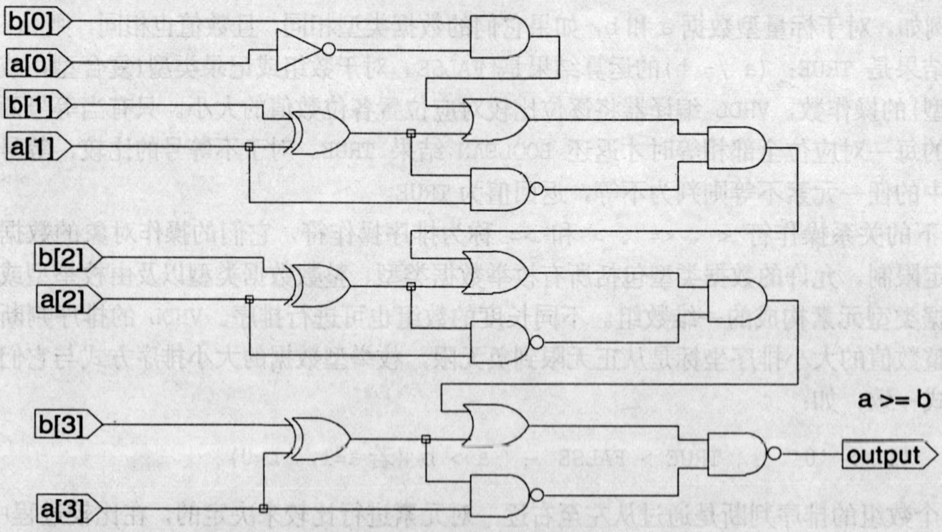

图 4-6 程序 4-24 的实现电路

【程序4-23】

```
ENTITY relational_ops_1 IS
  PORT ( a, b : IN BIT__VECTOR (0 TO 3) ;
           m : OUT BOOLEAN) ;
END relational_ops_1 ;
ARCHITECTURE example OF relational_ops_1 IS
BEGIN
  output <= (a = b) ;
END example ;
```

【程序4-24】

```
ENTITY relational_ops_2 IS
  PORT (a, b : IN INTEGER RANGE 0 TO 3 ;
          m : OUT BOOLEAN) ;
END relational_ops_2 ;
ARCHITECTURE example OF relational_ops_2 IS
BEGIN
  output <= (a >= b) ;
END example ;
```

4.4.4 算术操作符

在表 4-1 中所列的 17 种算术操作符可以分成如表 4-4 所示的 5 类操作符。

表 4-4　算术操作符分类表

	类　别	算术操作符分类
1	求和操作符(Adding operators)	+(加)，－(减)，&(并置)
2	求积操作符(Multiplying operators)	* ， / ， MOD ， REM
3	符号操作符(Sign operators)	+(正)， －(负)
4	混合操作符(Miscellaneous operators)	** ， ABS
5	移位操作符(Shift operators)	SLL，SRL，SLA，SRA，ROL，ROR

下面将分别介绍这 5 类算术操作符的具体功能和使用规则。

1. 求和操作符

VHDL 中的求和操作符包括加减操作符和并置操作符。加减操作符的运算规则与常规的加减法是一致的，VHDL 规定它们的操作数的数据类型是整数。对于大于位宽为 4 的加法器和减法器，VHDL 综合器将调用库元件进行综合。以下是两个求和操作示例。

【程序 4-25】

```
VARIABLE a, b , c ,d , e ,f : INTEGER RANGE 0 TO 255 ;
...
a := b + c ;  d := e - f ;
...
```

【程序 4-26】

```
...
PROCEDURE adding_e (a : IN INTEGER ;  b : INOUT INTEGER ) IS
...
b := a + b ;
  ...
```

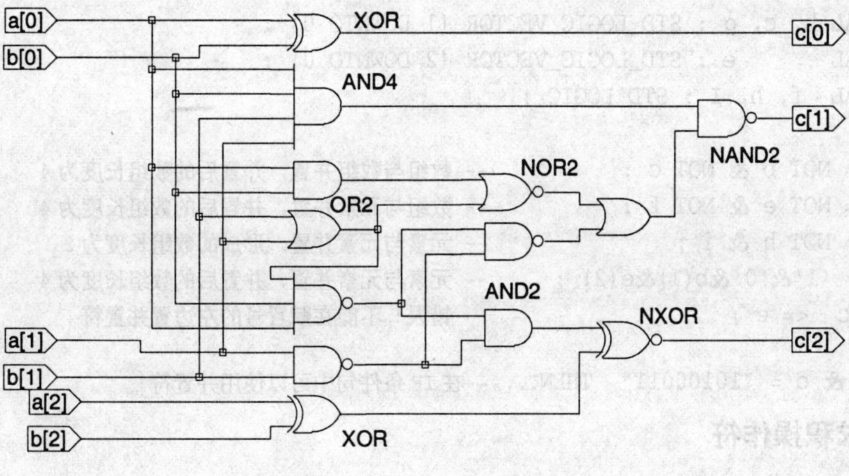

图 4-7　程序 4-27 的实现电路

在综合后，由加减运算符(+，-)产生的组合逻辑门所耗费的硬件资源的规模都比较大。程序 4-27 说明了一个 3 位加法运算的逻辑电路，图 4-7 是其综合后实现的门级电路图。如果加减运算符的其中一个操作数或两个操作数都为整型常数，则只需很少的电路资源。

【程序 4-27】

```
PACKAGE example_arithmetic IS
   TYPE small_INt IS RANGE 0 TO 7 ;
END example_arithmetic ;
USE WORK.example_arithmetic.ALL ;
ENTITY arithmetic IS
   PORT (a, b : IN SMALL_INT ;
            c : OUT SMALL_INT) ;
END arithmetic ;
ARCHITECTURE example OF arithmetic IS
BEGIN
   c <= a + b ;
END example ;
```

2. 并置操作符

并置符 & 的操作数的数据类型是一维数组，可以利用并置符将普通操作数或数组组合起来形成各种新的数组。例如“VH”&“DL”的结果为“VHDL”；'0'&'1'的结果为“01”，连接操作常用于字符串。

利用并置符，可以有多种方式来建立新的数组，如可以将一个单元素并置于一个数的左端或右端形成更长的数组，或将两个数组并置成一个新数组等，在实际运算过程中，要注意并置操作前后的数组长度应一致。以下是一些并置操作示例：

【程序 4-28】

```
SIGNAL    a, d : STD_LOGIC_VECTOR (3 DOWNTO 0) ;
SIGNAL b, c, g : STD_LOGIC_VECTOR (1 DOWNTO 0) ;
SIGNAL       e : STD_LOGIC_VECTOR (2 DOWNTO 0) ;
SIGNAL  f, h, I : STD_LOGIC ;
...
a  <= NOT b & NOT c ;          -- 数组与数组并置，并置后的数组长度为 4
d  <= NOT e & NOT f ;          -- 数组与元素并置，并置后的数组长度为 4
g  <= NOT h & i ;              -- 元素与元素并置，形成的数组长度为 2
a  <= '1'&'0'&b(1)&e(2) ;      -- 元素与元素并置，并置后的数组长度为 4
'0'&c  <= e ;                  -- 错误！不能在赋置号的左边置并置符
 ...
IF a & d = "10100011"  THEN... --在 IF 条件句中可以使用并置符
```

3. 求积操作符

求积操作符包括 *（乘）、 /（除）、MOD（取模）和 RED（取余）4 种操作符。VHDL 规定，乘与除的数据类型是整数和实数（包括浮点数）。在一定条件下，还可对物理类型的数据对象进行运算操作。

读者需要注意的是，虽然在一定条件下，乘法和除法运算是可综合的，但从优化综合、节省芯片资源的角度出发，最好不要轻易使用乘除操作符。对于乘除运算可以用其它变通的方法来实现，如第 13 章中介绍了一种用 8 位加法器来完成 8 乘 8 操作的硬件乘法器，这是一种比较实用的设计方式。显然，这种乘法器所耗费的芯片资源是非常小的。至于除法，最好是通过移位相减的方法来实现。事实上，从优化综合的角度来看，惟一可直接使用的运算操作符只有加法操作符“+”，其它的算术运算几乎都可以利用加法来完成。例如对于减法，可以将减数优化成补码形式，即将减数取反，然后将加法器的最低进位位置 1，这时的加法器就相当于一个减法器了，而它所耗费的资源只比加法器多了一个对减数的取反操作(减法器的设计可参考第 13 章的实验习题)。

操作符 MOD 和 RED 的本质与除法操作符是一样的，因此，可综合的取模和取余的操作数也必须是以 2 为底数的幂。MOD 和 RED 的操作数数据类型只能是整数，运算操作结果也是整数。以下是数例可综合的求积操作示例。

【程序 4-29】

```
SIGNAL a, b, c, d, e, f, g, h : INTEGER RANGE 0 TO 15 ;
a <= b*4 ;                                  -- a 不能大于 15
c <= d/4 ;                                  -- c 必须是 0～15 间的值
e <= f MOD 4 ;
g <= h REM 4 ;
```

【程序 4-30】

```
VARIABLE c : Real ;
    c:= 12.34 * ( 234.4/43.89 ) ;
```

尽管综合器对求积操作(*、/、MOD、REM)的逻辑实现同样会作些优化处理，但其电路实现所耗费的硬件资源仍十分巨大。乘方运算符的逻辑实现，要求它的操作数是常数或是 2 的乘方时才能被综合；对于除法，除数必须是底数为 2 的幂(综合中可以通过右移来实现除法)。

MAX+plus II 限制“*”、“/”号右边操作数必须为 2 的乘方，如 x * 8 。如果使用 MAX+plus II 的 LPM 库中的子程序则无此限制。FUNDATION FPGA Express 则限制“/”、“MOD”和“REM”算符右边的操作数必须为 2 的乘方，对“*”无此限制；此外 MAX+plus II 不支持 MOD 和 REM 算符。

4. 符号操作符

符号操作符“+”和“−”的操作数只有一个，操作数的数据类型是整数，操作符“+”对操作数不作任何改变，操作符“−”作用于操作数后的返回值是对原操作数取负。在实际使用中，取负操作数需加括号。如：

```
z := x*(-y) ;
```

5. 混合操作符

混合操作符包括乘方“**”操作符和取绝对值“ABS”操作符两种。VHDL 规定，它们的操作数数据类型一般为整数类型。乘方(**)运算的左边可以是整数或浮点数，但右边必须为整数，而且只有在左边为浮点时，其右边才可以为负数。

一般地，VHDL 综合器要求乘方操作符作用的操作数的底数必须是 2。

以下的设计示例是可综合的：

【程序 4-31】

```
SIGNAL a, b : INTEGER RANGE -8 to 7 ;
SIGNAL    c : INTEGER RANGE 0 to 15 ;
SIGNAL    d : INTEGER RANGE 0 to 3 ;
a <= ABS(b) ;
c <= 2 ** d ;
```

注意，MAX+plus II 不支持混合操作符 ABS 和**算符。FUNDATION FPGA Express 限定"**"算符左边的操作数必须为 2。

6. 省略赋值操作符

短语(OTHERS => X)是一省略赋值操作符，它可以在较多位的位矢量赋值中作省略化的赋值，如以下语句：

```
SIGNAL d1,d2, e : STD_LOGIC_VECTOR(7 DOWNTO 0);
SIGNAL          f: STD_LOGIC_VECTOR(4 DOWNTO 0);
...
    d1 < = (OTHERS = >'0');
```

这条语句等同于 d1 < = "000000000" 。但其优点是在给大的位矢量赋值时，简化了表述，明确了含义，这种表述与位矢量长度无关。利用(OTHERS => X)可以给位矢量的某一部分位赋值之后再使用 OTHERS 给剩余的位赋值，如：

```
    d2 < = (1 = >'1',4 = >'1', OTHERS = >'0');
```

此赋值语句的意义是给位矢量 d2 的第 1 位和第 4 位赋值为'1'，而其余位赋值为'0'。下例是用省略赋值操作符(OTHERS => X)给 d2 赋值其它信号的值：

```
    f < = (1 = > e(3),3 = > e(5), OTHERS = > e(1) );
```

这个向量赋值语句也可以改写为下面的使用连接符的语句(假设 a 的长度为 5 位)：

```
    f < = e(1) & e(5) & e(1) & e(3) & e(1) ;
```

其排序方式是：f < = f(4) & f(3) & f(2) & f(1) & f(0) ;

显然，利用(OTHERS => X)的描述方法要优于用&的描述方法，因为后者的缺点是赋值依赖于矢量的长度，当长度改变时必须重新排序。

7. 移位操作符

6 种移位操作符 SLL、SRL、SLA、SRA、ROL 和 ROR 都是 VHDL'93 标准新增的运算符，在 1987 标准中没有。VHDL'93 标准规定移位操作符作用的操作数的数据类型应是一维数组，并要求数组中的元素必须是 BIT 或 BOOLEAN 的数据类型，移位的位数则是整数。在 EDA

工具所附的程序包中重载了移位操作符以支持 STD_LOGIC_VECTOR 及 INTEGER 等类型。移位操作符左边可以是支持的类型，右边则必定是 INTEGER 型。如果操作符右边是 INTEGER 型常数，移位操作符实现起来比较节省硬件资源。

其中 SLL 是将位矢向左移，右边跟进的位补零；SRL 的功能恰好与 SLL 相反；ROL 和 ROR 的移位方式稍有不同，它们移出的位将用于依次填补移空的位，执行的是自循环式移位方式；SLA 和 SRA 是算术移位操作符，其移空位用最初的首位来填补。

移位操作符的语句格式是：

标识符　移位操作符　移位位数 ；

读者可以通过程序 4-32、程序 4-33 和程序 4-34 具体了解这 6 种移位操作符的功能和用法。

【程序 4-32】

```
...
VARIABLE shifta : STD_LOGIC_VECTOR(3 DOWNTO 0)
                                := ('1','0','1','1');    --设初始值
...
shifta SLL  1;           -- ('0','1', '1', '0'),    --左移位数是 1
shifta SLL  3;           -- ('1', '0', '0', '0'),   --左移位数是 3
shifta SLL  -3;                                     --等于 shifta SRL 3
shifta SRL  1;           -- ('0', '1', '0', '1')
shifta SRL  3;           -- ('0', '0', '0', '1')
shifta SRL -3;                                      --等于 shifta SLL 3
shifta SLA  1;              -- ('0', '1', '1', '1')
shifta SLA  3;              -- ('1', '1', '1', '1')
shifta SLA -3;                                      --等于 shifta SRA 3
shifta SRA  1;           -- ('1', '1', '0', '1')
shifta SRA  3;           -- ('1','1', '1', '1')
shifta SRA -3;                                      --等于 shifta SLA 3
shifta ROL  1;           -- ('0', '1', '1', '1')
shifta ROL  3;           -- ('1', '1', '0', '1')
shifta ROL -3;                                      --等于 shifta ROR 3
shifta ROR  1;           -- ('1', '1', '0', '1')
shifta ROR  3;           -- ('0', '1', '1', '1')
shifta ROR -3;                                      --等于 shifta ROL 3
......
```

以下两例的结果是一样的：

【程序 4-33】

```
LIBRARY IEEE ;
USE IEEE.STD_LOGIC_1164.ALL  ;
ENTITY shift1 IS
  PORT (    a, b : IN STD_LOGIC_VECTOR (7 DOWNTO 0) ;
       out1, out2 : OUT STD_LOGIC_VECTOR (7 DOWNTO 0) ) ;
```

```
END shift1 ;
ARCHITECTURE example OF shift1 IS
BEGIN
    Out1 <= a SLL 2  ;
    Out2 <= b ROL 2  ;
END  example ;
```

【程序 4-34】

```
LIBRARY IEEE ;
USE IEEE.STD_LOGIC_1164.ALL ;
ENTITY shift1 IS
  PORT (a, b : IN STD_LOGIC_VECTOR (7 DOWNTO 0 ) ;
   Out1, out2 : OUT STD_LOGIC_VECTOR (7 DOWNTO 0) ) ;
END shift1 ;
ARCHITECTURE example OF shift1 IS
BEGIN
  Out1 <= a(5 DOWNTO 0) & "00" ;
  Out2 <= b(5 DOWNTO 0) & b(7 DOWNTO 6)  ;
END  example;
```

程序 4-35 利用移位操作符 SLL 和程序包 STD_LOGIC_UNSIGNED 中的数据类型转换函数 CONV_INTEGER 十分简洁地完成了 3-8 译码器的设计。

【程序 4-35】

```
LIBRARY IEEE;
USE IEEE.STD_LOGIC_1164.ALL;
USE IEEE.STD_LOGIC_UNSIGNED.ALL;
ENTITY decoder3to8 IS
    port (   input: IN STD_LOGIC_VECTOR (2 DOWNTO 0);
             output: OUT BIT_VECTOR (7 DOWNTO 0));
END decoder3to8;
ARCHITECTURE behave OF decoder3to8 IS
BEGIN
    output <=  "00000001" SLL CONV_INTEGER(input);
END behave;
```

由以上这些示例可以看出，操作符可以用以产生电路。就提高综合效率而言，使用常量值或简单的一位数据类型能够生成较紧凑的电路，而表达式中复杂的数据类型(如数组)将相应地生成更多的电路。如果组合表达式的一个操作数为常数，就能减少生成的电路；如果两个操作数都是常数，在编译期间，相应的逻辑被压缩掉，或者被忽略掉，而生成了零个门。在任何可能的情况下，使用常数意味着设计描述将不会包含不必要的函数，并将被快速地综合，产生一个更有效的电路实现方案。

4.4.5　重载操作符

前面已提到过加载操作符和加载（重载）函数的概念。如果将以上介绍的操作符称为基本操作符，则加载操作符可以认为是用户定义的操作符，基本操作符存在的问题是所作用的操作数必须是相同的数据类型，且对数据类型作了各种限制，如加法操作符不能直接用于位数据类型的操作数。为了方便各种不同数据类型间的运算操作，VHDL 允许用户对原有的基本操作符重新定义，赋予新的含义和功能，从而建立一种新的操作符，这就是重载操作符，定义这种操作符的函数称为重载函数。事实上，在程序包 STD_LOGIC_UNSIGNED 中已定义了多种可供不同数据类型间操作的算符重载函数。

Synopsys 的程序包 STD_LOGIC_ARITH 、STD_LOGIC_UNSIGNED 和 STD_LOGIC_SIGNED 中已经为许多类型的运算重载了算术运算符和关系运算符，因此只要引用这些程序包，SINGNED、UNSIGNED、STD_LOGIC 和 INTEGER 之间即可以混合运算；INTEGER、STD_LOGIC 和 STD_LOGIC_VECTOR 之间也可以混合运算。

有关加载操作符和加载函数的具体内容和使用方法可参见第 3 章的§3.5、§3.6、§3.7 节。

【习题】

4-1　判断下列 VHDL 标识符是否合法，如果有误则指出原因：

16#0FA#，10#12F#，8#789#，8#356#，2#0101010#

74HC245，\74HC574\

CLR/RESET，\IN 4/SCLK\，D100%

4-2　判断下面的说明是否正确，并举例说明：

(1) 只有“信号”可以描述实际硬件电路，“变量”则只能用在算法的描述中，而不能最终生成实际的硬件电路，举例说明；

(2)“信号”具有延迟、事件等特性，而变量则没有；

(3) 记录类型中可以含有“存取型”和“文件型”的数据对象；

(4)“+”、“-”运算符只能用于整型数的运算，移位操作符则只能用于 BIT 型和 BOOLEAN 型的运算；

(5) 目前，在可综合的 VHDL 程序中，乘方算符(**)的右操作数可以是任意的整型数；

(6)“=”和“/=”算符比“>”和“<”综合后生成的电路规模要小；

(7) 任何同类型的元素都可以用数组形式存放。

4-3　讨论数据对象信号与变量间的异同处，说明它们的使用对所形成的硬件结构有何影响。讨论常量与类属参量间的异同处。

4-4　运算符重载函数通常要调用转换函数，以便能够利用已有的数据类型。下面给出一个新的数据类型 AGE，并且下面的转换函数已经实现：

```
function CONV_INTEGER(ARG: AGE) return INTEGER;
```

请仿照本章中的例子，利用此函数编写一个“+”运算符重载函数，支持下面的运算：

```
SIGNAL  a, c : AGE;
```

```
...
c <= a + 20;
```

4-5　用两种方法设计 16 位比较器，比较器的输入是两个待比较的 16 位数 A=[A15…A0]和 B=[B15…B0]，输出是 D、E、F。当 A=B 时 D=1；当 A>B 时 E=1；当 A<B 时 F=1。第一种设计方案是常规的比较器设计方法，即直接利用关系操作符进行编程设计；第二种设计方案是利用减法器来完成，通过减法运算后的符号和结果来判别两个被比较值的大小。对两种设计方案的资源耗用情况进行比较，并给以解释。

4-6　在 VHDL 编程中，为什么应尽可能使用子类型对类型的取值范围给予限定？

第 5 章　VHDL 顺序语句

顺序语句(Sequential Statements)和并行语句(Concurrent Statements)是 VHDL 程序设计中两大基本描述语句系列。在逻辑系统的设计中，这些语句从多侧面完整地描述了数字系统的硬件结构和基本逻辑功能，其中包括通信的方式、信号的赋值、多层次的元件例化以及系统行为等。本章主要介绍顺序描述语句的基本用法。

顺序语句是相对于并行语句而言的。顺序语句的特点是，每一条顺序语句的执行(指仿真执行)顺序是与它们的书写顺序基本一致的。顺序语句只能出现在进程(Process)和子程序中，子程序包括函数(Function)和过程(Procedure)。

VHDL 中的顺序语句与传统的软件编程语言中的语句的执行方式十分相似。所谓顺序，主要指的是语句的执行顺序，或者说，在行为仿真中语句的执行次序。但应注意的是，这里的顺序是从仿真软件的运行或顺应 VHDL 语法的编程逻辑思路而言的，其相应的硬件逻辑工作方式未必如此。关于这点，前面已经提到过，希望读者在理解过程中要注意区分 VHDL 语言的软件仿真行为及描述综合后的硬件行为间的差异。

在 VHDL 中，一个进程是由一系列顺序语句构成的，而进程本身属并行语句，这就是说，在同一设计实体中，所有的进程是并行执行的。然而任一给定的时刻内，在每一个进程内，只能执行一条顺序语句（基于行为仿真）。一个进程与其设计实体的其它部分进行数据交换的方式只能通过信号或端口。如果要在进程中完成某些特定的算法和逻辑操作，也可以通过依次调用子程序来实现，但子程序本身并无顺序和并行语句之分。利用顺序语句可以描述逻辑系统中的组合逻辑、时序逻辑或它们的综合体。

VHDL 有如下 6 类基本顺序语句：

- 赋值语句
- 流程控制语句
- 等待语句
- 子程序调用语句
- 返回语句
- 空操作语句

§ 5.1　赋 值 语 句

本节讨论在一个进程或一个子程序中的顺序赋值语句的执行情况。赋值语句的功能就是将一个值或一个表达式的运算结果传递给某一数据对象，如信号或变量，或由此组成的数组。VHDL 设计实体内的数据传递以及对端口界面外部数据的读写都必须通过赋值语句的运行来实现。

5.1.1 信号和变量赋值

赋值语句有两种，即信号赋值语句和变量赋值语句。每一种赋值语句都由 3 个基本部分组成，它们是赋值目标、赋值符号和赋值源。赋值目标是所赋值的受体，它的基本元素只能是信号或变量，但表现形式可以有多种，如文字、标识符、数组等。赋值符号只有两种，信号赋值符号是“<=”；变量赋值符号是“：=”。赋值源是赋值的主体，它可以是一个数值，也可以是一个逻辑或运算表达式。VHDL 规定，赋值目标与赋值源的数据类型必须严格一致。

变量赋值与信号赋值的区别在于，变量具有局部特征，它的有效性只局限于所定义的一个进程中，或一个子程序中，它是一个局部的、暂时性数据对象(在某些情况下)，对于它的赋值是立即发生的(假设进程已启动)，即是一种时间延迟为零的赋值行为。

信号则不同，信号具有全局性特征，它不但可以作为一个设计实体内部各单元之间数据传送的载体，而且可通过信号与其它的实体进行通信(端口本质上也是一种信号)，信号的赋值并不是立即发生的，它发生在一个进程结束时。赋值过程总是有某种延时的，它反映了硬件系统的重要特性，综合后可以找到与信号对应的硬件结构，如一根传输导线、一个输入输出端口或一个 D 触发器等。

但是，读者必须注意，千万不要从以上对信号和变量的描述中得出结论：变量赋值只是一种纯软件效应，不可能产生与之对应的硬件结构。事实上，变量赋值的特性是 VHDL 语法的要求，是行为仿真流程的规定。实际情况是，在某些条件下变量赋值行为与信号赋值行为所产生的硬件结果是相同的，如都可以向系统引入寄存器(参见第 9 章)。

变量赋值语句和信号赋值语句的语法格式如下：

```
变量赋值目标 :=  赋值源 ;
信匀赋值目标 <=  赋值源 ;
```

在信号赋值中，有两点需要注意，第一点，前面曾提到过，当在同一进程中，同一信号赋值目标有多个赋值源时，信号赋值目标获得的是最后一个赋值源的赋值，其前面相同的赋值目标不作任何变化。

读者可以从程序 5-1 看出信号与变量赋值的特点及其它们的区别。当同一赋值目标处于不同进程中时，其赋值结果就比较复杂了，这可以看成是多个信号驱动源连接在一起，可以发生线与、线或、三态等不同结果。

【程序 5-1】

```
SIGNAL s1 ,s2 : STD_LOGIC;
SIGNAL svec : STD_LOGIC_VECTOR (0 TO 7);
...
PROCESS ( s1 ,s2 )
VARIABLE v1 ,v2 : STD_LOGIC ;
```

```
BEGIN
    v1 := '1' ;                     -- 立即将 v1 置位为 1
    v2 := '1' ;                     -- 立即将 v2 置位为 1
    s1 <= '1' ;                     -- s1 被赋值为 1
    s2 <= '1' ;                     -- 由于在本进程中，这里的 s2 不是最后一个
                                    -- 赋值语句，故不作任何赋值操作
svec(0) <= v1;                      -- 将 v1 在上面的赋值 1，赋给 svec(0)
svec(1) <= v2;                      -- 将 v2 在上面的赋值 1，赋给 svec(1)
svec(2) <= s1;                      -- 将 s1 在上面的赋值 1，赋给 svec(2)
svec(3) <= s2;                      -- 将最下面的赋予 s2 的值'0'，赋给 svec(3)
    v1 := '0' ;                     -- 将 v1 置入新值 0
    v2 := '0' ;                     -- 将 v2 置入新值 0
    s2 <= '0' ;                     -- 由于这是 s2 最后一次赋值，赋值有效
                                    -- 此'0'将上面准备赋入的'1'覆盖掉
svec(4) <= v1;                      -- 将 v1 在上面的赋值 0，赋给 svec(4)
svec(5) <= v2;                      -- 将 v2 在上面的赋值 0，赋给 svec(5)
svec(6) <= s1;                      -- 将 s1 在上面的赋值 1，赋给 svec(6)
svec(7) <= s2;                      -- 将 s2 在上面的赋值 0，赋给 svec(7)
END PROCESS ;
```

5.1.2　赋值目标

赋值语句中的赋值目标有 4 种类型。

1．标识符赋值目标

以简单的标识符作为信号或变量名，这类名字可作为标识符赋值目标，如程序 5-2 所示。

【程序 5-2】

```
VARIABLE a , b : STD_LOGIC ;
SIGNAL c1 : STD_LOGIC_VECTOR (1 TO 4);
  a := '1' ;
  b := '0' ;
 c1 := "1100" ;
```

其中 a、b、c1 都属标识符赋值目标。

2．数组单元素赋值目标

数组单元素赋值表达式的赋值目标可表达为：

标识符(下标名)

在这里标识符是数组类信号或变量的名字。下标名可以是一个具体的数字，也可以是一个以文字表示的数字名，它的取值范围在该数组元素个数范围内。下标名若是未明确表示取值的文字(不可计算值)，则在综合时，将耗用较多的硬件资源，且一般情况下不能

被综合。程序 5-3 对这类赋值目标的使用作了具体说明：

【程序 5-3】

```
SIGNAL a, b : STD_LOGIC_VECTOR (0 TO 3);
SIGNAL i : INTEGER RANGE 0 TO 3 ;
SIGNAL y , z : STD_LOGIC;
...                                        -- 有关的定义和进程语句以下相同
  a <= " 1010 " ;
  b <= " 1000 " ;
  a (I) <= y ;                             -- 对文字下标信号元素赋值
  b (3) <= z ;                             -- 对数值下标信号元素赋值
```

3. 段下标元素赋值目标

段下标元素赋值目标可用以下方式表示：

标识符(下标指数 1 TO(或 DOWNTO) 下标指数 2)

这里的标识符含义同上。括号中的两个下标指数必须用具体数值表示，并且其数值范围必须在所定义的数组下标范围内，两个下标数的排序方向要符合方向关键词 TO 或 DOWNTO。具体用法如程序 5-4 所示。

【程序 5-4】

```
VARIABLE a, b : STD_LOGIC_VECTOR (1 TO 4);
a (1 TO 2) := "10" ;              -- 等效于a(1) :='1', a(2) := '0'
a (1 To 4) := " 1011" ;
```

4. 集合块赋值目标

先来看以下赋值示例：

【程序 5-5】

```
SIGNAL a, b, c, d : STD_LOGIC;
SIGNAL s : STD_LOGIC_VECTOR (1 TO 4);
 ...
 VARIABLE e, f : STD_LOGIC;
 VARIABLE g : STD_LOGIC_VECTOR (1 TO 2);
 VARIABLE h : STD_LOGIC_VECTOR (1 TO 4);
 s <= ('0', '1', '0', '0')  ;
 (a, b, c, d) <= s ;                                  -- 位置关联方式赋值
 ...                                                  -- 其它语句
 (3=>e, 4=>f, 2 =>g(1) , 1=>g(2) ) := h ;             -- 名字关联方式赋值
```

以上的赋值方式是几种比较典型的集合块赋值方式，其赋值目标是以一个集合的方式来赋值的。对目标中的每个元素进行赋值的方式有两种，即位置关联赋值方式和名字关联赋值方式。示例中的信号赋值语句属位置关联赋值方式，其赋值结果等效于：

```
a <= '0'; b <= '1'; c <= '0'; d <= '0';
```

示例中的变量赋值语句属名字关联赋值方式，赋值结果等效于：

```
g(2) : = h(1) ; g(1) : = h(2) ; e: = h(3) ; f: = h(4) ;
```

§ 5.2　流程控制语句

流程控制语句通过条件控制开关决定是否执行一条或几条语句，或重复执行一条或几条语句，或跳过一条或几条语句。流程控制语句共有 5 种：

- IF 语句
- CASE 语句
- LOOP 语句
- NEXT 语句
- EXIT 语句

5.2.1　IF 语句

IF 语句是一种条件语句，它根据语句中所设置的一种或多种条件，有选择地执行指定的顺序语句。IF 语句的语句结构有以下 3 种：

```
IF  条件句 Then        -- 第一种 IF 语句结构
 顺序语句
END IF

IF  条件句 Then        -- 第二种 IF 语句结构
 顺序语句
 ELSE
 顺序语句
END IF

IF  条件句 Then        -- 第三种 IF 语句结构
  顺序语句
  ELSIF  条件句 Then
  顺序语句
          ...
  ELSE
  顺序语句
END IF
```

IF 语句中至少应有一个条件句，条件句必须由 BOOLEAN 表达式构成。IF 语句根据条件句产生的判断结果 TRUE 或 FALSE，有条件地选择执行其后的顺序语句。第一种条件语句的执行情况是，当执行到此句时，首先检测关键词 IF 后的条件表达式的布尔值是否为真(TRUE)，如果条件为真，于是(THEN) 将顺序执行条件语句中列出的各条语句，直到“END IF”，即完成全部 IF 语句的执行。如果条件检测为伪(FALSE)，则跳过以下的顺序语句不予执行，直接结束 IF 语句的执行。这是一种最简化的 IF 语句表达形式。如程序 5-6 所示。

【程序 5-6】

```
 k1 : IF (a>b) THEN
       output <= '1' ;
END IF k1;
```

其中 k1 是条件句名称，可有可无。若条件句(a>b)的检测结果为 TRUE，则向信号 output 赋值 1，否则此信号维持原值。

与第一种 IF 语句相比，第二种 IF 语句差异仅在于当所测条件为 FALSE 时，并不直接跳到 END IF 结束条件句的执行，而是转向 ELSE 以下的另一段顺序语句进行执行。所以第二种 IF 语句具有条件分支的功能，就是通过测定所设条件的真伪以决定执行哪一组顺序语句，在执行完其中一组语句后，再结束 IF 语句的执行。程序 5-7 利用了第二种 IF 语句完成了一个具有 2 输入与门功能的函数定义。

【程序 5-7】

```
FUNCTION and_func (x,y : IN BIT ) RETURN BIT IS
BEGIN
IF x='1' AND y='1' THEN RETURN '1';
  ELSE RETURN '0';
END IF ;
    END and_func ;
```

IF 语句中的条件结果必须是 BOOLEAN 类型值，注意程序 5-8 中对端口数据类型的定义。

【程序5-8】

```
LIBRARY IEEE;
USE IEEE.STD_LOGIC_1164.ALL;
ENTITY control_stmts IS
  PORT (a, b, c: IN BOOLEAN;
          output: OUT BOOLEAN);
END control_stmts;
ARCHITECTURE example OF control_stmts IS
BEGIN
  PROCESS (a, b, c)
    VARIABLE n: BOOLEAN;
  BEGIN
    IF  a  THEN      n := b;
    ELSE
      n := c;
```

```
    END IF;
    output <= n;
  END PROCESS;
END example;
```

程序 5-8 对应的硬件电路如图 5-1 所示。这是一个多路通道，a 是通道控制信号。

第 3 种 IF 语句通过关键词 ELSIF 设定多个判定条件，以使顺序语句的执行分支可以超过两个。这一语句的使用需注意的是，任一分支顺序语句的执行条件是以上各分支所确定条件的相与（即相关条件同时成立）。

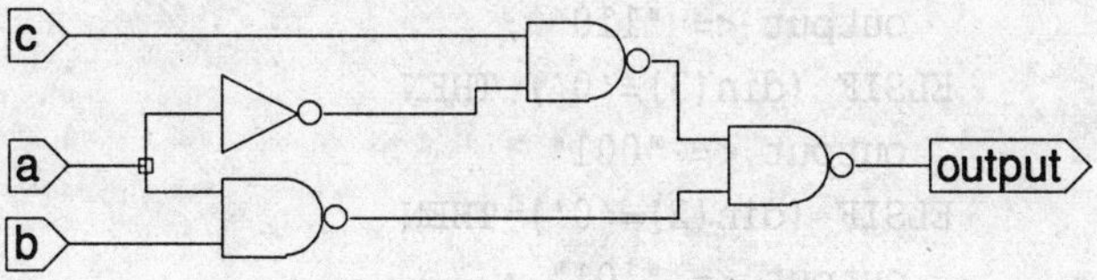

图 5-1　程序 5-8 的硬件实现电路

图 5-2 中由两个 2 选 1 多路选择器构成的电路逻辑的 VHDL 描述如程序 5-9 所示，其中 p1 和 p2 分别是两个多路选择器的通道选择开关，当为高电平时下端的通道接通。

【程序 5-9】

```
SIGNAL a, b, c, p1, p2, z : BIT ;
...
IF (p1 ='1') THEN
  z <= a ;                   -- 满足此语句的执行条件是(p1 ='1')
  ELSIF (p2 ='0') THEN
  z <= b ;                   -- 满足此语句的执行条件是(p1 ='0') AND (p2 ='0')
  ELSE
  z <= c ;                   -- 满足此语句的执行条件是(p1 ='0') AND (p2 ='1')
END IF;
```

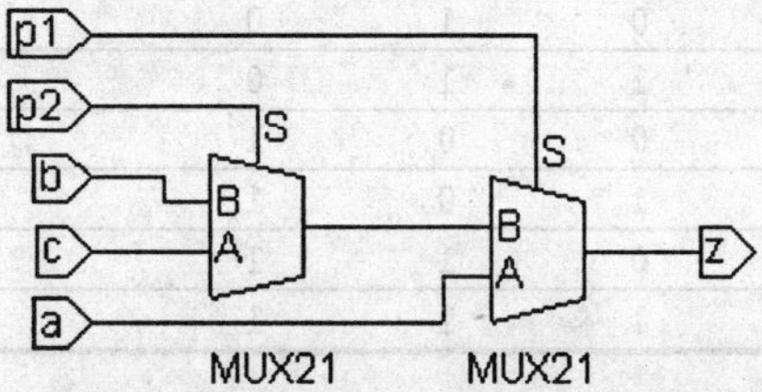

图 5-2　双 2 选 1 多路选择器电路

从程序 5-9 可以看出，第 3 种 IF 语句，即 IF-THEN-ELSIF 语句中顺序语句的执行条件具有向上相与的功能，有的逻辑设计恰好需要这种功能。程序 5-10 正是利用了这一功能以十分简洁的描述完成了一个 8 线-3 线优先编码器的设计，表 5-1 是此编码器的真值表。

【程序 5-10】

```
LIBRARY IEEE;
USE IEEE.STD_LOGIC_1164.ALL;
ENTITY coder IS
  PORT (    din : IN STD_LOGIC_VECTOR(0 TO 7);
         output : OUT STD_LOGIC_VECTOR(0 TO 2)  );
END coder;
ARCHITECTURE behav OF coder IS
  SIGNAL SINT : STD_LOGIC_VECTOR(4 DOWNTO 0);
  BEGIN
```

```
    PROCESS (din)
  BEGIN
   IF (din(7)='0') THEN
    output <= "000" ;   --(din(7)='0')
   ELSIF (din(6)='0') THEN
     output <= "100" ;  --(din(7)='1')AND(din(6)='0')
   ELSIF (din(5)='0') THEN
    output <= "010" ;
--(din(7)='1')AND(din(6)='1')AND(din(5)='0')
  ELSIF (din(4)='0') THEN
    output <= "110" ;
  ELSIF (din(3)='0') THEN
    output <= "001" ;
  ELSIF (din(2)='0') THEN
    output <= "101" ;
  ELSIF (din(1)='0') THEN
     output <= "011" ;
  ELSE
     output <= "111" ;
  END IF ;
END PROCESS ;
  END behav;
```

表 5-1 8线-3线优先编码器真值表

输入								输出		
Din0	din1	din2	din3	din4	din5	din6	din7	output0	output1	output2
x	x	x	x	x	x	x	0	0	0	0
x	x	x	x	x	x	0	1	1	0	0
x	x	x	x	x	0	1	1	0	1	0
x	x	x	x	0	1	1	1	1	1	0
x	x	x	0	1	1	1	1	0	0	1
x	x	0	1	1	1	1	1	1	0	1
x	0	1	1	1	1	1	1	0	1	1
0	1	1	1	1	1	1	1	1	1	1

注：表中的“x”为任意，类似VHDL中的“－”值。

显然，程序5-10的最后一项赋值语句 output <= "111" 的执行条件是：

```
(in (7) ='1') AND (in (6) ='1') AND (in (5) ='1') AND (in (4) ='1')
AND(in (3) ='1') AND (in (2) ='1') AND (in (1) ='1') AND (in (0)  ='0' );
```

这正好与表5-1最后一行吻合。

5.2.2 CASE语句

CASE语句根据满足的条件直接选择多项顺序语句中的一项执行。

CASE 语句的结构如下：

```
CASE 表达式 IS
When 选择值 => 顺序语句;
When 选择值 => 顺序语句;
...
END CASE ;
```

当执行到 CASE 语句时，首先计算**表达式**的值，然后根据条件句中与之相同的**选择值**，执行对应的**顺序语句**，最后结束 CASE 语句。**表达式**可以是一个整数类型或枚举类型的值，也可以是由这些数据类型的值构成的数组(请注意，条件句中的“=>”不是操作符，它只相当于“THEN”的作用）。

多条件选择值的一般表达式为：

选择值 [|选择值]

选择值可以有 4 种不同的表达方式：

- 单个普通数值，如 4。
- 数值选择范围，如(2 TO 4)，表示取值为 2、3 或 4。
- 并列数值，如 3|5，表示取值为 3 或者 5。
- 混合方式，以上 3 种方式的混合。

使用 CASE 语句需注意以下几点：

(1) 条件句中的选择值必在表达式的取值范围内。

(2) 除非所有条件句中的选择值能完整覆盖 CASE 语句中表达式的取值，否则最末一个条件句中的选择必须用“OTHERS”表示，它代表已给的所有条件句中未能列出的其它可能的取值。关键词 OTHERS 只能出现一次，且只能作为最后一种条件取值。使用 OTHERS 的目的是为了使条件句中的所有选择值能涵盖表达式的所有取值，以免综合器会插入不必要的锁存器。这一点对于定义为 STD_LOGIC 和 STD_LOGIC_VECTOR 数据类型的值尤为重要，因为这些数据对象的取值除了 1 和 0 以外，还可能有其它的取值，如高阻态 Z、不定态 X 等。

(3) CASE 语句中每一条件句的选择值只能出现一次，不能有相同选择值的条件语句出现。

(4) CASE 语句执行中必须选中，且只能选中所列条件语句中的一条。这表明 CASE 语句中至少要包含一个条件语句。

程序 5-11 是一个用 CASE 语句描述的 4 选 1 多路选择器的 VHDL 程序。

【程序 5-11】

```
LIBRARY IEEE;
USE IEEE.STD_LOGIC_1164.ALL;
ENTITY mux41 IS
PORT (s1, s2 : IN STD_LOGIC;
    a, b, c, d : IN STD_LOGIC;
           z : OUT STD_LOGIC);
```

```
END ENTITY mux41;
ARCHITECTURE activ OF mux41 IS
   SIGNAL s : STD_LOGIC_VECTOR (1 DOWNTO 0);
   BEGIN
       s <= s1 & s2 ;
   PROCESS (s , a, b, c, d) --注意，这里必须以 s 为敏感信号，而非 s1 和 s2
     BEGIN
      CASE s IS
         WHEN "00" => z<= a ;
         WHEN "01" => z<= b ;
         WHEN "10" => z<= c ;
         WHEN "11" => z<= d ;
         WHEN OTHERS => z<= 'X' ;--注意，这里的 X 必须大写！
       END CASE ;
     END PROCESS ;
End activ ;
```

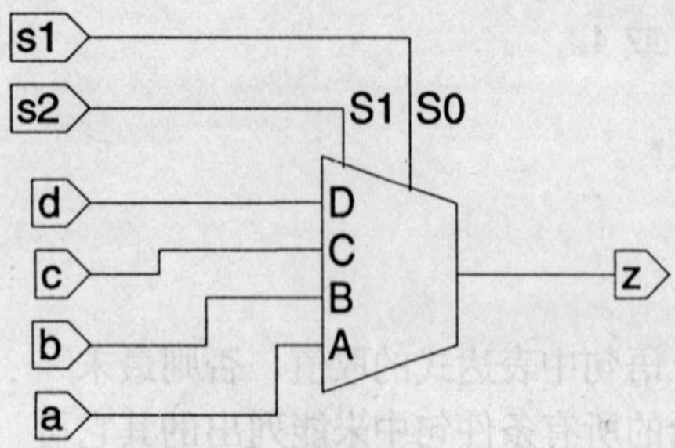

图 5-3　4 选 1 多路选择器

注意程序 5-11 中的第五个条件句是必需的，因为对于定义为 STD_LOGIC_VECTOR 数据类型的 s，在 VHDL 综合过程中，它可能的选择值除了 00、01、10 和 11 外，还可以有其它定义于 STD_LOGIC 的选择值。此例的逻辑图如图 5-3 所示。另外需要特别注意，WHEN OTHERS => z<= 'X'一句中的 X 必须大写，否则为错，这是由于必须与程序包中对数据类型 STD_LOGIC 的最初定义一致。

程序 5-12 描述的 4 选 1 选择器是用 IF 语句和 CASE 语句共同完成的。这不是一个普通的多路选择器，它是根据 4 位输入码来确定 4 位输出中哪一位输出为 1。此外，请注意它的选择表达式的数据类型是整数型。

【程序 5-12】

```
LIBRARY IEEE;
USE IEEE.STD_LOGIC_1164.ALL;
ENTITY mux41 IS
PORT (s4, s3, s2, s1 : IN STD_LOGIC;
      z4, z3, z2, z1 : OUT STD_LOGIC);
END mux41;
ARCHITECTURE activ OF mux41 IS
SIGNAL sel : INTEGER RANGE 0 TO 15;
BEGIN
PROCESS (sel , s4, s3, s2, s1 )
  BEGIN
        Sel<= 0 ;                          -- 输入初始值
       IF (s1 ='1')  THEN sel <=  sel+1 ;
    ELSiF (s2 ='1')  THEN sel <= sel+2 ;
```

```
      ELSiF (s3 ='1')  THEN sel <= sel+4 ;
      ELSiF (s4 ='1')  THEN sel <= sel+8 ;
      ELSE NULL;                                   -- 注意，这里使用了空操作语句
    END IF ;
        Z1<='0' ; z2<='0'; z3<='0'; z4<='0';--输入初始值
  CASE sel IS
    WHEN  0   => z1<='1' ;                     -- 当 sel=0 时选中
    WHEN 1|3 => z2<='1' ;                      -- 当 sel 为 1 或 3 时选中
    WHEN 4 To 7|2  => z3<='1';                 -- 当 sel 为 2, 4, 5, 6 或 7 时选中
    WHEN OTHERS => z4<='1' ;                   -- 当 sel 为 8～15 中任一值时选中
   END CASE ;
  END PROCESS;
 END activ ;
```

程序 5-12 中的 IF-THEN-ELSiF 语句所起的作用是数据类型转换器的作用，即把输入的 s4、s3、s2、s1 的 4 位二进制输入值转化为能与 sel 对应的整数值，以便可以在条件句中进行比较。

程序 5-13 给出了 CASE 语句使用中几种容易发生的错误。

【程序 5-13】

```
 SIGNAL value : INTEGER RANGE 0 TO 15;
 SIGNAL  out1 : STD_LOGIC ;
   ...
   CASE value IS                           -- 缺少以 WHEN 引导的条件句
   END CASE;
    ...
  CASE value IS
     WHEN 0 => out1<= '1' ;                -- value2～15 的值未包括进去
     WHEN 1 => out1<= '0' ;
 END CASE
    ...
 CASE value IS
     WHEN 0 TO 10 => out1<= '1';          -- 选择值中 5～10 的值有重叠
     WHEN 5 TO 15 => out1<= '0';
 END CASE
```

与 IF 语句相比，CASE 语句组的程序可读性比较好，这是因为它把条件中所有可能出现的情况全部列出来了，可执行条件一目了然。而且 CASE 语句的执行过程不像 IF 语句那样有一个逐项条件顺序比较的过程。CASE 语句中条件句的次序是不重要的，它的执行过程更接近于并行方式。一般地，综合后，对相同的逻辑功能，CASE 语句比 IF 语句的描述耗用更多的硬件资源，不但如此，对于有的逻辑，CASE 语句无法描述，只能用 IF 语句来描述。这是因为 IF-THEN-ELSLF 语句具有条件相与的功能和自动将逻辑值“－”包括进去的功能(逻辑值“－”有利于逻辑的化简)，而 CASE 语句只有条件相或的功能。

程序 5-14 是一个算术逻辑单元的 VHDL 描述，它在信号 opcode 的控制下可分别完成

加、减、相等或不相等比较等操作。程序在 CASE 语句中混合了 IF-THEN 语句。

【程序 5-14】

```
LIBRARY IEEE;
USE IEEE.STD_LOGIC_1164.ALL;
USE IEEE.STD_LOGIC_UNSIGNED.ALL;
ENTITY alu IS
   PORT(   a, b : IN STD_LOGIC_VECTOR (7 DOWNTO 0);
           opcode: IN STD_LOGIC_VECTOR (1 DOWNTO 0);
           result: OUT STD_LOGIC_VECTOR (7 DOWNTO 0) );
END alu;
ARCHITECTURE behave OF alu IS
   CONSTANT plus       : STD_LOGIC_VECTOR (1 DOWNTO 0) := b"00";
   CONSTANT minus      : STD_LOGIC_VECTOR (1 DOWNTO 0) := b"01";
   CONSTANT equal      : STD_LOGIC_VECTOR (1 DOWNTO 0) := b"10";
   CONSTANT not_equal: STD_LOGIC_VECTOR (1 DOWNTO 0) := b"11";
BEGIN
PROCESS (opcode,a,b)
BEGIN
   CASE opcode IS
       WHEN plus =>  result <= a + b;  -- a, b 相加
       WHEN minus => result <= a - b;  -- a, b 相减
       WHEN equal =>                   -- a, b 相等
IF (a = b) THEN result <= x"01";
           ELSE result <= x"00";
           END IF;
       WHEN not_equal =>               -- a, b 不相等
           IF (a /= b) THEN result <= x"01";
           ELSE    result <= x"00";
           END IF;
   END CASE;
END PROCESS;
END behave;
```

5.2.3 LOOP 语句

LOOP 语句就是循环语句，它可以使所包含的一组顺序语句被循环执行，其执行次数可由设定的循环参数决定。LOOP 语句的表达方式有 3 种。

(1) 单个 LOOP 语句，其语法格式如下：

```
    [ LOOP 标号： ] LOOP
     顺序语句
   END LOOP [ LOOP 标号 ];
```

这种循环方式是一种最简单的语句形式，它的循环方式需引入其它控制语句(如 EXIT

语句）后才能确定；“LOOP 标号”可任选。用法如程序 5-15 所示。

【程序 5-15】

```
 ...
L2 : LOOP
   a := a+1;
EXIT L2 WHEN a >10 ;                 -- 当 a 大于 10 时跳出循环
END LOOP L2;
   ...
```

此程序的循环方式由 EXIT 语句确定，其方式是，当 a>10 时结束循环执行 a := a+1。

(2) FOR_LOOP 语句，语法格式如下：

```
[LOOP 标号：] FOR 循环变量，IN  循环次数范围  LOOP
                 顺序语句
                 END LOOP [LOOP 标号];
```

FOR 后的**循环变量**是一个临时变量，属 LOOP 语句的局部变量，不必事先定义。这个变量只能作为赋值源，不能被赋值，它由 LOOP 语句自动定义。使用时应当注意，在 LOOP 语句范围内不要再使用其它与此循环变量同名的标识符。

循环次数范围规定 LOOP 语句中的顺序语句被执行的次数。循环变量从循环次数范围的初值开始，每执行完一次顺序语句后递增 1，直至达到循环次数范围指定的最大值。程序 5-16 是一个 8 位奇偶校验逻辑电路的 VHDL 程序，其实现电路见图 5-4。

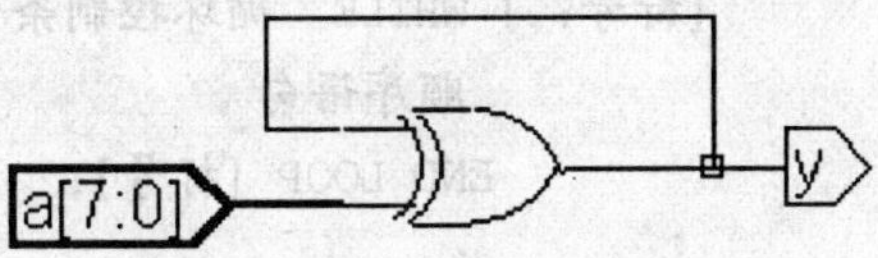

图 5-4 程序 5-16 的实现电路

【程序 5-16】

```
LIBRARY IEEE;
USE IEEE.STD_LOGIC_1164.ALL;
ENTITY p_check IS
 PORT (  a : IN  STD_LOGIC_VECTOR (7 DOWNTO 0);
        y : OUT STD_LOGIC );
END p_check;
ARCHITECTURE opt OF p_check IS
    SIGNAL tmp : STD_LOGIC ;
BEGIN
  PROCESS(a)
    BEGIN
     tmp <='0';
     FOR n IN 0 TO 7 LOOP
      tmp <= tmp XOR a(n);
     END LOOP ;
      y <= tmp;
     END PROCESS;
```

```
END opt;
```

如程序 5-17 所示，可利用 LOOP 语句中的循环变量简化同类顺序语句的表达方式。

【程序 5-17】

```
SIGNAL a, b, c : STD_LOGIC_VECTOR (1 TO 3);
 ...
 FOR n IN 1 To 3 LOOP
 a(n) <= b(n) AND c(n);
END LOOP;
```

此段程序等效于顺序执行以下 3 个信号赋值操作：

```
a(1)<=b(1) AND c(1);
a(2)<=b(2) AND c(2);
a(3)<=b(3) AND c(3);
```

LOOP 循环的范围最好以常数表示，否则，在 LOOP 体内的逻辑可以重复任何可能的范围，这样将导致耗费过大的硬件资源，综合器不支持没有约束条件的循环。

(3) WHILE_LOOP 语句，语法格式如下：

```
[标号：] WHILE  循环控制条件 LOOP
         顺序语句
        END LOOP [标号]；
```

与 FOR_LOOP 语句不同的是，WHILE_LOOP 语句并没有给出循环次数范围，没有自动递增循环变量的功能，而是只给出了循环执行顺序语句的条件。这里的循环控制条件可以是任何布尔表达式，如 a=0，或 a>b。当条件为 TRUE 时，继续循环；为 FALSE 时，跳出循环，执行“END LOOP”后的语句。此语句的应用如程序 5-18 所示。

【程序 5-18】

```
Shift1 : PROCESS (inputx)
         VARIABLE  n : POSITIVE := 1;
         BEGIN
   L1 : WHILE  n<=8  LOOP                          -- 这里的“<=”是小于等于的意思
         outputx(n)<=inputx(n + 8) ;
         n := n+1;
         END LOOP L1;
       END PROCESS Shift1;
```

在 WHILE_LOOP 语句的顺序语句中增加了一条循环次数的计算语句，用于循环语句的控制。在循环执行中，当 n 的值等于 9 时将跳出循环。

以上 3 种循环语句中都可以加入 NEXT 和 EXIT 语句来控制循环的方式。

在程序 5-19 和程序 5-20 的程序设计中，分别使用了上述两种不同的循环方式，图 5-5 和图 5-6 是分别对应于程序 5-19 和程序 5-20 的逻辑电路，试比较这两个例子在软件描述和硬件结构上的区别。

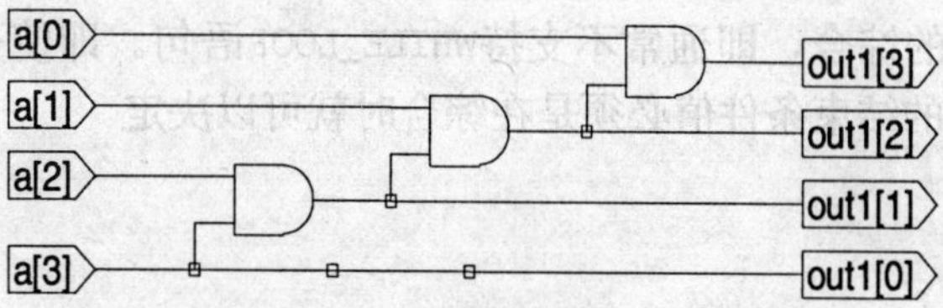

图 5-5 程序 5-19 对应的硬件电路

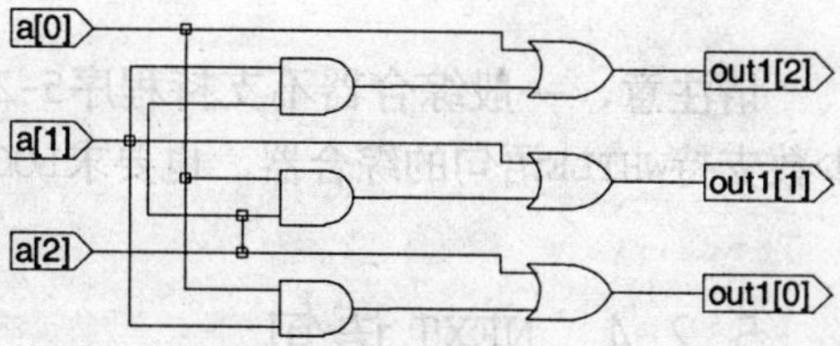

图 5-6 程序 5-20 对应的硬件电路

【程序 5-19】

```
ENTITY LOOP_stmt IS
   PORT (a: IN BIT_VECTOR (0 TO 3);
         out1: OUT BIT_VECTOR (0 TO 3));
END LOOP_stmt;
ARCHITECTURE example OF LOOP_stmt IS
BEGIN
   PROCESS (a)
     VARIABLE b : BIT;
   BEGIN
     b := '1';
     FOR i IN 0 TO 3 LOOP
     b := a(3-i) AND b;
      out1(i) <= b;
    END LOOP;
  END PROCESS;
END example;
```

【程序 5-20】

```
ENTITY while_stmt IS
   PORT (a: IN BIT_VECTOR (0 TO 3);
         out1: OUT BIT_VECTOR (0 TO 3));
END while_stmt;
ARCHITECTURE example OF while_stmt IS
BEGIN
  PROCESS (a)
    VARIABLE b: BIT;
    VARIABLE i: INTEGER;
  BEGIN
    i := 0;
    WHILE i < 4 LOOP
      b := a(3-i) AND b;
      out1(i) <= b;
```

```
    END LOOP;
  END PROCESS;
END example;
```

请注意，一般综合器不支持程序5-20的综合，即通常不支持WHILE_LOOP语句。即使是少数支持WHILE语句的综合器，也要求LOOP的结束条件值必须是在综合时就可以决定。

5.2.4 NEXT 语句

NEXT 语句主要用在 LOOP 语句执行中进行有条件的或无条件的转向控制。它的语句格式有以下 3 种:

```
NEXT;                                    -- 第一种语句格式
NEXT LOOP 标号;                          -- 第二种语句格式
NEXT LOOP 标号 WHEN 条件表达式;          -- 第三种语句格式
```

对于第一种语句格式，当 LOOP 内的顺序语句执行到 NEXT 语句时，即刻无条件终止当前的循环，跳回到本次循环 LOOP 语句处，开始下一次循环。

对于第二种语句格式，即在 NEXT 旁加“LOOP 标号”后的语句功能，与未加 LOOP 标号的功能是基本相同的，只是当有多重 LOOP 语句嵌套时，前者可以转跳到指定标号的 LOOP 语句处，重新开始执行循环操作。

第 3 种语句格式中，分句“WHEN 条件表达式”是执行 NEXT 语句的条件，如果条件表达式的值为 TRUE，则执行 NEXT 语句，进入转跳操作，否则继续向下执行。但当只有单层 LOOP 循环语句时，关键词 NEXT 与 WHEN 之间的“LOOP 标号”可以如程序 5-21 那样省去。

【程序 5-21】

```
   ...
L1 : FOR cnt_value IN 1 TO 8 LOOP
s1 : a(cnt_value) := '0';
       NEXT WHEN (b=c);
s2 : a(cnt_value + 8 ):= '0';
END LOOP L1;
```

程序 5-21 中，当程序执行到 NEXT 语句时，如果条件判断式(b=c)的结果为 TRUE，将执行 NEXT 语句，并返回到 L1，使 cnt_value 加 1 后执行 s1 开始的赋值语句，否则将执行 s2 开始的赋值语句。

在多重循环中，NEXT 语句必须如程序 5-22 那样，加上转跳标号。

【程序 5-22】

```
   ...
L_x : FOR cnt_value IN 1 TO 8 LOOP
 s1 :  a(cnt_value):= '0';
```

```
      k := 0;
  L_y : LOOP
    s2 : b(k) := '0';
      NEXT L_x WHEN (e>f);
    s3 : b(k+8) := '0';
      k := k+1;
      NEXT LOOP L_y ;
      NEXT LOOP L_x ;
      …
```

当 e>f 为 TRUE 时执行语句 NEXT L_x，转跳到 L_x ，使 cnt_value 加 1，从 s1 处开始执行语句；若为 FALSE，则执行 s3 后使 k 加 1。

5.2.5　EXIT 语句

EXIT 语句与 NEXT 语句具有十分相似的语句格式和转跳功能，它们都是 LOOP 语句的内部循环控制语句；EXIT 的语句格式也有 3 种：

```
    EXIT;                                   -- 第一种语句格式
    EXIT LOOP 标号;                         -- 第二种语句格式
    EXIT LOOP 标号 WHEN 条件表达式;          -- 第三种语句格式
```

这里，每一种语句格式与 5.2.4 中对应的 NEXT 语句的格式和操作功能非常相似，惟一的区别是 NEXT 语句转跳的方向是 LOOP 标号指定的 LOOP 语句处，当没有 LOOP 标号时，转跳到当前 LOOP 语句的循环起始点，而 EXIT 语句的转跳方向是 LOOP 标号指定的 LOOP 循环语句的结束处，即完全跳出指定的循环，并开始执行此循环外的语句。这就是说，NEXT 语句是跳向 LOOP 语句的起始点，而 EXIT 语句则是跳向 LOOP 语句的终点。只要清晰地把握这一点就不会混淆这两种语句的用法。

程序 5-22 是一个两元素位矢量值比较程序。在程序中，当发现比较值 a 与 b 不同时，由 EXIT 语句跳出循环比较程序，并报告比较结果。

【程序 5-23】

```
SIGNAL a, b : STD_LOGIC_VECTOR (1 DOWNTO 0);
SIGNAL a_less_then_b : Boolean;
...
 a_less_then_b <= FALSE ;                    -- 设初始值
 FOR i IN 1 DOWNTO 0 LOOP
 IF (a(i)='1' AND b(i)='0') THEN
 a_less_then_b <= FALSE ;                    -- a > b
 EXIT ;
 ELSIF (a(i)='0' AND b(i)='1') THEN
 a_less_then_b <= TRUE ;                     -- a < b
   EXIT;
   ELSE    NULL;
```

```
    END IF;
  END LOOP;                                    -- 当 i=1 时返回 LOOP 语句继续比较
```

NULL 为空操作语句，是为了满足 ELSE 的转换。此程序先比较 a 和 b 的高位，高位是 1 者为大，输出判断结果 TRUE 或 FALSE 后中断比较程序；当高位相等时，继续比较低位，这里假设 a 不等于 b。

§5.3 WAIT 语句

在进程中(包括过程中)，当执行到 WAIT 等待语句时，运行程序将被挂起(Suspension)，直到满足此语句设置的结束挂起条件后，将重新开始执行进程或过程中的程序。对于不同的结束挂起条件的设置，WAIT 语句有以下 4 种不同的语句格式。

```
WAIT;                              -- 第一种语句格式
WAIT ON 信号表;                    -- 第二种语句格式
WAIT UNTIL 条件表达式;             -- 第三种语句格式
WAIT FOR 时间表达式;               -- 第四种语句格式，超时等待语句
```

第一种语句格式中，未设置停止挂起条件的表达式，表示永远挂起。

第二种语句格式称为敏感信号等待语句，在信号表中列出的信号是等待语句的敏感信号，当处于等待状态时，敏感信号的任何变化(如从 0～1 或从 1～0 的变化)将结束挂起，再次启动进程。如程序 5-24 所示，在其进程中使用了 WAIT 语句。

【程序 5-24】

```
SIGNAL s1,s2 : STD_LOGIC;
...
PROCESS
BEGIN
...
WAIT ON s1,s2 ;
END PROCESS ;
```

在执行了此例中所有的语句后，进程将在 WAIT 语句处被挂起，一直到 s1 或 s2 中任一信号发生改变时，进程才重新开始。读者可注意到，此例中的 PROCESS 语句未列出任何敏感量。VHDL 规定，已列出敏感量的进程中不能使用任何形式的 WAIT 语句。一般地，WAIT 语句可用于进程中的任何地方。

第三种语句格式称为条件等待语句，相对于第二种语句格式，条件等待语句格式中又多了一种重新启动进程的条件，即被此语句挂起的进程需顺序满足如下两个条件，进程才能脱离挂起状态。

(1) 在条件表达式中所含的信号发生了改变；

(2) 此信号改变后，且满足 WAIT 语句所设的条件。

这两个条件不但缺一不可，而且必须依照以上顺序来完成。

程序 5-25 中的(a)、(b)两种表达方式是等效的。

【程序 5-25】

(a) WAIT_UNTIL 结构

```
...
Wait until enable ='1';
...
```

(b) WAIT_ON 结构

```
    LOOP
    Wait on enable;
  EXIT WHEN enable ='1';
END LOOP;
```

由以上脱离挂起状态、重新启动进程的两个条件可知，程序 5-25 结束挂起所需满足的条件，实际上是一个信号的上跳沿。因为当满足所有条件后 enable 为 1，可推知 enable 一定是由 0 变化来的。因此，上例中进程的启动条件是 enable 出现一个上跳信号沿。

一般地，只有 WAIT_UNTIL 格式的等待语句可以被综合器接受(其余语句格式只能在 VHDL 仿真器中使用)，WAIT_UNTIL 语句有以下 3 种表达方式：

```
WAIT UNTIL  信号=Value ;                              -- (1)
WAIT UNTIL  信号'EVENT AND 信号=Value;                 -- (2)
WAIT UNTIL  NOT 信号'STABLE AND 信号=Value;            -- (3)
```

如果设 clock 为时钟信号输入端，以下 4 条 WAIT 语句所设的进程启动条件都是时钟上跳沿(以上列出的后两种语句格式中有关属性的内容将在 5.7 节中说明)，所以它们对应的硬件结构是一样的。

```
WAIT UNTIL clock ='1';
WAIT UNTIL rising_edge(clock)  ;
WAIT UNTIL NOT clock'STABLE AND clock ='1';
WAIT UNTIL clock ='1' AND clock'EVENT;
```

程序 5-26 中的进程将完成一个硬件求平均的功能，每一个时钟脉冲由 a 输入一个数值，4 个时钟脉冲后将获得此 4 个数值的平均值。

【程序 5-26】

```
...
PROCESS
BEGIN
WAIT UNTIL clk ='1';
ave <= a;
WAIT UNTIL clk ='1';
ave <= ave + a;
WAIT UNTIL clk ='1';
ave <= ave + a;
WAIT UNTIL clk ='1';
ave <= (ave + a)/4 ;
```

```
END PROCESS ;
```

程序 5-27 描述的一个进程中，有一无限循环的 LOOP 语句，其中用 WAIT 语句描述了一个具有同步复位功能的电路。

【程序 5-27】

```
PROCESS
BEGIN
 rst_loop :  LOOP
  WAIT UNTIL clock ='1' AND clock'EVENT;     -- 等待时钟信号
  NEXT rst_loop WHEN (rst='1');              -- 检测复位信号 rst
  x <= a ;                                   -- 无复位信号，执行赋值操作
  WAIT UNTIL clock ='1' AND clock'EVENT;     -- 等待时钟信号
  NEXT rst_loop When (rst='1');              -- 检测复位信号 rst
  y <= b ;                                   -- 无复位信号，执行赋值操作
  END LOOP rst_loop ;
END PROCESS;
```

程序 5-27 中每一时钟上沿的到来都将结束进程的挂起，继而检测电路的复位信号 rst 是否为高电平。如果是高电平，则返回循环的起始点；如果是低电平，则进行正常的顺序语句执行操作，如示例中的赋值操作。

一般地，在一个进程中使用了 WAIT 语句后，经综合就会产生时序逻辑电路。时序逻辑电路的运行依赖于时钟的上升沿或下降沿，同时还具有数据存储的功能。程序 5-28 就是一个比较好的说明，此例描述了一个可预置校验对比值的四位奇偶校验电路，它的功能除对输入的 4 位码 DATA(0 TO 3)进行奇偶校验外，还将把校验结果与预置的校验值 NEW_CORRECT_PARITY 进行比较，并将比较值 PARITY_OK 输出。

【程序 5-28】

```
LIBRARY IEEE;
USE IEEE.STD_LOGIC_1164.ALL;
ENTITY Pari IS
   PORT( CLOCK                : IN STD_LOGIC;
         SET_PARITY           : IN STD_LOGIC;
         NEW_CORRECT_PARITY : IN STD_LOGIC;
         DATA                  : IN STD_LOGIC_VECTOR(0 TO 3);
         PARITY_OK            : OUT BOOLEAN );
END Pari;
ARCHITECTURE behav OF Pari IS
   SIGNAL CORRECT_PARITY : STD_LOGIC;
  BEGIN
   PROCESS(CLOCK)
         VARIABLE TEMP : STD_LOGIC;
    BEGIN
     IF CLOCK'EVENT AND CLOCK ='1' THEN
        IF SET_PARITY ='1' THEN
```

```
First: CORRECT_PARITY <= NEW_CORRECT_PARITY;
          END IF;
          TEMP := '0';
          FOR I IN DATA'RANGE LOOP
              TEMP := TEMP XOR DATA(i);
          END LOOP;
Second : PARITY_OK <= (TEMP = CORRECT_PARITY);
        END IF;
      END PROCESS;
  END behav;
```

经逻辑综合后，程序 5-28 的逻辑描述被综合成如图 5-6 所示的 RTL 结构的逻辑原理图。程序 5-28 中，NEW_CORRECT_PARITY 是预置校验值输入端，SET_PARITY 是预置校验值的输入与比较控制端。从图 5-7 可以看出，由于 WAIT 语句的加入，综合后引入了两个 D 触发器，用于存储数据。第一个触发器存储 CORRECT_PARITY，它来自标号为 First 的语句；第二个触发器用于两个时钟信号间 PARITY_OK 的存储，它来自标号为 Second 的语句。综合器没有为变量 TEMP 的赋值行为增加触发器，因为 TEMP 是一个临时变量。

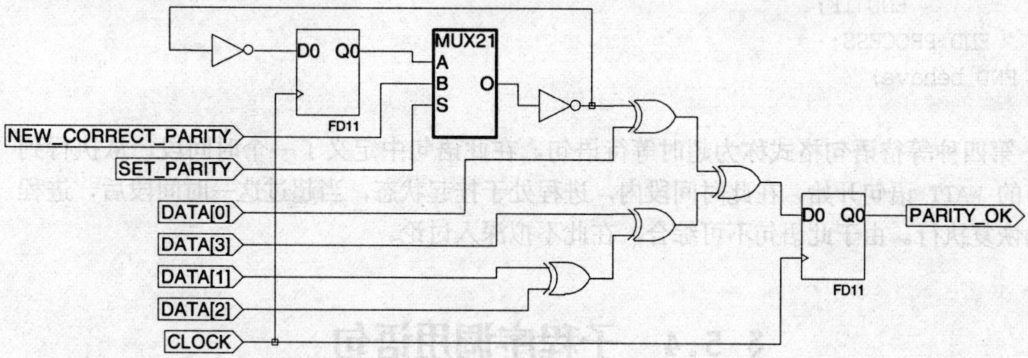

图 5-7　程序 5-28 综合后的 RTL 硬件电路图

程序 5-29 是一个描述具有右移、左移、并行加载和同步复位的完整的 VHDL 设计，其中使用了以上介绍的几项语法结构，其综合后所得的逻辑电路主控部分是组合电路，而时序电路主要是一个用于保存输出数据的 8 位锁存器。

【程序 5-29】

```
LIBRARY IEEE;
USE IEEE.STD_LOGIC_1164.ALL;
ENTITY shifter IS
    PORT ( data : IN STD_LOGIC_VECTOR (7 DOWNTO 0);
           shift_left: IN STD_LOGIC;
           shift_right: IN STD_LOGIC;
           clk: IN STD_LOGIC;
           reset : IN STD_LOGIC;
           mode : IN STD_LOGIC_VECTOR (1 DOWNTO 0);
```

```
        qout : BUFFER STD_LOGIC_VECTOR (7 DOWNTO 0) );
END shifter;
ARCHITECTURE behave OF shifter IS
  SIGNAL enable: STD_LOGIC;
  BEGIN
  PROCESS
  BEGIN
    WAIT UNTIL (RISING_EDGE(clk) );     --等待时钟上升沿
        IF (reset = '1') THEN    qout <= "00000000";
            ELSECASE mode IS
                WHEN "01" =>
                qout <= shift_right & qout(7 DOWNTO 1);--右移
                WHEN "10" =>
                qout <= qout(6 DOWNTO 0) & shift_left; --左移
                WHEN "11" =>
                qout <= data;                              -- 并行加载
                WHEN OTHERS => NULL;
            END CASE;
        END IF;
  END PROCESS;
END behave;
```

第四种等待语句格式称为超时等待语句，在此语句中定义了一个时间段，从执行到当前的 WAIT 语句开始，在此时间段内，进程处于挂起状态，当超过这一时间段后，进程自动恢复执行。由于此语句不可综合，在此不拟深入讨论。

§ 5.4 子程序调用语句

在进程中允许对子程序进行调用。对子程序的调用语句是顺序语句的一部分。子程序包括过程和函数，可以在 VHDL 的结构体或程序包中的任何位置对子程序进行调用。

从硬件角度讲，一个子程序的调用类似于一个元件模块的例化，也就是说，VHDL 综合器为子程序(函数和过程) 的每一次调用都生成一个电路逻辑块，所不同的是，元件的例化将产生一个新的设计层次，而子程序调用只对应于当前层次的一个部分。

如前所述，子程序的结构像程序包一样，也有子程序的说明部分(子程序首) 和实际定义部分(子程序体)。子程序分成子程序首和子程序体的好处是，在一个大系统的开发过程中，子程序的界面，即子程序首是在公共程序包中定义的。这样一来，一部分开发者可以开发子程序体，另一部分开发者可以使用对应的公共子程序，即可以对程序包中的子程序作修改，而不会影响对程序包说明部分的使用(当然不是指同时)。这是因为，对子程序体的修改，并不会改变子程序首的各种界面参数和出入口方式的定义，子程序体的改变也不会改变调用子程序的源程序的结构。

1. 过程调用

过程调用就是执行一个给定名字和参数的过程。调用过程的语句格式如下：

```
过程名[([形参名=> ]实参表达式
      { ，[形参名=> ]实参表达式}) ];
```

括号中的**实参表达式**称为实参，它可以是一个具体的数值，也可以是一个标识符，是当前调用程序中过程**形参**的接受体。在此调用格式中，**形参名**即为当前欲调用的过程中已说明的参数名，即与**实参表达式**相联系的形参名。被调用中的形参名与调用语句中的实参表达式的对应关系有位置关联法和名字关联法两种，位置关联法可以省去形参名。

一个过程的调用将分别完成以下 3 个步骤：

(1) 首先将 IN 和 INOUT 模式的实参值赋给欲调用的过程中与它们对应的形参；

(2) 然后执行这个过程；

(3) 最后将过程中 IN 和 INOUT 模式的形参值赋还给对应的实参。

实际上，一个过程对应的硬件结构中，其标识形参的输入输出是与其内部逻辑相连的。程序 5-30 是一个完整的设计，可直接进行综合，综合后的电路如图 5-8 所示。它在自定义的程序包中定义了一个数据类型的子类型，即对整数类型进行了约束，在进程中定义了一个名为 swap 的局部过程(没有放在程序包中的过程)，这个过程的功能是对一个数组中的两个元素进行比较，如果发现这两个元素的排序不符合要求，就进行交换，使得左边的元素值总是大于右边的元素值，连续调用 3 次 swap 后，就能将一个三元素的数组元素从左至右按序排列好，最大值排在左边。

【程序 5-30】

```
PACKAGE data_types IS                                    -- 定义程序包
SUBTYPE data_element IS INTEGER RANGE 0 TO 3 ;   -- 定义数据类型
TYPE data_array IS ARRAY (1 TO 3) OF data_element;
END data_types;
USE WORK.data_types.ALL;  -- 打开以上建立在当前工作库的程序包 data_types
ENTITY sort IS
    PORT ( in_array : IN  data_array ;
           out_array : OUT data_array);
END sort;
  ARCHITECTURE exmp OF sort IS
  BEGIN
  PROCESS (in_array)          -- 进程开始，设 data_types 为敏感信号
   PROCEDURE swap(data : INOUT data_array;
                                    -- swap 的形参名为 data、low、high
              low, high :    IN INTEGER ) IS
    VARIABLE       temp :  data_element ;
    BEGIN                           -- 开始描述本过程的逻辑功能
       IF (data(low) > data(high)) THEN                -- 检测数据
            temp := data(low) ;
        data(low) := data(high);
```

```
        data(high) := temp ;
        END IF ;
      END swap ;                              -- 过程 swap 定义结束
    VARIABLE my_array : data_array ;          -- 在本进程中定义变量 my_array
    BEGIN                                     -- 进程开始
     my_array := in_array ;                   -- 将输入值读入变量
     swap(my_array, 1, 2); -- my_array、1、2 是对应于 data、low、high 的实参
     swap(my_array, 2, 3); -- 位置关联法调用，  第 2、第 3 元素交换
     swap(my_array, 1, 2); -- 位置关联法调用，  第 1、第 2 元素再次交换
       out_array <= my_array ;
  END Process ;
 END exmp ;
```

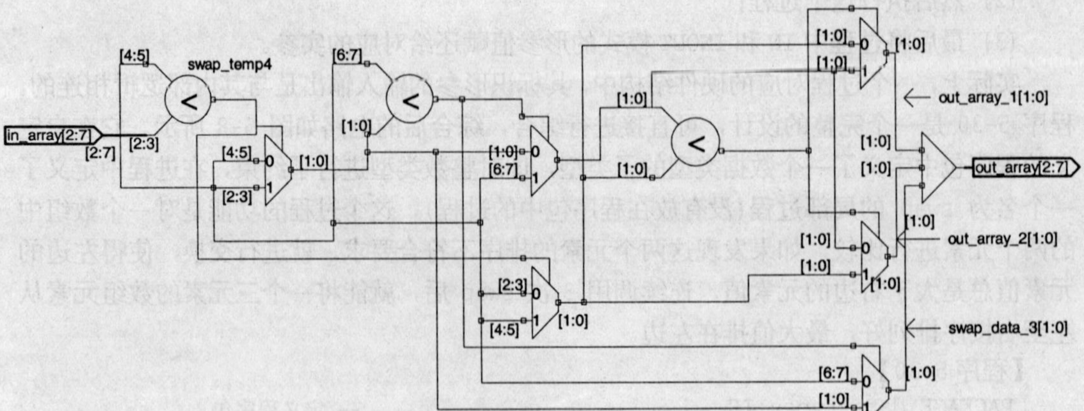

图 5-8 程序 5-30 综合后的 RTL 硬件电路图

程序 5-31 描述的是一个总线控制器电路，也是一可直接进行综合的完整的设计，其中的过程体是定义在结构体中的，所以也未定义过程首。

【程序 5-31】

```
ENTITY sort4 is
GENERIC (top : INTEGER :=3);
    PORT (a, b, c, d : IN BIT_VECTOR (0 TO top);
      ra, rb, rc, rd : OUT BIT_VECTOR (0 TO top));
END sort4;
ARCHITECTURE muxes OF sort4 IS
PROCEDURE sort2(x, y : INOUT BIT_VECTOR (0 TO top)) is
    VARIABLE tmp : BIT_VECTOR (0 TO top);
BEGIN
    IF x > y THEN  tmp := x;  x := y;   y := tmp;
    END IF;
END sort2;
BEGIN
```

```
 PROCESS (a, b, c, d)
    VARIABLE va, vb, vc, vd : BIT_VECTOR(0 TO top);
BEGIN
    Va := a;  vb := b; vc := c;  vd := d;
    Sort2(va, vc);
    Sort2(vb, vd);
    Sort2(va, vb);
    Sort2(vc, vd);
    Sort2(vb, vc);
    Ra <= va;   rb <= vb;  rc <= vc;  rd <= vd;
    END PROCESS;
END muxes;
```

2. 函数调用

函数调用与过程调用是十分相似的，不同之处是，调用函数将返还一个指定数据类型的值，函数的参量只能是输入值。关于函数调用已在上一章中介绍了许多使用示例。

§ 5.5　返回语句(RETURN)

返回语句有两种语句格式：

```
RETURN;                              -- 第一种语句格式
RETURN 表达式;                       -- 第二种语句格式
```

第一种语句格式只能用于过程，它只是结束过程，并不返回任何值；第二种语句格式只能用于函数，并且必须返回一个值。返回语句只能用于子程序体中。执行返回语句将结束子程序的执行，无条件地转跳至子程序的结束处 END。用于函数的语句中的**表达式**提供函数返回值。每一函数必须至少包含一个返回语句，并可以拥有多个返回语句，但是在函数调用时，只有其中一个返回语句可以将值带出。

程序 5-32 是一过程定义程序，它将完成一个 RS 触发器的功能。注意其中的时间延迟语句和 REPORT 语句是不可综合的。

【程序 5-32】

```
PROCEDURE rs (SIGNAL s , r :  IN   STD_LOGIC ;
              SIGNAL q , nq : INOUT STD_LOGIC) IS
 BEGIN
  IF ( s ='1' AND r ='1') THEN
   REPORT "Forbidden state : s and r are qual to '1'";
   RETURN ;
   ELSE
   q <= s AND nq AFTER 5 ns ;
  nq <= s AND  q AFTER 5 ns ;
 END IF ;
```

```
END PROCEDURE rs ;
```

当信号 s 和 r 同时为 1 时，在 IF 语句中的 RETURN 语句将中断过程。

程序 5-33 中定义的函数 opt 的返回值由输入参量 opran 决定，当 opran 为高电平时，返回相“与”值 a AND b；当为低电平时，返回相“或”值 a OR b。

【程序 5-33】

```
FUNCTION opt (a, b, opr :STD_LOGIC)  RETURN  STD_LOGIC IS
   BEGIN
   IF (opr ='1') THEN
   RETURN (a AND b);
   ELSE
   RETURN (a OR b) ;
   END IF ;
END FUNCTION opt ;
```

此函数对应的综合后的电路结构如图 5-9 所示，rtn_valu 即为函数返回值。

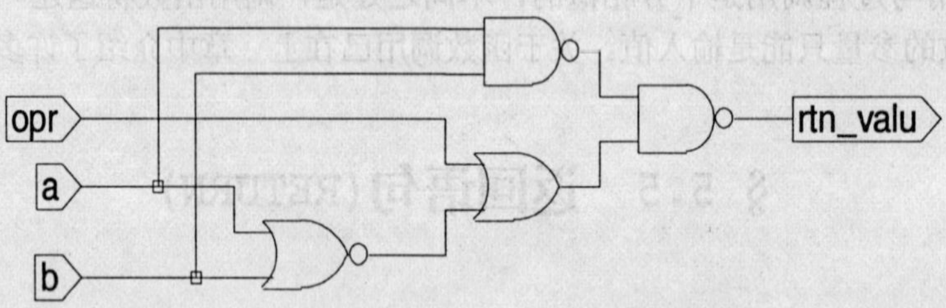

图 5-9　函数 opt 对应的电路结构图

§ 5.6　空操作语句(NULL)

空操作语句的语句格式如下：

```
NULL;
```

空操作语句不完成任何操作，它惟一的功能就是使逻辑运行流程跨入下一步语句的执行。NULL 常用于 CASE 语句中，为满足所有可能的条件，利用 NULL 来表示所余的不用条件下的操作行为。

在程序 5-34 的 CASE 语句中，NULL 用于排除一些不用的条件。

【程序 5-34】

```
CASE Opcode IS
 WHEN  "001" =>  tmp := rega AND regb ;
 WHEN  "101" =>  tmp := rega OR regb ;
 WHEN  "110" =>  tmp := NOT rega ;
 WHEN OTHERS  =>  NULL ;
END CASE ;
```

此例类似于一个 CPU 内部的指令译码器功能，"001"，"101"和"110" 分别代表指令操作码，对于它们所对应在寄存器中的操作数的操作算法，CPU 只对这 3 种指令码作反应，当出现其它码时，不作任何操作。

需要指出的是，与其它的 EDA 工具不同，MAXPLUS II 对 NULL 语句的执行会出现擅自加入锁存器的情况，对此应避免使用 NULL 语句，改用确定操作，如可改为：

```
WHEN OTHERS =>  tmp := rega ;
```

§ 5.7 其它语句和说明

5.7.1 属性(ATTRIBUTE) 描述与定义语句

VHDL 中预定义属性描述语句有许多实际的应用，可用于对信号或其它项目的多种属性检测或统计。VHDL 中可以具有属性的项目如下：

- 类型、子类型
- 过程、函数
- 信号、变量、常量
- 实体、结构体、配置、程序包
- 元件
- 语句标号

属性是以上各类项目的特性，某一项目的特定属性或特征通常可以用一个值或一个表达式来表示，通过 VHDL 的预定义属性描述语句就可以加以访问。

属性的值与数据对象(信号、变量和常量) 的值完全不同，在任一给定的时刻，一个数据对象只能具有一个值，但却可以具有多个属性。VHDL 还允许设计者自己定义属性(即用户定义的属性)。

表 5-2 是常用的预定义属性。其中综合器支持的属性有：LEFT、RIGHT、 HIGH、 LOW、RANGE、REVERS_RANGE、LENGTH、EVENT、STABLE。

预定义属性描述语句实际上是一个内部预定义函数，其语句格式是

属性测试项目名′ 属性标识符

属性测试项目即属性对象，可由相应的标识符表示，**属性标识符**就是列于表 5-1 中的有关属性名。以下仅就可综合的属性项目使用方法作一说明。

1. 信号类属性

信号类属性中，最常用的当属 EVENT 。例如，短语“clock’EVENT”就是对以 clock 为标识符的信号，在当前的一个极小的时间段 δ 内发生事件的情况进行检测。所谓发生事件，就是电平发生变化，从一种电平方式转变到另一种电平方式。如果在此时间段内，clock 由 0 变成 1，或由 1 变成 0，都认为发生了事件，于是这句测试事件发生与否的表

达式将向测试语句，如 IF 语句，返回一个 BOOLEAN 值 TRUE，否则为 FALSE。

如果将以上短语“clock'EVENT”改成语句：

```
clock 'EVENT AND clock='1'
```

表 5-2 预定义的属性函数功能表

属 性 名	功 能 与 含 义	适用范围
LEFT[(n)]	返回类型或者子类型的左边界，用于数组时，n 表示二维数组行序号	类型、子类型
RIGHT[(n)]	返回类型或者子类型的右边界，用于数组时，n 表示二维数组行序号	类型、子类型
HIGH[(n)]	返回类型或者子类型的上限值，用于数组时，n 表示二维数组行序号	类型、子类型
LOW[(n)]	返回类型或者子类型的下限值，用于数组时，n 表示二维数组行序号	类型、子类型
LENGTH[(n)]	返回数组范围的总长度(范围个数)，用于数组时，n 表示二维数组行序号	数组
STRUCTURE[(n)]	如果块或结构体只含有元件具体装配语句或被动进程时，属性'STURCTURE 返回 TRUE。	块、构造
BEHAVIOR	如果由块标志指定块或者由构造名指定结构体，又不含有元件具体装配语句，则'BEHAVIOR 返回 TRUE。	块、构造
POS(value)	参数 value 的位置序号	枚举类型
VAL(value)	参数 value 的位置值	枚举类型
SUCC(value)	比 value 的位置序号大的一个相邻位置值	枚举类型
PRED(value)	比 value 的位置序号大的一个相邻位置值	枚举类型
LEFTOF(value)	在 value 左边位置的相邻值	枚举类型
RIGHTOF(value)	在 value 右边位置的相邻值	枚举类型
EVENT	如果当前的Δ期间内发生了事件，则返回 TRUE，否则返回 FALSE	信号
ACTIVE	如果当前的Δ期间内信号有效，则返回 TRUE，否则返回 FALSE	信号
LAST_EVENT	从信号最近一次的发生事件至今所经历的时间	信号
LAST_VALUE	最近一次事件发生之前信号的值	信号
LAST_ACTIVE	返回自信号前面一次事件处理至今所经历的时间	信号
DELAYED[(time)]	建立和参考信号同类型的信号，该信号紧跟着参考信号之后，并有一个可选的时间表达式指定延迟时间	信号
STABLE[(time)]	每当在可选的时间表达式指定的时间内信号无事件时，该属性建立一个值为 TRUE 的布尔型信号	信号
QUIET[(time)]	每当参考信号在可选的时间内无事项处理时，该属性建立一个值为 TRUE 的布尔型信号	信号
TRANSACTION	在此信号上有事件发生，或每个事项处理中，它的值翻转时，该属性建立一个 BIT 型的信号(每次信号有效时，重复返回 0 和 1 的值)	信号
RANGE[(n)]	返回按指定排序范围，参数 n 指定二维数组的第 n 行	数组
REVERSE_RANGE[(n)]	返回按指定逆序范围，参数 n 指定二维数组的第 n 行	数组

注：

- LEFT、RIGHT、LENGTH 和 LOW 用来得到类型或者数组的边界。

- POS、VAL、SUCC、LEFTOF 和 RIGHTOF 用来管理枚举类型。
- ACTIVE、EVENT、LAST_ACTIVE、LAST_EVENT 和 LAST_VALUE 当事件发生时用来返回有关信息。
- DELAYED，STABLE，QUIET 和'TRANSACTION 建立一个新信号，该新信号为有关的另一个信号返回信息。
- RANGE 和 REVERSE_RANGE 在该类型恰当的范围内用来控制语句。

则表示对 clock 信号上升沿的测试。即一旦测试到 clock 有一个上升沿时，此表达式将返回一个布尔值 TRUE。当然，这种测试是在过去的一个极小的时间段 δ 内进行的，之后又测得 clock 为 1，从而满足此语句所列条件“ clock ='1' ”，因而也返回 TRUE，两个“TRUE”相与后仍为 TRUE。由此便可以从当前的“clock ='1'”推断，在此前的 δ 时间段内，clock 必为 0。因此，以上的表达式可以用来对信号 clock 的上升沿进行检测。程序 5-35 是此表达式的实际应用。

【程序 5-35】

```
PROCESS (clock)
  IF (clock'EVENT AND clock ='1' ) THEN
   Q <= DATA ;
  END IF ;
END PROCESS;
```

程序 5-35 的进程即为对上升沿边沿触发器的 VHDL 描述。进程中 IF 语句内的条件表达式即可为此触发器时钟输入端的信号的上升沿进行测试，上升沿一旦到来，表达式在返回 TRUE 后，立即执行赋值语句 Q <= DATA，并保持此值于 Q 端，直至下一次时钟上升沿的到来。同理，以下表达式表示对信号 clock 下降沿的测试：

```
(clock'EVENT AND clock ='0')
```

属性 STABLE 的测试功能恰与 EVENT 相反，它是信号在 Δ 时间段内无事件发生，则返还 TRUE 值。以下两语句的功能是一样的：

```
(NOT clock'STABLE AND clock ='1')
(clock'EVENT AND clock ='1')
```

请注意，语句“NOT(clock'STABLE AND clock ='1') ”的表达方式是不可综合的。因为，对于 VHDL 综合器来说，括号中的语句已等效于一条时钟信号边沿测试专用语句，它已不是普通的操作数，所以不能以操作数方式来对待。

另外还应注意，对于普通的 BIT 数据类型的 clock，它只有 1 和 0 两种取值，因而语句 clock'EVENT AND （clock ='1'）的表述作为对信号上升沿到来与否的测试是正确的。但如果 clock 的数据类型已定义为 STD_LOGIC，则其可能的值有 9 种。这样一来，就不能从(clock='1') = TRUE 来简单地推断 δ 时刻前 clock 一定是'0'。因此，对于这种数据类型的时钟信号边沿检测，可用以下表达式来完成：

```
RISING_EDGE (clock)
```

RISING_EDGE ( )是 VHDL 在 IEEE 库中标准程序包内的预定义函数，这条语句只能用于标准位数据类型的信号，其用法如下：

```
IF  RISING_EDGE (clock) THEN
```

或

```
WAIT UNTIL RISING_EDGE (clock)
```

在实际使用中，'EVENT 比'STABLE 更常用。对于目前常用的 VHDL 综合器来说，EVENT 只能用于 IF 和 WAIT 语句中。

2．数据区间类属性

数据区间类属性有'RANGE[(n)] 和 'REVERSE_RANGE[(n)]。这类属性函数主要是对属性项目取值区间进行测试，返还的内容不是一个具体值，而是一个区间，它们的含义如表 5-2 所示。对于同一属性项目，'RANGE 和 'REVERSE_RANGE 返回的区间次序相反，前者与原项目次序相同，后者相反，见程序 5-36。

【程序 5-36】

```
...
SIGNAL range1 : IN STD_LOGIC_VECTOR (0 TO 7) ;
...
FOR i IN range1'RANGE LOOP
```

程序 5-36 中的 FOR_LOOP 语句与语句“FOR i IN 0 TO 7 LOOP”的功能是一样的，这说明 range1'RANGE 返回的区间即为位矢 range1 定义的元素范围。如果用 'REVERSE RANGE ，则返回的区间正好相反，是(7 DOWNTO 0)。

3．数值类属性

在 VHDL 中的数值类属性测试函数主要有 'LEFT、'RIGHT、'HIGH、'LOW，它们的功能如表 5-2 所示。这些属性函数主要用于对属性测试目标的一些数值特性进行测试。如：

【程序 5-37】

```
...
PROCESS (clock, a, b);
TYPE obj IS ARRAY (0 TO 15) OF BIT ;
SIGNAL ele1, ele2, ele3, ele4  : INTEGER ;
BEGIN
 ele1 <= obj'RIGNT ;
 ele2 <= obj'LEFT ;
 ele3 <= obj'HIGH ;
 ele4 <= obj'LOW  ;
...
```

信号 ele1、ele2、ele3 和 ele4 获得的赋值分别为 0、15、0 和 15。

程序 5-38 描述的是一个奇偶校验判别信号发生器，程序利用了属性函数'LOW 和'HIGH，其综合后的电路如图 5-10 所示。

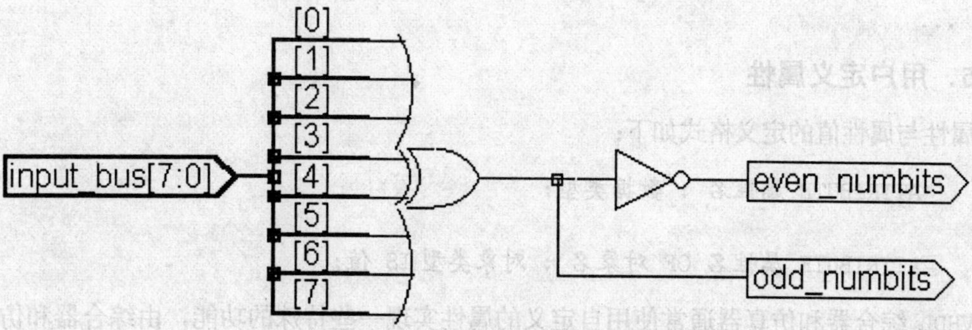

图 5-10　奇偶校验判别信号发生器

【程序 5-38】

```
LIBRARY IEEE;--PARITY GENERATOR
USE IEEE.STD_LOGIC_1164.ALL;
ENTITY parity IS
    GENERIC (bus_size : INTEGER := 8 );
    PORT (input_bus : IN STD_LOGIC_VECTOR(bus_size-1 DOWNTO 0);
            even_numbits, odd_numbits : OUT STD_LOGIC ) ;
END parity ;
ARCHITECTURE behave OF parity IS
BEGIN
PROCESS (input_bus)
    VARIABLE temp: STD_LOGIC;
BEGIN
    Temp := '0';
    FOR i IN input_bus'LOW TO input_bus'HIGH LOOP
temp := temp XOR input_bus( i ) ;
    END LOOP ;
    odd_numbits <= temp ;
    even_numbits <= NOT temp;
END PROCESS;
END behave;
```

4. 数组属性 'LENGTH

此函数的用法同前，只是对数组的宽度或元素的个数进行测定。例如：

【程序 5-39】

```
...
TYPE arry1 ARRAY (0 TO 7) OF BIT ;
```

```
VARIABLE wth: INTEGER;
...
wth1: =arry1'LENGTH; -- wth1 = 8
...
```

5. 用户定义属性

属性与属性值的定义格式如下：

```
ATTRIBUTE 属性名 : 数据类型;

ATTRIBUTE 属性名 OF 对象名 : 对象类型 IS 值;
```

VHDL 综合器和仿真器通常使用自定义的属性实现一些特殊的功能，由综合器和仿真器支持的一些特殊的属性一般都包含在 EDA 工具厂商的程序包里，例如 Synplify 综合器支持的特殊属性都在 synplify.attributes 程序包中，使用前加入以下语句即可：

```
LIBRARY synplify;
USE synplicity.attributes.all;
```

又如在 DATA I/O 公司的 VHDL 综合器中，可以使用属性 pinnum 为端口锁定芯片引脚。例如：

【程序5-40】

```
LIBRARY IEEE;
USE IEEE.STD_LOGIC_1164.ALL;
ENTITY cntbuf IS
      PORT(  Dir: IN STD_LOGIC;
             Clk,Clr,OE: IN STD_LOGIC;
             A,B: INOUT STD_LOGIC_VECTOR (0 to 1);
             Q: INOUT STD_LOGIC_VECTOR (3 downto 0)  );
      ATTRIBUTE PINNUM : STRING;
      ATTRIBUTE PINNUM OF Clk: signal is "1";
      ATTRIBUTE PINNUM OF Clr: signal is "2";
      ATTRIBUTE PINNUM OF Dir: signal is "3";
      ATTRIBUTE PINNUM OF OE: signal is "11";
      ATTRIBUTE PINNUM OF A: signal is "13,12";
      ATTRIBUTE PINNUM OF B: signal is "19,18";
      ATTRIBUTE PINNUM OF Q: signal is "17,16,15,14";
END cntbuf;
```

Synopsys FPGA Express 中也在 synopsys.attributes 程序包定义了一些属性，用以辅助综合器完成一些特殊功能。

定义一些 VHDL 综合器和仿真器所不支持的属性通常是没有意义的。

5.7.2 文本文件操作(TEXTIO)

文件操作的概念来自于计算机编程语言。这里所谓的文件操作只能用于 VHDL 仿真器中，因为在 IC 中，并不存在磁盘和文件，所以 VHDL 综合器忽略程序中所有与文件操作有关的部分。

在完成较大的 VHDL 程序的仿真时，由于输入信号很多，输入数据复杂，这时可以采用文件操作的方式设置输入信号，将仿真时输入信号所需要的数据用文本编辑器写到一个磁盘文件中，然后在 VHDL 程序的仿真驱动信号生成模块中调用 STD.TEXTIO 程序包中的子程序，读取文件中的数据，经过处理后或直接驱动输入信号端。

仿真的结果或中间数据也可以用 STD.TEXTIO 程序包中提供的子程序保存在文本文件中，这对复杂的 VHDL 设计的仿真尤为重要。

VHDL 仿真器 ModelSim 支持许多文件操作子程序，附带的 STD.TEXTIO 程序包源程序是很好的参考文件。

文本文件操作用到的一些预定义的数据类型及常量定义如下：

```
type LINE is access string;
type TEXT is file of string;
type SIDE is (right, left);
subtype WIDTH is natural;

file input : TEXT open read_mode is "STD_INPUT";
file output : TEXT open write_mode is "STD_OUTPUT";
```

STD.TEXTIO 程序包中主要有 4 个过程用于文件操作，即 READ、READLINE、WRITE、WRITELINE。因为这些子程序都被多次重载以适应各种情况，实用中请参考 VHDL 仿真器给出的 STD.TEXTIO 源程序获取更详细的信息。

以下是一个文件操作的示例：

【程序 5-41】

```
 ...
component counter8
     port (
         CLK: in STD_LOGIC;
         RESET: in STD_LOGIC;
         CE, LOAD, DIR: in STD_LOGIC;
         D N: in INTEGER range 0 to 255;
         COUNT: out INTEGER range 0 to 255
           );
end component;
...
```

```
file RESULTS: TEXT open WRITE_MODE is "results.txt";
...
procedure WRITE_RESULTS (
        CLK          : STD_LOGIC;
        RESET        : STD_LOGIC;
        CE           : STD_LOGIC;
        LOAD      : STD_LOGIC;
        DIR          : STD_LOGIC;
        DIN          : INTEGER;
        COUNT        : INTEGER
                           ) is
variable V_OUT : LINE;
begin
      --写入时间
      write(V_OUT, now, right, 16, ps);
      --写入输入值
      write(V_OUT, CLK, right, 2);
      write(V_OUT, RESET, right, 2);
      write(V_OUT, CE, right, 2);
      write(V_OUT, LOAD, right, 2);
      write(V_OUT, DIR, right, 2);
      write(V_OUT, DIN, right, 257);
      --写入输出值
      write(V_OUT, COUNT, right, 257);
      writeline(RESULTS,V_OUT);
end WRITE_RESULTS;
      ...
```

这个例子是一个 8 位计数器 VHDL 测试基准模块的一部分，其中定义的过程 WRITE_RESULTS 是用来将测试过程中的信号、变量的值写入到文件 results.txt 中，以便于分析。

5.7.3 ASSERT 语句

ASSERT(断言) 语句只能在 VHDL 仿真器中使用，综合器通常忽略此语句。ASSERT 语句判断指定的条件是否为 TRUE，如果为 FALSE 则报告错误。语句格式是：

```
ASSERT  条件表达式
REPORT  字符串
SEVERITY  错误等级[SEVERITY_LEVEL];
```

【程序 5-42】

```
ASSERT NOT (S= '1' AND R= '1')
```

```
REPORT "Both values of signals S and R are equal to '1'"
SEVERITY ERROR;
```

如果出现 SEVERITY 子句，则该子句一定要指定一个类型为 SEVERITY_LEVEL 的值。SEVERITY_LEVEL 共有如表 5-3 所示的 4 种可能的值：

表 5-3

NOTE	可以用在仿真时传递信息
WARNING	用在非平常的情形，此时仿真过程仍可继续，但结果可能是不可预知的
ERROR	用在仿真过程继续执行下去已经不可行的情况
FAILURE	用在发生了致命错误，仿真过程必须立即停止的情况

ASSERT 语句可以作为顺序语句使用，也可以作为并行语句使用。作为并行语句时，ASSERT 语句可看成为一个被动进程。

5.7.4 REPORT 语句

REPORT 语句类似于 ASSERT 语句，区别是它没有条件。

语句格式：

```
                REPORT 字符串;
        REPORT 字符串 SEVERITY SEVERITY_LEVEL;
```

【程序 5-43】

```
WHILE counter <= 100 LOOP
     IF counter > 50
       THEN REPORT "the counter is over 50";
     END IF;
    ...
END LOOP;
```

在 VHDL 1993 标准中，REPORT 语句相当于前面省略了 ASSERT FALSE 的 ASSERT 语句，而在 1987 标准中不能单独使用 REPORT 语句。

5.7.5 决断函数

决断(Resolution) 函数定义了当一个信号有多个驱动源时，以什么样的方式将这些驱动源的值决断为一个单一的值。决断函数用于声明一个决断信号。

【程序 5-44】

```
package RES_PACK is
  function RES_FUNC(DATA: in BIT_VECTOR) return BIT;
```

```
    subtype RESOLVED_BIT is RES_FUNC BIT;
  end;
  package body RES_PACK is
    function RES_FUNC(DATA: in BIT_VECTOR) return BIT is
    begin
      for I in DATA'range loop
        if DATA(I) = '0' then
           return '0';
        end if;
      end loop;
      return '1';
    end;
  end;
  USE work.RES_PACK.ALL;
  ENTITY WAND_VHDL is
    PORT(X, Y: in BIT; Z: out RESOLVED_BIT);
  END WAND_VHDL;
  ARCHITECTURE WAND_VHDL OF WAND_VHDL IS
  begin
    Z <= X;
    Z <= Y;
  end WAND_VHDL;
```

通常决断函数只在 VHDL 仿真时使用，但许多综合器支持预定义的几种决断信号。

【习 题】

5-1 判断下面 3 例 VHDL 程序中是否有错误，若有错误则指出错误原因。

程序 1

```
Signal A, EN : std_logic;
Process (A, EN)
   Variable B : std_logic;
Begin
if EN = 1 then
   B <= A;
end if;
end process;
```

程序 2

```
Architecture one of sample is
   Variable a, b, c : integer;
Begin
   c <= a + b;
end;
```

程序 3

```
library ieee;
use ieee.std_logic_1164.all;
entity mux21 is
    port ( a, b : in std_logic; sel : in std_logic; c : out std_logic;);
end sam2;
architecture one of mux21 is
begin
if sel = '0' then
    c := a;
else
    c := b;
end if;
end two;
```

5-2　改正以上程序 1 和程序 2 的错误，并为这两个程序配上相应的实体和结构体。

5-3　判断下面说明是否正确。

(1) 变量赋值语句综合后不能生成对应的电路；

(2) 子程序的调用可以作为顺序语句使用；

(3) 综合后，ASSERT 生成的电路在运行时可以报告各种信息；

(4) 特定的 VHDL 综合器只能处理几种特性的属性；

(5) 文件操作函数可以在集成电路中使用；

(6) 决断函数用以处理被多个驱动源所驱动的信号赋值。

5-4　分别用 CASE 语句和 IF 语句设计 3-8 译码器。

5-5　若在进程中加入 WAIT 语句，应注意哪几个方面的问题？

5-6　图 5-11 中的 f_adder 是一位全加器，cin 是输入进位，cout 是输出进位，试给出此电路的 VHDL 描述。

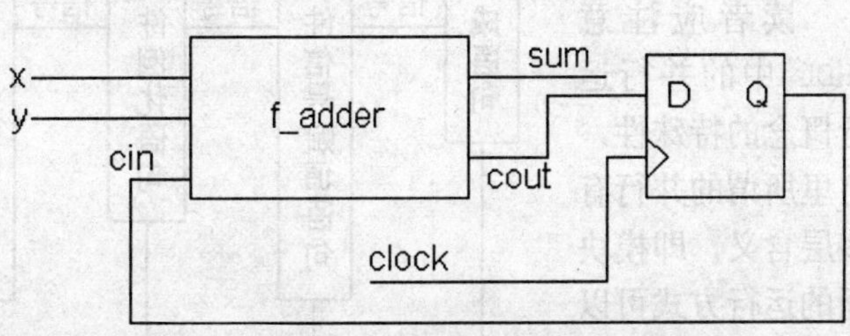

图 5-11　习题 5-6 图

5-7　设计 5 位可变模数计数器。设计要求：令输入信号 M1 和 M0 控制计数模，即令(M1，M0)＝(0，0)时为模 19 加法计数器，(M1，M0)＝(0，1)时为模 4 计数器，(M1，M0)＝(1，0)时，为模 10 计数器，(M1，M0)＝(1，1)时为模 6 计数器。

第 6 章 VHDL 并行语句

相对于传统的软件描述语言，并行语句结构是最具硬件描述语言特色的。在 VHDL 中，并行语句有多种语句格式，各种并行语句在结构体中的执行是同步进行的，或者说是并行运行的，其执行方式与书写的顺序无关。在执行中，并行语句之间可以有信息往来，也可以是互为独立、互不相关、异步运行的（如多时钟情况）。每一并行语句内部的语句运行方式可以有两种不同的方式，即并行执行方式（如块语句）和顺序执行方式（如进程语句）。显然，VHDL 并行语句勾画出了一幅充分表达硬件电路的真实的运行图景。例如在一个电路系统中，有一个加法器和一个可预置计数器，加法器中的逻辑是并行运行的，而计数器中的逻辑是顺序运行的，它们之间可以独立工作，互不相关。也可以将加法器运行的结果作为计数器的预置值，进行相关工作，或者用引入的控制信号，使它们同步工作等。

图 6-1 所示的是在一个结构体中各种并行语句运行的示意图。这些语句不必同时存在，每一语句模块都可以独立异步运行，模块之间并行运行，并通过信号来交换信息。

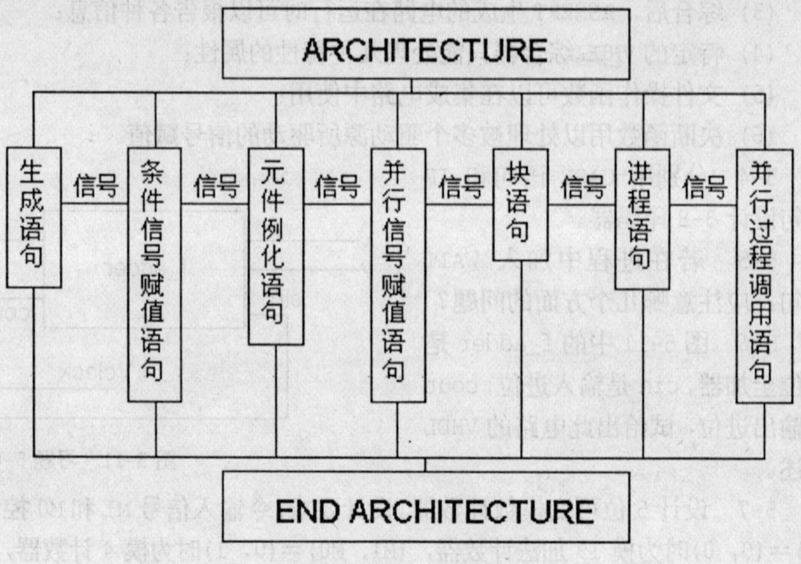

图 6-1 结构体中的并行语句模块

读者应注意 VHDL 中的并行运行概念的特殊性，这里所谓的并行有多层含义，即模块间的运行方式可以有同时运行、同步运行、异步运行等方式，从电路的工作方式上讲，可以包括组合逻辑运行方式、同步逻辑运行方式和异步逻辑运行方式等。

如图 6-1 所示的结构体中的并行语句主要有 7 种：

- 并行信号赋值语句（Concurrent Signal Assignments）
- 进程语句(Process Statements)
- 块语句(Block Statements)

- 条件信号赋值语句(Selected Signal Assignments)
- 元件例化语句(Component Instantiations)，其中包括类属配置语句
- 生成语句(Generate Statements)
- 并行过程调用语句(Concurrent Procedure Calls)

并行语句在结构体中的使用格式如下：

```
ARCHITECTURE 结构体名 OF  实体名  IS
    说明语句
    BEGIN
       并行语句
END ARCHITECTURE  结构体名
```

并行语句与顺序语句并不是相互对立的，它们往往相互包含，互为依存，它们是一个矛盾的统一体。严格地说，VHDL 中不存在纯粹的并行行为和顺序行为的语言。例如，相对于其它的并行语句，进程属于并行语句，而进程内部运行的都是顺序语句。而一个单句并行赋值语句，从表面上看是一条完整的并行语句，但实质上却是一条进程语句的缩影，它完全可以用一条相同功能的进程来替代，所不同的是，进程中必须列出所有的敏感信号，而单纯的并行赋值语句的敏感信号是隐性列出的。而且即使是进程内部的顺序语句，也并非如人们想象的那样，每一条语句的运行都如同软件指令那样按时钟节拍来逐条运行的。

§6.1 进程语句

在前面已对进程语句及其应用作了比较详尽的说明，在此仅从其整体上来考虑进程语句的功能行为。

必须明确认识，进程语句是 VHDL 程序中使用最频繁和最能体现 VHDL 语言特点的一种语句，其原因大概是由于它的并行和顺序行为的双重性，以及其行为描述风格的特殊性。在前面已多次提到，进程语句虽然是由顺序语句组成的，但其本身却是并行语句。进程语句与结构体中的其余部分进行信息交流是靠信号完成的。进程语句中有一个敏感信号表，这是进程赖以启动的敏感表。对于表中列出的任何信号的改变，都将启动进程，执行进程内相应顺序语句。事实上，对于某些 VHDL 综合器（许多综合器并非如此），综合后，对应进程的硬件系统对进程中的所有输入的信号都是敏感的，不论在源程序的进程中是否把所有的信号都列入敏感表中，这是实际与理论的差异性。为了使 VHDL 的软件仿真与综合后的硬件仿真对应起来，以及适应一般的综合器，应当将进程中的所有输入信号都列入敏感表中。

不难发现，在对应的硬件系统中，一个进程和一个并行赋值语句确实有十分相似的对应关系。并行赋值语句就相当于一个将所有输入信号隐性地列入结构体监测范围的（即敏感表的）进程语句。

综合后的进程语句所对应的硬件逻辑模块，其工作方式可以是组合逻辑方式的，也

可以是时序逻辑方式的。例如在一个进程中，一般的 IF 语句，若不放时钟检测语句，综合出的多为组合逻辑电路（一定条件下）；若出现 WAIT 语句，在一定条件下，综合器将引入时序元件，如触发器。

程序 6-1 有一个产生组合电路的进程，它描述了一个十进制加法器，对于每 4 位输入 in1(3 DOWNTO 0)，此进程对其作加 1 操作，并将结果由 out1(3 DOWNTO 0)输出，由于是加 1 组合电路，故无记忆功能。

【程序 6-1】

```
LIBRARY IEEE;
USE IEEE.STD_LOGIC_1164.ALL;
USE IEEE.STD_LOGIC_UNSIGNED.ALL;
ENTITY cnt10 IS
   PORT  ( clr : IN STD_LOGIC;
            in1  :  IN STD_LOGIC_VECTOR(3 DOWNTO 0);
            out1 : OUT STD_LOGIC_VECTOR(3 DOWNTO 0) );
END cnt10 ;
ARCHITECTURE actv OF cnt10 IS
BEGIN
  PROCESS (in1, clr)
  BEGIN
    IF (clr ='1' OR in1 = "1001") THEN
    out1 <= "0000" ;      -- 有清零信号，或计数已达 9，out1 输出 0，
    ELSE                  -- 否则作加 1 操作
    out1 <= in1 + 1 ;     -- 注意，使用了重载算符“+”， 重载算符“+”是在
    END IF;               -- 库 STD_LOGIC_UNSIGNED 中预先声明的
  END PROCESS ;
END actv ;
```

程序 6-1 综合后产生的逻辑电路如图 6-2 所示。图中，ADDER 是一个 1 位加 4 位的加法器，即 A(3 DOWNTO 0)+B0=S(3 DOWNTO 0)，这里取 B0=1；MUX42 是一个多路选择器，选择方式如图 6-2 所示。由图 6-2 可以看出，这个加法器只能对输入值作加 1 操作，却不能将加 1 后的值保存起来。如果要使加法器有累加作用，必须引入时序元件来储存相加后的值。程序 6-2 对程序 6-1 作了改进，在进程中增加一条 WAIT 语句，使此语句后的信号

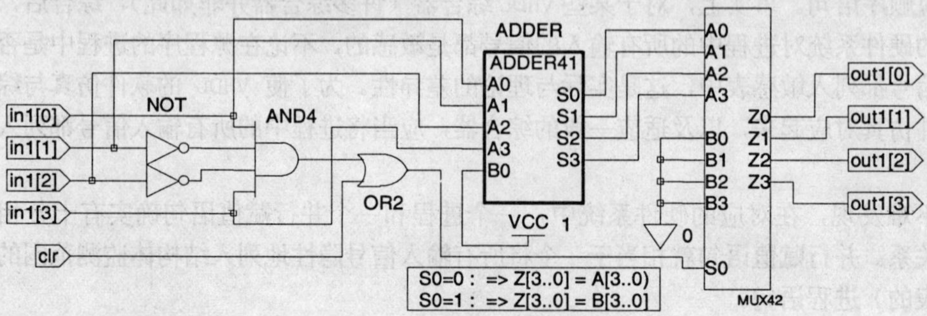

图 6-2 程序 6-1 组合电路型十进制加法器 cnt10 综合后的硬件结构图

赋值有了寄存的功能，从而使综合后的电路变成时序电路（如图 6-3 所示）。

【程序 6-2】

```
LIBRARY IEEE;
USE IEEE.STD_LOGIC_1164.ALL;
USE IEEE.STD_LOGIC_UNSIGNED.ALL;
ENTITY cnt10 IS
  PORT (  clr : IN STD_LOGIC ;
          Clk : IN STD_LOGIC ;
          Cnt  : Buffer STD_LOGIC_VECTOR(3 DOWNTO 0)  ) ;
END cnt10;
ARCHITECTURE actv OF cnt10 IS
BEGIN
  PROCESS
  BEGIN
    WAIT UNTIL clk'EVENT AND clk = '1' ;    -- 等待时钟 clk 的上沿
    IF ( clr ='1' OR cnt = 9 ) THEN
    cnt <= "0000" ;
    ELSE
    cnt <= cnt+ 1 ;
     END IF ;
  END PROCESS ;
END actv ;
```

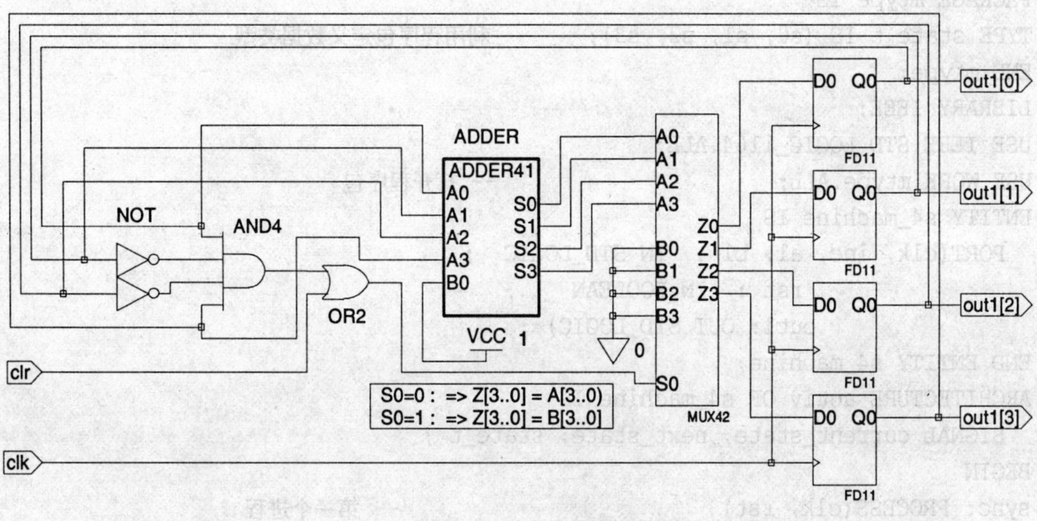

图 6-3　组合电路型十进制加法器 cnt10 综合后的硬件结构图(增加了 4 个 D 触发器)

程序 6-2 描述的是一个典型的十进制时序逻辑加法计数器，综合后的电路结构如图 6-3 所示，与图 6-2 电路的惟一区别是增加了 4 个 D 触发器，用于加 1 值后的储存；对于原来的 4 位外输入值，则由 4 个 D 触发器的储存值反馈回来替代了，整个加法操作只需加入时钟脉冲即可。读者应注意到，此程序的输出端口的端口模式应用了缓冲模式 BUFFER，这使直接反馈成为可能。

程序 6-3 描述的是一个含有异步清零（复位）功能的 4 状态同步有限状态机，在结构体中用了两个同步运行的进程。在第一个进程中，首先监测复位信号 rst，一旦测到复位信号，立即使当前状态返回到初始态 s0；如无复位信号，即刻监测时钟信号，一旦测到时钟信号 clk 的上升沿，立即将当前状态的值赋给信号 current_state，并由它传递给第二个进程。在同一时间内，第二个进程根据信号 current_state 的值确定下一状态的值，其综合后的硬件电路见图 6-4。

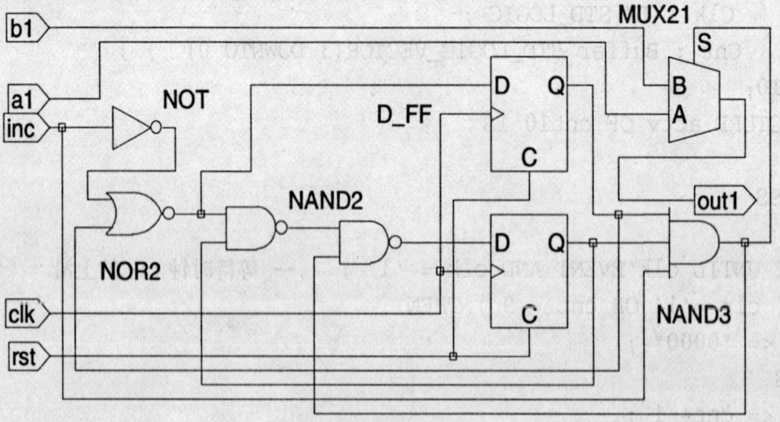

图 6-4　4 状态同步有限状态机电路图

【程序 6-3】

```
PACKAGE mtype IS
TYPE state_t IS (s0, s1, s2, s3);      -- 利用程序包定义数据类型
END mtype;
LIBRARY IEEE;
USE IEEE.STD_LOGIC_1164.ALL;
USE WORK.mtype.ALL;                        -- 打开程序包
ENTITY s4_machine IS
  PORT(clk, inc, a1, b1 :  IN STD_LOGIC  ;
               rst :  IN BOOLEAN     ;
              out1: OUT STD_LOGIC) ;
END ENTITY s4_machine;
ARCHITECTURE activ OF s4_machine IS
  SIGNAL current_state, next_state: state_t ;
BEGIN
sync: PROCESS(clk, rst)                          -- 第一个进程
  BEGIN
    IF (rst) THEN                                -- 监测复位信号
      current_state <= s0;
    ELSIF (clk'EVENT AND clk ='1') THEN          -- 监测时钟上沿
      current_state <= next_state;
    END IF;
  END PROCESS sync;
```

```
fsm: PROCESS(inc , current_state, a1, b1)  -- 第二个进程
 BEGIN
   out1 <= a1;
   next_state <= s0;
   IF (inc = '1') THEN
     CASE current_state IS
       WHEN s0 =>  next_state <= s1;
       WHEN s1 =>  next_state <= s2;  out1 <= b1;
       WHEN s2 =>  next_state <= s3;
       WHEN s3 =>  NULL ;
     END CASE;
   END IF;
 END PROCESS fsm;
END activ;
```

程序 6-4 用 3 个进程语句描述的 3 个并列的三态缓冲器电路，这个电路由 3 个完全相同的三态缓冲器构成，且输出是连接在一起的。这是一种总线结构，它的功能是可以在同一条线上的不同时刻内传输不同的信息。

【程序 6-4】

```
   ...
   a_out  <= a WHEN (ena) ELSE 'Z' ;
   b_out  <= b WHEN (enb) ELSE 'Z' ;
   c_out  <= c WHEN (enc) ELSE 'Z' ;
PRO1: PROCESS (a_out)
   BEGIN
      bus_out <= a_out ;
   END PROCESS ;
PRO2: PROCESS (b_out)
   BEGIN
      bus_out <= b_out ;
   END PROCESS ;
PRO3: PROCESS (c_out)
   BEGIN
      bus_out <= c_out ;
  END PROCESS ;
   ...
```

此例中有 3 个互为独立工作的进程，硬件结构如图 6-5 所示。这是一个多驱动信号的实例，有许多实际的应用。

读者可参考第 9 章的程序 9-30 和程序 9-31 以进一步了解进程的使

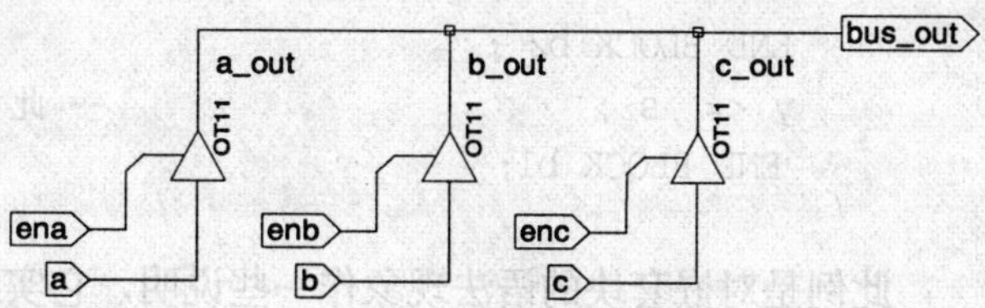

图 6-5 程序 6-4 描述的三态缓冲器总线结构电路

用特点。

§6.2 块语句

块语句的并行工作方式更为明显，块语句本身是并行语句结构，而且它的内部也都是由并行语句构成的（包括进程）。与其它的并行语句相比，块语句本身并没有独特的功能，它只是一种并行语句的组合方式，利用它可以将程序编排得更加清晰、更有层次。因此，对于一组并行语句，是否将它们纳入块语句中，都不会影响原来的电路功能。

块语句的用法已在前面讲过，在块的使用中需特别注意的是，块中定义的所有的数据类型、数据对象（信号、变量、常量）、子程序等都是局部的；对于多层嵌套的块结构，这些局部定义量只适用于当前块，以及嵌套于本层块的所有层次的内部块，而对此块的外部来说是不可见的。这就是说，在多层嵌套的块结构中，内层块的所有定义值对外层块都是不可见的，而对其内层块都是可见的。因此，如果在内层的块结构中定义了一个与外层块同名的数据对象，那么内层的数据对象将与外层的同名数据对象互不干扰。

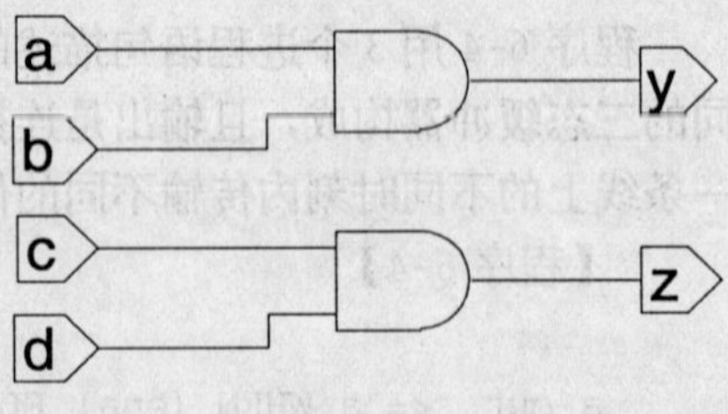

图 6-6 两个 2 输入与门

程序 6-5 是一个含有三重嵌套块的程序，由此能很清晰地了解上述关于块中数据对象的可视性规则。

【程序 6-5】

```
      ...
b1 : BLOCK                                   -- 定义块b1
      SIGNAL s : BIT ;                       -- 在b1块中定义s
      BEGIN
      s <= a AND b ;                         -- 向b1中的s赋值
b2 : BLOCK                                   -- 定义块b2，套于b1块中
      SIGNAL s : BIT ;                       -- 定义b2块中的信号s
      BEGIN
      s <=  c AND d ;                        -- 向b2中的s赋值
b3 : BLOCK
      BEGIN
      z <=  s ;                              -- 此s来自b2块
      END BLOCK b3 ;
      END BLOCK b2 ;
      y <=  s ;                              -- 此s来自b1块
       END BLOCK b1;
```

此例是对嵌套块的语法现象作一些说明，它实际描述的是如图 6-6 所示的两个相互

独立的 2 输入与门。

有关块的具体结构已在第 3 章中作了比较详细的说明，在此不再深入讨论了。

§ 6.3　并行信号赋值语句

并行信号赋值语句有 3 种形式：

- 简单信号赋值语句
- 条件信号赋值语句
- 选择信号赋值语句

这 3 种信号赋值语句的共同点是，赋值目标必须都是信号，所有赋值语句与其它并行语句一样，在结构体内的执行是同时发生的，与它们的书写顺序和是否在块语句中没有关系。前面已经提到，每一信号赋值语句都相当于一条缩写的进程语句，而这条语句的所有输入（或读入）信号都被隐性地列入此缩写进程的敏感信号表中。这意味着，在每一条并行信号赋值语句中所有的输入、读出和双向信号量都在所在结构体的严密监测中，任何信号的变化都将启动相关并行语句的赋值操作，而这种启动完全是独立于其它语句的，它们都可以直接出现在结构体中。

6.3.1　简单信号赋值语句

并行简单信号赋值语句是 VHDL 并行语句结构的最基本的单元，它的语句格式如下：

```
赋值目标 <= 表达式
```

式中**赋值目标**的数据对象必须是信号，它的数据类型必须与赋值符号右边**表达式**的数据类型一致。

程序 6-6 所示结构体中的 5 条信号赋值语句的执行是并行发生的。

【程序 6-6】

```
ARCHITECTURE curt OF bc1 IS
SIGNAL s1 : STD_LOGIC ;
BEGIN
    output1 <= a AND b ;
    output2 <= c + d ;
B1 : BLOCK
    SIGNAL e, f, g, h : STD_LOGIC ;
    BEGIN
    g <= e OR f ;
    h <= e XOR f ;
    END BLOCK B1;
    s1 <= g ;
END ARCHITECTURE curt;
```

6.3.2 条件信号赋值语句

作为另一种并行赋值语句，条件信号赋值语句的表达方式如下：

```
赋值目标 <= 表达式 WHEN 赋值条件 ELSE
            表达式 WHEN 赋值条件 ELSE
                      ...
            表达式 ;
```

在结构体中的条件信号赋值语句的功能与在进程中的 IF 语句相同，在执行条件信号语句时，每一**赋值条件**是按书写的先后关系逐项测定的，一旦发现（赋值条件= TRUE)，立即将表达式的值赋给**赋值目标**变量。从这个意义上讲，条件赋值语句与 IF 语句具有十分相似的顺序性（注意，条件赋值语句中的 ELSE 不可省），这意味着，条件信号赋值语句将第一个满足关键词 WHEN 后的赋值条件所对应的**表达式**中的值，赋给赋值日标信号。这里的赋值条件的数据类型是布尔量，当它为真时表示满足赋值条件，最后一项表达式可以不跟条件子句，用于表示以上各条件都不满足时，则将此表达式赋予赋值目标信号。由此可知，条件信号语句允许有重叠现象，这与 CASE 语句具有很大的不同，读者应注意辨别。

对于在例 5-9 中用顺序语句描述的电路（见图 5-2）也可以用程序 6-7 的条件赋值语句来描述：

【程序 6-7】

```
    ...
z  <= a WHEN p1 = '1' ELSE
      b WHEN p2 = '1' ELSE
      c  ;
   ...
```

请注意，由于条件测试的顺序性，第一子句具有最高赋值优先级，第二句其次，第三句最后。这就是说，如果当 p1 和 p2 同时为 1 时，z 获得的赋值是 a 。

6.3.3 选择信号赋值语句

选择信号赋值语句的语句格式如下：

```
WITH 选择表达式 SELECT
赋值目标信号 <=表达式 WHEN 选择值
               表达式 WHEN 选择值
               ...
               表达式 WHEN 选择值;
```

选择信号赋值语句本身不能在进程中应用，但其功能却与进程中的 CASE 语句的功能相似。CASE 语句的执行依赖于进程中敏感信号的改变而启动进程，而且要求 CASE 语句中各子句的条件不能有重叠，必须包容所有的条件。

选择信号语句中也有敏感量，即关键词 WITH 旁的**选择表达式**，每当选择表达式的值发生变化时，就将启动此语句对各子句的**选择值**进行测试对比，当发现有满足条件的子句时，就将此子句表达式中的值赋给**赋值目标信号**。与 CASE 语句相类似，选择赋值语句对子句条件选择值的测试具有同期性，不像以上的条件信号赋值语句那样是按照子句的书写顺序从上至下逐条测试的。因此，选择赋值语句不允许有条件重叠的现象，也不允许存在条件涵盖不全的情况。

程序 6-8 是一个简化的指令译码器（如图 6-7 所示）。对应于由 a、b、c 3 个位构成的不同指令码，由 data1 和 data2 输入的两个值将进行不同的逻辑操作，并将结果从 dataout 输出，当不满足所列的指令码时，将输出高阻态。

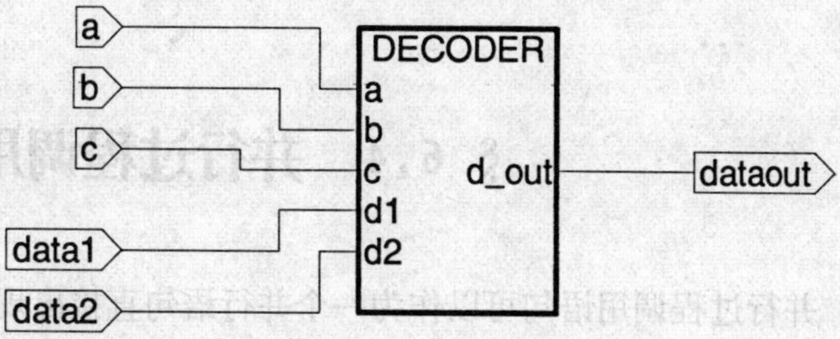

图 6-7　程序 6-8 的指令译码器 DECODER

【程序 6-8】

```
LIBRARY IEEE;
USE IEEE.STD_LOGIC_1164.ALL;
USE IEEE.STD_LOGIC_UNSIGNED.ALL;
ENTITY decoder IS
   PORT ( a,  b,  c  :   IN STD_LOGIC;
          Data1, data2 :   IN STD_LOGIC;
            Dataout    : OUT STD_LOGIC  );
END decoder;
ARCHITECTURE concunt OF decoder IS
    SIGNAL instruction : STD_LOGIC_VECTOR(2 DOWNTO 0) ;
    BEGIN
     Instruction <= c & b & a ;
     WITH instruction SELECT
     Dataout <= data1  AND data2  WHEN "000" ,
                  data1  OR  data2  WHEN "001" ,
                  data1 NAND data2  WHEN "010" ,
                  data1 NOR  data2  WHEN "011" ,
                  data1 XOR  data2  WHEN "100" ,
                  data1 XNOR data2  WHEN "101" ,
                          'Z'   WHEN OTHERS ;
    END concunt ;
```

注意，选择信号赋值语句的每一子句结尾是逗号，最后一句是分号；而条件赋值语句每一子句的结尾没有任何标点，只有最后一句有分号。

程序 6-9 是一个列出选择条件为不同取值范围的 4 选 1 多路选择器，当不满足条件时，输出呈高阻态。

【例 6-9】

```
 ...
WITH selt SELECT
muxout <= a WHEN   0|1   ,    -- 0 或 1
          b WHEN 2 TO 5 ,   -- 2 或 3，或 4 或 5
           c WHEN    6    ,
         d WHEN    7    ,
        'Z' WHEN OTHERS ;
    ...
```

§ 6.4 并行过程调用语句

并行过程调用语句可以作为一个并行语句直接出现在结构体中，或块语句中。并行过程调用语句的功能等效于包含了同一个过程调用语句的进程。并行过程调用语句的语句调用格式与前面讲的顺序过程调用语句是相同的，即

—— 过程名（关联参量名）;

程序 6-10 是个说明性的例子，在这个例子中，首先定义了一个完成半加器功能的过程，此后在一条并行语句中调用了这个过程，而在接下去的一条进程中也调用了同一过程。事实上，这两条语句是并行语句，且完成的功能是一样的。

【程序 6-10】

```
 ...
PROCEDURE adder(SIGNAL a, b :IN STD_LOGIC ;      --过程名为 adder
                SIGNAL sum : OUT STD_LOGIC );
...
adder(a1, b1, sum1) ;                           -- 并行过程调用
...                         -- 在此，a1、b1、sum1 即为分别对应于 a、b、sum 的关联参量名
PROCESS( c1, c2) ;       -- 进程语句执行
BEGIN
Adder(c1, c2, s1) ;    -- 顺序过程调用，在此 c1、c2、s1 即为分别对
 END PROCESS ;          -- 应于 a、b、sum 的关联参量名
```

并行过程的调用，常用于获得被调用过程的多个并行工作的复制电路。例如，要同时检测出一系列有不同位宽的位矢信号，每一位矢信号中的位只能有一个位是 1，而其余的位都是 0，否则报告出错。完成这一功能的一种办法是先设计一个具有这种对位矢信号检测功能的过程，然后对不同位宽的信号并行调用这一过程。

程序 6-11 中首先设计了一个过程 check，用于确定一给定位宽的位矢是否只有一个位是 1。如果不是，则将 check 中的输出参量“error”设置为 TRUE（布尔量）。

【程序 6-11】

```
PROCEDURE check(SIGNAL a : IN  STD_LOGIC_VECTOR;  -- 在调用时再定位宽
                 SIGNAL error : OUT BOOLEAN ) IS
```

```
VARIABLE found_one : BOOLEAN := FALSE ;                    -- 设初始值
BEGIN
FOR i IN a'RANGE LOOP        -- 对位矢量 a 的所有的位元素进行循环检测
IF a(i) = '1' THEN           -- 发现 a 中有 '1'
IF found_one THEN            -- 若 found_one 为 TRUE，则表明发现了一个以上的'1'
   ERROR <= TRUE;            -- 发现了一个以上的'1'，令 found_one 为 TRUE
       RETURN;               -- 结束过程
END IF;
Found_one := TRUE;           -- 在 a 中已发现了一个'1'
End IF;
End LOOP;                    -- 再测 a 中的其它位
Error <= NOT found_one;  -- 如果没有任何'1' 被发现，error 将被置 TRUE
   END PROCEDURE  check;
```

程序 6-12 是对不同位宽的位矢信号利用以上的过程进行检测的并行过程调用程序。

【程序 6-12】

```
  ...
CHBLK: BLOCK
  SIGNAL s1: STD_LOGIC_VECTOR (0 TO 0); -- 过程调用前设定位矢尺寸
  SIGNAL s2: STD_LOGIC_VECTOR (0 TO 1);
  SIGNAL s3: STD_LOGIC_VECTOR (0 TO 2);
  SIGNAL s4: STD_LOGIC_VECTOR (0 TO 3);
  SIGNAL e1, e2, e3, e4: Boolean;
  BEGIN
   Check (s1, e1);                    -- 并行过程调用，关联参数名为 s1、e1
   Check (s2, e2);                    -- 并行过程调用，关联参数名为 s2、e2
   Check (s3, e3);                    -- 并行过程调用，关联参数名为 s3、e3
   Check (s4, e4);                    -- 并行过程调用，关联参数名为 s4、e4
 END  BLOCK;
       ...
```

图 6-8 为此检测模块的逻辑电路结构图。

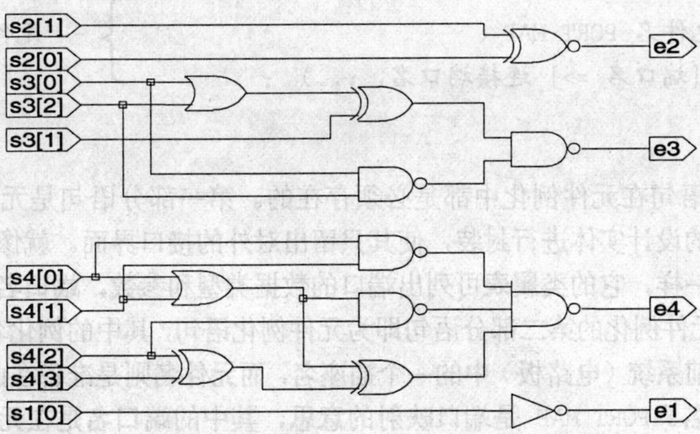

图 6-8 块 CHBLK 的逻辑电路结构图

§ 6.5 元件例化语句

元件例化就是引入一种连接关系，将预先设计好的设计实体定义为一个元件，然后利用特定的语句将此元件与当前的设计实体中的指定端口相连接，从而为当前设计实体引入一个新的低一级的设计层次。在这里，当前设计实体相当于一个较大的电路系统，所定义的例化元件相当于一个要插在这个电路系统板上的芯片，而当前设计实体中指定的端口则相当于这块电路板上准备接受此芯片的一个插座。元件例化是使 VHDL 设计实体构成自上而下层次化设计的一种重要途径。

在一个结构体中调用子程序，包括并行过程的调用非常类似于元件例化，因为通过调用，为当前系统增加了一个类似于元件的功能模块。但这种调用是在同一层次内进行的，并没有因此而增加新的电路层次，这类似于在原电路系统增加了一个电容或一个电阻。

元件例化是可以多层次的，在一个设计实体中被调用安插的元件本身也可以是一个低层次的**当前设计实体**，因而可以调用其它的元件，以便构成更低层次的电路模块。因此，元件例化就意味着在当前结构体内定义了一个新的设计层次，这个设计层次的总称叫元件，但它可以以不同的形式出现。如上所说，这个元件可以是已设计好的一个 VHDL 设计实体，可以是来自 FPGA 元件库中的元件，它们可能是以别的硬件描述语言，如 Verilog 设计的实体；元件还可以是软的 IP 核，或者是 FPGA 中的嵌入式硬 IP 核。

元件例化语句由两部分组成，前一部分是对一个现成的设计实体定义为一个元件，第二部分则是此元件与当前设计实体中的连接说明，它们的语句格式如下：

```
COMPONENT 元件名 IS                 ┐
 GENERIC  (类属表);                 ├-- 元件定义语句
 PORT   (端口名表);                 │
 END COMPONENT 文件名;              ┘

例化名 : 元件名 PORT MAP (          ┐
       [端口名 =>] 连接端口名, ...) ;  ┘-- 元件例化语句
```

以上两部分语句在元件例化中都是必须存在的。第一部分语句是元件定义语句，相当于对一个现成的设计实体进行封装，使其只留出对外的接口界面。就像一个集成芯片只留几个引脚在外一样，它的**类属表**可列出端口的数据类型和参数，**端口名表**可列出对外通信的各端口名。元件例化的第二部分语句即为元件例化语句，其中的例化名是必须存在的，它类似于标在当前系统（电路板）中的一个插座名，而**元件名**则是准备在此插座上插入的、已定义好的元件名。PORT MAP 是端口映射的意思，其中的**端口名**是在元件定义语句中的端口名表中已定义好的元件端口的名字，**连接端口**名则是当前系统与准备接入的元件对应

端口相连的通信端口，相当于插座上各插针的引脚名。

元件例化语句中所定义的元件的端口名与当前系统的连接端口名的接口表达有两种方式，一种是名字关联方式。在这种关联方式下，例化元件的端口名和关联（连接）符号“=>”两者都是必须存在的。这时，端口名与连接端口名的对应式，在 PORT MAP 句中的位置可以是任意的。

另一种是位置关联方式。若使用这种方式，端口名和关联连接符号都可省去，在 PORT MAP 子句中，只要列出当前系统中的连接端口名就行了，但要求连接端口名的排列方式与所需例化的元件端口定义中的端口名一一对应。

以下是一个元件例化的示例。程序 6-13 和程序 6-14 中首先完成了一个 2 输入与非门的设计，然后利用元件例化产生了如图 6-9 所示的由 3 个相同的与非门连接而成的电路。注意，程序 6-13 和程序 6-14 必须分别进行编译和综合。

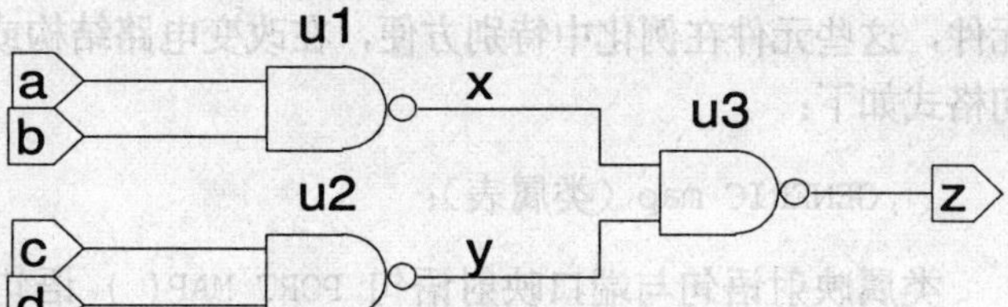

图 6-9 ord41 逻辑电路原理图

【程序 6-13】
```
LIBRARY  IEEE;
USE IEEE.STD_LOGIC_1164.ALL ;
ENTITY nd2 IS
PORT ( a, b: IN STD_LOGIC; c: OUT STD_LOGIC );
END nd2;
ARCHITECTURE nd2behv OF nd2 IS
BEGIN
y <= a NAND b;
END nd2behv  ;
```

【程序 6-14】
```
LIBRARY  IEEE;
USE IEEE.STD_LOGIC_1164.ALL ;
ENTITY ord41 IS
PORT ( a1, b1, c1, d1 : IN STD_LOGIC;
                    z1 : OUT STD_LOGIC );
END ord41;
ARCHITECTURE ord41behv OF ord41 IS
BEGIN
COMPONENT nd2
PORT (   a, b :  IN STD_LOGIC  ;
           c : OUT STD_LOGIC) ;
END COMPONENT ;
SIGNAL x, y : STD_LOGIC ;
BEGIN
```

```
u1 : nd2 PORT MAP (a1, b1, x) ;                    -- 位置关联方式
u2 : nd2 PORT MAP (a => c1, c => y, b => d1);      -- 名字关联方式
u3 : nd2 PORT MAP (x, y, c => z1) ;                -- 混合关联方式
END ARCHITECTURE ord41behv ;
```

§6.6 类属映射语句

类属映射语句可用于设计从外部端口改变元件内部参数或结构规模的元件，或称类属元件，这些元件在例化中特别方便，在改变电路结构或元件升级方面显得尤为便捷。其语句格式如下：

GENERIC map（类属表）;

类属映射语句与端口映射语句 PORT MAP( ) 语句具有相似的功能和使用方法，它描述相应元件类属参数间的衔接和传送方式，它的类属参数衔接（连接）方法同样有名字关联方式和位置关联方式。程序 3-5 中是一个类属映射语句典型的使用示例。

程序 6-15 给出了 PORT MAP( )和 GENERIC 又一使用示例。程序 6-15 描述了一个类属元件，是一个未定义位宽的加法器 addern，而在设计实体 adders 中描述了一种加法运算，其算法如图 6-10 所示。设计中需要对 addern 进行例化，利用类属映射语句将 addern 定义为 16 位位宽的加法器 U1，而 U2 中，将 addern 定义为 8 位位宽的加法器。然后将这两个元件按名字关联的方式进行连接，最后获得如图 6-10 所示的电路图。

【程序 6-15】

```
LIBRARY IEEE;                                 --待例化元件
USE IEEE.STD_LOGIC_1164.ALL;
USE IEEE.STD_LOGIC_arith.ALL;
USE IEEE.STD_LOGIC_unsigned.ALL;
ENTITY addern IS
    PORT (a, b: IN STD_LOGIC_VECTOR;
        result: out STD_LOGIC_VECTOR);
END addern;
 ARCHITECTURE behave OF addern IS
  BEGIN
    result <= a + b;
 END;

LIBRARY IEEE;
USE IEEE.STD_LOGIC_1164.ALL;
USE IEEE.STD_LOGIC_arith.ALL;
USE IEEE.STD_LOGIC_unsigned.ALL;
ENTITY adders IS
    GENERIC(msb_operand: INTEGER := 15;
              msb_sum: INTEGER :=15);
```

```
    PORT(b: IN STD_LOGIC_VECTOR (msb_operand DOWNTO 0);
         result: OUT STD_LOGIC_VECTOR (msb_sum DOWNTO 0));
  END adders;
   ARCHITECTURE behave OF adders IS
    COMPONENT addern
    PORT (   a, b: IN STD_LOGIC_VECTOR;
          result: OUT STD_LOGIC_VECTOR);
    END COMPONENT;
    SIGNAL a: STD_LOGIC_VECTOR (msb_sum /2 DOWNTO 0);
    SIGNAL twoa: STD_LOGIC_VECTOR (msb_operand DOWNTO 0);
   BEGIN
    twoa <= a & a;
 U1: addern PORT MAP (a => twoa, b => b, result => result);
 U2: addern  PORT MAP (a=>b(msb_operand downto msb_operand/2 +1),
          b=>b(msb_operand/2 downto 0), result => a);
  END behave;
```

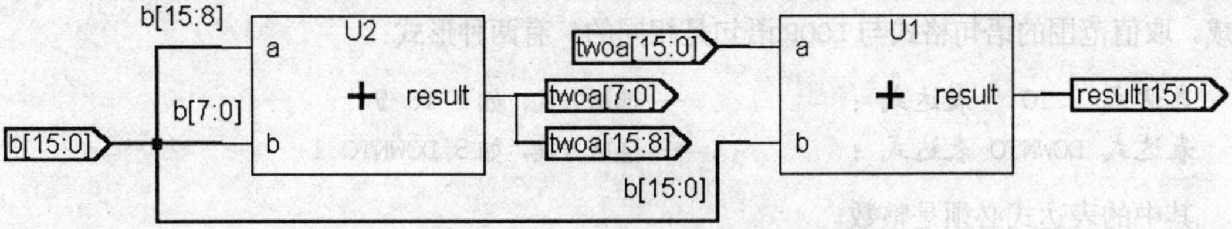

图 6-10　程序 6-15 的逻辑电路原理图

§6.7　生 成 语 句

生成语句可以简化为有规则设计结构的逻辑描述。生成语句有一种复制作用，在设计中，只要根据某些条件，设定好某一元件或设计单位，就可以利用生成语句复制一组完全相同的并行元件或设计单元电路结构。生成语句的语句格式有如下两种形式：

```
[标号：] FOR 循环变量 IN 取值范围 GENERATE
     说明
    BEGIN
    并行语句
       END GENERATE [标号] ;


[标号：] IF 条件 GENERATE
    说明
    Begin
```

```
    并行语句
        END GENERATE [标号] ;
```

这两种语句格式都是由如下 4 部分组成的：

(1) 生成方式：有 FOR 语句结构或 IF 语句结构，用于规定并行语句的复制方式。

(2) 说明部分：这部分包括对元件数据类型、子程序、数据对象作一些局部说明。

(3) 并行语句：生成语句结构中的并行语句是用来“Copy”的基本单元，主要包括元件、进程语句、块语句、并行过程调用语句、并行信号赋值语句，甚至生成语句，这表示生成语句允许存在嵌套结构，因而可用于生成元件的多维阵列结构。

(4) 标号：生成语句中的标号并不是必需的，但如果在嵌套式生成语句结构中就是十分重要的。

对于 FOR 语句结构，主要是用来描述设计中的一些有规律的单元结构，其生成参数及其取值范围的含义和运行方式与 LOOP 语句十分相似，但需注意，从软件运行的角度上看，FOR 语句格式中生成参数（**循环变量**）的递增方式具有顺序的性质，但从最后生成的设计结构却是完全并行的，这就是为什么必须用并行语句来作为生成设计单元的缘故。

生成参数（**循环变量**）是自动产生的，它是一个局部变量，根据**取值范围**自动递增或递减。取值范围的语句格式与 LOOP 语句是相同的，有两种形式：

```
表达式 TO     表达式 ;          -- 递增方式，如 1 TO 5
表达式 DOWNTO 表达式 ;          -- 递减方式，如 5 DOWNTO 1
```

其中的表达式必须是整数。

程序 6-16 是利用了 VHDL 数组属性语句 ATTRIBUTE'RANGE 作为生成语句的取值范围，进行重复元件例化过程，从而产生了一组并列的电路结构（如图 6-11 所示）。

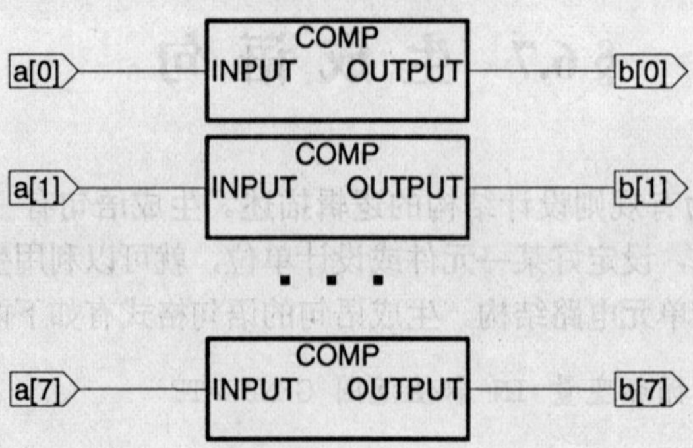

图 6-11　生成语句产生的 8 个相同的电路模块

【程序 6-16】

```
...
COMPONENT comp
PORT (x : IN STD_LOGIC ;
      y : OUT STD_LOGIC );
END COMPONENT ;
```

```
SIGNAL a, b : STD_LOGIC_VECTOR (0 TO 7) ;
...
gen : FOR i IN  a'RANGE  GENERATE
 u1: comp PORT MAP (x => a(i) , y => b(i) ) ;
END GENERATE gen,
    ...
```

以下将利用元件例化语句和 FOR_GENERATE 语句完成一个 8 位三态锁存器的设计。示例仿照 74373（或 74LS373/74HC373）的工作逻辑进行设计。74373 的器件引脚功能如图 6-12 所示，它的引脚功能分别是：D1～D8 为数据输入端；Q1～Q8 为数据输出端；OEN 为输出使能端，若 OEN=1，则 Q8～Q1 的输出为高阻态，若 OEN=0，则 Q8~Q1 的输出为保存在锁存器中的信号值；G 为数据锁存控制端，若 G=1，D8～D1 输入端的信号进入 74373 中的 8 位锁存器中，若 G=0，74373 中的 8 位锁存器将保持原先锁入的信号值不变。74373 的内部工作原理如图 6-13 所示。可采用传统的自底向上的方法来设计 74373。首先设计底层的 1 位锁存器 Latch，这个工作已在第 2 章的程序 2-2 中完成了，现可将此程序保存在磁盘文件 latch.vhd 中，以待调用。程序 6-17 是 74373 逻辑功能的完整描述。

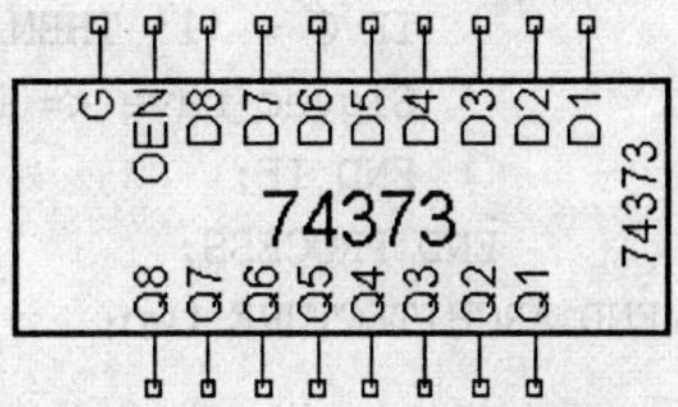

图 6-12　74373 引脚图

【程序 6-17】

```
LIBRARY IEEE;
USE IEEE.STD_LOGIC_1164.ALL;
ENTITY SN74373 IS                                        -- SN74373 器件接口说明
PORT (D : IN STD_LOGIC_VECTOR( 8 DOWNTO 1 );             -- 定义 8 位输入信号
   OEN : IN  STD_LOGIC;
   G   : IN  STD_LOGIC;
   Q   : OUT STD_LOGIC_VECTOR(8 DOWNTO 1));              -- 定义 8 位输出信号
END ENTITY SN74373;
  ARCHITECTURE one OF SN74373 IS
   COMPONENT Latch                              -- 声明调用文件程序 2-2 描述的 1 位锁存器
   PORT ( D, ENA : IN STD_LOGIC;
              Q : OUT STD_LOGIC    );
   END COMPONENT;
   SIGNAL sig_mid : STD_LOGIC_VECTOR( 8 DOWNTO 1 );
   BEGIN
GeLatch : FOR iNum IN 1 TO 8 GENERATE           -- 用 FOR_GENERATE 语句循
                                                    -- 环例化 8 个 1 位锁存器
 Latchx : Latch PORT MAP(D(iNum),G,sig_mid(iNum));  -- 位置关联
   END GENERATE;
        Q <= sig_mid  WHEN OEN =0 ELSE              -- 条件信号赋值语句
             "ZZZZZZZZ";    -- 当 OEN=1 时，Q(8)~Q(1)输出状态呈高阻态
 END ARCHITECTURE one;
   ARCHITECTURE two OF SN74373 IS
```

```
    SIGNAL sigvec_save : STD_LOGIC_VECTOR(8 DOWNTO 1);
   BEGIN
   PROCESS(D, OEN, G, sigvec_save)
    BEGIN
     IF OEN = '0' THEN                              -- IF语句
        Q <= sigvec_save;    ELSE
        Q <= "ZZZZZZZZ";
     END IF;
     IF G = '1' THEN
     Sigvec_save <= D;
     END IF;
   END PROCESS;
END ARCHITECTURE two;
```

由程序 6-17 可以看出：

(1) 程序中安排了两个结构体，以不同的电路来实现相同的逻辑，即一个实体可以对应多个结构体，每个结构体对应一种实现方案。在例化这个器件的时候，需要利用配置语句指定一个结构体，即指定一种实现方案，否则 VHDL 综合器会自动选择最新编译的结构体，即结构体 two。ARCHITECTURE two 中没有元件例化，而 ARCHITECTURE one 中调用了程序 2-2 中的 ENTITY Latch。

(2) 如前所述，COMPONENT 语句对将要例化的器件进行了接口声明，它对应一个已经设计好的实体（程序 2-2 中的 ENTITY Latch）。VHDL 综合器将根据 COMPONENT 指定的器件名和接口信息来装配器件。本例中 COMPONENT 语句说明的器件 Latch 必须与前面设计的实体 Latch 的接口方式完全对应。这是因为，对于结构体 one，在未用 COMPONENT 声明之前，VHDL 编译器和 VHDL 综合器根本不知道有一个已经设计好的 Latch 器件存在。

(3) 在 FOR_GENERATE 语句使用中，GeLatch 为标号，iNum 为变量，从 1~8 共循环执行了 8 次。

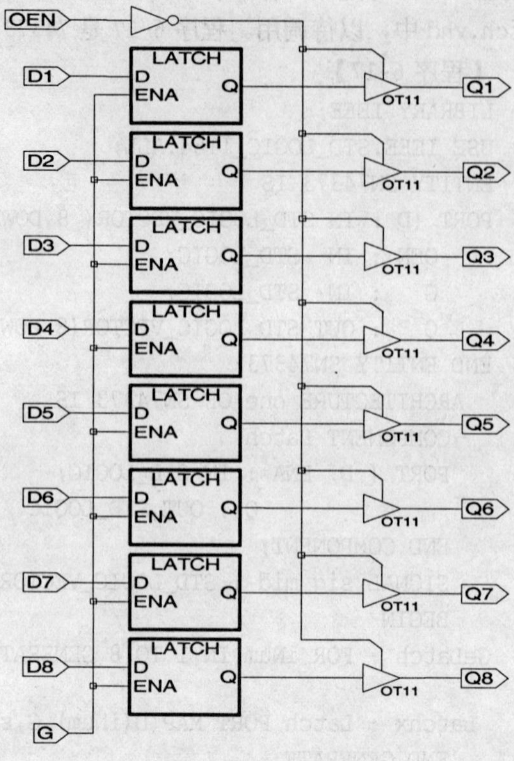

图 6-13 SN74373 的内部逻辑结构

(4) “Latchx : Latch PORT MAP (D(iNum), G, sig_mid(iNum));”是一条含有循环变量 iNum 的例化语句，且信号的连接方式采用的是位置关联方式，安装后的元件标号是 Latchx。Latch 引脚 D 连在信号线 D(iNum)上，引脚 ENA 连在信号线 G 上，引脚 Q 连在信号线 sig_mid(iNum)上。iNum 的值从 1~8，Latch 从 1~8 共例化了 8 次，即共安装了 8 个 Latch。信号线 D(1)~D(8)、sig_mid(1) ~sig_mid(8)分别连在这 8 个 Latch 上。

读者可以将程序 6-17 中的结构体 one 所描述功能与图 6-12 中的原理图描述方式进行对比。

通常情况下，一些电路从总体上看是由许多相同结构的电路模块组成的，但在这些电路的两端却是不规则的，无法直接使用 FOR_GENERATE 语句来描述。例如，由多个 D 触发器构成的移位寄存器，它的串入和串出的两个末端结构是不一样的。

对于这种内部由多个规则模块构成而两端结构不规则的电路，可以用 FOR_GENERATE 语句和 IF_GENERATE 语句共同描述。设计中，可以根据电路两端的不规则部分形成的条件用 IF_GENERATE 语句来描述，而用 FOR_GENERATE 语句描述电路内部的规则部分。使用这种描述方法的好处是，使设计文件具有更好的通用性、可移植性和易改性。实用中，只要改变几个参数，就能得到任意规模的电路结构。

如图 6-14 所示的是一个 n 位二进制计数器，电路中间部分的结构是规则的，但在两端是不规则的，而由 n 个 D 触发器构成的 n 位二进制计数器的位数是一个待定值。对此，利用 FOR_GENERATE 语句和 IF_GENERATE 语句来描述最为方便。程序 6-18 是此电路的 VHDL 设计程序，可直接进行综合。

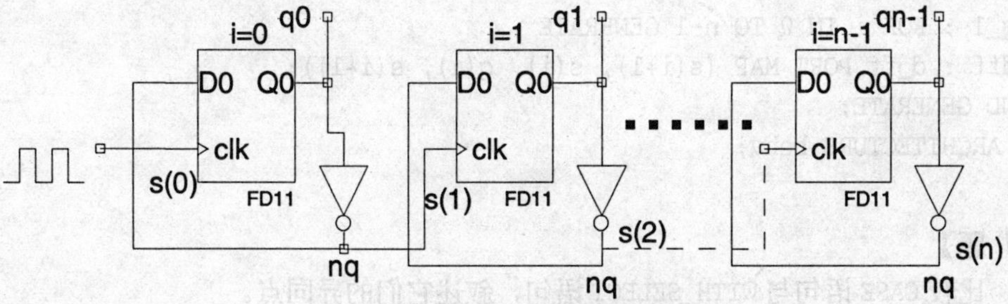

图 6-14 n 位二进制计数器原理图

【程序 6-18】

```
LIBRARY IEEE;
USE IEEE.STD_LOGIC_1164.ALL;
ENTITY d_ff IS
PORT (  d, clk_s : IN STD_LOGIC ;
            q : OUT STD_LOGIC ;
           nq : OUT STD_LOGIC  );
END ENTITY d_ff;
ARCHITECTURE a_rs_ff OF d_ff IS
BEGIN
bin_p_rs_ff : PROCESS(CLK_S)
    BEGIN
      IF clk_s = '1' AND clk_s'EVENT  THEN
          q <= d ;
```

```
        nq <= NOT d;
      END IF;
    END PROCESS;
END ARCHITECTURE a_rs_ff;

LIBRARY IEEE;
USE IEEE.STD_LOGIC_1164.ALL;
ENTITY cnt_bin_n is
GENERIC (n : INTEGER := 4);
PORT (q : OUT STD_LOGIC_VECTOR (0 TO n-1);
    in_1 : IN  STD_LOGIC );
END ENTITY cnt_bin_n;
ARCHITECTURE behv OF cnt_bin_n IS
COMPONENT d_ff
  PORT(d, clk_s :  IN STD_LOGIC;
          Q, NQ : OUT STD_LOGIC);
END COMPONENT d_ff;
SIGNAL s : STD_LOGIC_VECTOR(0 TO n);
BEGIN
  s(0) <= in_1;
   q_1 : FOR i IN 0 TO n-1 GENERATE
   dff : d_ff PORT MAP (s(i+1), s(i), q(i), s(i+1));
  END GENERATE;
END ARCHITECTURE behv;
```

【习 题】

6-1 比较 CASE 语句与 WITH_SELECT 语句，叙述它们的异同点。

6-2 将以下程序段转换为 WHEN_ELSE 语句：

```
PROCESS  (a, b, c, d)
  BEGIN
  IF a= '0' AND b='1' THEN  next1 <= "1101" ;
       ELSIF  a='0' THEN  next1 <= d ;
       ELSIF  b='1' THEN  next1 <= c ;
         ELSE
         Next1 <= "1011" ;
  END  IF;
END PROCESS;
```

6-3 以下为一时序逻辑模块的 VHDL 结构体描述，请找出其中的错误。

```
ARCHITECTURE  one  OF  com1
  BEGIN
  VARIABLE a, b, c , clock : STD_LOGIC ;
  Pro1 : PROCESS
```

```
    BEGIN
     IF  NOT (clock ' EVENT AND clock = '1')  THEN
       x  <= a xor b or c ;
     END IF;
  END PROCESS;
 END;
```

6-4　VHDL 程序设计中，用 WITH_SELECT_WHEN 语句描述 4 个 16 位至 1 个 16 位输出的 4 选 1 多路选择器。

6-5　哪些情况下需要用到程序包 STD_LOGIC_UNSIGNED？试举一例。

6-6　为什么说一条并行赋值语句可以等效为一个进程？如果是这样的话，怎样实现敏感信号的检测？

6-7　给出 1 位全减器的 VHDL 描述。要求：

(1) 类似于 1 位全加器的设计方法，首先设计 1 位半减器，然后用例化语句将它们连接起来，图 6-15 中 h_suber 是半减器，diff 是输出差，s_out 是借位输出，sub_in 是借位输入。

(2) 直接根据全减器的真值表 6-1 进行设计。

(3) 以 1 位全减器为基本硬件，构成串行借位的 8 位减法器，要求用例化语句和生成语句来完成此项设计(减法运算是 x – y - sun_in = diffr)。

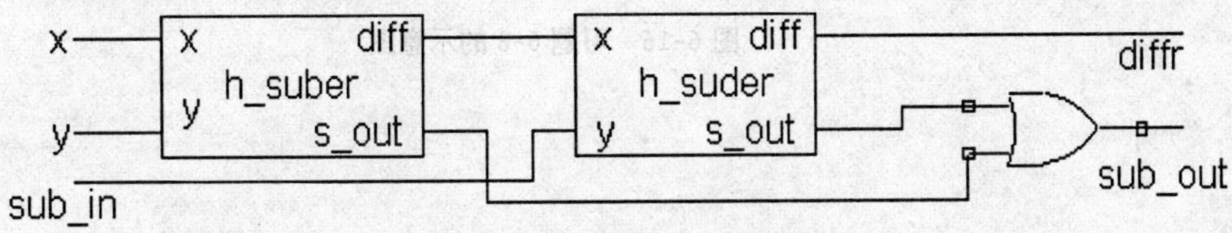

图 6-15　习题 6-7 的示意图

表 6-1　全减器真值表

输　入			输　出	
x	y	sub_in	diffr	sub_out
0	0	0	0	0
0	0	1	1	1
0	1	0	1	1
0	1	1	0	1
1	0	0	1	0
1	0	1	0	0
1	1	0	0	0
1	1	1	1	1

6-8　图 6-16 有 3 张由 D 触发器构成的电路图，试分别给出它们的 VHDL 描述。

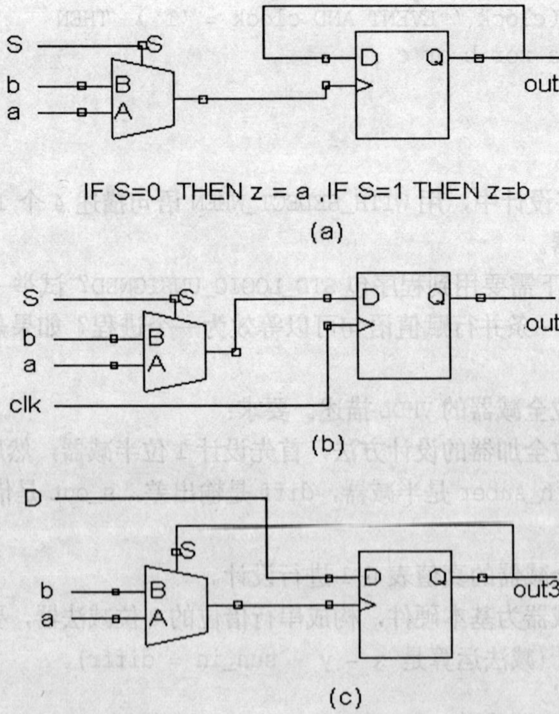

图 6-16　习题 6-8 的示意图

第 7 章　VHDL 的描述风格

从前面几章的叙述可以看出，VHDL 的结构体具体描述整个设计实体的逻辑功能，对于所希望的电路功能行为，可以在结构体中用不同的语句类型和描述方式来表达，对于相同的逻辑行为，可以有不同的语句表达方式。在 VHDL 结构体中，这种不同的描述方式，或者说建模方法，通常可归纳为行为描述、RTL 描述和结构描述。其中 RTL（寄存器传输语言）描述方式也称为数据流描述方式。VHDL 可以通过这 3 种描述方法，或称描述风格，从不同的侧面描述结构体的行为方式。

在实际应用中，为了能兼顾整个设计的功能、资源、性能几方面的因素，通常混合使用这 3 种描述方式。

§ 7.1　行 为 描 述

如果 VHDL 的结构体只描述了所希望电路的功能或者说电路行为，而没有直接指明或涉及实现这些行为的硬件结构，包括硬件特性、连线方式、逻辑行为方式，则称为行为风格的描述或行为描述。行为描述只表示输入与输出间转换的行为，它不包含任何结构信息。行为描述主要指顺序语句描述，即通常是指含有进程的非结构化的逻辑描述。行为描述的设计模型定义了系统的行为，这种描述方式通常有一个或多个进程构成，每一个进程又包含了一系列顺序语句。这里所谓的硬件结构，是指具体硬件电路的连接结构、逻辑门的组成结构、元件或其它各种功能单元的层次结构等。

试比较程序 7-1 和程序 7-2 的描述风格。程序 7-1 是有异步复位功能的 8 位二进制加法计数器的 VHDL 描述，程序 7-2 也是有异步复位功能的 8 位二进制加法计数器，但却是用 ABEL-HDL 语言来描述的。

【程序7-1】

```
LIBRARY IEEE;
USE IEEE.STD_LOGIC_1164.ALL;
USE IEEE.STD_LOGIC_UNSIGNED.ALL;
ENTITY cunter_up IS
  PORT(
       reset, clock : IN  STD_LOGIC;
         counter : OUT STD_LOGIC_VECTOR(7 DOWNTO 0)
      );
END;
```

```
ARCHITECTURE behv of cunter_up IS
  SIGNAL cnt_ff: UNSIGNED(7 DOWNTO 0);
BEGIN
  PROCESS (clock,reset,cnt_ff)
  BEGIN
    IF reset='1' THEN
     cnt_ff <= X"00" ;
     ELSIF (clock='1' AND clock'EVENT) THEN
     cnt_ff <= cnt_ff + 1 ;
    END IF;
  END PROCESS;
    counter <= STD_LOGIC_VECTOR(cnt_ff);
END ARCHITECTURE behv ;
```

【程序7-2】

```
MODULE counter_up
Clock ,reset,                    PIN ;
Counter7..counter0              PIN  ISTYPE  'COM' ;
Cnt_ff7..cnt_ff0                NODE ISTYPE  'REG' ;
Counter = [counter7..counter0];
Cnt = [cnt_ff7..cnt_ff0];

EQUATIONS
 Cnt.CLK = clock ;
 Cnt.AR  = reset     ;
 Cnt :=   cnt.FB + 1 ;
 Counter = cnt ;
END counter_up
```

程序 7-1 和程序 7-2 是用两种不同的硬件描述语言描述的同一种器件，即具有异步复位功能的 8 位二进制加法计数器。

首先让我们来看程序 7-2，这是一个完整的 ABEL-HDL 程序。其中第四行语句明确指出了计数器将由 8 个时序元件'REG'，即 8 个寄存器组成；而在第三行语句中的'COM'标明了输出方式是组合逻辑方式。语句“cnt.CLK = clcok”也明确标明了内部器件的连接方式，即将输入信号“CLK”与 cnt 中的 8 个触发器上的每一时钟输入端 clock 相连，形成同步逻辑方式。而语句“cnt.AR = reset”的含义相同，即将复位信号线 reset 与 cnt 中的每一触发器的异步清零端“AR”相连，语句“cnt := cnt.FB + 1”中的“.FB”表示反馈线相连，将加 1 锁存后的值反馈回 cnt 的输入端。

从程序 7-2 不难看出，程序中一部分内容描述了输入输出的硬件方式，以及完成计数功能的硬件方式；另一部分内容描述内部信号线的连接关系和连接方式；余下的部分则是描述算法和信号传送方式。显然这种描述方式，与最低层的硬件结构关系很大，如果对组成有关的 PLD 器件内部结构不了解，或是不了解怎样连接才能构成一个计数器，则会对这样一个简单计数器的设计无从下手。问题就出在 ABEL 语言的语句描述方式与器件结构有很大的相关性。

相比之下，程序 7-1 的描述具有明显的优势。在程序中，不存在任何与硬件选择相关的语句，也不存在任何有关硬件内部连线方面的语句。整个程序中，从表面上看不出是否引入寄存器方面的信息，或是使用组合逻辑还是时序逻辑方面的信息，也不存在类似 ABEL-HDL 使用组合逻辑或时序逻辑方面的指示性语句。整个程序只是对所设计的电路系统的行为功能作了描述，不涉及任何具体器件方面的内容，这就是所谓的行为描述方式，或行为描述风格。程序中，最典型的行为描述语句就是其中的：

```
ELSIF (clock ='1' AND clock'EVENT) THEN
```

它对加法器计数时钟信号的触发要求作了明确而详细的描述，对时钟信号特定的行为方式所能产生的信息后果作了准确的定位。这充分展现了 VHDL 语言最为闪光之处。VHDL 的大系统描述能力，正是基于这种强大的行为描述方式。相比之下，程序 7-2 的时钟测试语句“cnt.CLK=clock”仅仅描述了时钟信号线与计数器的连接关系，至于计数过程中究竟是上升沿，还是下降沿，或是电平触发，全都无法通过语句得到控制。剩下的全凭实际目标器件中的寄存器本身的性质来决定。如果它是上升沿触发型寄存器，则此语句的功能为上升沿触发；若为下降沿触发型寄存器，则此语句便代表下降沿触发方式，依此类推。因此，对于设计者来说，在编写 ABEL-HDL 程序前，首先必须弄清楚此程序最终将落实在哪一类芯片中，了解此类芯片中的寄存器是什么样的触发方式，还要了解是否能进行同步或异步置位等功能。

由此可见，VHDL 的行为描述功能确实具有很独特之处和很大的优越性。在应用 VHDL 进行系统设计时，行为描述方式是最重要的逻辑描述方式，行为描述方式是 VHDL 编程的核心，可以说，没有行为描述就没有 VHDL。正因为这样，有人把 VHDL 称为行为描述语言。因此，只有 VHDL 作为硬件电路的行为描述语言，才能满足自顶向下设计流程的要求，从而成为电子线路系统级仿真和设计的最佳选择。相比之下，Verilog-HDL 只能属于 RTL 级硬件描述语言。

将 VHDL 的行为描述语句转换成可综合的门级描述是 VHDL 综合器的任务，这是一项十分复杂的工作。不同的 VHDL 综合器，其综合和优化效率是不尽一致的。优秀的 VHDL 综合器对 VHDL 设计的数字系统产品的工作性能和性价比都会有良好的影响。所以，对于产品开发或科研，对应的 VHDL 综合器应作适当的选择。Cadence、Synplicity、Synopsys 和 Viewlogic 等著名 EDA 公司的 VHDL 综合器都具有上佳的表现。

§ 7.2 数据流描述

数据流描述风格，也称 RTL 描述方式。RTL 是寄存器传输语言的简称。RTL 级描述是以规定设计中的各种寄存器形式为特征，然后在寄存器之间插入组合逻辑。这类寄存器或者显式地通过元件具体装配，或者通过推论作隐含的描述。一般地，VHDL 的 RTL 描述方式类似于布尔方程，可以描述时序电路，也可以描述组合电路，它既含有逻辑单元的结构信息，又隐含表示某种行为，数据流描述主要是指非结构化的并行语句描述。

数据流的描述风格是建立在用并行信号赋值语句描述基础上的，当语句中任一输入信号的值发生改变时，赋值语句就被激活，随着这种语句对电路行为的描述，大量的有关这种结构的信息也从这种逻辑描述中“流出”。认为数据是从一个设计中流出，从输入到输出流出的观点称为数据流风格。数据流描述方式能比较直观地表达底层逻辑行为。

程序 7-3 是这种描述方式的一个示例。

【程序 7-3】

```
ENTITY \74LS18\ IS
 PORT(
        I0_A, I0_B, I1_A, I1_B, I2_A : IN STD_LOGIC;
                  I2_B I3_A I3_B : IN STD_LOGIC;
                              O_A : OUT STD_LOGIC;
                              O_B : OUT STD_LOGIC
       );
 END \74LS18\;
 ARCHITECTURE model OF \74LS18\ IS
 BEGIN
  O_A <= NOT ( I0_A AND I1_A AND I2_A AND I3_A ) AFTER 55 ns ;
  O_B <= NOT ( I0_B AND I1_B AND I2_B AND I3_B ) AFTER 55 ns ;
 END model;
```

§ 7.3 结构描述

VHDL 结构型描述风格是基于元件例化语句或生成语句的应用，利用这种语句可以用不同类型的结构来完成多层次的工程，即从简单的门到非常复杂的元件（包括各种已完成的设计实体子模块）来描述整个系统。元件间的连接是通过定义的端口界面来实现的，其风格最接近实际的硬件结构，即设计中的元件是互联的。

结构描述就是表示元件之间的互联，这种描述允许互联元件的层次式安置。像网表本身的构建一样。结构描述建模步骤如下：

- 元件说明：描述局部接口。
- 元件例化：相对于其它元件放置元件。
- 元件配置：指定元件所用的设计实体。即对一个给定实体，如果有多个可用的结构体，则由配置决定模拟中所用的一个结构。

元件的定义或使用声明以及元件例化是用 VHDL 实现层次化、模块化设计的手段，与传统原理图设计输入方式相仿。在综合时，VHDL 综合器会根据相应的元件声明搜索与元件同名的实体，将此实体合并到生成的门级网表中。

程序 7-4 是以上述结构描述方式完成的一个结构体的示例。

【程序 7-4】

```
ARCHITECTURE STRUCTURE OF COUNTER3 IS
```

```
    COMPONENT DFF
       PORT(CLK, DATA: IN BIT; Q: OUT BIT);
    END COMPONENT;
    COMPONENT AND2
       PORT(I1, I2: IN BIT; O: OUT BIT);
    END COMPONENT;
    COMPONENT OR2
       PORT(I1, I2: IN BIT; O: OUT BIT);
    END COMPONENT;
    COMPONENT NAND2
       PORT(I1, I2: IN BIT; O: OUT BIT);
    END COMPONENT;
    COMPONENT XNOR2
       PORT(I1, I2: IN BIT; O: OUT BIT);
    END COMPONENT;
    COMPONENT INV
       PORT(I: IN BIT;        O: OUT BIT);
    END COMPONENT;
    SIGNAL N1, N2, N3, N4, N5, N6, N7, N8, N9: BIT;
  BEGIN
    u1: DFF PORT MAP(CLK, N1, N2);
    u2: DFF PORT MAP(CLK, N5, N3);
    u3: DFF PORT MAP(CLK, N9, N4);
    u4: INV PORT MAP(N2, N1);
    u5: OR2 PORT MAP(N3, N1, N6);
    u6: NAND2 PORT MAP(N1, N3, N7);
    u7: NAND2 PORT MAP(N6, N7, N5);
    u8: XNOR2 PORT MAP(N8, N4, N9);
    u9: NAND2 PORT MAP(N2, N3, N8);
    COUNT(0) <= N2;    COUNT(1) <= N3;    COUNT(2) <= N4;
 END STRUCTURE;
```

利用结构描述方式，可以采用结构化、模块化设计思想，将一个大的设计划分为许多小的模块，逐一设计调试完成，然后利用结构描述方法将它们组装起来，形成更为复杂的设计。

显然，在 3 种描述风格中，行为描述的抽象程度最高，最能体现 VHDL 描述高层次结构和系统的能力。正是 VHDL 语言的行为描述能力使自顶向下的设计方式成为可能。认为 VHDL 综合器不支持行为描述方式是一种比较早期的认识，因为那时 EDA 工具的综合能力和综合规模都十分有限。由于 EDA 技术应用的不断深入，超大规模可编程逻辑器件的不断推出和 VHDL 系统级设计功能的提高，有力地促进了 EDA 工具的完善。事实上，当今流行的 EDA 综合器，除本书中提到的一些语句不支持外，将支持任何方式描述风格的 VHDL 语言结构。至于综合器不支持或忽略的那些语句，其原因也并非在综合器本身，而是硬件电路中目前尚无与之对应的结构。

【习 题】

7-1 什么是VHDL结构体的行为描述风格？叙述行为描述的优缺点。

7-2 结构化描述与调用子程序有何异同点？VHDL 程序中，是如何进行结构化描述的？结构化描述需要哪些语句？

7-3 试举一例，在一个结构体中同时含有3种不同描述风格的VHDL语句结构。

7-4 以数据流的方式设计一个2位比较器，再以结构描述方式将已设计好的比较器连接起来，构成一个8位比较器。

第 8 章 仿 真

仿真，也称模拟（Simulation），是对电路设计的一种间接的检测方法。对电路设计的逻辑行为和运行功能进行模拟测试，可以获得许多对原设计进行排错、改进的信息。对于利用 VHDL 设计的大型系统，进行可靠、快速、全面的仿真测试尤为重要。

对于纯硬件的电路系统，如纯模拟或数字电路系统，就无所谓仿真了，设计者对于它们只能作直接的硬件系统测试。如果发现有问题，特别是当问题比较大或根本无法运行时，就只能全部推翻，从头开始设计。对于具有微处理器的系统，如单片机系统，可以在一定程度上进行仿真测试。如果希望得到可靠的仿真结果，通常必须利用单片机仿真器进行硬件仿真，以便了解软件程序对外围接口的操作情况。这类仿真耗时长，成本高，而且获得的仿真信息不全面。因为单片机仿真主要是对软件程序的检测和排错，对于硬件系统中的问题则难以有所作为，并且这种方法只适用于小系统的设计调试。

利用 VHDL 完成的系统设计的电路规模往往达到数万、数十万，乃至数百万个等效逻辑门构成的规模。显然，必须利用先进的仿真工具才能快速、有效地完成所必需的测试工作。

如前所述，基于 EDA 工具和 FPGA 的关于 VHDL 设计的仿真形式有多种形式，如 VHDL 行为仿真，或称 VHDL 仿真，是进行系统级仿真的有效武器。它既可以在早期对系统的设计可行性进行评估和测试，也可以在短时间内以极低的代价对多种方案进行测试比较、系统模拟和方案论证，以获得最佳系统设计方案；而时序仿真则可获得与实际目标器件电气性能最为接近的设计模拟结果。

但由于针对具体器件的逻辑分割和布局布线的适配过程耗时过大，不适合大系统进行仿真；此外，硬件仿真在 VHDL 设计中也有其重要地位，因为，毕竟最后的设计必须落实在硬件电路上。硬件仿真的工具除必须依赖 EDA 软件外，还有赖于良好的开发模型系统和规模比较大的 SRAM 型 FPGA 器件。

一项较大规模的 VHDL 系统设计的最后完成必须经历多层次的仿真测试过程，其中将包括针对系统的 VHDL 行为仿真、分模块的时序仿真和硬件仿真，直至最后系统级的硬件仿真。本章主要简要介绍 VHDL 仿真的基本方式和方法，时序仿真和硬件仿真可参考第 12、13 章和附录。

§ 8.1 VHDL 仿真

VHDL 源程序可以直接用于仿真，许多 EDA 工具还能将各种不同表述方法（包括图形的，或用 VHDL 本身表述）的设计文件在综合后输出以 VHDL 表述的可用于时序仿真的文件，这是 VHDL 的重要特性。完成 VHDL 仿真功能的软件工具称为 VHDL 仿真器。

VHDL 仿真器有不同的实现方法，大致有以下两种方式：

（1）解释型仿真方式

经过编译之后，在基本保持原有描述风格的基础上生成仿真数据。在仿真时，对这些数据进行分析、解释和执行。这种方式基本保持描述中原有的信息，便于做成交互式的、有 DEBUG 功能的模拟系统，这对用户检查、调试和修改其源程序描述提供了最大的便利。ModelSim 及 Active-VHDL 均采用这种方式，它们都可以以断点、单步等方式调试 VHDL 程序。

（2）编译型模拟方式

将源程序结构描述展开成纯行为模型，并编译成目标语言的程序设计语言（如 C 语言），然后通过语言编译器编译成机器码形式的可执行文件，再运行此执行文件实现模拟。这种方式以最终验证一个完整电路系统的全部功能为目的，采用详细的、功能齐全的输入激励波形，用较多的模拟周期进行模拟。

VHDL 仿真的一般过程如图 8-1 所示。

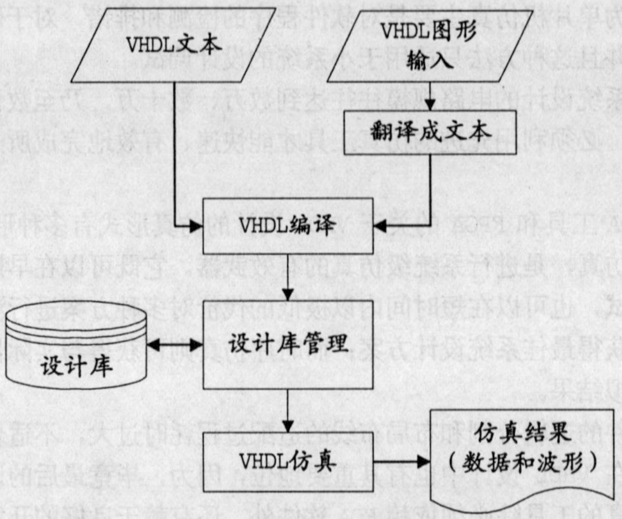

图 8-1 VHDL 仿真流程

为了实现 VHDL 仿真，首先可用文本编辑器完成 VHDL 源程序的设计，但也可以利用相应的工具以图形方式完成。近年来出现的图形化 VHDL 设计工具，可以接受逻辑结构图、状态转换图、数据流图、控制流程图及真值表等输入形式，通过配置的翻译器将这些图形格式转换成可用于仿真的 VHDL 文本。Mentor Graphics 的 Renoir、Xilinx 的 Foundation Series，以及其它一些 EDA 公司都含有将状态转换图翻译成 VHDL 文本的设计工具。

可以由图文编辑器产生的或直接由用户编辑输入的 VHDL 文本送入 VHDL 编译器进行编译。VHDL 编译器首先对 VHDL 源文件进行语法及语义检查，然后将其转换为中间数据格式。中间数据格式是 VHDL 源程序描述的一种内部表达形式，能够保存完整的语义信息，以及仿真器调试功能所需的各种附加信息。中间数据结果将送给设计数据库保存。设计者可以在 VHDL 源程序中使用 LIBRARY 语句打开相应的设计库，以便使用 USE 语句来引用库中的程序包。

在工程上，VHDL 仿真类型可分为行为仿真、功能仿真和时序仿真。所谓功能仿真，是不考虑延时情况下，利用门级仿真器获得仿真结果，即在未经布线和适配之前，使用 VHDL 源程序综合后的文件进行的仿真；时序仿真则是将 VHDL 设计综合之后，再由 FPGA/CPLD 适配器（完成芯片内自动布线等功能）映射于具体芯片后得到的文件进行仿真；行为仿真是对未经综合的文件进行仿真。目前大规模 PLD 器件供应商提供的大多数适配器都配有一个输出选项功能，可以生成 VHDL 网表文件，用户可用 VHDL 仿真器针对网表文件进行仿真。其方式类似于行为仿真，但所获得的却是时序仿真的结果。

VHDL 网表文件实际上也是 VHDL 程序，不过程序中只使用门级元件进行低级结构描述，门级电路网络完全根据适配器布线的结果生成。因此，VHDL 网表文件中包含了精确的仿真延时信息，因而仿真的结果将非常接近实际。

一般地，在 VHDL 的设计文件中，利用一些 VHDL 中的行为仿真语句，加以一些控制参数，如人为设定的延时量，和一些报告语句，如 REPORT 语句和 ASSERT 语句等，将未经综合的文件通过 VHDL 仿真器的仿真，称为行为仿真。若将 EDA 工具通过综合与适配后输出的仿真用 VHDL 文件，在同样的 VHDL 仿真器中仿真，或者将综合与适配后输出的门级仿真文件（如 MAX+PLUSII 的 SNF 文件）经门级仿真器的仿真都称为时序仿真。目前 PC 机上流行的 VHDL 仿真器有 Model Technology 公司的 ModelSim 和 Aldec 公司的 Active-VHDL 等。ModelSim 的早期版本称为 V-System/ Windows，这些软件都可以在 Windows 上运行。

以下的示例可以对上述文字作一些说明。程序 8-1 是一个可综合的普通 VHDL 文件，描述的是一个与门。当在 EDA 工具 MAX+PLUSII 中进行综合和适配后（设置目标器件为 EPF10K10LC84）产生了两个可用于仿真的文件，一个是可直接在 MAX+PLUSII 中的门级仿真器上仿真的 SNF 文件（仿真网表文件），另一个是可选的用于第三方的 VHDL 仿真器中仿真的文件：程序 8-2（程序中的所有语句和表达格式都是自动产生的）。由此程序可见，程序中已加入了许多用于仿真的语句和参数，由于这些延时参数不是人为加入的，而是根据器件 EPF10K10LC84 的硬件延时特性设置的，因此，利用程序 8-2 在 VHDL 仿真器中产生的仿真结果是真实的时序仿真，决非行为仿真。

【程序 8-1】

```
LIBRARY IEEE;
USE IEEE.STD_LOGIC_1164.ALL;
ENTITY and1 IS
PORT(aaa,bbb : IN STD_LOGIC; ccc: OUT STD_LOGIC);
END and1;
ARCHITECTURE one OF and1 IS
BEGIN
ccc <= aaa AND bbb;
END;
```

【程序 8-2】

```
LIBRARY IEEE;
 USE IEEE.std_logic_1164.all;
 ENTITY TRIBUF_and1 IS
    GENERIC (
        ttri: TIME := 1 ns;
        ttxz: TIME := 1 ns;
        ttzx: TIME := 1 ns);
    PORT (
        in1 : IN std_logic;
        oe  : IN std_logic;
        y   : OUT std_logic);
 END TRIBUF_and1;
 ARCHITECTURE behavior OF TRIBUF_and1 IS
 BEGIN
    PROCESS (in1, oe)
    BEGIN
        IF oe'EVENT THEN
            IF oe = '0' THEN
                y <= TRANSPORT 'Z' AFTER ttxz;
            ELSIF oe = '1' THEN
                y <= TRANSPORT in1 AFTER ttzx;
            END IF;
        ELSIF oe = '1' THEN
            y <= TRANSPORT in1 AFTER ttri;
        ELSIF oe = '0' THEN
            y <= TRANSPORT 'Z' AFTER ttxz;
        END IF;
    END PROCESS;
 END behavior;
 LIBRARY IEEE;
 USE IEEE.std_logic_1164.all;
 USE work.tribuf_and1;
 ENTITY and1 IS
    PORT (
      aaa : IN std_logic;
      bbb : IN std_logic;
      ccc : OUT std_logic);
 END and1;
 ARCHITECTURE EPF10K10LC84_a3 OF and1 IS
 SIGNAL gnd : std_logic;
 SIGNAL vcc : std_logic;
 SIGNAL
    n_8, n_9, n_10, n_11, n_12, a_a4_aOUT, n_14, n_15, n_16, n_17, n_18, n_20,
```

```
        n_22 : std_logic;
COMPONENT TRIBUF_and1
    GENERIC (ttri, ttxz, ttzx: TIME);
    PORT (in1, oe  : IN std_logic; y : OUT std_logic);
END COMPONENT;
BEGIN
gnd <= '0';
vcc <= '1';
PROCESS(aaa, bbb)
BEGIN
    ASSERT aaa /= 'X' OR Now = 0 ns
        REPORT "Unknown value on aaa"
        SEVERITY Warning;
    ASSERT bbb /= 'X' OR Now = 0 ns
        REPORT "Unknown value on bbb"
        SEVERITY Warning;
END PROCESS;
TRIBUF_2: TRIBUF_and1
    GENERIC MAP (ttri => 2600 ps, ttxz => 4500 ps, ttzx => 4500 ps)
    PORT MAP (IN1 => n_8, OE => vcc, Y => ccc);
DELAY_3: n_8  <= TRANSPORT n_9;
XOR2_4: n_9 <=  n_10  XOR n_14;
OR1_5: n_10 <=  n_11;
AND1_6: n_11 <=  n_12;
DELAY_7: n_12  <= TRANSPORT a_a4_aOUT AFTER 2500 ps;
AND1_8: n_14 <=  gnd;
DELAY_9: a_a4_aOUT  <= TRANSPORT n_15 AFTER 500 ps;
XOR2_10: n_15 <=  n_16  XOR n_22;
OR1_11: n_16 <=  n_17;
AND2_12: n_17 <=  n_18  AND n_20;
DELAY_13: n_18  <= TRANSPORT bbb AFTER 4800 ps;
DELAY_14: n_20  <= TRANSPORT aaa AFTER 4300 ps;
AND1_15: n_22 <=  gnd;
END EPF10K10LC84_a3;
```

对于大型设计，采用 VHDL 仿真器对源代码进行仿真可以节省大量时间，因为大型设计的综合、布局、布线要花费计算机很长的时间，不可能针对某个具体器件内部的结构特点和参数在有限的时间内进行许多次的综合、适配和时序仿真。而且大型设计一般都是模块化设计，在设计完成之前即可进行分模块的 VHDL 源代码仿真模拟。VHDL 仿真使得在设计的早期阶段即可以检测到设计中的错误，从而进行修正。

§ 8.2 延时模型

延时是 VHDL 仿真需要的重要特性设置，为设计建立精确的延时模型，可以使用 VHDL 仿真器得到接近实际的精确结果。

在 FPGA/CPLD 设计过程中，源设计文件一般不需要建立延时模型，因为源设计采用许多 VHDL 高级行为描述，即使采用延时模型，也与经 FPGA/CPLD 适配器布线后的结果有很大差异。一般是通过设置 FPGA/CPLD 适配器，使其生成 VHDL 网表文件的方法来获得仿真文件（如程序 8-2）。

VHDL 中有两类延时模型能用于行为仿真建模，即固有延时和传输延时。

8.2.1 固有延时

固有延时，也称为惯性延时，是任何电子器件都存在的一种延时特性。固有延时的主要物理机制是分布电容效应。分布电容产生的因素很多，分布电容具有吸收脉冲能量的效应。当输入器件的信号脉冲宽度小于器件输入端的分布电容对应的时间常数时，或者说小于器件的惯性延时宽度时，脉冲将无法突破数字器件的阈值电平，从而在输出端不会产生任何变化。这就类似于用一外力推动一静止物体时，如果此外力持续的时间过短，将无法克服物体的静止惯性而将其推动。

由此不难理解，在惯性延时模型中，器件的输出确实都有一个固有的延时。当信号的脉宽（或者说信号的持续时间）小于器件的固有延时时，器件将对输入的信号不作任何反应，也就是说，有输入而无输出。为了使器件对输入信号的变化产生响应，就必须使信号维持的时间足够长，即信号的脉冲宽度必须大于器件的固有延时。

在 VHDL 仿真和综合器中，固有延时是默认的延时，是一个无穷小量，称为 δ 延时，或称仿真 δ 。这个延时小量的设置仅为了仿真，它是 VHDL 仿真器的最小分辨时间，并不能完全代表器件实际的惯性延时情况。

在 VHDL 程序的语句中如果没有指明延时的类型与延时量，就意味着默认采用了这个固有延时量 δ 延时。在大多数情况下，这一固有延时量近似地反映了实际器件的行为。

在所有当前可用的仿真器中，固有模式是最通用的一种，为了在行为仿真中比较逼真地模仿电路的这种延时特性，VHDL 提供了有关的语句，如：

```
z <= x XOR y AFTER 5ns ;
```

表示此赋值电路的惯性延时为 5ns，即要求信号值 x XOR y 变化的稳定时间不能少于 5ns。换句话说，x XOR y 的值在发生变化 5ns 后才被赋给 z，此前 x 或 y 的任何变化都是无效的。若对于下句：

```
z <= x XOR y ;
```

则表明 x XOR y 的值在 δ 时间段后才被赋给 z 。

对于 FPGA/CPLD 来说，适配器生成的 VHDL 网表中，一般只使用固有延时模式。

8.2.2　传输延时

另一种延时模型是传输模型。传输延时与固有延时相比，其不同之处在于传输延时表达的是输入与输出之间的一种绝对延时，传输延时并不考虑信号持续的时间，它仅仅表示信号传输推迟或延迟了一个时间段，这个时间段即为传输延时。VHDL 中，传输延时表示连线的延时，传输延时对延时器件、PCB 板上的连线延时和 ASIC 上的通道延时的建模特别有用。表达传输延时的语句如以下例句所示：

```
z <= TRANSPORT x AFTER 10 ns;
```

其中关键词 TRANSPORT 表示语句后的延时量为传输延时量，虽然产生传输延时与固有延时的物理机制不一样，但在行为仿真中，传输延时与固有延时造成的延时效应是一样的。

在综合过程中，综合器将忽略 AFTER 后的所有延时设置。

§ 8.3　仿真 δ

前面曾提到过功能仿真的概念，由于综合器不支持延时语句，在综合后的功能仿真中，仿真器仅对设计的逻辑行为进行了模拟测定，而没有把器件的延时特性考虑进去，仿真器给出的结果也仅仅是逻辑功能。按理说，功能仿真就是假设器件间的延迟时间为零的仿真。然而事实并非如此，由于无论是行为仿真还是功能仿真，都是利用计算机进行软件仿真，即使在并行语句的仿真执行上也是有先后的。在零延时条件下，当作为敏感量的输入信号发生变化时，并行语句执行的先后次序无法确定，而不同的执行次序会得出不同的仿真结果，最后将导致矛盾的和错误的仿真结果。这种错误仿真的根本原因在于零延时假设在客观世界中是不可能存在的。

为了解决这一矛盾，VHDL 仿真器将自动为系统中的信号赋值配置一足够小而又能满足逻辑排序的延时量，即仿真软件的最小分辨时间，这个延时量就称为仿真 δ，或称 δ 延时。

由此可见，在行为仿真和功能仿真中，引入 δ 延时是必需的。仿真中 δ 延时的引入由仿真器自动完成，无需设计者介入。

§ 8.4　仿真激励信号的产生

在进行仿真时，需要在输入端加激励信号。有多种方法可以产生仿真驱动信号，如可以用 VHDL 设计一个波形发生器模块，也可以将波形数据或其它数据放在文件中。用 TEXTIO 程序包中提供的类型和子程序可以读取文本文件，当然也可以将仿真的一些中间结果写到文件中。VHDL 仿真器本身也提供了设置输入波形的命令。

下面通过一个 4 位二进制加法器的仿真示例，介绍两种激励信号的产生方法。

简单的 4 位二进制加法器的设计如下：

```
LIBRARY IEEE;
USE IEEE.STD_LOGIC_1164.ALL;
ENTITY ADDER4 IS
   PORT ( a, b : IN INTEGER RANGE 0 TO 15;
               c : OUT INTEGER RANGE 0 TO 15 );
END ADDER4;
ARCHITECTURE one OF ADDER4 IS
BEGIN
   c <= a + b;
END one;
```

- **第一种方法**

用 VHDL 写一个波形信号发生器，源程序如下：

```
ENTITY SIGGEN IS
    PORT ( sig1 : OUT INTEGER RANGE 0 TO 15;
           sig2 : OUT INTEGER RANGE 0 TO 15 );
END;
ARCHITECTURE Sim OF SIGGEN IS
BEGIN
    sig1 <= 10, 5 AFTER 200 ns, 8 AFTER 400 ns;
    sig2 <= 3, 4 AFTER 100 ns, 6 AFTER 300 ns;
END;
```

图 8-2 是由 ModelSim 生成的 SIGGEN 波形信号发生器的仿真输出波形，然后将此波形发生器与 ADDER4 组装设计一个 VHDL 仿真测试模块。示范程序如下：

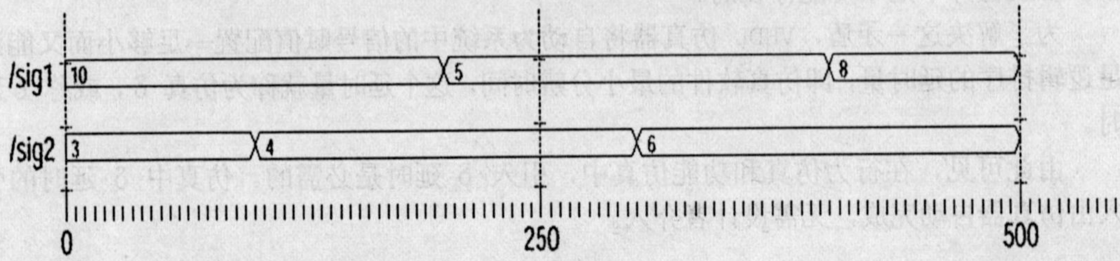

图 8-2 SIGGEN 的仿真输出波形

```
ENTITY BENCH IS
END;
ARCHITECTURE one OF BENCH IS
```

```
    COMPONENT ADDER4
        PORT ( a, b : integer range 0 to 15;
                  c : OUT INTEGER RANGE 0 TO 15 );
    END COMPONENT;
    COMPONENT SIGGEN
        PORT ( sig1 : OUT INTEGER RANGE 0 TO 15;
               sig2 : OUT INTEGER RANGE 0 TO 15 );
    END COMPONENT;

    SIGNAL a, b, c : INTEGER RANGE 0 TO 15;
BEGIN
    U1 : ADDER4 PORT MAP (a, b, c);
    U2 : SIGGEN PORT MAP (sig1=>a, sig2=>b);
END;
```

在仿真器的波形图上加入 a、b、c 3 个内部信号，然后运行仿真过程。在 ModelSim 中得到如图 8-3 所示的波形图。

- **第二种方法**

利用仿真器的波形设置命令施加激励信号。

在 ModelSim 中，使用 force 命令可以交互地施加激励，force 命令的格式如下：

force <信号名> <值> [<时间>][, <值> <时间> …] [-repeat <周期>]

例如：

force a 0　　　　　　　　(强制信号的当前值为 0)

force b 0 0, 1 10　　　　(强制信号 b 在时刻 0 的值为 0，在时刻 10 的值为 1)

force clk 0 0, 1 15 -repeat 20　　(clk 为周期信号，周期为 20)

可以直接用实体 ADDER4 的结构体进行仿真，在初始化仿真过程后，在 ModelSim 的命令行中输入以下命令：

force a 10 0, 5 200, 8 400

force b 3 0, 4 100, 6 300

然后连续执行 Run 命令或执行 Run 500 命令，也可以得到如图 8-3 所示的波形（利用 ModelSim 进行仿真的具体操作方法请参考第 12 章）。

VHDL 各仿真器的命令及操作方式有所不同，请参考相关资料。

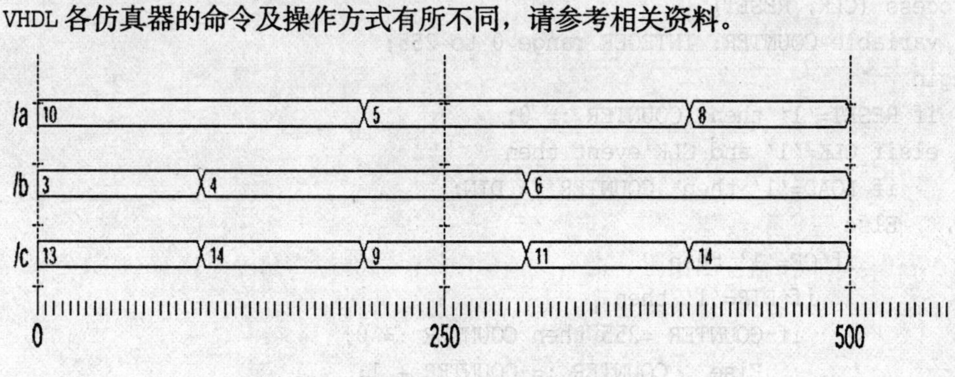

图 8-3　BENCH 仿真波形图

§ 8.5 VHDL测试基准

VHDL 测试基准（Test Bench）是指用来测试一个 VHDL 实体的程序。VHDL 测试基准本身也是 VHDL 程序，它用各种方法产生激励信号，通过元件例化语句以及端口映射，将激励信号传给被测试的 VHDL 实体，然后将输出信号波形写到文件中，或直接用波形浏览器观察输出波形。

在对一个实体进行仿真的时候，编写一个 VHDL 程序，在程序中将这个实体进行元件例化，对这个实体的输入信号用 VHDL 程序加上激励波形，在 VHDL 仿真器中编译运行这个新建的 VHDL 程序即可对前面的实体进行仿真测试。这个 VHDL 程序称为测试基准（Test Bench）。

一般情况下，VHDL 测试基准程序不需要定义输入/输出端口，测试结果全部通过内部信号或变量来观察和分析。

事实上，8.4 节中已经使用了测试基准，其中的第一种方法就是使用的基准文件。

大部分 VHDL 仿真器一般都可以根据被测试的实体自动生成一个测试基准文件框架，然后设计者可以在此基础上加入自己的激励波形产生方法及其它各种测试手段。

注意，测试基准通常不能被 VHDL 综合器所综合。

以下是一个 8 位计数器的设计实体。

```
Library IEEE;
use IEEE.std_logic_1164.all;
entity counter8 is
  port
          CLK, CE, LOAD, DIR, RESET: in STD_LOGIC;
          DIN: in INTEGER range 0 to 255;
          COUNT: out INTEGER range 0 to 255 );
end counter8;
architecture counter8_arch of counter8 is
begin
process (CLK, RESET)
   variable COUNTER: INTEGER range 0 to 255;
begin
   if RESET='1' then  COUNTER := 0;
   elsif CLK='1' and CLK'event then
      if LOAD='1' then  COUNTER := DIN;
      Else
         if CE='1' then
            if DIR='1' then
             if COUNTER =255 then COUNTER := 0;
                Else   COUNTER := COUNTER + 1;
              end if;
```

```
            else
              if COUNTER =0 then  COUNTER := 255;
                Else   COUNTER := COUNTER - 1;
              end if;
            end if;
          end if;
        end if;
      end if;
      COUNT <= COUNTER;
   end process;
   end counter8_arch;
```

这个计数器的测试基准文件示例如下：

```
Entity testbench is end testbench;
Architecture testbench_arch of testbench is
File RESULTS: TEXT open WRITE_MODE is "results.txt";
Component counter8
   port (   CLK: in STD_LOGIC;
         RESET: in STD_LOGIC;
         CE, LOAD, DIR: in STD_LOGIC;
         DIN: in INTEGER range 0 to 255;
         COUNT: out INTEGER range 0 to 255 );
 end component;
shared variable end_sim : BOOLEAN := false;
signal CLK, RESET, CE, LOAD, DIR: STD_LOGIC;
signal DIN: INTEGER range 0 to 255;
signal COUNT: INTEGER range 0 to 255;
procedure WRITE_RESULTS (
            CLK, CE, LOAD, LOAD, RESET : STD_LOGIC;
                              DIN, COUNT : INTEGER  ) is
Variable V_OUT : LINE;
Begin
    write(V_OUT, now, right, 16, ps);                             -- 输入时间
    write(V_OUT, CLK, right, 2);
    write(V_OUT, RESET, right, 2);
    write(V_OUT, CE, right, 2);
    write(V_OUT, LOAD, right, 2);
    write(V_OUT, DIR, right, 2);
    write(V_OUT, DIN, right, 257);
    --write outputs
    write(V_OUT, COUNT, right, 257);
    writeline(RESULTS,V_OUT);
end WRITE_RESULTS;
begin
```

```
    UUT: COUNTER8
    port map (CLK => CLK,RESET => RESET,
                 CE => CE,  LOAD => LOAD,
                DIR => DIR, DIN => DIN,
              COUNT => COUNT );
CLK_IN: process
    Begin
       if end_sim = false then  CLK <= '0';
          Wait for 15 ns;
          CLk <='1';
          Wait for 15 ns;
        Else
          Wait;
       end if;
    end process;
STIMULUS: process
    Begin
       RESET    <= '1';
       CE       <= '1';             -- 计数使能
       DIR      <= '1';             -- 加法计数
       DIN      <= 250;             -- 输入数据
       LOAD<= '0';                  -- 禁止加载输入的数据
      wait for 15 ns;
      RESET<= '0';
      wait for 1 us;
      CE        <= '0';             -- 禁止计数脉冲信号进入
      wait for 200 ns;
      CE        <= '1';
      wait for 200 ns;
      DIR       <= '0';
      wait for 500 ns;
      LOAD <= '1';
      wait for 60 ns;
      LOAD <= '0';
      wait for 500 ns;
      DIN  <= 60;
      DIR  <= '1';
      LOAD <= '1';
      wait for 60 ns;
      LOAD <= '0';
      wait for 1 us;
      CE        <= '0';
      wait for 500 ns;
      CE        <= '1';
```

```
        wait for 500 ns;
        end_sim :=true;
    wait;
end process;
WRITE_TO_FILE: WRITE_RESULTS(CLK,RESET,CE,LOAD,DIR,DIN,COUNT);
End testbench_arch;
```

这个例子综合性地使用了一些测试方法，请参照以上几节，仔细阅读本例。

图 8-4 为该测试基准在仿真器 Active-VHDL 中仿真运行时产生的波形图的一部分。

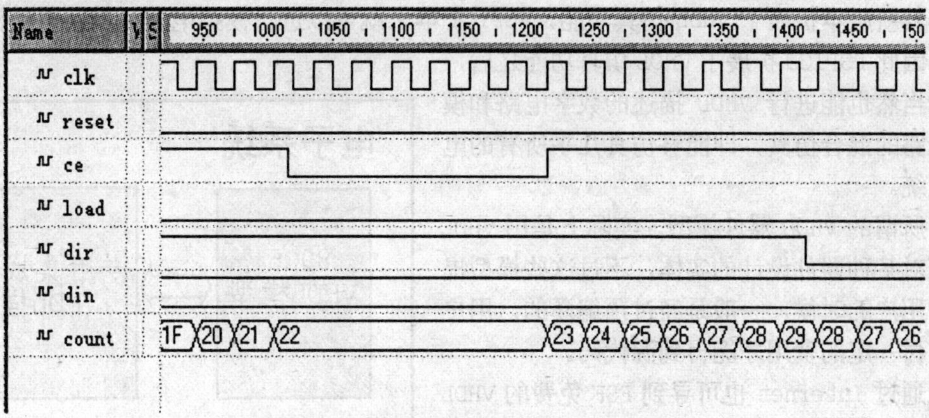

图 8-4　8 位计数器测试基准仿真部分波形图

§ 8.6　VHDL 系统级仿真

VHDL 设计通常要通过各种软件仿真器进行功能和时序模拟，在设计初期一般也采用行为级模拟。目前，由于大多数 VHDL 仿真器支持标准的接口（如 PLI 接口），以方便制作通用的仿真模块及支持系统级仿真。所谓仿真模块，是指许多公司为某种器件制作的 VHDL 仿真模型，这些模型一般是经过预编译的（也有提供源代码的）。然后在仿真的时候，将各种器件的仿真模型用 VHDL 程序组装起来，成为一个完整的电路系统。设计者的设计文件成为这个电路系统的一部分。这样，在 VHDL 仿真器中可以得到较为真实的系统级的仿真结果，支持系统仿真已经成为目前 VHDL 应用技术发展的一个重要趋势。当然，这里所谈的还只是在单一目标器件中的一个完整的设计。

对于一个可应用于实际环境的完整的电子系统来说，用于实现 VHDL 设计的目标器件常常只是整个系统的一部分。对芯片进行单独仿真，仅得到针对该芯片的仿真结果。但对于整个较复杂的系统来说，仅对某一目标芯片的仿真往往有许多实际的情况不能考虑进去，如果对整个电路系统都能进行仿真，可以使芯片设计风险减少，找出一些整个电路系统一起工作才会出现的问题。

由于 VHDL 是一种描述能力强、描述范围广的语言，完全可以将整个数字系统用 VHDL 来描述，然后进行整体仿真，即使没有使用 VHDL 设计的数字集成电路，同样可以设计出

VHDL 仿真模型。现在有许多公司可提供许多流行器件的 VHDL 模型，如 8051 单片机模型、PIC16C5X 模型、80386 模型等，利用这些模型可以将整个电路系统组装起来。许多公司提供的某些器件的 VHDL 模型甚至可以进行综合，这些模型有双重用途，既可用来仿真，也可作为实际电路的一部分（即 IP 核）。例如，现有的 PCI 总线模型大多是既可仿真又可综合的。图 8-5 即为由 89C51 单片机的 VHDL 模型与 VHDL 专用系统模型联合进行更高层次系统仿真的示意图。

虽然用于描述模拟电路的 VHDL 语言尚未进入实用阶段，但有些软件仍可以完成具有部分模拟电路的支持 VHDL 的电路系统级仿真器。PSPICE 是一个典型的系统级电路仿真软件，其新版本扩展了 VHDL 仿真功能，PSPICE 本来就可以进行模拟电路、数字电路混合仿真。因此 PSPICE 扩展了 VHDL 仿真功能之后，理所当然也能进行 VHDL 描述的数字电路和模拟电路的混合仿真，即能够仿真几乎所有的电路系统。

所谓的 VHDL 器件模型，实际上是用 VHDL 语言对某种器件设计的实体，不过这些模型提供给用户的时候，一般是经过预编译的，用户需支付一定的费用才能得到源代码。

通过 Internet 也可寻到 FSF 免费的 VHDL 模型及其源码。

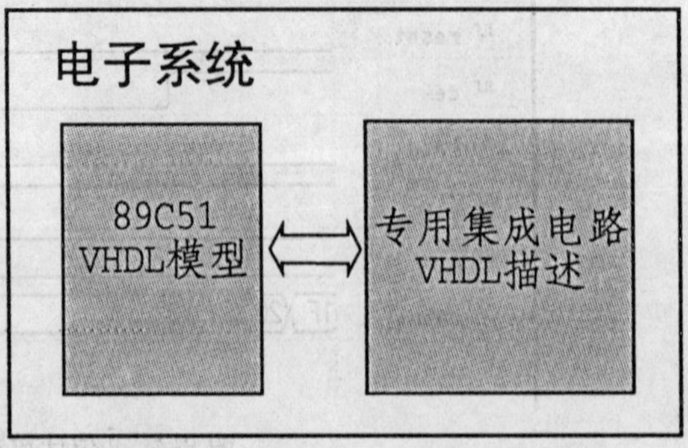

图 8-5 VHDL 系统仿真模型示意图

【习 题】

8-1 叙述惯性延迟与传输延迟的异同点，以及惯性延迟的物理机制。

8-2 功能仿真中，引进仿真 δ 的意义是什么？试举例说明。

8-3 综合前的 VHDL 行为仿真、综合后的 VHDL 行为仿真、功能仿真、时序仿真和硬件仿真的特点和适用范围是什么？

8-4 为什么要进行系统仿真？怎样实现 VHDL 系统仿真？

第 9 章　综　　合

在利用 VHDL 设计过程中，综合（Synthesis）是将软件描述（VHDL 就其描述方式来说，仍属软件描述）与硬件结构相联系的关键步骤，是文字描述与硬件实现的一座桥梁，是突破软硬件屏障的有利武器。综合就是将电路的高级语言（如行为描述）转换成低级的，可与 FPGA/CPLD 或构成 ASIC 的门阵列基本结构相映射的网表文件或程序。EDA 的实现在很大程度上依赖于性能良好的综合器。因此，VHDL 程序设计必须完全适应 VHDL 综合器的要求，使软件设计牢固植根于可行的硬件实现中。当然，另一方面，也应注意到，并非所有可综合的 VHDL 程序都能在硬件中实现，这涉及到两方面的问题，首先要看此程序将对哪一系列的目标器件进行综合。例如，含有内部三态门描述的 VHDL 程序，原则上是可综合的，但对于特定的目标器件系列却不一定支持，即无法在硬件中实现；其次是资源问题，这是实用 VHDL 面临的最尖锐的问题。例如在 VHDL 程序中，直接使用乘法运算符，尽管综合器和绝大多数目标器件都是支持的，但即使是一个 16 位乘 16 位的组合逻辑乘法器在普通规模的 PLD 器件（1 万门左右）中也是难以实现的。因此，实用的 VHDL 程序设计中必须注意硬件资源的占用问题。

本章首先介绍一般的综合原理，以及可综合的 VHDL 程序设计所涉及的问题，然后介绍一些通过 VHDL 合理的程序设计来达到正确的综合结果的技术。

§ 9.1　VHDL 综合

由设计要求到设计实现的整个过程，如果是靠人工完成，通常简单地称之为设计；如果依靠 EDA 工具软件自动生成，则通常称之为综合。综合，就是针对给定电路应实现的功能和实现此电路的约束条件，如速度、功耗、成本及电路类型等，通过计算机的优化处理，获得一个满足上述要求的电路设计方案。这就是说，被综合的文件是 VHDL 程序，综合的依据是逻辑设计的描述和上述各种约束条件，综合的结果则是一个硬件电路的实现方案，该方案必须同时满足预期的功能和约束条件的要求。对于综合来说，满足要求的方案可能有多个，综合器将产生一个最优的或接近最优的结果。因此，综合的过程同时也是设计目标的优化过程。最后获得的结果与综合器的工作性能有关。

现代的逻辑综合技术主要是基于寄存器传输级的优化技术。VHDL 的行为描述被综合为寄存器/触发器及它们之间的组合逻辑电路的合理连接。优化技术即包括参与逻辑描述的寄存器/触发器设置的优化和相应的组合逻辑的优化。优化的目标主要有两个，即速度优化和资源优化，前者以提高目标器件的工作速度为优化综合目标，而后者以节省目标器件的逻辑资源利用率为优化综合目标。VHDL 综合结果的优化程度取决于程序本身的描述方式和风格，同时也取决于 VHDL 综合器的一些对于综合取向的控制开关，如速度（Speed）优化开关和资源（Area 或 Density）优化开关。VHDL 综合通常包括编译、转换、调度、分配、控制器综合与结果的生成等几个步骤。VHDL 综合的出发点是逻辑级以上级别的各种行为描述程序，因为 VHDL 具有强大的行为描述能力。VHDL 综合，首先是将逻辑的行为特性描述编译到一种有利于综合的中间表示格式，它的编译与计算机高级程序设计语言的编译十分相似，其中间表示格式通常是包含数据流和控制流的语法分析图或分析树。

VHDL 综合过程中，从行为到结构转换的核心部分是调度和分配。调度的目的在于，在满足约束条件的情况下，使给定的目标函数最小；分配是将操作和变量（或值）赋给相应的功能单元和寄存器进行运算和存放，分配的目的在于使所占用的硬件资源最少。硬件资源包括目标器件的功能单元、存储单元和数据传输通路。

一旦完成调度、分配和数据通道的设计，需要综合一个按调度要求驱动的数据通路控制器。这可以由一个控制器来控制整个数据通路，对控制功能进行划分，由多个控制器控制数据通道。最后，将设计转换到硬件结构的物理实现上，利用逻辑综合工具对逻辑进行优化，然后生成电路网表。

如前所述，VHDL 程序中可以具有高级的、抽象的行为描述语句，也有低级的（门级）描述语句，逻辑综合的作用是将这些描述语句全部转换成低级的门级描述，在此是生成经过各种优化目标的门级网表。逻辑综合是实现设计自动化的核心步骤。通俗的说法，逻辑综合的主要任务是将设计者的逻辑功能描述导出满足要求的逻辑电路。

与 VHDL 程序比较，对于计算机来说，原理图的处理要简单得多，虽然原理图输入可以将设计分成各种模块及多个层次，但通过简单的转换就可以直接生成门级网表。也就是说，原理图描述已经是门级描述或者接近门级的描述。VHDL 描述则必须经过逻辑综合，由综合器自动生成一种门级电路实现方案，而在原理图输入方式中，门级实现方案是由设计者完成的。

简单地说，综合是将 VHDL 描述转换为可用于对目标器件映射适配的门级网表文件，而完成这一过程的 EDA 软件工具称为综合器。

在综合的过程中，综合器通常还要对设计进行优化，高级的综合器可以根据容量、速度等许多约束条件进行优化。VHDL 综合器将根据设定的系列目标器件的特点对综合的 VHDL 程序进行面向目标器件优化，从而生成利于映射于具体目标芯片的元件模块。

现在许多面向 FPGA/CPLD 的 EDA 工具中，如 MAX+PLUSII，同时含有 HDL 综合器和用于最终实现的适配器，这时，逻辑的优化是重叠发生的，即 HDL 综合器对硬件描述语言的优化和含有布线与配置功能的适配器中的优化是相互影响，相互制约的。一般，综合器将更多地面对基于特定硬件实现目标的语言结构本身的优化，如资源共享、逻辑化简、状态编码、非法状态处理、速度/资源优化等；适配器则主要负责将方案以最优的方式容入指定的器件中。

目前的综合工具都可以设置一些优化选项，以满足不同的需要。

由于 VHDL 是高级设计语言，它的电路描述与具体器件和综合器都无关，不同公司的综合器也不完全兼容。而且，针对不同的目标器件系列，综合后的结果有所不同。因而同一个 VHDL 程序经由不同的综合器综合后生成的电路，其逻辑功能虽然在总体上是相同的，但电路结构却不竟相同。

一段符合语法规范的VHDL程序是否能被综合，或者说，哪些VHDL语句可综合，哪些不可综合，并没有固定的答案。由于 VHDL 的最初的诞生并非是用来作硬件电路设计的，而是作为一种电路模型的描述标准和电路行为仿真的语言格式，因此在 VHDL 中含有大量的用于行为仿真的语句。当 VHDL 用于设计时，其中只有部分语句是可以被综合的，这部分语句称为可综合子集。尽管这个可综合子集已被 IEEE 标准化了，但由于历史的延续和面对不同的硬件实现背景，不同的 EDA 软件或 VHDL 综合工具，对这个子集都有自己的解释，即不可能相互间实现全兼容。因此，设计者应根据实际情况来设计自己的VHDL程序，了解手头的EDA工具的"可综合子集"的范围。对于可综合性的问题，下一节中将给予进一步的讨论。

目前流行的EDA综合工具有Synopsys公司的Design Compiler、FPGA Express、FPGA CompilerII；Synplicity公司的Synplify；Candence公司的Synergy；Mentor Graphics公司的AutologicII等。此外，DATA I/O公司的Synario、Viewlogic公司的Workview Office及Altera公司的MAX+plusII等综合工具都集成了VHDL综合器。FPGA Express是Synopsys公司用于 FPGA/CPLD 设计的 VHDL/Verilog 综合工具，支持数家大公司数个系列的FPGA/CPLD的设计。

在工程中，支持FPGA/CPLD的VHDL设计工具综合后最终生成EDIF网表文件。EDIF（电子数据交换格式的简称）是一种网表文件格式标准，由一些EDA厂商及PLD厂商制定，是为了解决当前各种EDA工具生成的电路网表文件不兼容的问题而设的。目前最常用的版本是EDIF 200。

以一个用 VHDL 设计的加法器文件 ADDER4.VHD 的综合过程为例，首先可以在 FPGA Express 中设置目标器件为 ispLSI1032，综合后输出（Export）EDIF 文件 ADDER4.EDF，然后用 Lattice 公司的适配软件 ISPDS+读取此文件进行适配操作。一般 FPGA/CPLD 芯片厂商的适配软件都支持 EDIF 文件格式，但每个 EDA 工具厂商的 VHDL 综合器输出的 EDIF 文件有微小的区别，主要是一些特殊的网络名（如电源 V_{CC}、地线 GND）不同，文件格式都是相同的。

MAX+plusII 同样可以在适配后生成 EDIF 文件，主要目的是用于支持第三方 EDA 工具厂商的门级仿真器，而 Lattice 公司的 ISPDS+ 5.0 支持 Altera 的 EDIF 文件，因此可以用 MAX+plusII 设计 Lattice 器件。反过来，MAX+plusII 也能接受来自其它 EDA 软件产生的 EDIF 格式的文件进行适配和仿真，因此可以利用 Lattice 的 EDA 工具设计 Altera 公司的器件。

目前，综合器 FPGA Express、Synplify 都提供电路原理图浏览功能，可以查看综合后生成的与 EDIF 文件对应的电路原理图，便于对设计进行调试。Workview Office 也提供了类似的功能，可以将生成的 EDIF 文件转换为电路原理图。利用这个功能，设计人员可以获知 VHDL 程序综合的结果，从而可以有效控制 VHDL 语句，有利于提高设计水平。

§ 9.2 有关可综合性的考虑

用 VHDL 实现硬件设计受到编程习惯、适配技术和优化选项等许多因素的影响，这些因素对 VHDL 程序设计是否适宜综合到一个特定器件中有很大的影响。尽管基于 VHDL的设计模型可以有多种形式，如许多可用于行为仿真的模型、高层次运行模型、用于激励/响应的环境模型（测试基准）或者软硬件和考虑了某些物理特性的混合系统模型等，但并不是所有的设计模型都能被综合，并最终能以硬件方式实现的。因为 VHDL 综合器必须假定整个 VHDL 设计描述的数字逻辑都能在硬件中实现。

在仿真模型中完全可以用 VHDL 语句来描述一项设计的时序特性，但在综合中，这些时序行为（如惯性或传输延迟）的描述都将被 VHDL 综合器忽略，而此设计的实际时序行为仅依赖于目标器件的物理结构和映射方式。因此，若将设计模型从一个目标器件移植到另一个目标器件时，那些依赖于正确的延时特性才能正常工作的 VHDL 模型，将不可能得到期望的综合结果和时序仿真效果。

仿真模型可以描述一些无限制的条件（如无穷循环或无范围限制的整型数），硬件却不可能提供这些条件。在某些情况下，如无穷循环或循环次数不确定的情况下，综合工具会产生错误并退出。在其它的情况下，如无范围限制的整数，VHDL 综合器会假设一个默认的表示方式，如以32位二进制数表示整数，尽管这是可综合的，但这却无法生成所期望的电路。

此外，仅用于行为仿真的 VHDL 设计模块可以使用枚举数据类型来描述一组信号线的编码，或者作为一个符号化的状态机描述的一部分。设计中可能也使用了枚举类型来描述信号线的电特性（如高阻抗、电阻或强度），这种情况下，VHDL综合器无法区别（根据这些值在硬件中是怎样表示的）每一条线路的意义，除非已经为这些类型提供了一个编码，VHDL 综合器必须为所有的枚举类型都假定一个默认的编码。

与普通的高级计算机语言的应用不同，一项成功的 VHDL 设计，必须兼顾多方面的问题，仅能通过编译和行为仿真是远远不够的，因为还必须考虑这项设计能否被综合器所接受。如果是可综合的，还必须通过仿真了解其逻辑功能是否满足原设计要求；对于逻辑适配，还要了解能否找到在实时时序特性和资源/成本方面都能适合于此项设计的目标器件；最后，还要进行硬件仿真，以便测试该项设计的实际工作情况。

如果是基于目标器件 CPLD 和 FPGA 的 VHDL 设计，熟悉目标器件的内部结构，能自觉地使设计适应综合的需要是十分重要的。完成一种功能通常有多种电路方案（算法），而通常只有一种方案最适合于目标器件的内部结构，因此，可以根据目标器件特定的结构来优化电路设计中的算法，这也是一种优化途径。

此外，设计者应了解所使用的 EDA 软件的综合能力，程序设计中能够大致预知每一条语句所产生的电路结果，这样便可以能动地控制电路的硬件结构和资源规模。

§ 9.3 寄存器引入方法

利用 VHDL 设计一个高效的可综合电路，具有重要的实用价值。这里所谓的高效，是指综合后的可映射于硬件电路的 VHDL 设计在目标器件中的资源利用率和速度两方面都有良好的表现，这在寄存器引入的技术和技巧方面表现得比较突出。

高效的可综合电路的设计要求是，在没有必要时，应尽量避免在电路中插入寄存器，否则既影响电路的工作速度，又将占用不必要的硬件资源。如果在电路中必须引入寄存器以存储信息时，应尽可能少地引入锁存器或触发器，即按照用多少引入多少的原则。

寄存器是最简单的 1 位存储器件，它可以是一个边沿触发的触发器，也可以是一个电平敏感性的锁存器。当有必要在设计中引入寄存器时，应学会有效地使用它。

寄存器的引入通常是通过使用 WAIT 和 IF 语句测试敏感信号边沿来实现的（以下也介绍其它方式引入寄存器的示例）。

引入寄存器需要注意以下几点：

• 一个进程中只能引入一种类型的寄存器，它们可以分为锁存器、有异步置位或复位的锁存器、触发器、有异步复位或同步置位的触发器。

• 在 IF_THEN 或 IF_THEN_ELSE 语句中，只能存在一个边沿测试描述分句。这就是说，由一个进程综合得到的电路只能受控于一个时钟信号，并是一个同步逻辑模块（包括异步进程）。

• 边沿描述表达式不能作为操作数来对待，不能作为一个函数的变量。

• 引入寄存器的优选语句应该是 IF 语句，因为 IF 语句更容易控制寄存器的引入。

• 含有边沿检测子句的 IF 语句可以出现在进程的任何地方，此进程必须将所有可读入进程的信号，包括边沿信号全部列入敏感表。一般地，同步进程，即进程内的全部逻辑行为依赖于时钟边沿触发的进程，必须是对时钟边沿敏感的；异步进程，即进程内的逻辑行为在异步条件为真（True）时，才依赖于时钟信号，必须对时钟信号和影响异步操作的输入信号都敏感。

• 一般情况下，不要将用于产生寄存器的赋值语句放在 IF（边沿）语句的 ELSE 条件分支上，但可以放在 ELSIF 子句上。

9.3.1 容易发生的错误

以下将讨论几种在寄存器引入过程中容易出现的问题。

(1) 程序 9-1 进程中的描述方式是错误的，因为在一个进程中引入了两个边沿检测子句。

【程序 9-1】

```
PROCESS (clk_a, clk_b)
BEGIN
```

```
    IF (clk_a'EVENT AND clk_a ='1' )  THEN
      a <= b;
    END IF;
    IF (clk_b'EVENT AND clk_b ='1' ) THEN        -- 错误
      c <= b;
    END IF;
END PROCESS;
```

(2) 程序 9-2 的错误在于将用于产生寄存器的信号或变量的赋值语句放在了一个 ELSE 条件分支上。

【程序 9-2】

```
PROCESS (clock)
  BEGIN
    IF(clock'EVENT AND clock ='1') THEN
      sig <= b;
    ELSE
      sig <= c;                                 -- 错误
    END IF;
END PROCESS;
```

这种赋值方式相当于检测到没有时钟信号时，则赋新值。显然不可能有这样的硬件电路与之对应。程序必须将语句 ELSE sig <= c;消去。

(3) 如果一个变量已在 IF 的边沿检测语句结构中作了赋值操作，就不能在同一进程中再作读操作。程序 9-3 即为一种错误的表达方式。

【程序 9-3】

```
PROCESS (clock)
   VARIABLE edge_var, any_var:  BIT;
BEGIN
   IF (clock'EVENT AND clock ='1') THEN
     edge_signal <= x;                    -- 此句用于产生寄存器
     edge_var   := y;                     -- 此句用于产生寄存器
     any_var    := edge_var;              -- 错误
   END IF;
   any_var := edge_var;                   -- 错误
END PROCESS;
```

(4)以下描述的错误是将边沿表达式当成了操作数。

```
    IF  NOT(clock'EVENT AND clock ='1') THEN ...
```

(5) 在条件语句中，由于条件涵盖的不完整，综合器将引入锁存器，这是不希望发生的事情。在程序 9-4 的 IF 语句中，由于没有 ELSE 语句，将引入一个锁存器。引入的锁存器将 gate 当成了自己的时钟信号，data 作为数据输入。

【程序 9-4】

```
PROCESS (gate,data)
BEGIN
  IF (gate = '1') THEN
    q <= data;
  END IF;
END PROCESS;
```

(6) 锁存器的引入是为了能使信号和变量保持状态，这种状态必须保持到下一次赋值为止。但是，在子程序中，由于变量具有局部特性，每当调用子程序时，其中的变量都要被初始化，所以在子程序中定义的变量不可能引出锁存器。程序 9-5 所描述的电路中不可能产生锁存器。

【程序 9-5】

```
FUNCTION my_func(data, gate : BIT) RETURN BIT IS
   VARIABLE s1: BIT;
BEGIN
     IF (gate = '1') THEN
            s1 := data;
     END IF;
     RETURN s1;
END;
 ...
q <= my_func (data, gate);
 ...
```

(7) 误将输出赋值信号放在了进程内部。从程序 9-6 可以判断，设计者的本意是希望将锁存在信号 I 和 B 中的数据向 A 和 H 端口输出，但误将赋值语句放在了进程内，结果导致综合后的电路中多了两个不必要的寄存器（如图 9-1 所示）。

【程序 9-6】

```
LIBRARY IEEE;
 USE IEEE.STD_LOGIC_1164.ALL;
 ENTITY EXAP IS  PORT (  CLK,C,J,K  : IN STD_LOGIC;
                              A,H : OUT STD_LOGIC  );
END EXAP ;
ARCHITECTURE behav OF EXAP IS
SIGNAL I,B : STD_LOGIC;
 BEGIN
PROCESS (CLK)
 BEGIN
 IF ( CLK'EVENT AND CLK='1')  THEN
 B <= C;
 A <= B;
 H <= I;
 I <= J XOR K;
 END IF;
```

```
  END PROCESS  ;
END behav;
```

改进的方法就是将输出赋值语句移到进程外边，如程序 9-7 所示，得到的综合结果如图 9-2 所示。

【程序 9-7】

```
LIBRARY IEEE;
 USE IEEE.STD_LOGIC_1164.ALL;
 ENTITY EXAP IS  PORT (CLK,C,J,K  : IN STD_LOGIC;
                                  A,H : OUT STD_LOGIC );
END EXAP ;
ARCHITECTURE behav OF EXAP IS
SIGNAL I,B : STD_LOGIC;
 BEGIN
PROCESS (CLK)
 BEGIN
 IF ( CLK'EVENT AND CLK='1')  THEN
 B <= C;
 I <= J XOR K;
 END IF;
 END PROCESS  ;
  A <= B;   H <= I;
END behav;
```

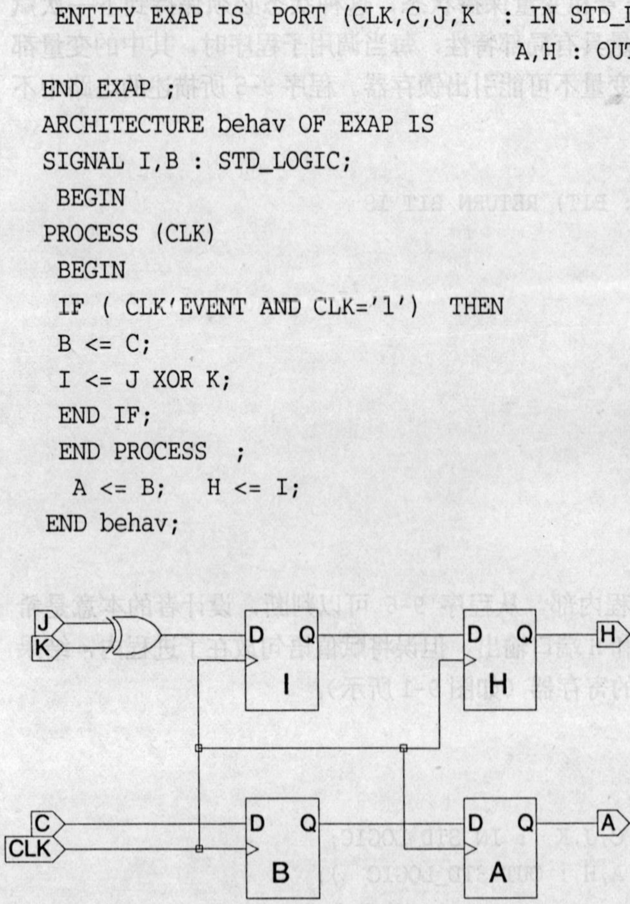

图 9-1　程序 9-6 综合后的电路

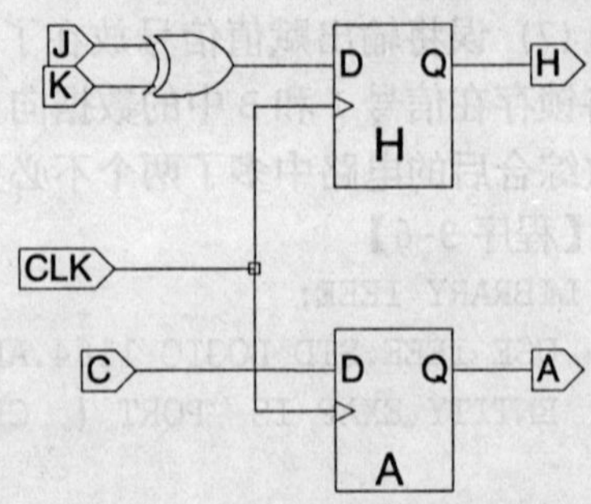

图 9-2　程序 9-7 综合后的电路

(8) 由于不当地使用了信号赋值语句，程序 9-8 中被引入了不必要的寄存器。这是因为在进程中，信号的赋值特性是直到进程被中止时才得到新赋的值。程序 9-8 中的语句“x <= '1';”和“IF x='1'”不是同时发生的，比较句中的值并非是本进程中所赋的值而是当前值。这就意味着告诉综合器，需要将 x 的值作寄存，以待下一次作比较用，于是程序 9-8 的综合结果就产生了图 9-3 的电路。由于信号赋值的滞后性导致寄存器的引入是比较难于发现的，对此，设计者必须给予高度重视。

【程序 9-8】

```
LIBRARY IEEE;
```

```
USE IEEE.STD_LOGIC_1164.ALL;
ENTITY EXAP IS  PORT ( clk,a,b  : IN STD_LOGIC;
                              y : OUT STD_LOGIC );
END EXAP ;
 ARCHITECTURE behav OF EXAP IS
 SIGNAL x : STD_LOGIC;
BEGIN
 PROCESS
 BEGIN
  WAIT UNTIL CLK ='1' ;
  x <= '0';
  y <= '0';
  IF a = b THEN
   x <= '1';
  END IF;
  IF x='1' THEN
   y <= '1' ;
  END IF ;
 END PROCESS  ;
END behav;
```

对程序 9-8 的改进方法很简单，就是使 x 的赋值特性有即时性，即赋值立即发生，显然，这需要将 x 定义为变量而非信号。改进后的程序如程序 9-9，综合结果如图 9-4 所示。由此读者也能进一步了解信号与变量间的不同之处。

【程序 9-9】

```
LIBRARY IEEE;
USE IEEE.STD_LOGIC_1164.ALL;
ENTITY EXAP IS  PORT ( clk,a,b  : IN STD_LOGIC;
                              y : OUT STD_LOGIC );
END EXAP ;
 ARCHITECTURE behav OF EXAP IS
 BEGIN
 PROCESS
  VARIABLE x : STD_LOGIC;
 BEGIN
  WAIT UNTIL CLK ='1' ;
  x := '0';
  y <= '0';
  IF a = b THEN
   x := '1';
  END IF;
  IF x='1' THEN
   y <= '1' ;
  END IF ;
 END PROCESS  ;
```

```
END behav;
```

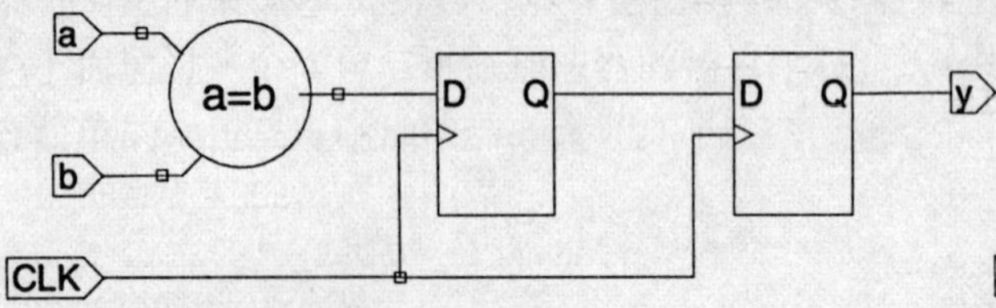

图 9-3 程序 9-8 综合后的电路

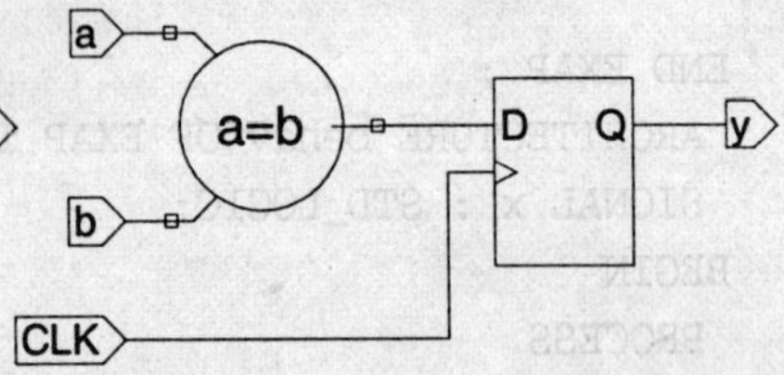

图 9-4 程序 9-9 综合后的电路

一般而言，在进程中如果希望产生寄存器，最好使用信号赋值语句，而不用变量赋值语句，反之，则最好使用变量赋值语句。

9.3.2 常规寄存器的引入

描述寄存器行为有两种常用的语句方法，即 IF_THEN 语句和 WAIT 语句。

使用条件语句描述时序逻辑的一般方式如下：

```
PROCESS (clk)
BEGIN
  IF clk='1' THEN
    y <= a;
  ELSE
                              -- VHDL综合器默认为保持先前的值，故引入一寄存器
  END IF;
END PROCESS;
```

这一组语句描述了锁存器的行为，即如果时钟为高电平，输出信号 y 获得一个新值；如果时钟不为高电平，输出信号 y 保持它原先的值。这与 ABEL-HDL 编程语言不一样，在 ABEL-HDL 中 ELSE 条件默认结果是只将信号置为 0，不会引入其它逻辑结构。如果如程序 9-10 那样在两个条件分句中都写成赋值语句，就将产生一多路选择器。

【程序9-10】

```
PROCESS (clk)
BEGIN
  IF clk='1' THEN
    y <= a;
  ELSE
    y <= b;
  END IF;
END PROCESS;
```

程序 9-10 显然不可能引入寄存器，它只能产生一个 2 选 1 多路选择器，这是因为 IF

语句获得了完整的条件表达。一般地，如果 IF 语句中的条件没有被完全覆盖，即暗指引入触发器或锁存器。同样，CASE 语句中条件的不完全覆盖也将导致寄存器的引入。

根据这一思路，程序 9-11 和程序 9-12 都能引入锁存器，都是在时钟的低电平锁存。

【程序9-11】

```
PROCESS (clk)
BEGIN
  IF clk='1' THEN                          -- 零电平锁存
                                           -- 未作逻辑描述，保持原值

  ELSE
   y <= a;
  END IF;
END PROCESS;
```

【程序9-12】

```
PROCESS (clk)
BEGIN
  IF clk='0' THEN
   y <= a;                                 -- 零电平锁存
  END IF;
END PROCESS;
```

程序 9-13 利用时钟输入边沿敏感子句 clk'EVENT AND clk='1'，引入了一个上升沿触发器。

【程序9-13】

```
PROCESS (clk)
BEGIN
  IF clk'EVENT AND clk='1' THEN
    y <= a;
  END IF;
END PROCESS;
```

如果像程序 9-14 那样，使用标准逻辑位 STD_LOGIC 数据类型，则可以通过使用 rising_edge( ) 函数来简化时钟边沿描述，并提高仿真的精确性。

【程序9-14】

```
SIGNAL clk : STD-LOGIC ;
...
PROCESS (clk)
BEGIN
  IF rising_edge(clk) THEN
    y <= a;
  END IF;
END PROCESS;
```

另一种引入寄存器的方法是在进程中使用 WAIT 语句。

程序 9-15 描述的是引入寄存器的常用语句，这条语句表明当执行到 WAIT 语句时，将等到有一个时钟上升沿后，把 a 存入 y，否则保持 y 不变。

【程序9-15】

```
PROCESS
WAIT UNTIL clk'EVENT AND clk='1'
y <= a;
END PROCESS;
```

请注意，VHDL 综合器要求 WAIT 语句必须放在进程的首部或尾部，并且一个进程中的 WAIT 语句不能超过一个。

下面是引入锁存器的 3 个例子，在每一例中，当锁存信号为真时，便将输入值相与后锁入锁存器中，并保存到下一次锁存时钟信号的到来。

程序 9-16 的锁存器是由一个进程中的 IF 语句引入的。

【程序 9-16】

```
PROCESS (clk, a, b)
 BEGIN
 IF clk='1' THEN
   y <= a AND b;
 END IF;
END PROCESS;
```

程序 9-17 没有使用进程，而是在实体中定义了一个含有 IF 语句的过程，并通过两次并行过程调用语句的执行，产生了两个锁存器。读者由此可以了解一下子程序的调用与硬件实现之间的关系。

【程序9-17】

```
ARCHITECTURE dataflow OF latch IS
   PROCEDURE my_latch( SIGNAL clk,a,b : IN Boolean;
                       SIGNAL y : OUT Boolean)
   BEGIN
     IF clk='1' THEN
       y <= a AND b;
     END IF;
   END;
 BEGIN
   Latch_1: my_latch (clock,input1,input2,outputa);
   Label_2: my_latch (clock,input1,input2,outputb);
END dataflow;
```

程序 9-18 则是使用并行条件赋值语句来引入锁存器的。请注意，在这里 Y 被用作条件语句的输入，同时又被用作输出，见图 9-5。

【程序9-18】

```
LIBRARY IEEE;
 USE IEEE.STD_LOGIC_1164.ALL;
 ENTITY EXAP IS  PORT (  b,  a : IN STD_LOGIC;
                         Clk  : BOOLEAN;
                           Y1 : OUT STD_LOGIC );
 END EXAP ;
  ARCHITECTURE behav OF EXAP IS
  SIGNAL Y : STD_LOGIC;
  BEGIN
    Y <=  a AND b WHEN clk ELSE
          Y;
    Y1 <= Y ;
       END behav;
```

如果将以上3个例子中的时钟电平敏感信号换成边沿敏感信号，即将信号电平测试子句换成信号边沿测试子句“clk='1' AND clk 'EVENT ”，引入的寄存器将是触发器。对于一般的可编程器件，硬件锁存器是由综合器在综合过程中利用触发器构成的，因此，对于有的综合器来说，锁存器的产生比触发器要占用较多的资源。

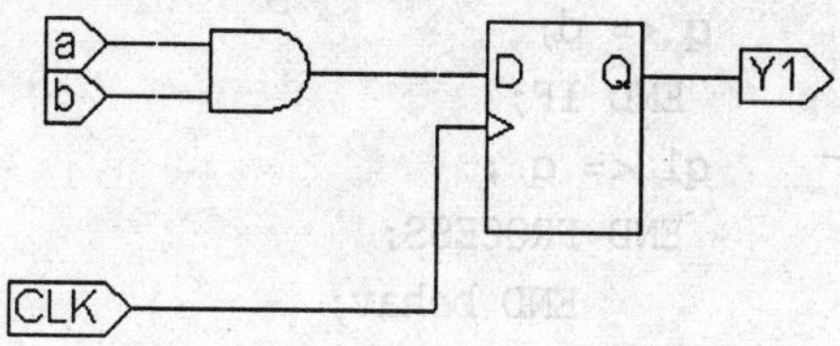

图 9-5　程序 9-18 综合后的电路

程序 9-19 说明了怎样使用并行条件赋值语句来引入触发器，与程序 9-18 不同之处是隐去了 ELSE 子句。

【程序9-19】

```
ARCHITECTURE concurrent OF my_register IS
BEGIN
  Y <= a AND b WHEN clk='1' AND clk'EVENT;
END concurrent;
```

注意，程序 9-18 的方式仅在 1076-1993 VHDL 规范中支持，1076-1987 规范并不支持。

9.3.3　具有时钟门控结构寄存器的引入

以上介绍的例子都假设了时钟是直接进入寄存器的。但在实际情况中，对具有时钟门控结构的寄存器的应用是比较普遍的事。为了保证这类电路工作的可靠性，设计中需要注意一个原则，即尽可能使用简单的逻辑。

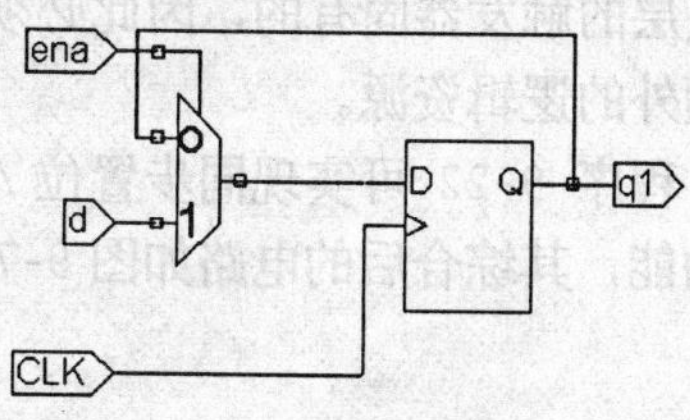

图 9-6　程序 9-20 综合后的电路

程序 9-20 的描述，在硬件结构上相当于在时钟输入通道上加了一个与门，并产生了一个反馈通道（如图 9-6 所示），这有可能导致不可靠的工作情况，故不宜采用。

【程序9-20】

```
LIBRARY IEEE;
 USE IEEE.STD_LOGIC_1164.ALL;
 ENTITY EXAP IS  PORT (clk,d : IN STD_LOGIC;
                         ena : IN BOOLEAN; -- 注意ena的数据类型必须是布尔型
                          q1 : OUT STD_LOGIC );
 END EXAP ;
  ARCHITECTURE behav OF EXAP IS
  SIGNAL q : STD_LOGIC;
  BEGIN
  PROCESS(clk,ena)
  BEGIN
  IF (clk='1' AND clk'EVENT) AND ena THEN
  q <= d;
   END IF;
  q1 <= q ;
   END PROCESS;
       END behav;
```

程序 9-21 的描述方式比较好，这种嵌套式逻辑方式将导致在目标器件结构中特意指定了寄存器中现成的时钟使能结构，当然具有较好的可靠性，而且也节省资源。

【程序9-21】

```
IF clk='1' AND clk'EVENT THEN
  IF ena THEN                              -- 注意ena的数据类型必须是布尔型
    q <= d;
  END IF;
END IF;
```

9.3.4 同步置位 / 复位功能的引入

如果要在引入的寄存器上增加同步置位 / 复位功能，只需简单地在时钟语句中增加一个常数条件赋值语句即可。同步置位 / 复位功能的实现必须依赖于时钟信号的到来。增加同步置位 / 复位功能是综合器通过组织一定的组合电路产生的，并非硬件底层的触发器固有的，因此必须耗用额外的逻辑资源。

程序 9-22 可实现同步置位 / 复位功能，其综合后的电路如图 9-7 所示。

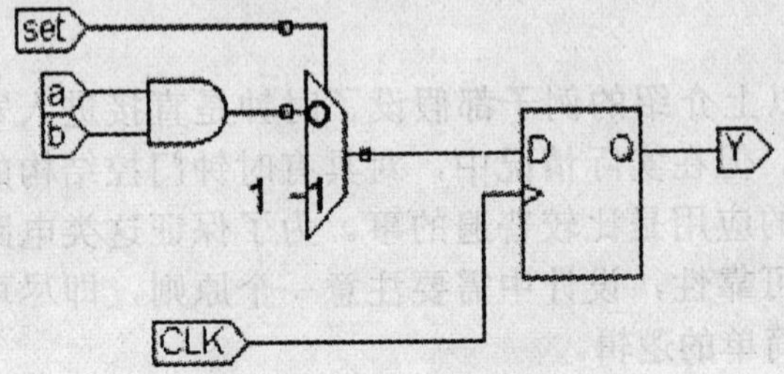

图 9-7 程序 9-22 综合后的电路

【程序9-22】

```
PROCESS(clk)
BEGIN
   IF clk='1' AND clk'EVENT THEN
      IF set='1' THEN
        y <= '1';          -- 注意，必须输入'1'（或“TRUE”）才能引入硬件置位功能
      ELSE
        y <= a AND b;
     END IF;
   END IF;
END PROCESS;
```

此例中，若测得一个时钟上沿，之后又测得 set/reset 输入端为高电平/低电平（reset='0'或 FALSE）时，即将 y 置为 TRUE/FALSE，从而可引入硬件同步置位/复位功能结构。

9.3.5 异步置位/复位功能的引入

与同步复位/置位行为不同，异步复位/置位逻辑的描述不是在时钟控制模块中设置复位/置位常数，而是在时钟测试语句模块的外部设置一条常数赋值语句。

异步复位/置位语句能被 VHDL 综合器识别成一个硬件置位/复位结构。所谓硬件置位/复位结构，就是大规模 PLD 器件中最底层的硬件寄存器单元中固有的（非综合器组织的）功能结构。但必须注意，有些目标器件仅支持复位硬件特征，没有置位特征。如果必须设置，只能通过综合器利用逻辑电路来组织。

程序 9-23 描述了一个异步复位电路，见图 9-8。当复位为高电平时，不论是否有时钟信号都将产生复位操作。注意，异步情况必须将复位信号包含在进程的敏感表中，这是因为异步复位电路的复位并不依赖于时钟沿的到来与否。

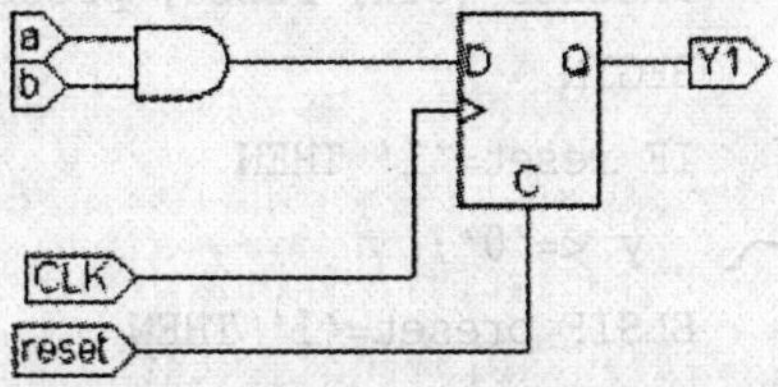

图 9-8　程序 9-23 综合后的电路

【程序9-23】　　--注意定义为BOOLEAN数据类型的信号！

```
LIBRARY IEEE;
  USE IEEE.STD_LOGIC_1164.ALL;
  ENTITY EXAP IS  PORT (clk,reset : IN STD_LOGIC;
                                        a,b : IN BOOLEAN;
                                          Y1 : OUT BOOLEAN );
  END EXAP ;
   ARCHITECTURE behav OF EXAP IS
   SIGNAL Y : BOOLEAN;
   BEGIN
```

```
 PROCESS (clk,reset)
  BEGIN
 IF reset='1' THEN
   y <= FALSE;
 ELSIF clk='1' AND clk'EVENT THEN
   y <= a AND b;
 END IF;
END PROCESS;
   Y1 <= Y;
   END behav;
```

VHDL 也支持同时具有异步复位和异步置位的器件（有的大规模 PLD 器件内部不支持这种功能），VHDL 综合器要求通过复位和置位条件所赋的值必须是一个常数表达式。程序 9-24 对此作了描述。

【程序9-24】

```
LIBRARY IEEE;
  USE IEEE.STD_LOGIC_1164.ALL;
  ENTITY EXAP IS  PORT (clk,reset,preset : IN STD_LOGIC;
                            a,b : IN STD_LOGIC;
                           Y1      : OUT STD_LOGIC );
  END EXAP ;
   ARCHITECTURE behav OF EXAP IS
   SIGNAL Y :STD_LOGIC;
   BEGIN
   PROCESS (clk, reset, preset)
   BEGIN
   IF reset='1' THEN
     y <='0';                  -- 必须是一个常量值0才能引入硬件复位机制
   ELSIF preset='1' THEN
     y <='1';                  -- 必须是一个常量值1才能引入硬件置位机制
   ELSIF rising_edge(clk) THEN
     y <= a AND b;
   END IF;
  END PROCESS;
    Y1 <= Y;
 END behav;
```

程序 9-24 中，复位的优先级比预置高，这是符合常规硬件电路结构的。程序 9-24 综合后的电路如图 9-9 所示。

请注意程序 9-23 和程序 9-24 中各变量所定义的数据类型。

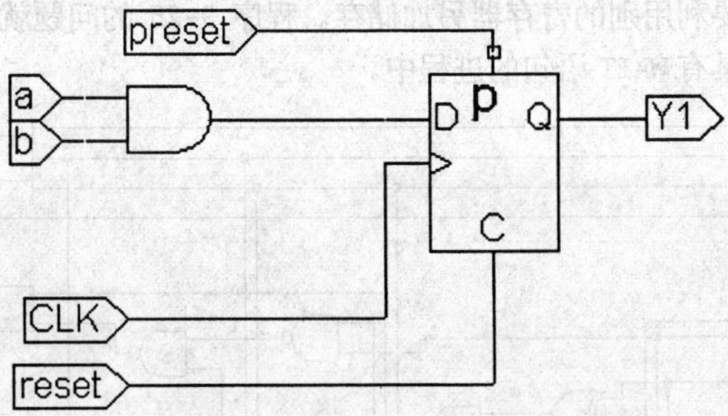

图 9-9　程序 9-24 综合后的电路

§ 9.4　引入寄存器的有关技巧

有效地使用寄存器十分重要，为了节省硬件资源，应尽可能少地引入寄存器。程序 9-25 中由于设计不当引入了过多的寄存器。

【程序 9-25】

```
LIBRARY IEEE;
USE IEEE.STD_LOGIC_1164.All;
USE IEEE.STD_LOGIC_UNSIGNED.ALL;
ENTITY exmp IS
PORT (        clock , reset : IN STD_LOGIC;
      and_b , or_b , nor_b : OUT STD_LOGIC );
END exmp;
ARCHITECTURE rtl OF exmp IS
BEGIN
PROCESS
VARIABLE count : STD_LOGIC_VECTOR(2 DOWNTO 0);
BEGIN
    WAIT UNTIL clock'EVENT AND clock ='1';
    IF (reset = '1') THEN
        count := "000";
    ELSE count := count + 1;
    END IF;
    and_b <= count(2) AND count(1) AND count(0);
     or_b <= count(2) OR count(1) OR count(0);
    nor_b <= count(2) XOR count(1) XOR count(0);
END PROCESS;
END rtl;
```

程序 9-25 是一个 3 位二进制计数器，然而由图 9-10 可见，却引入了 6 个 D 触发器。其实 3 个输出变量只依赖于 count 的计数值，由于 count 作为累加器，已有储存功能，3

个输出变量没有必要利用别的寄存器另加储存。程序 9-25 的问题就出在将 3 个输出赋值语句放在了同一个具有 WAIT 语句的进程中。

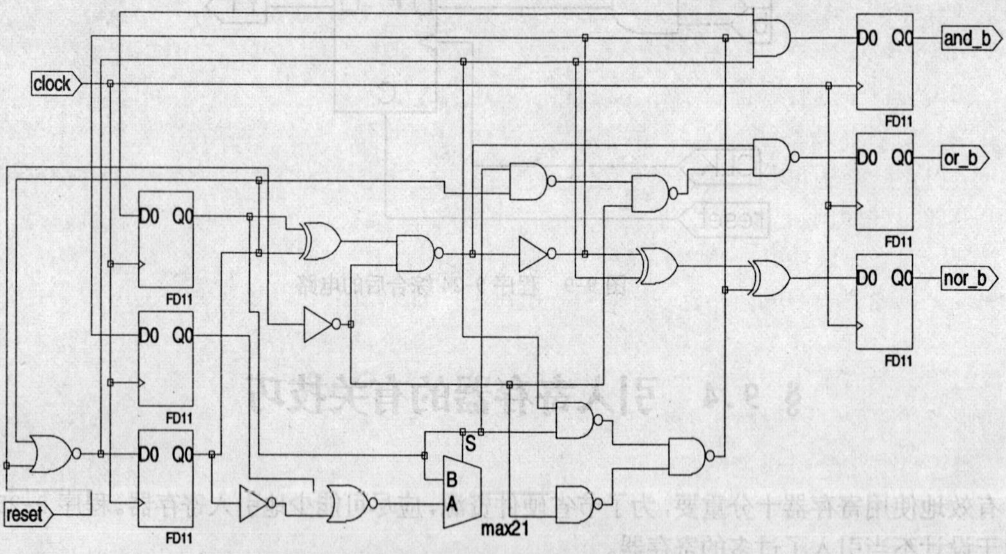

图 9-10 程序 9-25 综合后的电路结构

为了解决这些问题，以避免引入过多的寄存器，可将这 3 个输出赋值语句放在另一个没有 WAIT 或 IF 语句的进程中。程序 9-26 中有两个进程，一个进程具有 WAIT 语句，用于产生具有寄存器性质的计数器，另一个只作输出赋值用。

【程序 9-26】

```
LIBRARY IEEE;
USE IEEE.STD_LOGIC_1164.All;
USE IEEE.STD_LOGIC_UNSIGNED.ALL;
ENTITY exmp IS
  PORT(     clock, reset : IN STD_LOGIC;
       and_b, or_b, xor_b : OUT STD_LOGIC);
END exmp;
ARCHITECTURE rtl OF exmp IS
  SIGNAL count : STD_LOGIC_VECTOR(2 DOWNTO 0);
BEGIN
  PROCESS                                    -- 此进程用于引入寄存器
 BEGIN
   WAIT UNTIL clock'EVENT AND clock ='1';
   IF (reset = '1') THEN
      Count <= "000";
   ELSE
      Count <= count + 1;
   END IF;
 END PROCESS;
PROCESS(count)                               -- 此进程用于产生组合电路
```

```
  BEGIN
    and_b <= count(2) AND count(1) AND count(0);
     or_b <= count(2)  OR count(1) OR count(0);
    xor_b <= count(2) XOR count(1) XOR count(0);
  END PROCESS;
END rtl;
```

图 9-11 即为程序 9-26 综合后的电路结构，由图可见，引入的触发器只有 3 个了。

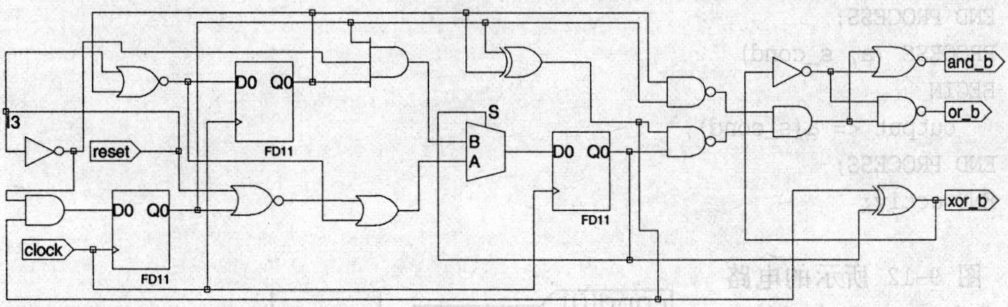

图 9-11　程序 9-26 综合后的电路结构

由程序 9-26 可见，如果要描述一个组合电路与时序电路混合的系统，可以将描述时序的部分放在具有边沿检测条件的 IF 语句或 WAIT 语句的进程中，而将描述组合电路的语句放在普通的进程中，这样可以有效地控制寄存器的引入。

一般地，如果希望将进程中的某些计算结果存储在触发器中，而另一些值可以不随时钟的控制而独立发生改变，最有效的办法是将这种类型的算法或逻辑行为分别放在两个进程中完成。把需要寄存器赋值，即随时钟同步赋值的算法功能放在有边沿检测的 IF 或 WAIT 语句的进程中，而将其余的、希望异步赋值的语句放在另一个进程中，然后利用信号来完成两个进程间的通信。这在许多设计中都是一种比较常用的方法，即在一个结构体中使用同步进程和异步进程共同描述一个设计。在许多情况下，这种设计方法能有效地减少不必要的寄存器，从而减少对芯片资源的占用，提高系统的运行速度。

程序 9-27 是利用这种方法的另一个示例，其结构体中的前一个进程是一个时钟同步进程，它的 cond 的赋值显然是存在寄存器中的。这个赋值在第二个进程中，用于确定 a(0)、a (1)、a (2)和 a (4) 4 个值中哪一个值被选中，并将选中的值输出给 output，即 cond 的赋值通过时钟信号成为 a 的 4 个元素的选通控制。

【程序9-27】

```
LIBRARY IEEE;
USE IEEE.STD_LOGIC_1164.All;
USE IEEE.STD_LOGIC_UNSIGNED.ALL;
ENTITY exmp IS
PORT (  clk : IN STD_LOGIC;
       cond : IN INTEGER RANGE 0 TO 3;
          a : IN STD_LOGIC_VECTOR(0 to 3);
```

```
        output : OUT STD_LOGIC);
    END exmp;
    ARCHITECTURE activ OF exmp IS
    SIGNAL s_cond : INTEGER RANGE 0 TO 3;
    BEGIN
    PROCESS
    BEGIN
      WAIT UNTIL clk'EVENT AND clk ='1';
      s_cond <= cond;
    END PROCESS;
    PROCESS (a, s_cond)
    BEGIN
       output <= a(s_cond);
    END PROCESS;
    END activ;
```

图 9-12 所示的电路即为程序 9-27 综合后的电路结构图。

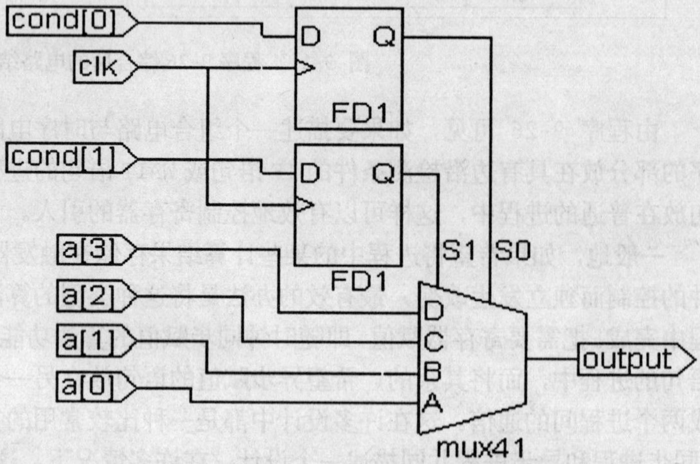

图 9-12 程序 9-27 综合后的电路结构

利用锁存器引入的技术，还可以设计出具有主从式时钟控制的电路。程序 9-28 描述的电路有两个时钟 p1 和 p2。两个时钟电路分别由两个进程产生。一个进程用信号 temp 作为寄存单元，在另一个进程中，temp 又成了存储单元 l_b 的信号提供者，显然，只有当第一个进程中的 temp 的数据发生改变，才能引起第二个进程中的 l_b 发生改变。这就是说，第二个进程的变化完全取决于第一个进程的变化，综合后的电路图（图 9-13）对此作了很直观的说明。

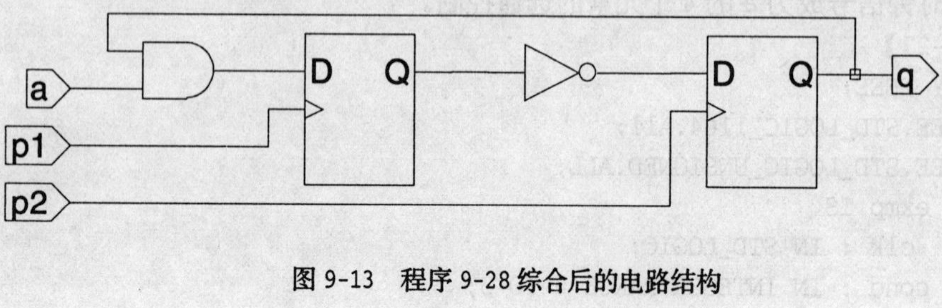

图 9-13 程序 9-28 综合后的电路结构

【程序 9-28】

```
LIBRARY IEEE;
USE IEEE.STD_LOGIC_1164.All;
USE IEEE.STD_LOGIC_UNSIGNED.ALL;
ENTITY latch2 IS
   PORT(p1, p2, a : IN STD_LOGIC;
                q : OUT STD_LOGIC );
END latch2;
ARCHITECTURE activ OF latch2 IS
   SIGNAL temp, l_b: STD_LOGIC;
BEGIN
   PROCESS(p1, a, l_b)
   BEGIN
     IF (p1 = '1') THEN
       temp <= a AND l_b;                    -- 产生第一个锁存器
     END IF;
   END PROCESS;
   PROCESS(p2, temp)
   BEGIN
     IF(p2 = '1') THEN  l_b <= NOT temp;  -- 产生第二个锁存器
     END IF;
   END PROCESS;
   q <= l_b;
END activ;
```

§ 9.5　三态门引入方法

第 6 章的程序 6-4 已给出了一个引入三态门的示例。在 FPGA/CPLD 的内部引入三态门有许多实际的应用，如 CPU 设计中的数据总线和地址总线的构建。

利用 VHDL 的设计，有意识地在设计中引入三态门（主要指内部结构的三态门）是完全可以实现的，当然不是所有的目标芯片内部都能接受这种设计，如 Lattice 的 1000 系列，2000 系列 ispLSI 不能在内部引入三态门，而在 Xilinx 的 FPGA 器件内部可引入三态门。

在设计中，如果用 'Z' 对一个变量赋值，即会引入三态门，并使它的输出呈高阻态，这等效于使三态门禁止输出。

程序 9-29 是一个产生 1 位三态门的典型设计。

【程序 9-29】

```
...
IF (condition) THEN
```

```
        out_val <= in_val;
    ELSE
        out_val <= 'Z';     -- 赋高阻态值 'Z'
    END IF;
    ...
```

将 'Z' 赋给变量同样是允许的，'Z' 值也能出现在函数调用语句和 RETURN 语句中，但不能用它来作比较值，也不能用它作为表达式或操作数。以下语句是一种不正确的用法：

```
out_val <= 'Z' AND in_val ;
```

以下的语句表达是允许的：

```
IF in_val = 'Z' THEN  ...
```

对于这条语句的综合结果，等效于

```
IF FALSE THEN  ...
```

由于'Z'在综合中是一个不确定的值，不同的综合器可能会给出不同的结果，因而对于 VHDL 综合前的行为仿真与综合后功能仿真结果也可能是不同的，所以建议尽量不要将'Z'用在比较式中。

此外还应注意，虽然对于关键词，VHDL 语法规定不区分大小写，但当把表示高阻态的'Z'值赋给一个数据类型为 STD_LOGIC 的变量或信号时，'Z'必须为大写：

```
s_a < = 'Z';        -- 正确
s_b < = 'z';        -- 错误
```

这是由于在 IEEE 库中对数据类型 STD_LOGIC 的预定义中已经将高阻态确定为大写'Z'。

以下两个程序试图得出如图 9-14 所示的多通道三态总线驱动器的电路，究竟哪一个程序是正确的呢？

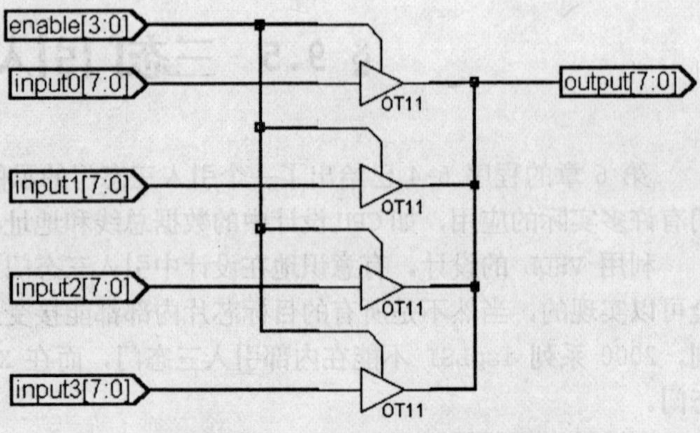

图 9-14　4 通道三态总线驱动器电路

程序 9-30 是在一个进程结构中放了 4 个顺序完成的 IF 语句，单从 IF 语句的语意语法上看不出有任何问题，但如果考虑到进程语句结构的特点，就会发现程序 9-30 只能综合出图 9-14 中最上的一个三态通道，即标有"OT11"的那一个 8 位通道。这是因为在进程中，顺序等价的语句，如赋值语句，IF 语句，当它们列于同一进程敏感表中的输入信号同时变化时（即使不是这样，进程也必须考虑这一可能的情况），只可能对进程结束前的那一条赋值语句（含 IF 语句等）进行赋值操作，而忽略其上的所有语句。

这就是说，程序 9-30 虽然能通过综合，却不能实现原有的设计意图，显然，这是一个错误的设计方案。此外，此程序还告诉我们同一进程中最好只放一个 IF 语句结构（不包含嵌入的 IF 语句）。

程序 9-31 由于在结构体中使用了 4 个并列的 WHEN-ELSE 并行语句，因此能综合出图 9-14 中的电路结构。这是因为，在结构体中的每一条并行语句都等同于一个独立运行的进程，它们独立监测各并行语句中作为敏感信号的输入值。程序 9-31 告诉我们，对于产生能独立控制的多通道电路结构，必须使用并行语句结构。

【程序 9-30】

```
LIBRARY IEEE;
USE IEEE.STD_LOGIC_1164.ALL;
ENTITY tristate2 IS
    port ( input3, input2, input1, input0 :
              IN STD_LOGIC_VECTOR (7 DOWNTO 0);
    enable : IN STD_LOGIC_VECTOR(3 DOWNTO 0);
    output : OUT STD_LOGIC_VECTOR (7 DOWNTO 0));
END tristate2 ;
ARCHITECTURE multiple_drivers OF tristate2 IS
BEGIN
PROCESS(enable,input3, input2, input1, input0 )
   BEGIN
   IF enable(3) = '1' THEN output <= input3 ;
   ELSE output <=(OTHERS => 'Z'); END IF ;
   IF enable(2) = '1' THEN output <= input2 ;
   ELSE output <=(OTHERS => 'Z'); END IF ;
   IF enable(1) = '1' THEN output <= input1 ;
   ELSE output <=(OTHERS => 'Z'); END IF ;
   IF enable(0) = '1' THEN output <= input0 ;
   ELSE output <=(OTHERS => 'Z'); END IF ;
END PROCESS;
END multiple_drivers;
```

【程序 9-31】

```
LIBRARY IEEE;
USE IEEE.STD_LOGIC_1164.ALL;
ENTITY tristate2 IS
    port ( input3, input2, input1, input0 :
    IN STD_LOGIC_VECTOR (7 DOWNTO 0);
    enable : IN STD_LOGIC_VECTOR(3 DOWNTO 0);
    output : OUT STD_LOGIC_VECTOR (7 DOWNTO 0));
END tristate2 ;
ARCHITECTURE multiple_drivers OF tristate2 IS
BEGIN
output <= input3 WHEN enable(3) = '1' ELSE (OTHERS => 'Z');
```

```
output <= input2 WHEN enable(2) = '1' ELSE (OTHERS => 'Z');
output <= input1 WHEN enable(1) = '1' ELSE (OTHERS => 'Z');
output <= input0 WHEN enable(0) = '1' ELSE (OTHERS => 'Z');
END multiple_drivers;
```

在设计中，欲将三态变量值锁存住，也是一个经常要考虑的问题。如果在结构体中只设了一个进程，当一个变量作为可存储量存储进这个进程的寄存器中，同时其输出又有三态门控制时，这个三态门的使能也一定是由寄存器控制的，这显然也不是一个好的设计方案。程序 9-32 描述的即为这样一种电路。

【程序 9-32】

```
LIBRARY IEEE;
 USE IEEE.STD_LOGIC_1164.ALL;
 ENTITY tris IS
    port ( three_s,clk, input  : IN STD_LOGIC;
                          cnd : IN BOOLEAN ;
                          output : OUT STD_LOGIC );
 END tris ;
 ARCHITECTURE mul OF tris IS
 BEGIN
  PROCESS(three_s,clk, input )
   BEGIN
     IF (three_s = '0') THEN
       output <= 'Z';
       ELSIF (clk ='1' AND clk'EVENT) THEN
          IF (cnd) THEN
            output <=  input;
          END IF;
     END IF;
  END PROCESS;
 END mul;
```

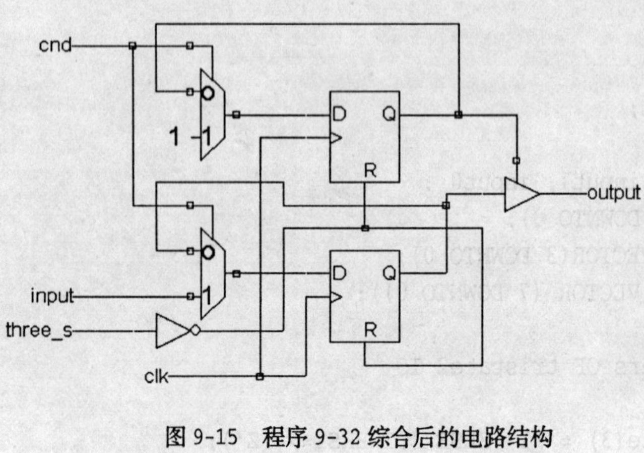

图 9-15 程序 9-32 综合后的电路结构

程序 9-32 综合后的电路图示于图 9-15。不难发现，图 9-15 描述的是一个很不方便的电路结构，因为必须通过一个寄存器才能控制三态门的使能端。为了解决这一问题，程序 9-33 用了两个进程来描述一个具有三态门输出的触发器的电路，外部信号 three_s 可对三态门的输出进行直接控制。程序中信号 temp 作为这两个进程的信息联系通道。

此程序对应的硬件电路如图 9-16 所示。

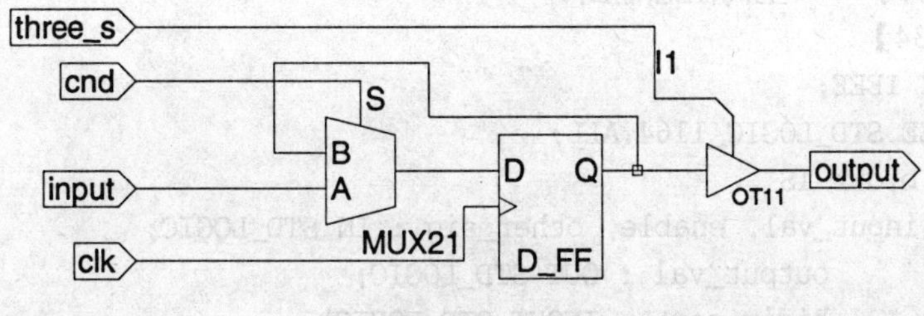

图 9-16　程序 9-33 综合后的电路结构

【程序 9-33】

```
LIBRARY IEEE;
USE IEEE.STD_LOGIC_1164.ALL;
ENTITY latch_3s IS
  PORT(  clk, three_s, input : IN STD_LOGIC ;
                      output : OUT STD_LOGIC;
                         cnd : IN BOOLEAN   );
END latch_3s;
ARCHITECTURE activ OF latch_3s IS
  SIGNAL temp: STD_LOGIC;
BEGIN
  PROCESS(clk, cnd, input)
  BEGIN
    IF (clk ='1' AND clk'EVENT) THEN
     IF (cnd) THEN
       temp <= input;
     END IF;
    END IF;
  END PROCESS;
  PROCESS(three_s, temp)          -- 此进程产生三态门
  BEGIN
    IF (three_s = '0') THEN  output <=  'Z';
    ELSE
        output <=  temp;
    END IF;
  END PROCESS;
END ARCHITECTURE activ;
```

程序 9-34 描述的是另一种工作方式的电路，即三态双向驱动器，它综合后的电路如图 9-17 所示。从图中的电路可以发现，在程序中定义的双向端口模式 INOUT 所产生的电路结构并非是专用的双向端口，而只是一种电路结构方式（当然

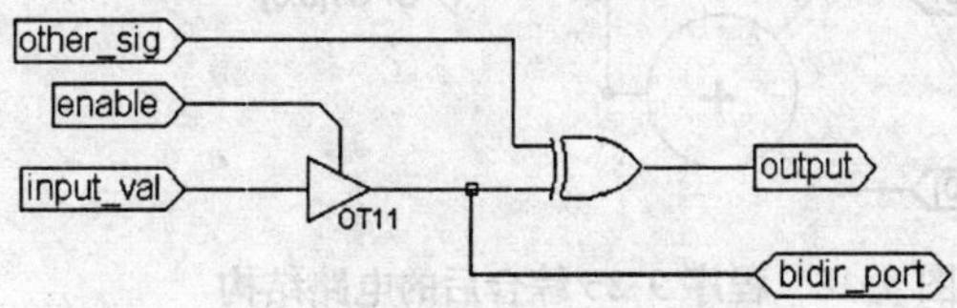

图 9-17　程序 9-34 综合后的电路结构

并非总是这样）。电路中的双向端口的输入功能的实现是有条件的，即必须通过控制信号 enable 使三态门 OT11 呈高阻态输出。

【程序 9-34】

```
LIBRARY IEEE;
USE IEEE.STD_LOGIC_1164.ALL;
ENTITY bidir IS
 PORT (input_val, enable, other_sig : IN STD_LOGIC;
            output_val : OUT STD_LOGIC;
            bidir_port : INOUT STD_LOGIC) ;
END bidir ;
ARCHITECTURE tri_state OF bidir IS
BEGIN
bidir_port <= input_val WHEN enable = '1' ELSE 'Z';
output_val <= bidir_port XOR other_sig ;
END tri_state;
```

§ 9.6 资 源 共 享

VHDL 程序设计中，如果给予适当注意，可以在完成相同逻辑功能的情况下尽可能地减少逻辑资源的耗用，即所谓资源优化或密度优化（Area Optimize Or Density Optimize）。资源共享技术是其中的一项。资源共享的基本思路就是通过数据缓冲或多路选择的方法来共享数据通路中的比较耗费逻辑资源的工作单元，以达到资源优化的目的。

试比较程序 9-35 和程序 9-36，它们综合后的电路原理图如图 9-18 和图 9-19 所示，不难发现这两个程序实现的功能是一样的，只是程序安排上略有不同。程序 9-35 是将两对数据分别相加后，通过多路通道的选择将其中一个和输出，而程序 9-36 则是先通过两个多路通道选择其中一对数据进行加法操作。一般地，高性能的硬件加法器的资源耗用比多路选择器大，因此程序 9-36 的资源优化程度比程序 9-35 要好。

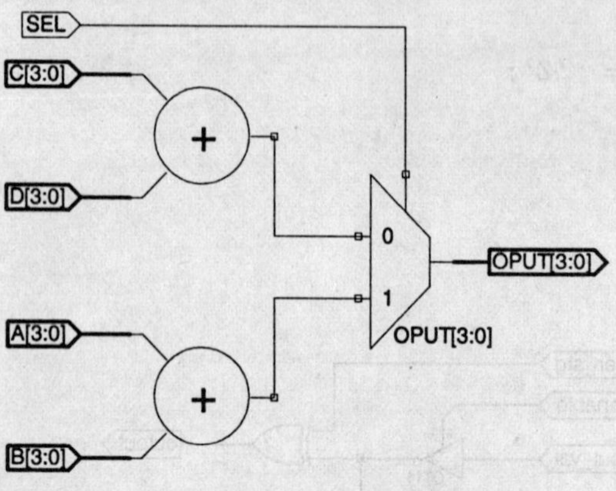

图 9-18 程序 9-35 综合后的电路结构

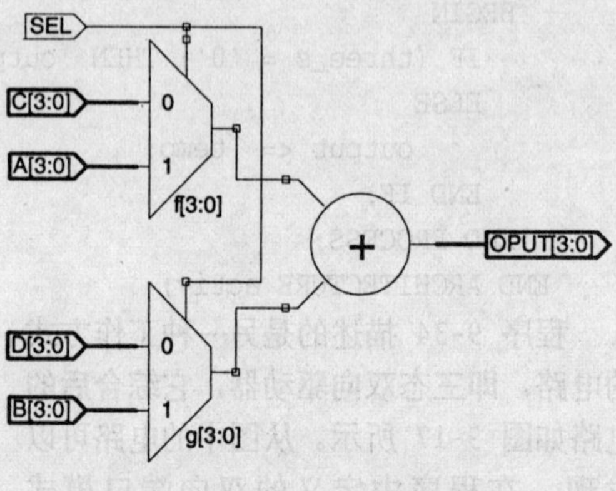

图 9-19 程序 9-36 综合后的电路结构

【程序 9-35】

```
LIBRARY IEEE;
USE IEEE.STD_LOGIC_1164.ALL ;
USE IEEE.STD_LOGIC_UNSIGNED.ALL ;
ENTITY SHARE IS
  PORT(A,B,C,D :IN STD_LOGIC_VECTOR (3 DOWNTO 0);
  SEL : IN STD_LOGIC ;
        OPUT : OUT STD_LOGIC_VECTOR (3 DOWNTO 0));
END SHARE ;
ARCHITECTURE BEHAVE OF SHARE IS
  SIGNAL OUT1 : STD_LOGIC_VECTOR (3 DOWNTO 0);
BEGIN
 PROCESS (A,B,C,D,SEL)
 BEGIN
 IF (SEL='1') THEN OUT1 <= A+B;
                ELSE OUT1 <= C+D ;
   END IF;
       OPUT <= OUT1;
     END PROCESS;
END BEHAVE ;
```

【程序 9-36】

```
LIBRARY IEEE;
USE IEEE.STD_LOGIC_1164.ALL ;
USE IEEE.STD_LOGIC_UNSIGNED.ALL ;
ENTITY SHARE IS
  PORT(A,B,C,D :IN STD_LOGIC_VECTOR (3 DOWNTO 0);
  SEL : IN STD_LOGIC ;
        OPUT : OUT STD_LOGIC_VECTOR (3 DOWNTO 0));
END SHARE ;
ARCHITECTURE BEHAVE OF SHARE IS
  SIGNAL OUT1,F,G : STD_LOGIC_VECTOR (3 DOWNTO 0);
BEGIN
 PROCESS (A,B,C,D,SEL)
 BEGIN
 IF (SEL='1') THEN F <= A; G <=B;
    ELSE F <= C ;G <=D;
   END IF;
       OPUT <= F+G;
     END PROCESS;
END BEHAVE ;
```

在 VHDL 程序设计中，资源共享的实现方法是表现在多方面的，如对加法器或比较器快速进位的优化，或对计数器设计的优化。目前许多专业的 VHDL 综合器中都含有可通过用户选择设置的方式，自动进行资源共享优化的功能。例如，只要作了资源共享的设置选择，即使参加综合的是程序 9-35，同样能得到图 9-19 的电路结构。

【习 题】

9-1 行为仿真与逻辑综合都是软件行为，叙述它们的主要差别；说明一个 VHDL 程序可综合的条件；说明一个 VHDL 程序可进行适配的条件。

9-2 在什么条件下会引入不必要的寄存器？怎样防止？

9-3 在 VHDL 程序设计中，如何有效地引入寄存器的时钟门控信号？

9-4 一般而言，对于 FPGA 和 CPLD，在利用 VHDL 进行内部逻辑设计中，是否都可以引入三态控制电路，如用于内部总线结构的三态锁存器？为什么？

9-5 设计 7 段 LED 十六进制(全译码)译码器。设计要求：输入 4 位二进制数对应的值 0，1，…，14，15，分别以 7 段码形式输出显示 0，1，…，9，A，B，C，D，E，F。高电平点亮段位，还要求有三态门输出。

9-6 设计一个带同步预置功能的 16 位加减计数器。

9-7 给出 RS 触发器、T 触发器和 JK 触发器的 VHDL 描述。

9-8 给出带有异步清零端的 8 位可预置移位寄存器，寄存器如图 9-20 所示。

图中符号含义如下：

(1) [d7..d0]：8 位并行数据输入端；

(2) dataout：串行数据输出端；

(3) datain：串行数据输入端；

(4) clock：串行数据输入的控制时钟输入端；

(5) clken：时钟使能信号输入端；

(6) clr：清零信号输入端；

(7) s/l：串行输入和并行输入控制信号输入端。

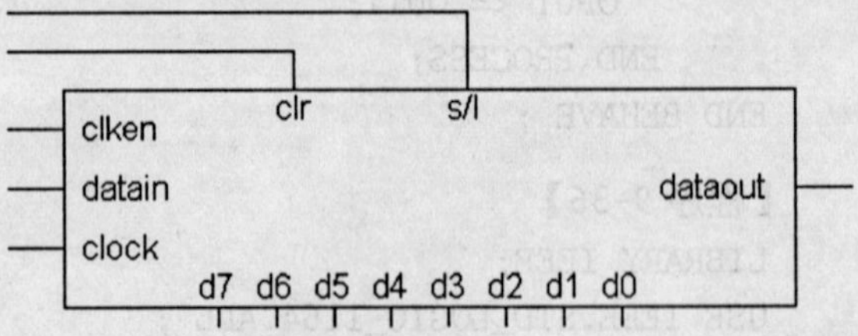

图 9-20 习题 9-8 图

表 9-1 是此移位寄存器的真值表，由表可见其功能与 4014 十分相似。其中 dataout(0)~dataout(7)分别为寄存器内部的寄存值，dataout（0）是最低位，dataout（7）是最高位；输出 dataout = dataout（7）。

表 9-1 8 位可预置移位寄存器真值表

输入							输出	
Clken	Clock	Datain	clr	s/l	d0	Dn	内部 dataout（0）	Dataout（n）
1	上升沿	X	0	1	0		1	0
1	上升沿	X	0	1	1		1	0
1	上升沿	X	0	1	0		0	1
1	上升沿	X	0	1	1		1	1
1	上升沿	0	0	0	X		0	Dataout（n−1）
1	上升沿	1	0	0	X		1	Dataout（n−1）
1	非上升沿	X	0	X	X		dataout（0）	Dataout（n）
X	X	X	1	X	X		0	0
0	X	X	0	X	X		保持	保持

9-9 设计一个带有异步清零端和异步置位端的十进制可逆计数器。

第 10 章　有限状态机 FSM

利用 VHDL 设计的许多实用逻辑系统中，有许多是可以利用有限状态机的设计方案来描述和实现的。无论与基于 VHDL 的其它设计方案相比，还是与可完成相似功能的 CPU 相比，状态机都有其无可比拟的优越性，它主要表现在以下几方面：

- 由于状态机的结构模式相对简单，设计方案相对固定，特别是可以定义符号化枚举类型的状态，这一切都为 VHDL 综合器尽可能发挥其强大的优化功能提供了有利条件。而且，性能良好的综合器都具备许多可控或不可控的专门用于优化状态机的功能。
- 状态机容易构成性能良好的同步时序逻辑模块，这对于对付大规模逻辑电路设计中令人深感棘手的竞争冒险现象无疑是一个上佳的选择，加之综合器对状态机的特有的优化功能，使得状态机解决方案的优越性更为突出。
- 状态机的 VHDL 设计程序层次分明，结构清晰，易读易懂，在排错、修改和模块移植方面，初学者特别容易掌握。
- 在高速运算和控制方面，状态机更有其巨大的优势。由于在 VHDL 中，一个状态机可以由多个进程构成，一个结构体中可以包含多个状态机，而一个单独的状态机（或多个并行运行的状态机）以顺序方式的所能完成的运算和控制方面的工作与一个 CPU 类似。由此不难理解，一个设计实体的功能便类似于一个含有并行运行的多 CPU 的高性能微处理器的功能。事实上这种多 CPU 的微处理器早已在通信、工控和军事等领域有了十分广泛的应用。
- 就运行速度而言，尽管 CPU 和状态机都是按照时钟节拍以顺序时序方式工作的，但 CPU 是按照指令周期，以逐条执行指令的方式运行的；每执行一条指令，通常只能完成一项操作，而一个指令周期须由多个 CPU 机器周期构成，一个机器周期又由多个时钟周期构成；一个含有运算和控制的完整设计程序往往需要成百上千条指令。相比之下，状态机状态变换周期只有一个时钟周期，而且，由于在每一状态中，状态机可以完成许多并行的运算和控制操作，所以，一个完整的控制程序，即使由多个并行的状态机构成，其状态数也是十分有限的。因此有理由认为，由状态机构成的硬件系统比 CPU 所能完成同样功能的软件系统的工作速度要高出两个数量级。
- 就可靠性而言，状态机的优势也是十分明显的。CPU 本身的结构特点与执行软件指令的工作方式决定了任何 CPU 都不可能获得圆满的容错保障，这已是不争的事实了。因此，用于要求高可靠性的特殊环境中的电子系统中，如果以 CPU 作为主控部件，应是一项错误的决策。然而，状态机系统就不同了，首先是由于状态机的设计中能使用各种无懈可击的容错技术；其次是当状态机进入非法状态并从中跳出所耗的时间十分短暂，通常只有 2 个时钟周期，约数十个 ns，尚不足以对系统的运行构成损害；而 CPU 通过复位方式从非法运行方式中恢复过来，耗时达数十 ms，这对于高速高可靠系统显然是无法容忍的；再其次是状态机本身是以并行运行为主的纯硬件结构。

§ 10.1 一般状态机的设计

状态机设计与分类的传统理论是根据状态机的输入输出的关系，将其分为所谓 Mealy 型和 Moore 型两类状态机。然而，面对多种多样的实际应用要求，可以有更多种类，结构类型和功能特点的状态机。因此在实际设计中，只要能满足实际电路的需要，完全不必拘泥于弄清自己究竟设计的是什么类型的状态机，而且，状态机的设计模式本身就是灵活多样的。本章仅着重介绍状态机的结构特点、功能特点和一些应用实例，而不去区分状态机的类型。

用 VHDL 设计的状态机的一般结构由以下几部分组成：

（1）说明部分

说明部分中有新数据类型 TYPE 的定义及其状态类型（状态名）以及在此新数据类型下定义的状态变量。状态类型一般用枚举类型，其中每一个状态名可任意选取。但为了便于辨认和含义明确，状态名最好有明显的解释性意义。状态变量应定义为信号，便于信息传递，说明部分一般放在ARCHITECTURE 和BEGIN之间，例如：

```
ARCHITECTURE ...IS
  TYPE states IS (st0, st1, st2, st3);  --定义新的数据类型和状态名
  SIGNAL current_state, next_state: states; --定义状态变量
  ...
BEGIN
 ...  ;
```

（2）主控时序进程

状态机是随外部时钟信号，以同步时序方式工作的，因此，状态机中必须包含一个对工作时钟信号敏感的进程，作为状态机的“驱动泵”。当时钟发生有效跳变时，状态机的状态才发生变化。状态机的下一状态（包括再次进入本状态）仅仅取决于时钟信号的到来。一般地，主控时序进程不负责进入下一状态的具体状态取值。当时钟的有效跳变到来时，时序进程只是机械地将代表下一状态的信号（next_state）中的内容送入代表本状态的信号（current_state）中，而信号（next_state）中的内容完全由其它的进程根据实际情况来决定，当然此进程中也可以放置一些同步或异步清零或置位方面的控制信号。总的来说，主控时序进程的设计比较固定、单一和简单。

（3）主控组合进程

主控组合进程的任务是根据外部输入的控制信号（包括来自状态机外部的信号和来自状态机内部其它非主控的组合或时序进程的信号），或（和）当前状态的状态值确定下一状态（next_state）的取向，即 next_state 的取值内容，以及确定对外输出或对内部其它组合或时序进程输出控制信号的内容。

（4）普通组合进程

用于配合状态机工作的其它组合进程，如为了完成某种算法的进程。

（5）普通时序进程

用于配合状态机工作的其它时序进程，如为了稳定输出设置的数据锁存器等。

一个状态机的最简结构应至少由两个进程构成（也有单进程状态机，但并不常用），即一个主控时序进程和一个主控组合进程。一个进程作“驱动泵”，描述时序逻辑，包括状态寄存器的工作和寄存器状态的输出；另一个进程描述组合逻辑，包括进程间状态值的传递逻辑以及状态转换值的输出。当然，必要时还可以引入第 3 个和第 4 个进程，以完成其它的逻辑功能。

程序 10-1 描述的状态机是由两个主控进程构成的，其中进程“REG”是主控时序进程，“COM”是主控组合进程，此程序可作为一般状态机设计的模板来加以套用。

【程序10-1】

```
LIBRARY IEEE;
USE IEEE.STD_LOGIC_1164.ALL;
ENTITY s_machine IS
  PORT ( clk,reset     : IN STD_LOGIC;
         State_inputs : IN STD_LOGIC_VECTOR (0 TO 1);
         Comb_outputs : OUT STD_LOGIC_VECTOR (0 TO 1) );
END s_machine;
ARCHITECTURE behv OF s_machine IS
  TYPE states IS (st0, st1, st2, st3);  --定义states为枚举型数据类型
  SIGNAL current_state, next_state: states;
BEGIN
 REG: PROCESS (reset,clk)                              -- 时序逻辑进程
  BEGIN
   IF reset = '1' THEN
    Current_state <= st0;                               -- 异步复位
   ELSIF clk='1' AND clk'EVENT THEN
    Current_state <= next_state; -- 当测到时钟上升沿时转换至下一状态
   END IF;
  END PROCESS;      -- 由信号current_state将当前状态值带出此进程，进入进程COM
COM: PROCESS(current_state, state_Inputs)   -- 组合逻辑进程
  BEGIN
   CASE current_state IS                        -- 确定当前状态的状态值
    WHEN st0 => comb_outputs <= "00";          -- 初始态译码输出"00"
     IF state_inputs = "00" THEN               --根据外部的状态控制输入"00"
        next_state <= st0;    --在下一时钟后，进程REG的状态将维持为st0
     ELSE
       next_state <= st1;      -- 否则，在下一时钟后，进程REG的状态将为st1
     END IF;
    WHEN st1 =>  comb_outputs <= "01"; -- 对应状态st1的译码输出"01"
     IF state_inputs = "00" THEN        -- 根据外部的状态控制输入"00"
        next_state <= st1;     -- 在下一时钟后，进程REG的状态将维持为st1
```

```
          ELSE
            next_state <= st2;     -- 否则，在下一时钟后，进程REG的状态将为st2
          END IF;
        WHEN st2 =>   comb_outputs <= "10";          --以下依次类推
          IF state_inputs = "11" THEN
            next_state <= st2;
          ELSE
            next_state <= st3;
          END IF;
        WHEN st3 =>  comb_outputs <= "11";
          IF state_inputs = "11" THEN
            next_state <= st3;
          ELSE
            Next_state <= st0;    -- 否则，在下一时钟后，进程REG的状态返回st0
          END IF;
      END case;
    END PROCESS;         -- 由信号next_state将下一状态值带出此进程，进入进程REG
      END behv;
```

从一般意义上说，进程间是并行运行的，但由于敏感信号的设置不同以及电路的延迟，在时序上进程间的动作是有先后的。本例中，就状态转换这一行为来说，进程“REG”在时钟上升沿到来时，将首先运行，完成状态转换的赋值操作。进程 REG 只负责将当前状态转换为下一状态，而不管所转换的状态究竟处于哪一个状态（st0、st1、st2、st3）。如果外部控制信号 state_inputs 不变，只有当来自进程 REG 的信号 current_state 改变时，进程 COM 才开始动作。在此进程中，将根据 current_state 的值和外部的控制码 state_inputs 来决定下一时钟边沿到来后，进程 REG 的状态转换方向。这个状态机的两位组合逻辑输出 comb_outputs 是对当前状态的译码，读者可以通过这个输出值了解状态机内部的运行情况；同时可以利用外部控制信号 state_inputs 任意改变状态机的状态变化模式。请注意，在此状态机中，有两个信号起到了互反馈的作用，完成了两个进程间的信息传递的功能，这两个信号（如图 10-1 所示）就是 current_state（进程 REG → 进程 COM）和 next_state（进程 COM → 进程 REG）。

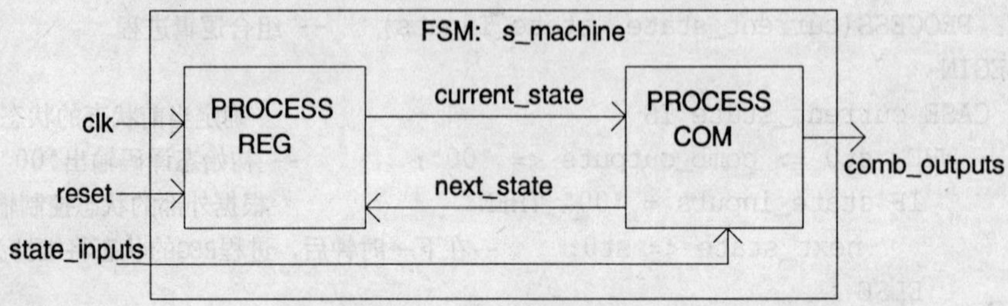

图 10-1 s_machine 工作示意图

在设计中，如果希望输出的信号具有寄存器锁存功能，则需要为此输出写第 3 个进程，并把 clk 和 reset 信号放到敏感信号表中。

在程序 10-1 中，用于进程间信息传递的信号 current_state 和 next_state，在状态机设计中称为反馈信号。状态机运行中，信号传递的反馈机制的作用是实现当前状态的存储和下一个状态的译码设定等功能。在 VHDL 中可以有两种方式来创建反馈机制：使用信号的方式和使用变量的方式。通常倾向于使用信号的方式（如程序 10-1）。一般而言，在进程内部使用变量传递数据，然后使用信号将数据带出进程。程序 10-1 即是一种使用信号的反馈机制。

程序 10-2 是一个利用状态机工作方式设计的对 A/D 转换器件 AD574 进行采样控制电路的应用实例。AD574 的引脚和工作时序如图 10-2、图 10-3 和表 10-1 所示。程序 10-2 的程序模型与程序 10-1 是基本一致的，只是多了一个用于数据锁存的普通时序进程“LATCH”，目的是将转换好的数据锁入 12 位锁存器 REGL 中，以便得到正确和稳定的输出。在组合逻辑进程“COM”中，根据 AD574 的工作时序，对 6 种状态的转换方式和控制数据的输出作了设定，其设定方式在程序中作了详细注释。需要注意的是，转换好的数据锁入寄存器的锁存时钟信号“LOCK”是在状态“st3”向“st4”转换的时候产生的，这有利于正确数据被稳定地锁入。

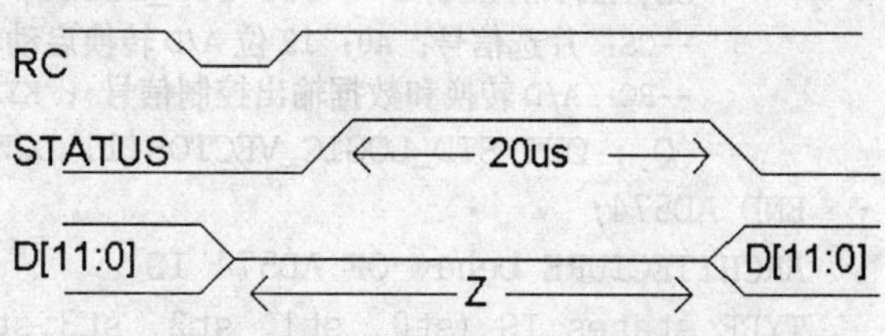

图 10-2　AD574 工作时序

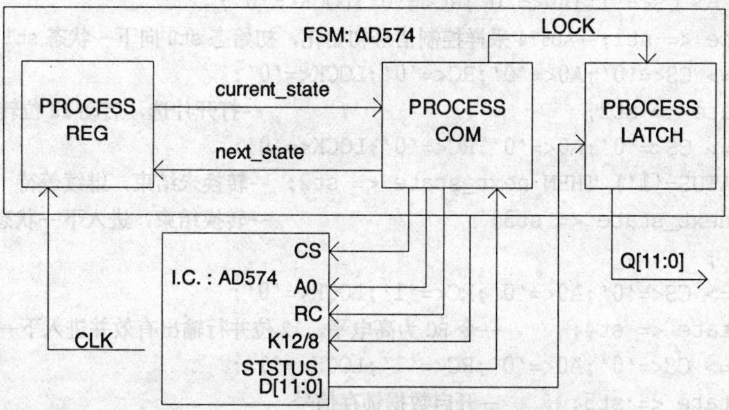

图 10-3　状态机控制 AD574 的原理图

表 10-1　AD574 逻辑控制真值表（X 表示任意）

CE	CS	RC	K12/8	A0	工 作 状 态
0	X	X	X	X	禁止
X	1	X	X	X	禁止
1	0	0	X	0	启动 12 位转换
1	0	0	X	1	启动 8 位转换
1	0	1	1	X	12 位并行输出有效
1	0	1	0	0	高 8 位并行输出有效
1	0	1	0	1	低 4 位加上尾随 4 个 0 有效

【程序 10-2】

```
LIBRARY IEEE;
USE IEEE.STD_LOGIC_1164.ALL;
ENTITY AD574 IS
PORT (D :IN STD_LOGIC_VECTOR(11 DOWNTO 0);  --AD574 变换数据读入端口
    CLK ,STATUS : IN STD_LOGIC; --CLK：工作时钟；STATUS：转换结束状态位
     CS,A0,RC,K12/8 : OUT STD_LOGIC;
     --CS：片选信号；A0：12 位 A/D 转换启动和 12 位输出控制信号；
     --RC：A/D 转换和数据输出控制信号 ；K12/8：12 位或 8 位输出有效控制信号
      Q : OUT STD_LOGIC_VECTOR(11 DOWNTO 0));-- A/D 转换数据输出显示
  END AD574;
  ARCHITECTURE behav OF AD574 IS
  TYPE states IS (st0, st1, st2, st3,st4,st5);        --定义状态子类型
    SIGNAL current_state, next_state: states :=st0 ;
    SIGNAL REGL : STD_LOGIC_VECTOR(11 DOWNTO 0);--A/D 转换数据锁存器
    SIGNAL LOCK    : STD_LOGIC;       -- 转换后数据输出锁存时钟信号
   BEGIN
        K12/8 <= '1';                                -- 设定 12 位并行输出有效
   COM: PROCESS(current_state,STATUS)
        BEGIN                                        --以下规定各状态转换方式
    CASE current_state IS
    WHEN st0 => CS<='1';A0<='0';RC<='0';LOCK<='0';
    next_state <= st1;--AD574 采样控制信号初始化，初始态 st0 向下一状态 st1 转换
    WHEN st1=> CS<='0';A0<='0';RC<='0';LOCK<='0';
     next_state <= st2;                         --打开片选，启动 12 位转换
    WHEN st2=> CS<='0';A0<='0';RC<='0';LOCK<='0';
      IF (STATUS='1') THEN next_state <= st2; --转换未结束，继续等待
       ELSE next_state <= st3;                 --转换结束，进入下一状态
      END IF ;
    WHEN st3=> CS<='0';A0<='0';RC<='1';LOCK<='0';
      next_state <= st4;       --令 RC 为高电平，12 位并行输出有效并进入下一状态
    WHEN st4=> CS<='0';A0<='0';RC<='1';LOCK<='1';
      next_state <= st5;       --开启数据锁存信号
    WHEN st5=> CS<='1';A0<='1';RC<='1';LOCK<='0';
      next_state <= st0;       --关闭 AD574，回到初始态
    WHEN OTHERS => next_state <= st0;          --所有闲置状态导入初始态
   END CASE ;
   END PROCESS COM ;
    REG: PROCESS (CLK)
      BEGIN
        IF ( CLK'EVENT AND CLK='1')  THEN
      current_state <= next_state; -- 在时钟 CLK 的上升沿，转换至下一状态
      END IF;
   END PROCESS REG;  -- 由 current_state 将当前状态值带出此进程，进入进程 COM
```

```
  LATCH:  PROCESS (LOCK)
 -- 此进程中，在 LOCK 的上升沿，将转换好的数据锁入 12 位锁存器 REGL 中，以便得到稳定显示
      BEGIN
        IF LOCK='1' AND LOCK'EVENT THEN   REGL <= D ;
        END IF;
    END PROCESS ;
          Q <= REGL;     -- REGL 的输出端口与目标器件的输出端口 Q 相连接
 END behav;
```

程序 10-3 也是一个模板型状态机，它由 3 个进程构成，一个是主控时序进程 REG，一个是主控组合进程 FUNC1，第三个是普通组合进程 FUNC2。

【程序10-3】

```
LIBRARY IEEE;
USE IEEE.STD_LOGIC_1164.ALL;
ENTITY system IS
  PORT (clock: IN STD_LOGIC;  a: IN STD_LOGIC;
          d: OUT STD_LOGIC);
END system;
ARCHITECTURE moore OF system IS
  SIGNAL b, c: STD_LOGIC;
BEGIN
  FUNC1: PROCESS (a, c)       -- 第1组合逻辑进程，为时序逻辑进程提供反馈信息
  BEGIN
    b <= FUNC1(a, c);         -- c是反馈信号
  END PROCESS;
  FUNC2: PROCESS (c)          -- 第2组合逻辑进程，为状态机输出提供数据
  BEGIN
    d <= FUNC2(c);            -- 输出信号D所对应的FUNC2，是仅为当前状态的函数
  END PROCESS;
  REG: PROCESS (clock)        -- 时序逻辑进程，负责状态的转换
  BEGIN
    IF clock='1' AND clock'EVENT THEN
      c <= b;                 -- b是反馈信号
    END IF;
  END PROCESS;
END moore;
```

图 10-4 为程序 10-3 的示意图。

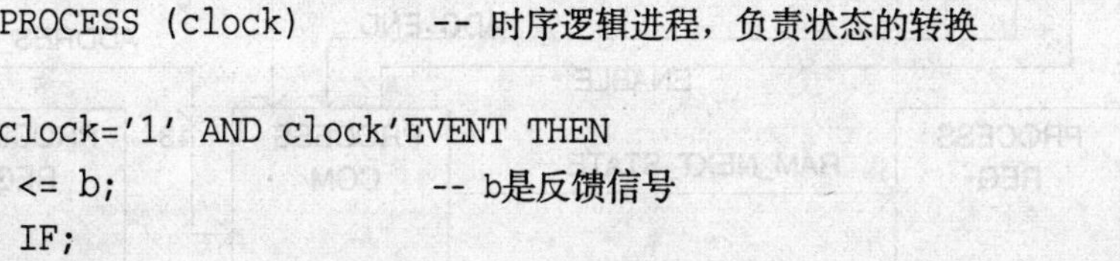

图 10-4　程序 10-3 描述的状态机示意图

一般，程序 10-3 中的组合进程 FUNC2 是一个对时序进程的状态位进行译码输出的译码器。这个程序也可以化简成两个进程，即将进程 FUNC1 和 FUNC2 合二为一。

程序 10-4 所完成的功能是目标器件 FPGA 或 CPLD 与 ADC0809 和 SRAM 6264 三者间的通信与控制逻辑。整个结构体程序共由两个状态机内含 6 个进程组成(如图 10-5 所示)。两个状态机的功能和工作方式是：

（1）ADC0809 采样控制状态机。此状态机由 3 个进程组成："ADC"、"AD_STATE" 和 "DATA_LOCK"。 "ADC" 是此状态机的主控组合逻辑进程，确定状态的转换方式和反馈控制信号的输出。工作过程中首先监测系统复位信号 "RST"，当其为高电平时，使此进程复位至初始态 "ST0"。在初始态中对转换允许信号 "ENABLE" 进行监测，当为低电平时，表明此时另一状态机正在对 6264 进行写操作，为了不发生误操作，暂停 A/D 转换。而在状态 ST2 时启动 A/D 转换信号 "START"，在状态 ST4 搜索到转换状态信号 "EOC" 由 0 变 1 时，即在状态 ST5 开启输出使能信号 "OE"，在下一状态使 "LOCK" 产生一个上跳沿，从而在此时启动进程 "DATA_LOCK"，将由 0809 转换好的 8 位数据锁进锁存器 "ADC_DATA" 中；在接下去的一个状态 ST7 中，将 A/D 转换周期结束的标志位 "ADC_END" 置为高电平，以便通知另一状态机，本周期的转换数据已经进入数据锁存器中，可以对 6264 进行写操作。进程 "AD_STATE" 是此状态机的动力部分，即时序逻辑部分，负责状态的转换运行。

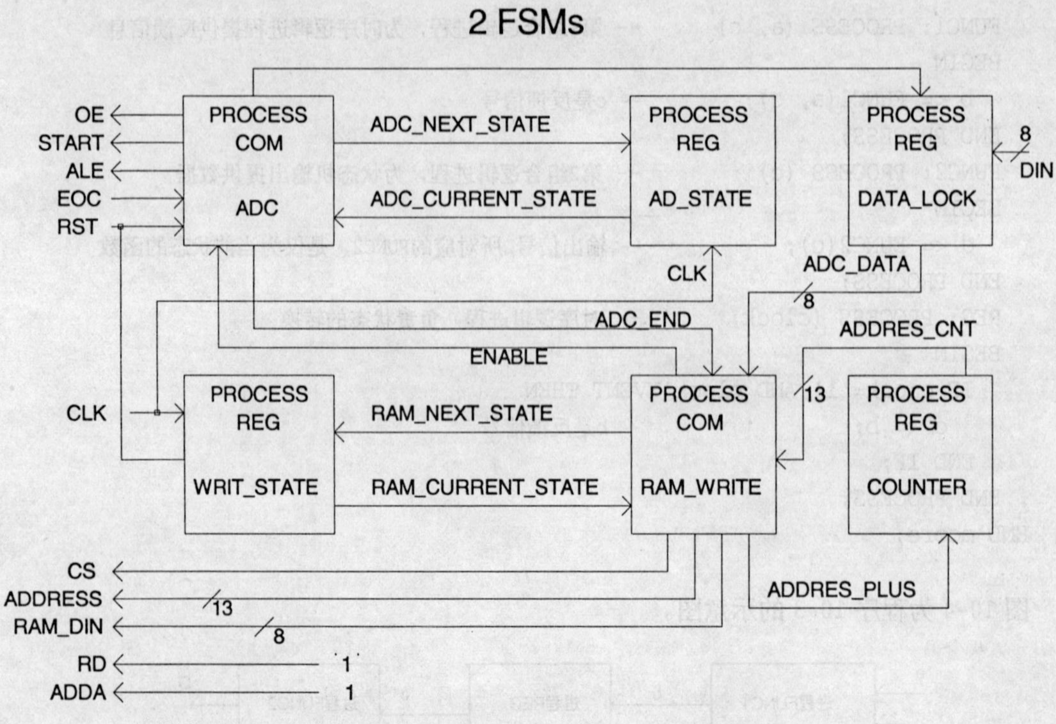

图 10-5　程序 10-4 描述的 FPGA/CPLD 中的双状态机结构示意图

（2）SRAM 6264 数据写入控制状态机。此状态机也由 3 个进程组成："WRIT_STATE"、"RAM_WRITE" 和 "COUNTER"。 进程 "WRIT_STATE" 是此状态机时序逻辑部分，功能与进程“AD_STATE”类似，只是多了一个异步复位功能。进程“WRIT_STATE”的功能与进程“ADC”类似，在状态“START_WRITE”中，监测地址计数器是否已计满，若计满(ADDRES_CNT = "1111111111111")则发出 A/D 转换禁止命令（ENABLE=0），并等待外部信号为系统发出复位信号“RST”，以使寄存器 ADDRES_CNT 清零；否则发出 A/D 转换允许命令（ENABLE=1），并转下一状态 WRITE1。在此状态中监测 A/D 转换周期是否结束，若结束（ADC_END=1），则进入 SRAM 的各个写操作状态。在状态 WRITE2 中，ADDRES_CNT 中的 13 位地址和 ADC_DATA 中 8 位数据预先输向了 6264 的对应端口；ADC_DATA 中的数据是在状态 WRITE3，WR=0 时被写入 6264 的；在此状态中，同时进行了另外两项操作，即发出 A/D 转换禁止命令和产生一个地址数加一脉冲上升沿，以便启动进程“COUNTER”，使地址计数器加一，为下一数据的写入作准备（注意，此地址计数器的异步复位端是与全局复位信号线“RST”相接的）。在最后一个状态 WRITE_END 中打开了 A/D 转换允许开关。

此程序中的两个状态机是同步工作的，同步时钟是 CLK，但由于 A/D 采样的速度，即采样周期的长短在一定范围内是不可预测的，所以必须设置几个标准位来协调两个状态机的工作，这就是前面提到的 A/D 转换允许命令标志位 ENABLE 和 A/D 转换周期结束标志位 ADC_END；此外还设定了两个异步时钟信号 LOCK 和 ADDRES_PLUS，分别在进程“ADC”和“WRIT_STATE”中的特定状态中启动进程“DATA_LOCK”或“COUNTER”。

读者可根据图 10-5 及程序 10-4 中给出的注释和对应的图 9-7，以及诸如 ISPEXPERT、MAXPLUS-II 等 EDA 软件给出的时序波形作进一步的分析。

【程序 10-4】

```
 LIBRARY IEEE;
USE IEEE.STD_LOGIC_1164.ALL;
USE IEEE.STD_LOGIC_UNSIGNED.ALL;
ENTITY SRAM IS  PORT (
                        --ADC0809 接口信号
        DIN : IN STD_LOGIC_VECTOR(7 DOWNTO 0);--0809 转换数据输入口
     CLK,EOC: IN STD_LOGIC;  --CLK：状态机工作时钟；EOC：转换结束状态信号
         RST: IN STD_LOGIC;  --系统复位信号
         ALE: OUT STD_LOGIC; -- 0809 采样通道选择地址锁存信号
       START: OUT STD_LOGIC; -- 0809 采样启动信号，上升沿有效
          OE: OUT STD_LOGIC; --转换数据输出使能，接 0809 的 ENABLE（PIN 9）
        ADDA: OUT STD_LOGIC;  --0809 采样通道地址最低位
                               --SRAM 6264 接口信号
          CS: OUT STD_LOGIC; --6264 片选控制信号，低电平有效
       RD,WR: OUT STD_LOGIC; --6264 读/写控制信号，低电平有效
    RAM_DIN: OUT STD_LOGIC_VECTOR(7  DOWNTO 0);  --6264 数据写入端口
    ADDRESS: OUT  STD_LOGIC_VECTOR(12 DOWNTO 0));--地址输出端口
END SRAM ;
  ARCHITECTURE behav OF SRAM IS
                                       --A/D 转换状态定义
  TYPE   AD_STATES IS (ST0, ST1, ST2, ST3, ST4,ST5,ST6,ST7) ;
  TYPE WRIT_STATES IS (START_WRITE,WRITE1, WRITE2, WRITE3,
                          WRITE_END);     --SRAM 数据写入控制状态定义
```

```
   SIGNAL RAM_CURRENT_STATE, RAM_NEXT_STATE: WRIT_STATES  ;
   SIGNAL ADC_CURRENT_STATE, ADC_NEXT_STATE:   AD_STATES  ;
             --0809 数据转换结束并锁存标志位，高电平有效
   SIGNAL ADC_END : STD_LOGIC;
   SIGNAL LOCK    : STD_LOGIC;       -- 转换后数据输出锁存信号
   SIGNAL ENABLE  : STD_LOGIC;       -- A/D 转换允许信号，高电平有效
   SIGNAL ADDRES_PLUS: STD_LOGIC; --SRAM 地址加 1 时钟信号
                        --转换数据读入锁存器
   SIGNAL ADC_DATA: STD_LOGIC_VECTOR(7 DOWNTO 0);
                          --SRAM 地址锁存器
  SIGNAL ADDRES_CNT: STD_LOGIC_VECTOR(12 DOWNTO 0);
  BEGIN
  ADDA <= '1';           -- ADDA=1, ADDB=0, ADDC=0 选 A/D 采样通道为 IN-1
    RD <= '1';            -- SRAM 读禁止,注意,RD 信号可根据需要进行控制
                        -- ADC0809 采样控制状态机
                        --A/D 转换状态机组合电路进程
ADC: PROCESS(ADC_CURRENT_STATE,EOC,ENABLE,RST)
     BEGIN
      IF (RST='1') THEN ADC_NEXT_STATE <= ST0;    --状态机复位
          ELSE
      CASE ADC_CURRENT_STATE IS
      WHEN ST0 => ALE<='0'; START<='0'; OE<='0';
                     LOCK<='0'; ADC_END<='0';              --A/D 转换初始化
      IF (ENABLE='1') THEN ADC_NEXT_STATE<=ST1;--允许转换，转下一状态
       ELSE ADC_NEXT_STATE <= ST0;              --禁止转换，仍停留在本状态
       END IF;
      WHEN ST1 => ALE<='1'; START<='0'; OE<='0';
                     LOCK<='0'; ADC_END<='0';
       ADC_NEXT_STATE <= ST2;           --通道选择地址锁存，并转下一状态
      WHEN ST2 => ALE<='1'; START<='1'; OE<='0';
                     LOCK<='0'; ADC_END<='0';
       ADC_NEXT_STATE <= ST3;           --启动 A/D 转换信号 START
      WHEN ST3 => ALE<='1'; START<='1'; OE<='0';
                     LOCK<='0'; ADC_END<='0';  --延迟一个脉冲周期
       IF (EOC='0') THEN ADC_NEXT_STATE <= ST4;
       ELSE ADC_NEXT_STATE <= ST3;            --转换未结束，继续等待
       END IF ;
      WHEN ST4 => ALE<='0'; START<='0'; OE<='0';
                     LOCK<='0'; ADC_END<='0';
        IF (EOC='1') THEN ADC_NEXT_STATE<=ST5;--转换结束，转下一状态
       ELSE ADC_NEXT_STATE <= st4;                    --转换未结束，继续等待
       END IF ;
     WHEN ST5 => ALE<='0'; START<='1'; OE<='1';
                     LOCK<='0'; ADC_END<='0';
```

```
ADC_NEXT_STATE <= ST6;                --开启数据输出使能信号 OE
WHEN ST6 => ALE<='0'; START<='0'; OE<='1';
        LOCK<='1'; ADC_END<='1';
ADC_NEXT_STATE <= ST7;                --开启数据锁存信号
WHEN ST7 => ALE<='0'; START<='0'; OE<='1';
LOCK<='1'; ADC_END<='1';
ADC_NEXT_STATE <= ST0;    --为 6264 数据写入发出 A/D 转换周期结束信号
WHEN OTHERS => ADC_NEXT_STATE<=ST0;   --所有闲置状态导入初始态
END CASE ;
END IF;
END PROCESS ADC ;
AD_STATE: PROCESS (CLK)                 --A/D 转换状态机时序电路进程
BEGIN
 IF ( CLK'EVENT AND CLK='1')  THEN
    ADC_CURRENT_STATE <= ADC_NEXT_STATE;--在时钟上升沿，转至下一状态
 END IF;
END PROCESS AD_STATE ;   --由信号 current_state 将当前状态值带出此进程
DATA_LOCK: PROCESS (LOCK)
 BEGIN       -- 此进程中，在 LOCK 的上升沿，将转换好的数据锁入锁存器 ADC_DATA 中
  IF LOCK='1' AND LOCK'EVENT THEN   ADC_DATA <= DIN ;
  END IF;
 END PROCESS DATA_LOCK;
                -- SRAM 数据写入控制状态机
WRIT_STATE:  PROCESS (CLK,RST)          -- SRAM 写入控制状态机时序电路进程
  BEGIN
  IF RST='1' THEN RAM_CURRENT_STATE <= START_WRITE;--系统复位
   ELSIF ( CLK'EVENT AND CLK='1')  THEN
     RAM_CURRENT_STATE <= RAM_NEXT_STATE; -- 在时钟上升沿，转下一状态
   END IF;
  END PROCESS WRIT_STATE ;
RAM_WRITE:PROCESS(RAM_CURRENT_STATE,ADC_END,
                  ADDRES_CNT, ADC_DATA) --SRAM 写入控制时序电路进程
  BEGIN
  CASE RAM_CURRENT_STATE IS
     WHEN START_WRITE => CS<='1'; WR <='1';ADDRES_PLUS<='0' ;
   IF (ADDRES_CNT = "1111111111111")  --数据写入初始化
     THEN ENABLE <='0';            --SRAM 地址计数器已满，禁止 A/D 转换
     RAM_NEXT_STATE <= START_WRITE ;
     ELSE ENABLE <='1';            --SRAM 地址计数器未满，允许 A/D 转换
     RAM_NEXT_STATE <= WRITE1 ;
   END IF;
   WHEN WRITE1 => CS<='1'; WR <='1';
    ENABLE <='1'; ADDRES_PLUS<='0' ;    --判断 A/D 转换周期是否结束
    IF (ADC_END='1') THEN  RAM_NEXT_STATE <= WRITE2;--已结束
```

```
        ELSE RAM_NEXT_STATE <= WRITE1 ;  -- A/D转换周期未结束，等待
       END  IF ;
     WHEN   WRITE2 => CS<='0'; WR <='1';     -- 打开 SRAM 片选信号
            ENABLE <='0';                    -- 禁止 A/D 转换
        ADDRES_PLUS<='0' ; ADDRESS<=ADDRES_CNT ; --输出 13 位地址
           RAM_DIN <= ADC_DATA;      -- 8 位已转换好的数据输向 SRAM 数据口
           RAM_NEXT_STATE <= WRITE3;        --进入下一状态
     WHEN   WRITE3 => CS<='0'; WR <='0';      --打开写允许信号
               ENABLE <='0';                     --仍然禁止 A/D 转换
            ADDRES_PLUS<='1';    --产生地址加 1 时钟上升沿，使地址计数器加 1
            RAM_NEXT_STATE <= WRITE_END;  --进入结束状态
     WHEN  WRITE_END => CS<='1'; WR <='1';
               ENABLE <='1';                   -- 打开 A/D 转换允许开关
           ADDRES_PLUS <='0';             --地址加 1 时钟脉冲结束
           RAM_NEXT_STATE <= START_WRITE;    --返回初始状态
         WHEN OTHERS => RAM_NEXT_STATE <= START_WRITE;
     END CASE ;
    END PROCESS RAM_WRITE;
COUNTER: PROCESS(ADDRES_PLUS, RST)                 --地址计数器加 1 进程
   BEGIN
    IF (RST='1') THEN ADDRES_CNT <= (OTHERS=>'0') ;--计数器复位
    ELSIF ( ADDRES_PLUS'EVENT AND ADDRES_PLUS='1') THEN
       ADDRES_CNT <= ADDRES_CNT + 1;
       END IF;
    END  PROCESS COUNTER;
 END behav;
```

如果要使程序 10-4 描述的系统有实用价值的话，还应该增加一些功能模块，如将 SRAM 中的数据送入单片机或其它外部电路的电路模块，这就要求再增加一至多个状态机。程序 10-4 的接口电路见图 10-6。

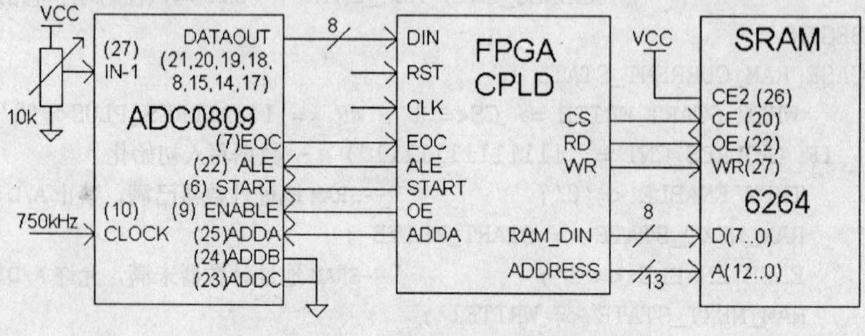

图 10-6　程序 10-4 的接口电路示意图

以下讨论在状态机的主控组合进程中使用 IF-THEN-ELSE 语句不当时导致错误引进寄存器时序器件的问题。错误引进寄存器将导致系统工作速度的降低，性能的变坏及逻辑资源的浪费，同时将一个组合进程变成了一个混合进程。

IF-THEN-ELSE 语句使用不当时导致的错误主要是分支语句定义的不完整，这种不完整性有的很容易发现，有的却很容易被忽略掉。如以下程序就是通过不完整的条件语句来引入寄存器的，其关键就在于没有指定在其它情况下，如当 clk='0'时作何操作，这等同于告诉综合器，在其它未作定义的条件下保持 Y 值不便。

```
IF clk='1' THEN
    y <= a;
  END IF;
```

如果添加了分支语句 ELSE，就将构成一多路选择器了：

```
IF clk='1' THEN
    y <= a;
    ELSE   Y<=b;
  END IF;
```

这是一个完整的条件语句。但以下含有 ELSE 的程序仍然会导致寄存器的引入：

```
    IF current_state =st0 THEN  a <= '1';
 ELSIF current_state =st1 THEN  b <= '1';
                              ELSE  c <= '1'; --current_state =st2
  END IF;
```

以上程序中，设计者的本意是希望当本状态分别为 st0、st2、st3 时，使输出信号 a、b、c 分别置高电平有效，而实际的含义却是：当本状态分别为 st0、st2、st3 时，使输出信号 a、b、c 分别置高电平，在其它状态时（对于 st0，则 st1 和 st2 是其它状态，依此类推），保持这一输出电平，从而为输出信号 a、b、c 引入了 3 个寄存器。为了避免这种错误电路的产生，应采取措施对各输出信号给予完整的条件描述，以下程序提出了一种解决的方案：

```
    a <= '0';
    b <= '0';
    c <= '0';
    IF current_state =st0    THEN  a <= '1';
    ELSIF current_state =st1 THEN  b <= '1';
                                ELSE  c <= '1';
    END IF;
```

综上所述，使用 VHDL 描述状态机时，必须注意避免由于寄存器的引入而创建了不必要的异步反馈路径。根据 VHDL 综合器的规则，对于所有可能的输入条件，当进程中的输出信号如果没有被完全地与之对应指定时，即没有为所有可能的输入条件提供明确的赋值时，此信号将自动被指定，即在未列出的条件下保持原值，这就意味着引入了寄存器。在状态机中，如果存在一个或更多的状态没有被明确地指定转换方式，或者对于状态机中的状态值没有规定所有的输出值，寄存器就将在设计者的不知不觉中被引入了。因此，读者必须充分了解 VHDL 这一个重要特点，就是未指定的条件也会生成相应的逻辑电路。为了能及时地发现和纠正此类无意中造成的失误，在程序的综合过程中，应密切注视 VHDL 综合器给出的每一个警告信息，并根据警告信息的指示，对程序作必要的修改。

§ 10.2　状态机的状态编码

状态机的状态编码方式是多种多样的，这要根据实际情况来决定，影响编码方式选择的因素主要有状态机的速度要求、逻辑资源的利用率、系统运行的可靠性以及程序的可读性等方面。编码方式主要有以下几种：

（1）状态位直接输出型编码

这类编码方式最典型的应用实例就是计数器。计数器本质上是一个主控时序进程与一个主控组合进程合二为一的状态机，它的输出就是各状态的状态码。
将状态编码直接输出作为控制信号，要求对状态机各状态的编码作特殊的选择，以适应控制时序的要求。表 10-2 是一个用于设计控制 AD574 采样的状态机的状态编码表，这是根据表 10-1 和 AD574 的工作时序(图 10-2)编出的。这个状态机由 6 个状态组成，从状态 STATE0 到 STATE5 各状态的编码分别为 11100、00000、00100、00110、01100、01101。每一位的编码值都赋予了实际的控制功能，如最后两位的功能是分别产生锁存低 8 位数据和高 4 位数据的脉冲信号 LK1 和 LK2。在程序中的定义方式见程序 10-5。

表 10-2

状 态	状 态 编 码					功 能 说 明
	CS	A0	RC	LK1	LK2	
STATE0	1	1	1	0	0	初始态
STATE1	0	0	0	0	0	启动转换，若测得 STATUS=0 时，转下一状态 STATE2
STATE2	0	0	1	0	0	使 AD574 输出转换好的低 8 位数据
STATE3	0	0	1	1	0	用 LK1 的上升沿锁存此低 8 位数据
STATE4	0	1	1	0	0	使 AD574 输出转换好的高 4 位数据
STATE5	0	1	1	0	1	用 LK2 的上升沿锁存此高 4 位数据

【程序 10-5】

```
LIBRARY IEEE;
USE IEEE.STD_LOGIC_1164.ALL;
ENTITY AD574 IS
    PORT (          D : IN STD_LOGIC_VECTOR(11 DOWNTO 0);
        CLK ,STATUS : IN STD_LOGIC;
      CS,A0,RC,K128 : OUT STD_LOGIC;
           LK1, LK2 : OUT STD_LOGIC;
                  Q : OUT STD_LOGIC_VECTOR(11 DOWNTO 0));
END AD574;
ARCHITECTURE behav OF AD574 IS
```

```
SIGNAL CRURRENT_STATE,NEXT_STATE: STD_LOGIC_VECTOR(4 DOWNTO 0 );
  CONSTANT STATE0 : STD_LOGIC_VECTOR(4 DOWNTO 0) := "11100" ;
  CONSTANT STATE1 : STD_LOGIC_VECTOR(4 DOWNTO 0) := "00000" ;
  CONSTANT STATE2 : STD_LOGIC_VECTOR(4 DOWNTO 0) := "00100" ;
  CONSTANT STATE3 : STD_LOGIC_VECTOR(4 DOWNTO 0) := "00110" ;
  CONSTANT STATE4 : STD_LOGIC_VECTOR(4 DOWNTO 0) := "01100" ;
  CONSTANT STATE5 : STD_LOGIC_VECTOR(4 DOWNTO 0) := "01101" ;
  SIGNAL REGL   : STD_LOGIC_VECTOR(11 DOWNTO 0);
  SIGNAL LOCK       : STD_LOGIC;
 BEGIN
   ...
```

这种状态位直接输出型编码方式的状态机的优点是输出速度快，逻辑资源省；缺点是程序可读性差。

（2）顺序编码

这种编码方式最为简单，且使用的触发器数量最少，剩余的非法状态最少，容错技术最为简单。以上面的 6 状态机为例，只需 3 个触发器即可，其状态编码方式可作如下改变：

【程序 10-6】

```
...
SIGNAL CRURRENT_STATE,NEXT_STATE: STD_LOGIC_VECTOR(2 DOWNTO 0 );
CONSTANT ST0 : STD_LOGIC_VECTOR(2 DOWNTO 0) := "000" ;
CONSTANT ST1 : STD_LOGIC_VECTOR(2 DOWNTO 0) := "001" ;
CONSTANT ST2 : STD_LOGIC_VECTOR(2 DOWNTO 0) := "010" ;
CONSTANT ST3 : STD_LOGIC_VECTOR(2 DOWNTO 0) := "011" ;
CONSTANT ST4 : STD_LOGIC_VECTOR(2 DOWNTO 0) := "100" ;
CONSTANT ST5 : STD_LOGIC_VECTOR(2 DOWNTO 0) := "101" ;
  ...
```

这种顺序编码方式的缺点是，尽管节省了触发器，却增加了从一种状态向另一种状态转换的译码组合逻辑，这对于在触发器资源丰富而组合逻辑资源相对较少的 FPGA 器件中实现是不利的。此外，对于输出的控制信号 CS、A0、RC、LK1 和 LK2，还需要在状态机中再设置一个组合进程作为控制译码器。

（3）格雷码编码

格雷码编码方式是对顺序编码方式的一种改进，它的特点是任一对相邻状态的编码中只有一个二进制位发生变化，这十分有利于状态译码组合逻辑的简化，提高综合后目标器件的资源利用率和运行速度。其编码方式类似于程序 10-7。

【程序 10-7】

```
...
SIGNAL CRURRENT_STATE,NEXT_STATE: STD_LOGIC_VECTOR(1 DOWNTO 0 );
CONSTANT ST0 : STD_LOGIC_VECTOR(1 DOWNTO 0) := "00" ;
CONSTANT ST1 : STD_LOGIC_VECTOR(1 DOWNTO 0) := "01" ;
```

```
CONSTANT ST2 : STD_LOGIC_VECTOR(1 DOWNTO 0) := "11" ;
CONSTANT ST3 : STD_LOGIC_VECTOR(1 DOWNTO 0) := "10" ;
   ...
```

(4) 一位热码编码（onehot encoding）

一位热码编码方式就是用 n 个触发器来实现具有 n 个状态的状态机，状态机中的每一个状态都由其中一个触发器的状态表示。即当处于该状态时，对应的触发器为‘1’，其余的触发器都置‘0’。例如，6 个状态的状态机需由 6 个触发器来表达，其对应状态编码如表 10-3 所示。一位热码编码方式尽管用了较多的触发器，但其简单的编码方式大为简化了状态译码逻辑，提高了状态转换速度，这对于含有较多的时序逻辑资源，较少的组合逻辑资源的 FPGA，CPLD 可编程器件，在状态机设计中，一位热码编码方式应是一个好的解决方案。此外，许多面向 FPGA/CPLD 设计的 VHDL 综合器都有将符号状态自动优化设置成为一位热码编码状态的功能，或是设置了一位热码编码方式选择开关。

表 10-3

状 态	一位热码编码	顺序编码
STATE0	100000	000
STATE1	010000	001
STATE2	001000	010
STATE3	000100	011
STATE4	000010	100
STATE5	000001	101

§ 10.3 状态机剩余状态处理

在状态机设计中，使用枚举类型或直接指定状态编码的程序中，特别是使用了一位热码编码方式后，总是不可避免地出现剩余状态，即未被定义的编码组合。这些状态在状态机的正常运行中是不需要出现的，通常称为非法状态。在状态机的设计中，如果没有对这些非法状态进行合理的处理，在外界不确定的干扰下，或是随机上电的初始启动后，状态机都有可能进入不可预测的非法状态，其后果或是对外界出现短暂失控，或是完全无法摆脱非法状态而失去正常的功能。因此，状态机的剩余状态的处理，即状态机系统容错技术的应用是设计者必须慎重考虑的问题。

但另一方面，剩余状态的处理要不同程度地耗用逻辑资源，这就要求设计者在选用何种状态机结构、何种状态编码方式、何种容错技术及系统的工作速度与资源利用率方面作权衡比较，以适应自己的设计要求。

表 10-4

状 态	顺序编码
st0	000
st1	001
st2	010
st3	011
st4	100
st5	101
Undefined1	110
Undefined2	111

以程序 10-2 为例，该程序共定义了 6 个合法状态（有效状态）：st0、st1、st2、st3、st4、st5。如果使用顺序编码方式指定各状态，则需 3 个触发器。这样最多有 8 种可能的状态，编码方式如表 10-4 所示，最后 2 个编码都定义为可能的非法状态。如果要使此 6 状态的状态机有可靠的工作性能，必须设法使系统落入这些非法状态后还能迅速返回正常的状态转移路径中。方法是在枚举类型定义中就将这些多余状态作出定义，并在以后的语句中加以处理，即对程序

10-2 如程序 10-8 那样作一些改进。

【程序 10-8】

```
  ...
  TYPE states IS (st0, st1, st2, st3,
                       Undefined1, undefined2, undefined3, undefined4);
  SIGNAL current_state, next_state: states;
  ...
COM: PROCESS(current_state, state_Inputs)  -- 组合逻辑进程
  BEGIN
    CASE current_state IS                     -- 确定当前状态的状态值
      ...
    WHEN OTHERS =>   next_state <= st0;
    END case;
```

对于剩余状态可以如程序 10-8 那样用 OTHERS 语句作统一处理，也可以分别处理每一个剩余状态的转向，而且剩余状态的转向不一定都指向初始态 st0，也可以被导向专门用于处理出错恢复的状态中。

另需注意的是，有的综合器对于符号化定义状态的编码方式并不是固定的，有的是自动设置的，有的是可控的。但为了安全起见，可以如程序 10-5 那样，直接使用常量来定义合法状态和剩余状态。

如果采用一位热码编码方式来设计状态机，其剩余状态数将随有效状态数的增加呈指数方式剧增。对于以上的 6 状态的状态机来说，将有 58 种剩余状态，总状态数达 64 个。即对于有 n 个合法状态的状态机，其合法与非法状态之和的最大可能状态数有 $m = 2^n$ 个。

如前所述，选用一位热码编码方式的重要目的之一，就是要减少状态转换间的译码组合逻辑资源，但如果使用以上介绍的剩余状态处理方法，势必导致耗用更多的逻辑资源。所以，必须用其它的方法对付一位热码编码方式产生的过多的剩余状态的问题。

鉴于一位热码编码方式的特点，正常的状态只可能有 1 个触发器为'1'，其余所有的触发器皆为'0'，即任何多于 1 个触发器为'1'的状态都属于非法状态。据此，可以在状态机设计程序中加入对状态编码中'1'的个数是否大于一的判断逻辑，当发现有多个状态触发器为'1'时，产生一个告警信号“alarm”，系统可根据此信号是否有效来决定是否调整状态转向或复位。

如果程序 10-2 中的 6 个状态使用了一位热码编码方式定义，则应该在进程之外放置如程序 10-9 的并行赋值语句。

【程序 10-9】

```
...
alarm <= (st0 AND (st1 OR st2 OR st3 OR st4 OR st5)) OR
           (st1 AND (st0 OR st2 OR st3 OR st4 OR st5)) OR
           (st2 AND (st0 OR st1 OR st3 OR st4 OR st5)) OR
           (st3 AND (st0 OR st1 OR st2 OR st4 OR st5)) OR
```

```
(st4 AND (st0 OR st1 OR st2 OR st3 OR st5)) OR
(st5 AND (st0 OR st1 OR st2 OR st3 OR st4)) ;
```

对于更多状态的状态机的报警程序类似于以上程序，即依此类推地增加或项。

【习 题】

10-1 以 VHDL 设计一有限状态机构成的序列检测器。序列检测器是用来检测一组或多组序列信号的电路，要求当检测器连续收到一组串行码(如 1110010)后，输入为 1，否则输出为 0。序列检测 I/O 口的设计如下：设 xi 是串行输入端，zo 是输出，当 xi 连续输入 1110010 时，zo 输出 1。根据要求，电路需记忆初始状态、1、11、111 、 1110 、11100、111001、1110010 8 种状态。

10-2 设计一状态机，设输入和输出信号分别是 a、b 和 output，时钟信号为 clk，有 5 个状态：S0、S1、S2、S3 和 S4。状态机工作方式是：当[b, a]=0 时，随 clk 向下一状态转换，输出 1；当[b, a]=1 时，随 clk 逆向转换，输出 1；当[b, a]=2 时，保持原状态，输出 0；当[b, a]=3 时，返回初始态 S0，输出 1，要求：

(1) 画出状态转换图。

(2) 用 VHDL 描述此状态机。

(3) 为此状态机设置异步清零信号输入，修改原 VHDL 程序。

(4) 若为同步清零信号输入，试修改原 VHDL 程序。

10-3 改进程序 10-4，使之增加对 SRAM 6264 中所有数据的读出功能。再根据§13.17 节，增加可将数据读入单片机的控制逻辑。

10-4 改进程序 10-2，使之使用一位热码编码方式对各状态进行编码，并加入非法状态监测识别逻辑。

10-5 举例说明一位热码编码方式在逻辑资源利用率和工作速度上优于其它编码方式。

10-6 根据图 10-7 所示的状态图写出对应的 VHDL 程序，分别用符号编码和常数定义编码设计。常数定义编码方式中，又分别使用顺序编码和一位热码编码方式设计程序，并分别加入容错程序。

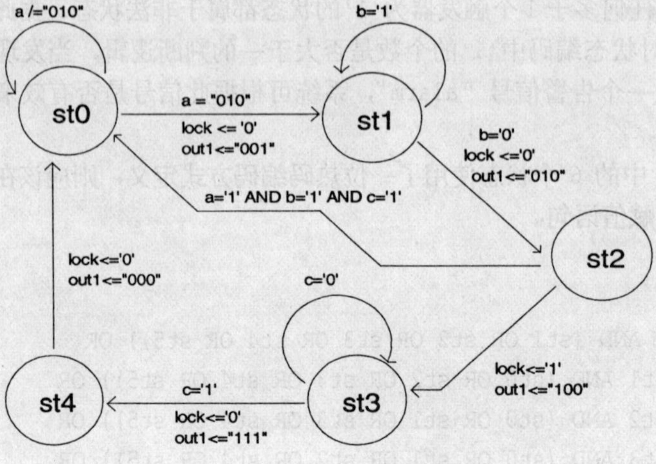

图 10-7 习题 10-6 状态图

第 11 章　数字滤波器设计

随着大规模集成电路技术和 EDA 技术的发展，FPGA/CPLD 已被广泛应用于实现全硬件的数字信号处理器或相应的电路模块。相对于传统的专用 DSP 器件，无论在技术性能、设计成本、上市速度还是应用领域方面，基于 FPGA 的数字信号处理器表现出了很高的性能和广阔的市场前景。本章就利用 VHDL 设计数字信号处理模块，即 FIR 和 IIR 数字滤波器作一简要介绍。

§ 11.1　基于 FPGA 的数字滤波器优势

数字滤波器是数字信号处理的重要基础，数字滤波是指通过某种数值运算，达到改变输入信号中所含频率分量的相对比例，或滤除某些频率分量的目的。它和模拟滤波器有着相同的目的，只是实现方式不同。数字滤波是通过采用数值运算的方法来达到滤波目的的，数值运算可以通过计算机编写软件来实现；可以通过普通的硬件组合来实现；也可以用专用的 DSP 芯片来实现；还可以通过 VHDL 等硬件描述语言的设计，用 FPGA 来实现。

数字滤波器按单位脉冲响应长度来分，可分为无限长单位脉冲响应（IIR）滤波器和有限长单位脉冲响应（FIR）滤波器；按频率响应来分，可分为低通、高通、带通、带阻滤波器。数字滤波器凭其特有的，严格的线性相位、高稳定和高精度、可用快速傅里叶变换（FFT）和其它快速算法来实现及设计灵活和适应性强等优点，得到越来越广泛的应用。数字滤波器在通信、雷达、声纳、遥感、图像处理和识别、语言处理和识别、地球物理、资源考察、人工智能、核技术、生物医学工程等许多领域都有重要应用。

然而，数字滤波器的应用场合大部分都要求实时处理，有的还要进行复杂运算，基于传统的 DSP 器件的数字滤波器实现方法，在速度上总不能在多方面如人所愿。以 FIR 滤波器为例，用数字信号处理（DSP）芯片实现的 FIR 滤波器的工作速度只局限在每秒 5～6 兆左右（8 阶 8 位 FIR 滤波器），离要求较高的实时处理还有较大距离；而目前用 ASIC 实现的专用 FIR 滤波器芯片也只能达到 30 兆左右（8 阶 8 位 FIR 滤波器），仍然满足不了实时处理；对于高阶 FIR 滤波器，就更不用说了。然而，相比之下，在速度方面，FPGA 表现出了特有的优势。实践表明，用 FPGA 来实现 32 阶 8 位的 FIR 滤波器速度可达到每秒 100 兆以上。

表 11-1 中，第 1 列是 FIR 滤波器的阶数；第 2 列是用 FPGA 实现对应阶数滤波器能达到的处理速度，单位为兆个采样数每秒（Million Samples Per Second 简称 MSPS）；第 3 列是用 DSP 芯片实现相当于 FPGA 处理速度的滤波器，所需 DSP 芯片的指令执行速度，

单位为兆条指令每秒（Million Instructions Per Second，简称 MIPS）。该表表明用 FPGA 实现的 8 阶 8 位 FIR 滤波器的处理速度可达 104MSPS，而用 DSP 芯片实现的滤波器要达到相当速度，则需要指令执行速度为 832MIPS 的 DSP 芯片。遗憾的是目前还没有指令执行速度在 100MIPS 以上的 DSP 芯片，除非有十多个 DSP 芯片一起工作。要用 DSP 芯片实现 32 阶速度的滤波器，那就更不堪想象了。表 11-1 说明了用 FPGA 实现 FIR 滤波器在速度上的绝对优势。

表 11-1　FPGA 和 DSP 芯片实现 FIR 滤波器的速度对比

8 位 FIR 滤波器阶数	FPGA 的处理速度 单位：MSPS	达到相当速度所需 DSP 芯片的指令执行速度 单位：MIPS
8	104	832
16	101	1616
24	103	2472
32	105	3360

图 11-1 所示的是用多种途径实现 16 阶 8 位 FIR 数字滤波器在速度、相位线性、稳定性和精度等方面综合性能的对比情况。

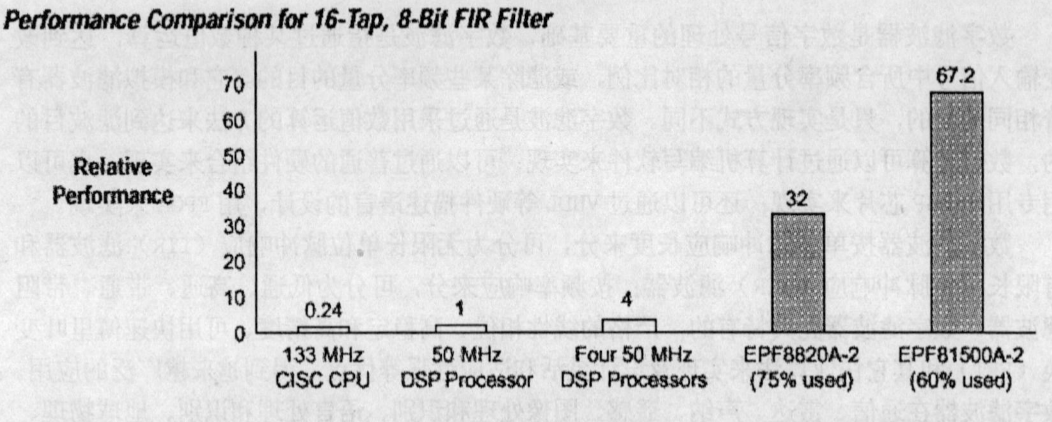

图 11-1　实现 16 阶 8 位 FIR 滤波器综合性能对比

在图 11-1 中，柱面图高度表示相对性能，5 个柱面分别表示用 5 种不同器件实现 16 阶 8 位 FIR 滤波器性能的相对指数（以 50MHz 的 DSP 芯片的综合性能为比较基准），它们分别是 133MHz 的专用 CPU、50MHz 的 DSP 处理器芯片、含 4 个 50MHz CPU 核的 DSP 处理器、EPF8820A-2（用了 3/4 的资源）和 EPF81500A-2（用了 3/5 的资源）。后两种都是 ALTERA 公司的 FPGA 8000 系列的产品。

由图 11-1 不难看出，用 FPGA 实现滤波器在性能上的明显优势：以 FPGA 器件 EPF81500A-2 实现的数字滤波器的综合性能是普通 DSP 器件的 67 倍多。

就器件成本而言，表 11-2 给出了一个可资比较的相对成本对照表。表 11-2 表明，FPGA 的成本是最低的，约是 DSP 器件的 1/3。

此外，FPGA 还具有开发周期短、开发软件投入少、芯片价格降低速率大等优势。

表 11-2　实现数字滤波器相对成本对比

使用器件	相对成本
133MHz 的专用集成 CPU	3.0
50MHz 的 DSP 芯片	2.8
EPF8820A-2	1.0

§ 11.2　FIR 数字滤波器设计

FIR 数字滤波器主要用来实现信号预处理、防混叠、带选、抽选/插补、滤波和视频卷积等功能的，以下简要介绍其结构原理和设计方案。

11.2.1　FIR 滤波器结构与原理简要

N阶的 FIR 滤波器系统的传递函数为

$$H(z)=\sum_{n=0}^{N-1}h(n)z^{-n} \tag{11-1}$$

它有 N-1 阶极点在 z=0 处，有 N-1 个零点位于有限 z 平面的任何位置。式（11-1）的系统差分方程表达式为

$$y(n)=\sum_{m=0}^{N-1}h(m)x(n-m) \tag{11-2}$$

式(11-2)就是输入序列 $x(n)$ 与单位冲击响应 $h(n)$ 的线性卷积。由式(11-2)可知 n 时刻的输入 $y(n)$ 仅于 n 时刻的输入以及过去 N-1 个输入值有关。可以直接画出其网络结构，如图 11-2 所示，这种结构称直接型。

如果 FIR 滤波器的单位冲击响应 $h(n)$ 对称，例如单位冲击响应 $h(n)$ 满足：

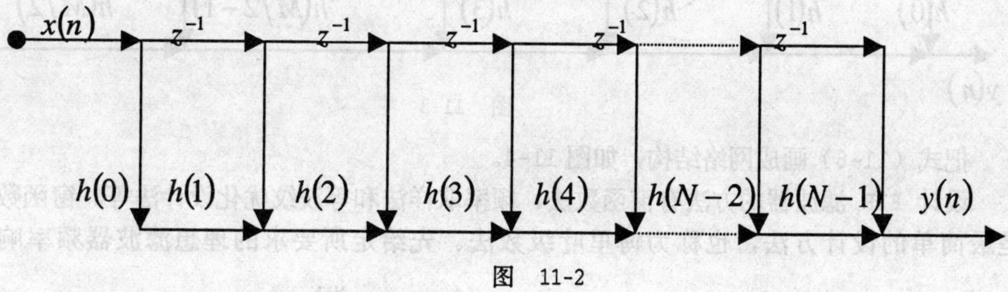

图　11-2

$$h(M-n)=h(n) \qquad n=0,1,\cdots,M \tag{11-3}$$

则该因果系统具有严格的线性相位。当 M 为偶数时，式(11-2)可化为

$$y(n)=\sum_{k=0}^{M}h(k)x(n-k)$$

$$=\sum_{k=0}^{\frac{M}{2}-1}h(k)x(n-k)+h\left(\frac{M}{2}\right)x\left(n-\frac{M}{2}\right)+\sum_{k=\frac{M}{2}+1}^{M}h(k)x(n-k)$$

$$=\sum_{k=0}^{\frac{M}{2}-1}h(k)x(n-k)+h\left(\frac{M}{2}\right)x\left(n-\frac{M}{2}\right)+\sum_{k=0}^{\frac{M}{2}-1}h(M-k)x(n-M+k) \tag{11-4}$$

把式（11-3）代入式（11-4）得

$$y(n)=\sum_{k=0}^{\frac{M}{2}-1}h(k)\ [x(n-k)+x(n-M+k)]+h\left(\frac{M}{2}\right)x\left(n-\frac{M}{2}\right) \tag{11-5}$$

把式（11-5）画成网络结构，如图 11-3。同理，当 M 为奇数时，式(11-2)可化为

$$y(n)=\sum_{k=0}^{(M-1)/2}h(k)[x(n-k)+x(n-M+k)] \tag{11-6}$$

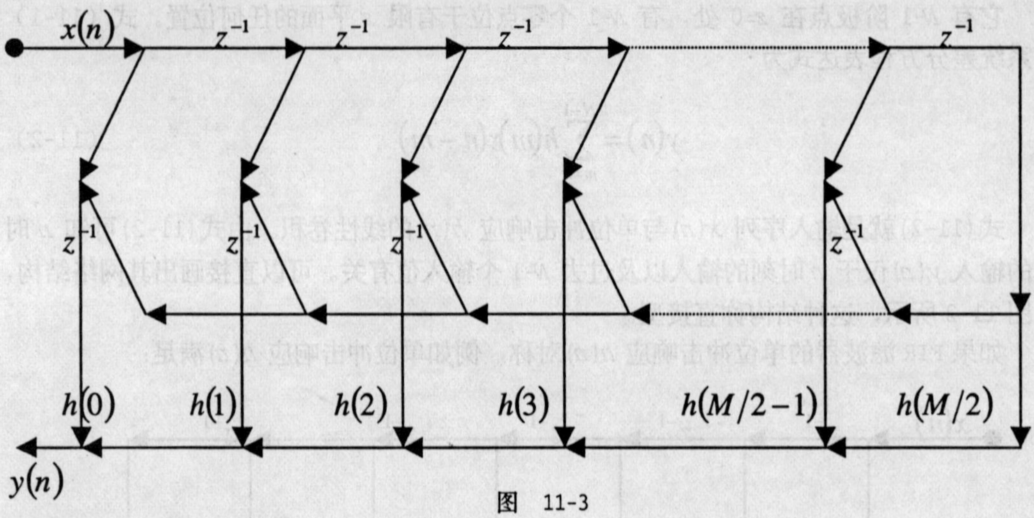

图　11-3

把式（11-6）画成网络结构，如图 11-4。

设计 FIR 滤波器的方法有窗函数法、频率取样法和等波纹优化设计法等。窗函数法是最简单的设计方法，也称为傅里叶级数法。先给定所要求的理想滤波器频率响应 $H_d(e^{j\omega})$，要求设计一个 FIR 滤波器频率响应 $H(e^{j\omega})=\sum_{n=0}^{N-1}h(n)\ e^{-j\omega n}$ 来逼近 $H_d(e^{j\omega})$。但设计是在时域进行的，因而先对 $H_d(e^{j\omega})$进行傅里叶反变换得到 $h_d(n)$：

$$h_d(n)=\frac{1}{2\pi}\int_{-\pi}^{\pi}H_d\left(e^{j\omega}\right)e^{j\omega n}\mathrm{d}\,\omega \tag{11-7}$$

由于$H_d\left(e^{j\omega}\right)$是矩形频率特性，故$h_d(n)$一定是无限长的序列，且是非因果的，而要

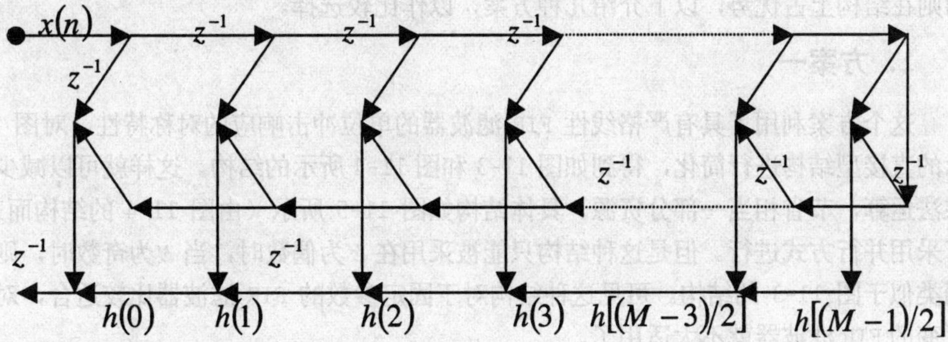

图　11-4

设计的是 FIR 滤波器，其$h(n)$必然是有限长的序列，所以要用有限长的$h(n)$来逼近无限长的$h_d(n)$，最有效的方法是截断$h_d(n)$，或者用一个有限长的窗口函数序列$\omega(n)$来截取$h_d(n)$，即：

$$h(n)=\omega(n)\,h_d(n) \tag{11-8}$$

因而窗口函数序列的形状及长度的选择就很关键。窗口函数主要有以下几种：

矩形窗：

$$\omega(n)=R_N(n)$$

汉宁（Hanning）窗：

$$\omega(n)=\frac{1}{2}\left[1-\cos\left(\frac{2\pi n}{N-1}\right)\right]R_N(n) \tag{11-9}$$

海明（Hamming）窗，又称为升余弦窗：

$$\omega(n)=\left[0.54-0.46\cos\left(\frac{2\pi n}{N-1}\right)\right]R_N(n) \tag{11-10}$$

它是汉宁窗的改进，可以得到旁瓣更小的效果。

布拉克曼（Blackman）窗，又称二阶升余弦窗：

$$\omega(n)=\left[0.42-0.5\cos\left(\frac{2\pi n}{N-1}\right)+0.08\cos\left(\frac{4\omega n}{N-1}\right)\right]R_N(n) \tag{11-11}$$

在这个窗函数中加上了二次谐波分量，可以进一步抑制旁瓣。另外还有凯泽窗和三角窗等。

11.2.2 FIR 滤波器设计方案确定

FIR 滤波器的实现方案可以有多种，有的在速度上有优势，有的在资源上占优势，有的则在结构上占优势，以下介绍几种方案，以作比较选择。

1. 方案一

这个方案利用了具有严格线性 FIR 滤波器的单位冲击响应的对称特性，对图 11-2 所示的直接型结构进行简化，得到如图 11-3 和图 11-4 所示的结构。这样就可以减少一半的乘法运算，节省相当一部分资源。具体结构如图 11-5 所示（由图 11-4 的结构而来），运算采用并行方式进行。但是这种结构只能被采用在 M 为偶数时，当 M 为奇数时，则必须换用类似于图 11-3 的结构。可见这种结构对于固定参数的 FIR 滤波器比较适合，对于参数可变的 FIR 滤波器就不大适用了。

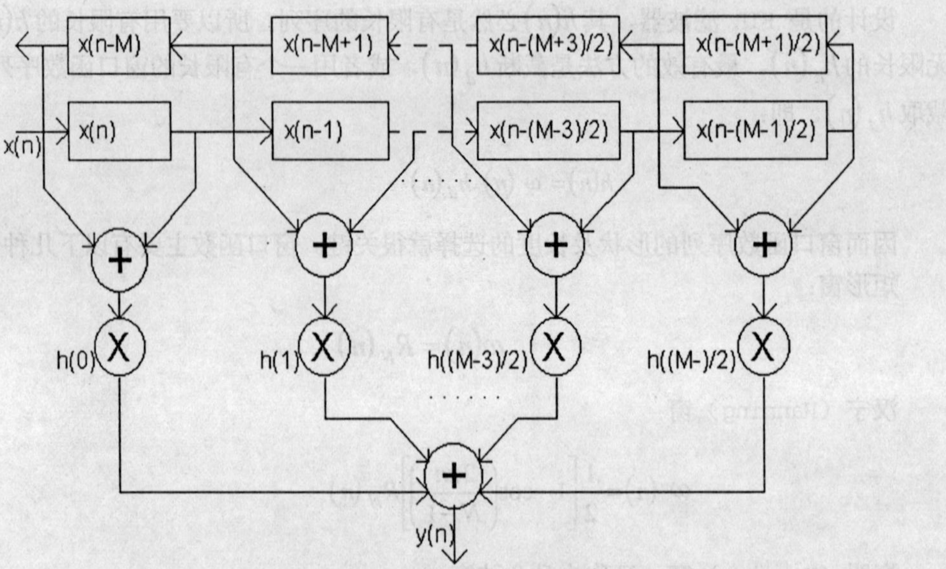

图 11-5 FIR 滤波器设计方案一

2. 方案二

此方案就是引用如图 11-2 所示的直接型，它没有经过任何化简，运算也是采用并行的方式进行，设计结构如图 11-6 所示。这种方案速度快，通用性强，适合于参数可变的 FIR 滤波器；但是对于实现 N 阶 8 位的 FIR 滤波器，要有 N 个 8×8 个乘法器，从而占用大量的资源，对于资源相对紧张的 FPGA 来说，采用这种方案不够实际。

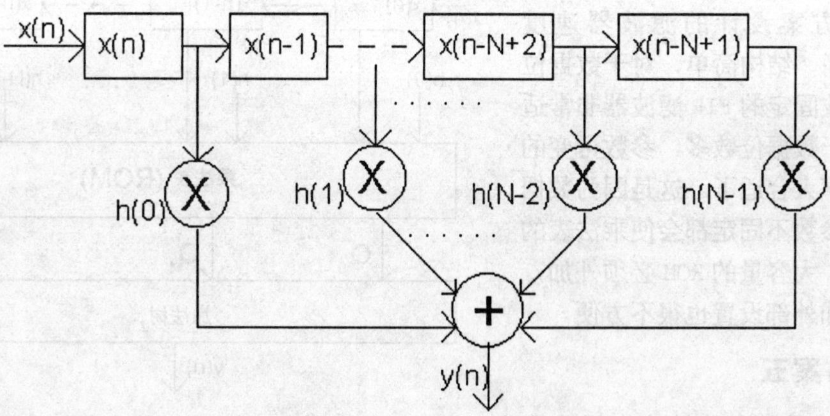

图 11-6　FIR 滤波器设计方案二

3. 方案三

为了能使 FPGA 实现可变参数的 FIR 滤波器，要求其网络结构必须是通用型的，而且不能使用过多的运算，以利节省逻辑资源。基于这点，方案三在方案二的基础上进行改进，网络结果仍采用直接型，在进行乘法运算时，用串行乘法来代替并行乘法，这样以牺牲时间为代价换得尽可能少的占用资源。其中的 $N\times N$ 的串行乘法器是用 N 次移位相加的方式实现的。

以下是串行乘法的推导：

假设数据 A、B 是两个 N 位的乘数，Q 是乘积，

$B=\sum_{i=0}^{N-1}2^iB(i)$，其中 $B(i)$ 表示乘数 B 的第 i 位数据，则

有：

$$Q=AB=A\sum_{i=0}^{N-1}2^iB(i)=\sum_{i=0}^{N-1}2^iAB(i)$$

乘法器结构如图 11-7 所示。这一方案总体上是可行的，只是其中的 N 个乘法器仍占用了较多的资源。

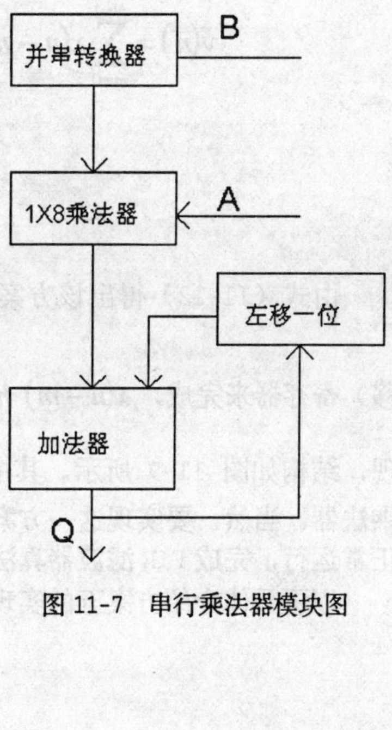

图 11-7　串行乘法器模块图

4. 方案四

方案四与前 3 个方案有较大的不同，它不采用乘法器进行乘法运算，而是采用乘法表，用查表来得到两数相乘的积，即把两乘数作为 ROM 的地址，对应单元的数据就是该两乘数的乘积（ROM 是事先按这种运算法则做好的）。总体结构如图 11-8 所示，其中从乘法表出来的乘积为

$Q_i = x(n-i)h(i)$

这个方案设计的滤波器速度快、精度高、结构简单，对于数据位数少，参数固定的FIR滤波器非常适用。但对于数据位数多，参数可变的滤波器就不大合适了。这是因为数据位数多和参数不固定都会使乘法表的容量变大，大容量的ROM必须外加，而且更改和外部设置也很不方便。

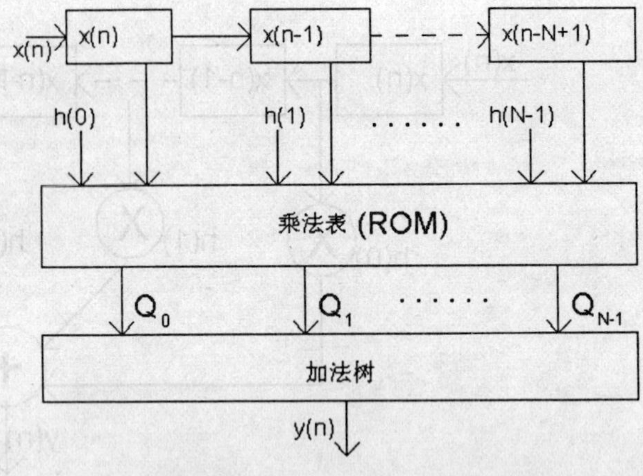

图 11-8 FIR滤波器设计方案四

5. 方案五

方案一采用对称结构，没有通用性；方案二直接用并行乘法器进行计算，占用了大量资源；方案三用串行乘法器代替并行乘法器，在使用方面是改善了，但是，它是以牺牲时间为代价的，降低了速度，而且其中的N个串行乘法器也占用不少资源；方案四，对于数据位数少、参数固定的FIR滤波器非常合适，但对于参数不定的FIR滤波器就不大适用。与前4种方案比，方案五有了较好的改进，此方案以方案三为基础，在其中的加法器和N个串行乘法器上进行了改进，基本原理如下：

假设滤波器是N阶的，数据是W位，则系统差分方程表达式：

$$y(n)=\sum_{m=0}^{N-1}h(m)x(n-m)$$

可表示为

$$y(n)=\sum_{m=0}^{N-1}x(n-m)\sum_{i=0}^{W-1}2^i h(m)_i=\sum_{i=0}^{W-1}2^i\sum_{m=0}^{N-1}h(m)_i x(n-m)$$

$$y(n)=\sum_{i=0}^{W-1}2^i\sum_{m=0}^{N-1}x(n-m)h(m)_i \tag{11-12}$$

由式（11-12）得出该方案的结构，其中的$\sum_{i=0}^{W-1}$用串行时序来实现，2^i用移位（左移）寄存器来完成，$x(n-m)\ h(m)_i$用 N 个位选 $1\times W$ 乘法器来实现，$\sum_{m=0}^{N-1}$ 用加法树来实现，结构如图 11-9 所示。其中的$Q(m)_i$表示$h(m)x(n-m)_i$的乘积，乘法器是位选 $1\times W$ 乘法器。当然，要实现这一方案还需一个总控制器来协调各部件的运行，使之按规定时序正常运行，完成FIR滤波器算法。

以下具体介绍方案五的实现方法。

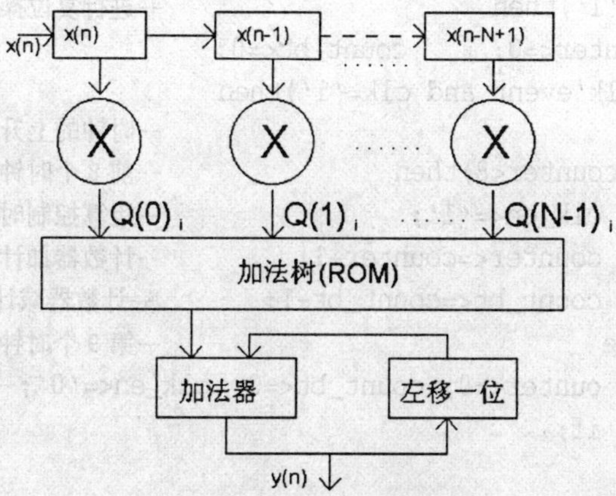

图 11-9　FIR 滤波器设计方案五

11.2.3　FIR 滤波器主系统设计

以下就 11 阶 8 位低通滤波器为对象，介绍 FIR 滤波器的实现：

由截止频率为 1kHz，采样频率为 10kHz 计算得到 11 阶 FIR 滤波器的单位脉冲响应序列 $h(n)$ 如表 11-3 所示。

现以表 11-3 中的单位脉冲响应序列为参数来设计 FIR 滤波器，它的主体部分由总控制器、加法树、移位累加器、移数寄存器和位选 1×8 乘法器 5 个部件组成。下面分别介绍各部件的实现。

表 11-3　11 阶 FIR 滤波器的单位脉冲响应序列

$h(n)$	原值	乘 1024	十六进制	二进制
$h(0)$、$h(10)$	0	0	00H	00000000
$h(1)$、$h(9)$	0.0468	47.923	30H	00110000
$h(1)$、$h(9)$	0.0468	47.923	30H	00110000
$h(2)$、$h(8)$	0.1010	103.424	67H	01100111
$h(3)$、$h(7)$	0.1515	155.136	9bH	10011011
$h(4)$、$h(6)$	0.1872	191.692	c0H	11000000
$h(5)$	0.2001	204.902	cdH	11001101

1. 总控制器的实现

根据方案五的滤波器的总体结构，要求总控制器有接收复位信号、产生移数时钟、产生运算控制时钟等功能。这必须要用一个计数器来控制时序。FIR 滤波器是 8 位的，所以完成一次序列运算要经过 8 个运算控制时钟脉冲，再加一个移数时钟脉冲，总共是 9 个时钟脉冲周期，所以要用一个 9 进制计数器。总控制器部件的主程序如下：

```
Clk_regbt<=not clk and clk_en;                    --作为运算控制时钟
Clk_reg<=not clk and not clk_en;                  --作为移数时钟
Process(clk,res)
   Begin
```

```
        if(res='1')then                     --进行复位操作
            counter<=0;     count_bt<=0;
        elsif(clk'event and clk='1')then
                                            --时钟的上升沿
            if(counter<8)then               --前 8 个时钟周期里完成以下操作
                clk_en<='1';                --运算控制时钟使能
                counter<=counter+1;         --计数器加计数
                count_bt<=count_bt-1;       --计数器减计数
            else                            --第 9 个时钟完成以下操作
                ounter<=0; count_bt<=0; clk_en<='0';
            end if;
        end if;
    end process;
```

在上面这段程序中，信号 clk 是全局时钟，即系统工作时钟；信号 res 是系统复位信号，在这里作为计数器清零信号；这里产生的信号 counter 和 count_bt 的数据类型是整数，counter 用来记录时序，9 个时钟为一个周期，count_bt 在位选乘法器中作位选信号；信号 clk_regbt 和 clk_reg 也是在这里产生的，clk_regbt 作为运算控制时钟，使运算部件按时序进行运算，clk_reg 作为移数时钟，在运算时，也有控制的作用。这些信号所起的作用将分散在各部件中介绍。这些信号的时序主要是由一个进程来实现的，在这个进程中，系统工作时钟 clk 和复位信号 res 作为敏感信号，这个进程的功能是在前 8 个时钟周期里，count_bt 减法计数，运算控制时钟使能信号 clk_en 为高电平，第 9 个时钟周期 clk_en 为低电平。clk_en 在进程外面用来控制 clk_regbt 和 clk_reg 的输出，在程序中用的是 not clk 而不是直接用 clk 是因为这样可以巧妙地避开 clk_en 的延时而产生的时钟错位。总的时序仿真如图 11-10 所示。

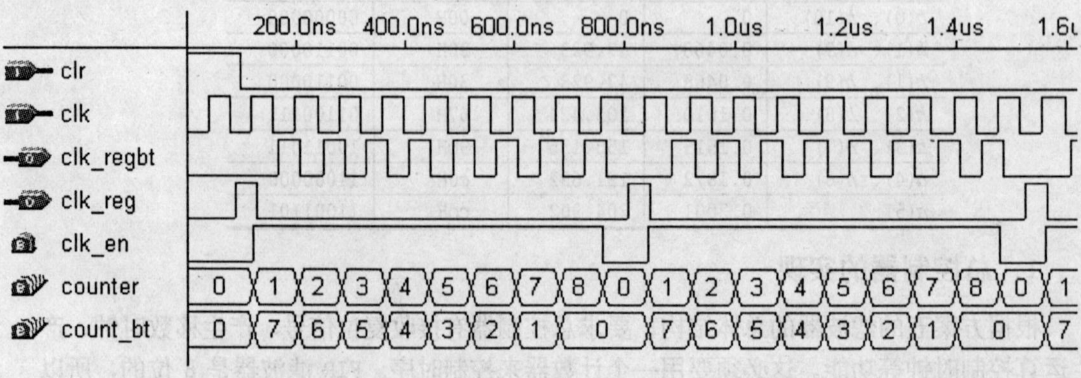

图 11-10

2. 移数寄存器的实现

这一部件的任务是，在一次序列运算结束后，原先存放 $x(n-N+1)$ 的寄存器存入 $x(n-N+2)$，而原先存放 $x(n-N+2)$ 的寄存器存入 $x(n-N+3)$ …，原先存放 $x(n)$ 的寄存器存入由端口进来的新数据，相当于 x 序列向前移了一个数，从寄存器组中移出去一个数，同时移进一个新的数，主程序如下：

```
process(clk_reg,clr,res)
begin
    if(res='1' or clr='1')then                          --以下进行清零操作
        for I in 0 to 10 loop
            reg_xn(i)<="00000000";
        end loop;
    elsif(clk_reg'event and clk_reg='0')then
                                                        --当移数时钟下降沿来时移数
        for I in 10 to 1 loop
            reg_xn(i)<=reg_xn(i-1);
        end loop;
        reg_xn(0)<=data_xn;                             --新数移进来
    end if;
end process;
```

这个部件用一个进程来实现，reg_xn 是数组，在这里可以理解为位寄存器组，它有 11 个单元，每个单元存放一个 8 位的数据。当清零信号或复位信号为高电平时，寄存器组清零；当清零信号和复位信号都为低电平，且当移数时钟信号 clk_reg 的下降沿来时，*x*序列向寄存器组深处移一个数，原先最深那个单元 reg_xn(10)里的数据被移走，第一个 reg_xn(0)里的数据由端口来的数据 data_xn 来代替；clk_reg 为低电平时，寄存器组里的数据供位选 1×8 乘法器调用。

3. 位选 1×8 乘法器的实现

这个部件的任务是，当运算控制时钟信号来时，数据 h(n)的相应位与 x(n)相乘，并把结果送给加法树。主程序如下：

```
process(clk)
begin
    if(clk'event and clk='0')then                       --系统时钟的下降沿
        for I in 0 to 10 loop                           --完成位选相乘
            if (reg_hn(i)(count_bt)='1')then            --选中的位为'1'
                add_xn(i)<=reg_xn(i);                   --积为 reg_xn(i)
                    else                                --选中的位为'1'
                add_xn(i)<="00000000";                  --积为"00000000"
            end if;
        end loop;
    end if;
end process;
```

这个部件也是采用一个进程来实现的，这个进程的敏感信号是系统时钟 clk，而不是运算控制时钟 clk_regbt。这是因为 clk_regbt 是由 clk 产生的，之间有一定的延时，clk 的下降沿刚好落在 clk_regbt 上升沿的前面（见图 11-10），在这个时候进行位选乘法，可以和后面的加法树（clk_regbt 上升沿进行运算）很好地衔接。这里的 reg_hn 和 add_xn 的数据类型和 reg_xn 的数据类型一样是数组，这里也可以理解为寄存器组。reg_hn 寄存的是 h(n)序列，add_xn 寄存的是 h(n)的指定位与 x(n)的乘积。这里的位选直接由信号 count_bt 进行。语句 reg_hn(i)(count_bt)就是表示寄存器组 reg_hn 的第 i+1 个单元的数据的第 count_bt 位，即 h(i)的第 count_bt 位，在一个运算周期里，count_bt 由 7 到 0 共 8 个值，h(i)的 8 位相继与 x(i)相乘，并把结果送给加法树。

4. 加法树的实现

加法树实际上就是多个数据同时相加的一种结构，即把所有加数两个一组分别进行相加（各组同时进行），然后所有和两个一组进行相加，直到只剩余下一个数，它就是所有加数的和。这样把全并行的多个数相加，转换成串并结合的结构（如图 11-11 所示），在速度和资源上进行折中，其结果是速度上影响不大，而资源却节省了许多，这正是采用加法树的主要原因，其程序见移位累加器部分。

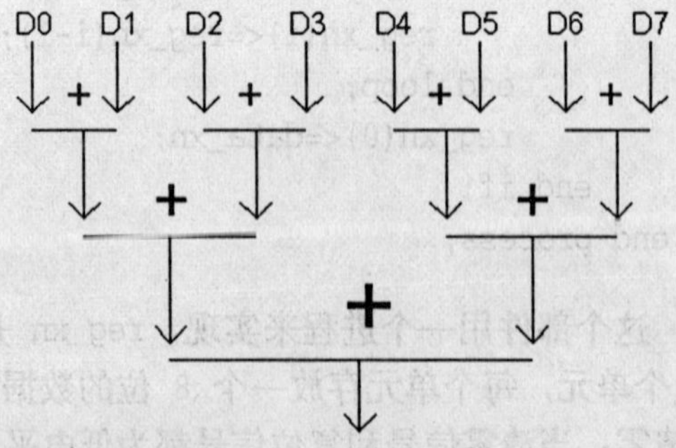

图 11-11 加法树

5. 移位累加器部分

移位累加器的功能是完成式（11-12）中的 $\sum_{i=0}^{W-1} 2^i$ ，它将加法树得出的结果 $Q_i = \sum_{m=0}^{N-1} x(n-m)\ h(m)_i$ 进行逐个累加移位，其结构见图 11-9，相当于在一个运算周期里使 Q_i 左移了 i 次，即乘上其权重 2^i，程序如下：

```
process(clk_regbt,clk_reg,clr,set)
begin
    if(clr='1' or set='1') then                 --清零
        sum <= (OTHERS =>'0');
        data_yn <= (OTHERS =>'0');
    elsif(clk_reg='1')then                      --运算结束
        data_yn<=result(18 downto 11);          --结果输出
        sum<=(OTHERS =>'0');                    --累加器清零
    elsif(clk_regbt='1')then                    --运算控制时钟为
                                                --高电平时进行以下的加法树运算
        sum91<=add_xn(0)+add_xn(1);
        sum92<=add_xn(2)+add_xn(3);
        sum93<=add_xn(4)+add_xn(5);
        sum94<=add_xn(6)+add_xn(7);
        sum101<=sum91+sum92;
        sum102<=sum93+sum94;
        sum11<=sum101+sum102;
```

```
        sum<=result+sum11;                    --把加法树结果进行累加
    else
        result<=sum(17 downto 0)&'0';         --把累加结果左移
    end if;
  end process;
```

在这段程序里，用一个进程完成 $\sum_{i=0}^{W-1} 2^i \sum_{m=0}^{N-1} p(m)_i$，其中 $p(m)_i$ 表示第 i 个运算控制时钟信号来时，处理 $x(n-m)h(m)_i$ 的位选乘法器出来的结果。当清零信号来时，累加器清零，否则，当移数时钟信号来时，累加器结果的高 8 位输出，累加器清零。否则当运算控制时钟为高电平时，进行一次加法树运算并把结果累加，当运算控制时钟为低电平时，把累加器结果左移一位。

以上 5 个部件，在总控制部件的协调下，进行正常运算，完成 FIR 滤波器算法。实际上，还有一个部件没有单独指出，那就是用来存放 $h(n)$ 的寄存器组。在程序编写时，由于它只是一组信号，在组织上也没有特别的设计，故没有单独提出。

11.2.4　FIR 滤波器附加功能实现

主体部分的功能在于实现 FIR 滤波器算法，它只是完成特定运算的硬件结构，为了能完成实际的滤波功能，还必须增加一些外围的功能模块，其中包括工作时钟设置模块、工作模式设置模块、键盘模块、显示器模块、数模转换和模数转换模块 6 个部分。

1. 工作时钟设置模块

此模块的功能是改变工作时钟频率，达到改变序列处理速度，使之在不改变参数 $h(n)$ 的基础上，就可以改变选通频段。它由两部分组成，一部分是在 FPGA 内部实现，另一部分在 FPGA 外部实现，即通过改变外接的时钟源来实现。内部模块的程序如下：

```
  process(clk)
    begin
      if(clk'event and clk='1')then          --上升沿有效
        if(pcount<pmax & '0')then            --不到阈值
          pcount:=pcount+'1';                --计数器加 1
          if(pcount<pmax)then                --不到半阈值
            clkout<='0';                     --时钟为 0
          else
            clkout<='1';                     --过半阈值，时钟为高电平
          end if;
        else                                 --过阈值，计数器清零
         pcount:=0;
        end if;
      end if;
```

```
end process;
```

在这段程序中，pmax 是设置时钟输入的 1/2 阀值，阀值数值越大 clkout 的频率越低，在程序中间用 1/2 阈值进行判断，使 clkout 为占空比为 50%的时钟。

2. 工作模式设置模块

此模块用于设置工作模式，如高通模式、低通模式、带通模式、带阻模式、另设参数模式（用于另设参数工作模式）等。当系统工作在前 4 个模式时，系统分别完成高通、低通、带通、带阻滤波的功能，当系统工作在另设参数模式时，系统可以通过外设来设置 $h(n)$，以实现其它指标的滤波器。当系统工作在另设参数工作模式时，系统就用上一模式设置的参数进行工作。其程序如下：

```
process(set,enter,mode)
begin
if(set<='1')then                          --以下为设置模式
    if(mode="00")then                     --设置为低通模式
        reg_hn(0)<="00000001";            --这些参数都是
        reg_hn(10)<="00000001";           --事先算好的
        reg_hn(9)<="00110000";
        reg_hn(1)<="00110000";
        reg_hn(2)<="01100111";
        reg_hn(8)<="01100111";
        reg_hn(3)<="10011011";
        reg_hn(7)<="10011011";
        reg_hn(4)<="11000000";
        reg_hn(6)<="11000000";
        reg_hn(5)<="11001101";
    elsif(mode="01")then                      --另设参数模式
        if(enter='1')then                     --确认键为高电平
            reg_hn(addr_hn)<=data_hn;         --把参数送给h(n)
        end if;
    end if;
end if;
end process;
```

在这段程序中，已把高通模式、带通模式、带阻模式略去了，这是因为它们和低通模式几乎完全一样，只是 $h(n)$ 配置的参数不同而已。程序中的 reg_hn 是寄存器组，用来存放 $h(n)$。当设置为 0 模式，即 mode="00"时，送给 $h(n)$ 的是一组低通 FIR 滤波器的单位冲击响应序列。当设置为 1 模式，即 mode="01"时，addr_hn 是寄存器组的地址，data_hn 是 addr_hn 对应单元应存放的值，当确认键为高电平时，把 addr_hn 存入相应单元。当退出设置模式，即 set 为低电平时，系统按照设置好的参数进行工作。

3. 键盘显示器模块和 A/D 与 D/A 模块

通过键盘可以操作该系统，操作过程可以通过显示器（数码管）反映出来，这个模块可直接用 EDA 实验开发系统就行了。

待处理信号是由信号源产生的模拟信号，在进入 FIR 滤波器前，首先要将信号通过 A/D 器件进行模数转换，使之成为 8 数字信号。一般可用速度较高的逐次逼进式 A/D 转换器，如 AD574 或 ADC0809 等。

由 FIR 滤波器输出的数据是一串序列，要使它能直观地反应出来，还需经过数模转换，再接示波器。因此由 FPGA（这里选用 EPF10K20-TC144）构成的 FIR 滤波器的输出必须外接 A/D 模块，一般可用传统的 DAC0832 完成（该器件的详细情况可参考第 13 章）。

实测表明，基于 FPGA 的多功能 11 阶 8 位输入 8 位输出 FIR 滤波器不但克服了模拟滤波器固有的不稳定、抗干扰能力差的缺点，而且也克服了传统数字滤波器的速度低、阶数小、精度低、适应性弱等缺点，实现了传统数字 FIR 滤波器不能实现的部分功能。如可通过操作设置使滤波器完成高通、低通、带通、带阻及改变滤波器的参数的功能。

由于篇幅所限，完整的设计程序已略去。

§ 11.3　IIR 数字滤波器设计

与 FIR 滤波器相同，相对于传统方式实现 IIR 滤波器，FPGA 实现的 IIR 数字滤波器同样具有多方面的优越性。但与 FIR 滤波器相比，IIR 数字滤波器还有以下优点：

首先，从性能上来说，IIR 滤波器的传输函数的极点可位于单位圆内的任何地方，因此可用较低的阶数获得高的选择性，所用的存储单元少，所以经济而高效。而对于相同的滤波器设计指标，FIR 所要求的阶数可以比 IIR 滤波器高 5~10 倍，成本较高，信号延迟也较大。其次，从设计工具看，IIR 滤波器可以借助于模拟滤波器的成果，因此一般具有有效的封闭形式的设计公式供准确计算，计算工作量少，对计算工具要求不高。

IIR 滤波器被广泛使用于各类数字信号处理系统中实现卷积、相关、自适应滤波等处理。以下简要介绍 IIR 数字滤波器的设计原理和基于 FPGA 的实现方法。

11.3.1　IIR 滤波器设计方案

1. 方案一：直接相乘累加式

对于二阶的 IIR 数字滤波器，其传递函数为

$$H(z)=\frac{a_0+a_1z^{-1}+a_2z^{-2}}{1-b_0z^{-1}-b_1z^{-2}} \tag{11-13}$$

直接 II 型滤波器信号流图见图 11-12。在第 n 时刻，$X(n)$ 是当时的输入样本；$Y(n)$ 是 n 时刻 IIR 滤波器的输出：

$$d(n)=X(n)+b_0d(n-1)+b_2(n-2)$$
$$Y(n)=d(n)a_0+d(n-1)a_1+d(n-2)a_2 \qquad (11\text{-}14)$$

因此，可以用硬件乘法器和硬件加法器来实现乘法和加法。由上述式子可以看出，按照这种设计方法，要用到 5 个乘法器和 6 个加法器。对于利于 FPGA 的设计来说，这种方案的缺点是比较耗费资源。

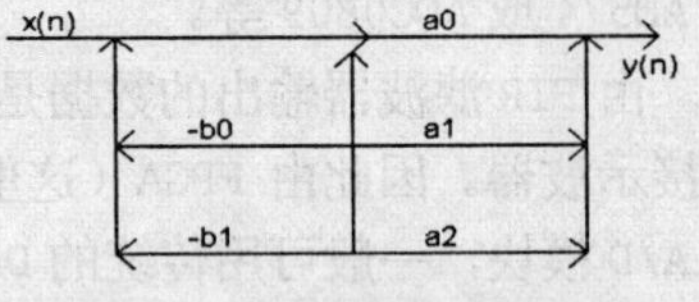

图 11-12　直接 II 型信号流图

2. 方案二：基于 ROM 查表法的 VHDL 结构化设计

采用 ROM 查表的方法，主要是为了避免使用硬件乘法器。

二阶 IIR 的一般表示形式为

$$y_n=a_0x_n+a_1x_{n-1}+a_2x_{n-2}+b_0y_{n-1}+b_1y_{n-2} \qquad (11\text{-}15)$$

其中{$X(n)$}是输入序列，$Y(N)$ 是输出序列，a_i 和 b_i 是系数。假设输入序列{$X(N)$}为 b 位 2 的补码，并以定点表示，且$|X(n)|<1$，对于 $X(n)$ 可以表示为

$$x_n=\sum_{K=1}^{b-1}x_n{}^k2^{-k}-x^0{}_n \qquad (11\text{-}16)$$

式中：k 表示 $X(N)$ 的第 $b-k$ 位，上标为 0 的是符号位，因此可以定义一个 5bit 为变量的函数 F 为

$$F(x_n^k,x_{n-1}^k,x_{n-2}^k,y_{n-1}^k,y_{n-2}^k)=a_0x_n^k+a_1x_{n-1}^k+a_2x_{n-2}^k+b_0y_{n-1}^k+b_1y_{n-2}^k \qquad (11\text{-}17)$$

由此可以得到

$$y_n=\sum_{k=1}^{b-1}2^{-k}F(x_n^k,x_{n-1}^k,x_{n-2}^k,y_{n-1}^k,y_{n-2}^k)-F(x_n^0,x_{n-1}^0,x_{n-2}^0,y_{n-1}^0,y_{n-2}^0) \qquad (11\text{-}18)$$

由于函数 F 仅有 32 种可能取值，因此可以设计一个 32*b 位的 ROM 构成如图 11-13 描述的基于 ROM 的实现结构。

数据输入 x_n 串行移入 SR1 和 SR2，由抽头处得到 x_n^k、x_{n-1}^k、x_{n-2}^k，每计算出一个 y_n 值后，便并行加载到 SR3 中，然后串行移入 SR4，并在抽头处得到 y_{n-1}^k 和 y_{n-2}^k。ROM 的输入地址由 x_n^k、x_{n-1}^k、x_{n-2}^k、y_{n-1}^k、y_{n-2}^k 组成。

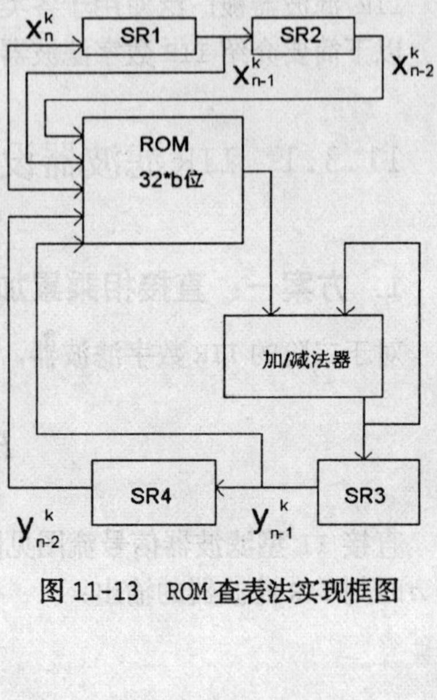

图 11-13　ROM 查表法实现框图

按此方法设计的优点是避免了占主要运算量的乘法运算，节省了 FPGA 的硬件资源，缺点与 FIR 滤波器利用 ROM 方法设计相同，即使用不够灵活。当系数发生变化时，更改 ROM 内的数据十分不便，特别是

当阶数比较大时，ROM 内的数据较多，程序外的运算量也很大，修改数据更为不便。

3．方案三：基于 ROM 查表法的改进型设计

此方法结合了直接相乘累加式和 ROM 查表法的优点，使得设计灵活，设计周期短，节省资源。

二阶 IIR 的一般表示形式为

$$y_n = a_0 x_n + a_1 x_{n-1} + a_2 x_{n-2} + b_0 y_{n-1} + b_1 y_{n-2} \tag{11-19}$$

这里{$X(n)$}是输入序列，$Y(N)$ 是输出序列，a_i 和 b_i 是系数。假设输入序列{$X(M)$}为 b 位 2 的补码，并以定点表示，且 $|X(n)|<1$。对于 $X(n)$ 可以表示为

$$x_n = \sum_{K=1}^{b-1} {x_n}^k 2^{-k} - {x^0}_n \tag{11-20}$$

式中：k 表示 $X(M)$ 的第 b-k 位，上标为 0 的是符号位，因此可以定义一个 5bit 为变量的函数 F：

$$F(x_n^k, x_{n-1}^k, x_{n-2}^k, y_{n-1}^k, y_{n-2}^k) = a_0 x_n^k + a_1 x_{n-1}^k + a_2 x_{n-2}^k + b_0 y_{n-1}^k + b_1 y_{n-2}^k \tag{11-21}$$

同理可得

$$F(a_0^k, a_1^k, a_2^k, b_0^k, b_1^k) = x_n a_0^k + x_{n-1} a_1^k + x_{n-2} a_2^k + y_{n-1} b_0^k + y_{n-2} b_1^k \tag{11-22}$$

由此可以得到

$$y_n = \sum_{k=1}^{b-1} 2^{-k} F(a_0^k, a_1^k, a_2^k, b_0^k, b_1^k) - F(a_0^0, a_1^0, a_2^0, b_0^0, b_1^0) \tag{11-23}$$

假如将式（11-19）中的负系数以减法实现，则可以认为其系数都为正数，因此 $a_0^0, a_1^0, a_2^0, b_0^0, b_1^0$ 均等于零。则由 $F(a_0^0, a_1^0, a_2^0, b_0^0, b_1^0)=0$，可以推出：

$$y_n = \sum_{k=1}^{b-1} 2^{-k} F(a_0^k, a_1^k, a_2^k, b_0^k, b_1^k) \tag{11-24}$$

从式 11-24 中可以看出，可以用一个五路 8 位*1 位乘法器在 8 个时钟周期内实现上述算式。其加法可以直接调用软件的库实现。本方案实现结构如图 11-14 所示。

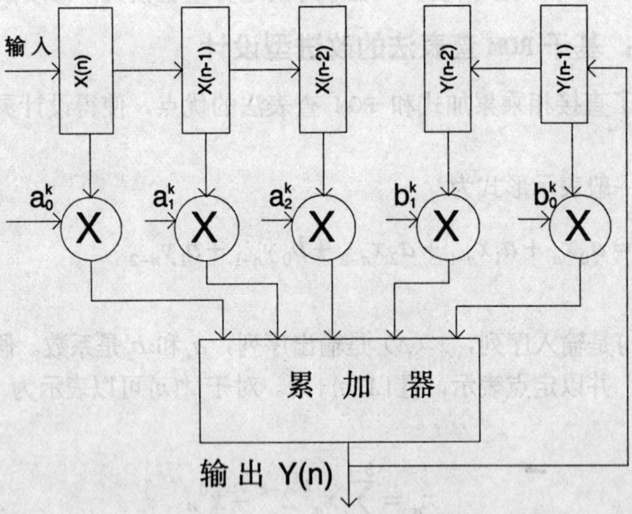

图 11-14 改进型实现框图

图 11-14 中的 X（N）作为 FPGA 接口上的 A/D 器件的转换数据输入寄存器，各寄存器内的数据与各自的系数的最高位相乘后，送入累加器相加，并且其和向左移一位，以实现乘 2 运算。下一个时钟，寄存器内数据与其系数的次高位相乘，再送入累加器与其数据相加，再左移 1 位。接下的 6 个时钟进行类似的操作。第 8 个时钟后，累加器将其数据输出，即 Y（N），并对累加器清零，同时将 X（n-1）寄存器数据送入 X（n-2）寄存器，将 X（n）寄存器数据送入 X（n-1）寄存器，同理，Y（N）→$Y(N$-1)，$Y(N$-1)→$Y(N$-2)。接着进行下一次运算。

11.3.2 IIR 滤波器的实现

1. 系数的标度问题

在使用定点算法进行数字滤波器设计时，需要考虑数的标度问题，即安排适当的压缩因子，使系统的总输出$|Y(N)|<1$，这样就不会造成输出寄存器的溢出。下面讨论标度过程。令

$$\alpha=\max\{F(a_0^k,a_1^k,a_2^k,b_0^k,b_1^k)\} \tag{11-25}$$

$$\beta=\min\{F(a_0^k,a_1^k,a_2^k,b_0^k,b_1^k)\} \tag{11-26}$$

所以
$$y_n \le \alpha\sum_{K=1}^{b-1}2^{-k}-\beta$$

又由于 $\sum_{k=1}^{\infty} 2^{-k} = 1$ 和 $y_n < \alpha - \beta$，因此为确保 $|y(n)|<1$，必须根据以下 S 值来压缩系数：$S > \alpha - \beta$，这里选 $\alpha = 4 \times 0.1913 = 1.5652$

$$\beta = -0.3695 - 0.1958 = -0.5653 \qquad S = \alpha - \beta = 2.1305$$

因此这里可采用 $Q5$ 定标。

2. 功能模块分析及 VHDL 设计

（1）时序控制模块。此模块主要用来产生对其它模块的时序控制信号。

输入信号 CLR、RES 是复位信号，counter 信号用来控制循环次数；clk_en 信号用来产生新的时钟信号；count_bt 信号用来控制乘法器中系数的第几位与其相关信号相乘；Clk_en 信号每隔 8 个时钟周期产生一个低电平。程序如下：

```
Process(clk,clr,res)
Begin
    if(clr='1' or res='1')then                          --当复位或清零时
        counter<=0;      count_bt<=0;
    elsif(clk'event and clk='1')then
        if(counter<8)then
            clk_en<='1';                                 --时钟 0~7 内为高电平
            counter<=counter+1;                          --自增
            count_bt<=count_bt+7;                        --相当于减 1
        else    counter<=0;  count_bt<=0;
            clk_en<='0';
        end if
    end if;
end process;
```

（2）累加器模块。其功能是将 8 位×1 位乘法器的 5 个输出数据在 8 个时钟周期内累加后，并将其结果输出。clr,res 为复位信号；data_yn 和 data_yntemp 为其和的前 8 位。程序如下：

```
Process(clk_regbt,clk_reg,clr,res)—adder
Begin
    if(clr='1' or res='1') then                         --复位，清零
        sum<= (OTHERS =>'0') ;  data_yn<= (OTHERS =>'0') ;
        elsif(clk_reg='1')then  data_yn<=result(14 downto 7);
                                ---一次运算结束，取前 8 位输出，累加器清零
            data_yntemp<=result(14 downto 7);
            sum<= (OTHERS =>'0') ;
        elsif(clk_regbt='1')then
        sum<=result+add_xn(0)+add_xn(1)+add_xn(2)
       -add_yn(0)-add_yn(1);                            --累加
        else  result<=sum(14 downto 0)&'0';--左移一位实现乘 2 运算
    end if;
```

```
end process;
```

（3）5 路 8 位×1 位模块。为了避免过多地使用乘法器，本设计采用先用系数的一位与其相关数据相乘，再在累加模块中 8 个时钟内累加来实现式（11-24）的运算。程序如下：

```
process(clk)-- get the  addend
    begin
    if(clk'event and clk='0')then
        if (reg_an(0)(count_bt)='1')then add_xn(0)<=reg_xn(0);
        else    add_xn(0)<="00000000";
        end if;
                                --a0 的第 count_bt 位与 x(n)相乘
        if (reg_an(1)(count_bt)='1')then add_xn(1)<=reg_xn(1);
        else    add_xn(1)<="00000000";
        end if;
        if (reg_an(2)(count_bt)='1')then add_xn(2)<=reg_xn(2);
        else    add_xn(2)<="00000000";
        end if;
        if (reg_bn(0)(count_bt)='1')then add_yn(0)<=reg_yn(0);
        else    add_yn(0)<="00000000";
        end if;
        if (reg_bn(1)(count_bt)='1')then add_yn(1)<=reg_yn(1);
        else    add_yn(1)<="00000000";
        end if;
    end if;
end process;
```

（4）数据交换模块。此模块的功能是将 A/D 器件转换所得的数据输入寄存器 $X(N)$，同时将 $X(n)$ 寄存器上一时刻数据送入 $X(n-1)$ 寄存器，同时又将 $X(n-1)$ 寄存器上一时刻数据送入 $X(n-2)$。同理有，$Y(N) \rightarrow Y(N-1)$，$Y(N-1) \rightarrow Y(N-2)$． 程序如下：

```
process(clk_en)
begin
            if(clk_en'event and clk_en='0')then
                data_xn<=ad_data;
            end if;
end process;
process(clk_reg,clr,res)
begin
    if(res='1' or clr='1')then          --复位，清零
        reg_xn(0)<="00000000";
        reg_xn(1)<="00000000";
        reg_xn(2)<="00000000";
        reg_yn(0)<="00000000";
        reg_yn(1)<="00000000";
```

```
        elsif(clk_reg'event and clk_reg='0')then
            reg_xn(2)<=reg_xn(1); -- X(N-1)->X(N-2)
            reg_xn(1)<=reg_xn(0) ; --X(N)->Y(N-1);
            reg_xn(0)<=data_xn ;
            reg_yn(1)<=reg_yn(0);
            reg_yn(0)<=data_yntemp;
        end if;
    end process;
end;
```

【习题】

11-1　对于同类数字滤波器，FPGA 相对于 DSP 器件，其高速优势的根本原因是什么？

11-2　从 VHDL 程序设计的角度出发，叙述 FIR 滤波器设计“方案一”的总体思路。

第 12 章 VHDL 设计平台使用向导

本章所介绍的 VHDL 设计平台主要包括目前流行的一些支持 VHDL 的 EDA 工具软件。内容涉及 VHDL 程序在这些平台上的编辑、编译、综合、仿真、适配、配置、编程/下载和硬件调试等常规操作技术。EDA 工具软件的应用应该是 VHDL 语言学习的重要组成部分。可以说，如果离开了 EDA 工具，VHDL 的学习和应用只能是一句空话。作为实用 VHDL，更应注重对 VHDL 程序设计进行综合后的效果，以及在硬件仿真和测试过程中，对 VHDL 设计的功能验证及系统硬件可行性的确认。正如前面曾提到过的，普通的计算机编程语言的最终实现目标仍是软件代码，因此对一个软件程序可行性的确认，只需通过在 CPU 中运行软件的调试测定即可，而最后可用的目标代码也只需利用编译工具直接获得。然而 VHDL 设计的最终目标远非仅为编译后的可进行行为仿真的代码，也不是适配后的可用于时序仿真的代码。VHDL 设计的最终目标是实现于硬件系统（ASIC、FPGA 或 CPLD）中能忠实反映最初 VHDL 软件设计全部功能的实用系统，而 EDA 工具正是实现这一目标的必要条件。从这个意义上讲，VHDL 的学习应当是一个多层次的过程，它除了包括学习 VHDL 软件程序设计外，还应包括多种形式的仿真技术的学习、可综合的优化 VHDL 程序的设计、EDA 工具的使用、IP 核应用技术的掌握以及各种 FPGA/CPLD 芯片的实用技术、优化综合控制技术、下载配置技术、硬件仿真测试技术、边界扫描测试技术、ASIC 设计技术和 PLD 的接口等技术的掌握。

本章介绍 3 种目前较为流行和实用的 EDA 工具软件，以适应不同读者的需要。这些软件主要是基于 PC 平台的，面向 FPGA 和 CPLD 或 ASIC 设计，比较适合于学校教学、项目开发和相关的科研。鉴于篇幅所限，这些软件更详细的用法，如综合和适配的控制方法、图形编辑方法、多种硬件描述语言的混合使用方法、更详细的仿真方法、EDA 工具间更详细的接口技术以及不同目标芯片的配置/编程方法等，需参阅电子科技大学出版社出版的有关书籍。

§ 12.1 ispVHDL 使用向导

用 VHDL 进行 ispLSI 器件的应用设计，需要 VHDL 仿真器、VHDL 综合器和 ispLSI 器件逻辑适配器。当然，也可以不用 VHDL 仿真器而只用门级仿真器。在 PC 机上，VHDL 仿真器可采用 Model Technology 公司的 ModelSim 仿真器（支持 VHDL 和 Verilog）；VHDL 综合器可采用 Synplicity 公司的 Synplify 综合器（支持 VHDL 和 Verilog）；器件适配器可采用 Lattice 公司的 ispEXPERT Compiler。在此，将上述 EDA 工具软件的组合称为 ispVHDL

设计套件，利用它进行 ispLSI 应用设计的 EDA 流程如图 12-1 所示。图 12-1 中的 ModelSim PE/Plus 4.7h 不带有编辑器，一般可先用 Synplify 的 VHDL 编辑器创建 VHDL 或 Verilog 源程序，或者用其它的编辑器，如 UltraEdit 来创建源程序。

ispEXPERT Compiler 原名为 ispDS+，1998 年更名，功能有所增强，并可支持更多的器件和更多的第三方 EDA 工具。

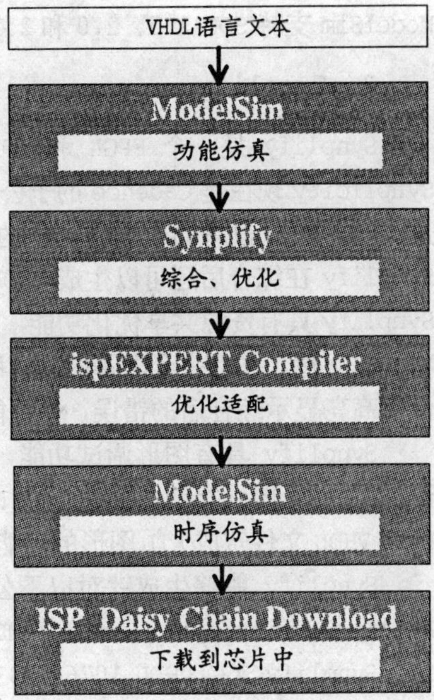

图 12-1　ispLSI EDA 设计流程

12.1.1　ispLSI 系列介绍

ispLSI 系列 CPLD 是美国 Lattice 公司的主要产品，目前的产品容量规模是 1 千～5 万门。ispLSI 系列包括 ispLSI 1K/2K/2KE/3K/5K/6K/8K 7 个子系列，其中 ispLSI 2KE/5K/8K 是 1998 年新推出的 3 个子系列，性能大幅度提高，已能支持 2.5V 电压。ispLSI1K/E 使用了 Lattice 的 E^2CMOS 和在系统可编程技术，适于设计高速和高集成的逻辑电路，64～192 个宏单元，速度特性为 91～125MHz。

ispLSI2KE 是 SupperFast®子系列，工作频率可达 200MHz，32～128 个宏单元。ispLSI3K 系列增加了对边界扫描测试的支持，速度可达 125MHz。

ispLSI5K 是 SuperWide®系列，支持 32 位和 64 位宽度的逻辑函数，提供 68 个输出端的逻辑块，允许逻辑设计者设计和开发现代逻辑系统而不增加延迟。

ispLSI5KV 是 Lattice 第二代 3.3V isp PLD，256～512 个宏单元，1.2 万～2.4 万个 PLD 门，速度可达 125MHz，完全支持 JTAG 接口。I/O 输出支持 5V、3.3V 和 2.5V 信号。

ispLSI8K 属 SuperBig®系列，是目前工业界所能获得的容量最大的 CPLD，480～840 个宏单元，720～1152 个寄存器，25000～43750 个 PLD 门。

12.1.2　ispVHDL 设计套件介绍

1. ModelSim

ModelSim 是 Model Technology 公司的著名产品，支持 VHDL 和 Verilog 的混合仿真。Model Technology 现在已经是 Mentor Graphics 公司的子公司。

使用 ModelSim 可以进行 3 个层次的仿真，即 RTL（寄存器传输层次）、Functional（功能）和 Gate-Level（门级）。RTL 级仿真仅验证设计的功能，没有时序信息；功能级是经过 VHDL 综合器综合后，针对特定目标器件生成的 VHDL 网表进行仿真；而门级仿真是经过布线器、适配器后，对生成的门级 VHDL 网表进行的仿真，此时在 VHDL 网表中含有精确的时序延迟信息，因而可以得到与硬件相对应的时序仿真结果。

ModelSim VHDL 支持 IEEE 1076-1987 和 IEEE 1076-1993 标准。ModelSim Verilog 基于 IEEE 1364-1995 标准，在此基础上针对 Open Verilog 标准进行了很大的扩展。此外，ModelSim 支持 SDF 1.0、2.0 和 2.1，以及 VITAL 2.2b 和 VITAL'95。

2. Synplify

Synplify 是一个 FPGA 和 CPLD 逻辑综合工具，是 Synplicity 公司的著名产品。Synplicity 现在是 Cadence 的子公司。Synplify 支持工业标准的 Verilog 和 VHDL 硬件描述语言，能以很高的效率将它们的文本文件转换为高性能的面向流行器件的设计网表。Synplify 在综合后还可以生成 VHDL 和 Verilog 仿真网表，以便对原设计进行功能仿真。Synplify 具有资源共享优化功能，含符号化的 FSM（有限状态机）编译器，以实现高级的状态机优化，并有一个内置的语言敏感的编辑器。Synplify 的编辑窗口可以在 HDL 源文件中高亮显示综合后的错误，以便能够迅速定位和纠正所出现的问题。

Synplify 具有图形调试功能，在编译和综合后可以以图形方式观察结果。有两种图形，即 RTL 图、Technology 图。RTL 图形方式是经过编译还没有综合的结果。Synplify 能将 VHDL 文件转成 RTL 图形的功能，这十分有利于 VHDL 的速成学习。

Synplify 能够生成针对以下公司器件的网表：Actel、Altera、Lattice、Lucent、Philips、QuickLogic、Vantis(AMD)和 Xilinx。

Synplify 支持 VHDL 1076-1993 标准和 Verilog 1364-1995 标准。

3. ispEXPERT Compiler

ispEXPERT Compiler 是 Lattice 公司的适配器（Fitter），可以支持多种第三方 EDA 工具生成的网表（EDIF）文件。ispEXPERT Compiler 支持 Lattice 公司 ispLSI1K/2K/3K/5K/6K 器件的适配。在适配后能够生成 VHDL 网表文件、Verilog 网表文件以及 EDIF 网表文件，可供设计者用于精确的时序仿真。

ispEXPERT Compiler 中集成了时序分析器、图形化的引脚锁定编辑控制窗以及高性能的优化适配器，支持 EDIF、PLA 和 LAF3 种设计输入方式，可以与第三方 VHDL 工具配合使用。目前支持 Viewlogic、Synopsys、Synplicity、Aldec、VeriBest、OrCAD、Cadence、Mentor Graphics 和 Exemplar Logic 等公司的 EDA 工具，并支持 Lattice 公司最新的 ispLSI2KE、ispLSI5KV 和 ispLSI8K 系列器件。

12.1.3 ispVHDL 设计向导

这里以设计和测试一个 4 位二进制计数器为例，展示用 VHDL 设计 ispLSI 应用的基本过程和上述各种软件的使用向导，读者若能循步仿练，可在短期内熟悉设计全过程。

4 位二进制计数器的 VHDL 源程序如下：

【程序 12-1】

```
LIBRARY IEEE ;
USE IEEE.STD_LOGIC_1164.ALL ;
```

```
ENTITY Cnt4b IS
    PORT ( CLK : IN STD_LOGIC ;
           Q : BUFFER INTEGER RANGE 0 TO 15 ) ;
END Cnt4b ;
ARCHITECTURE one OF Cnt4b IS
BEGIN
    PROCESS ( CLK )
    BEGIN
        IF CLK'EVENT AND CLK = '1' THEN
            IF Q = 15 THEN   Q <= 0 ;
            ELSE  Q <= Q + 1 ;  END IF;
        END IF ;
    END PROCESS ;
END one ;
```

在正式设计之前，需利用 DOS 或 Windows 为此设计单独建立一个目录，如在 D 盘建一目录（假设 D 盘可用）：D:\ISPEXAM 。对于以下每一设计都必须首先为它建立一单独的目录。

1. 编辑 VHDL 源程序 Cnt4b.vhd

首先在 Windows 98 中选择“开始”→“Synplicity”→“Synplify”菜单，运行 Synplify。进入 Synplify 界面（如图 12-10 所示）后选择“File”→“New”菜单，在弹出的对话框中选择“HDL File”。将上文的源程序输入到当前打开的文件编辑窗口中，然后选择“File”→“Save”菜单。在弹出的窗口中，将文件保存在刚才建的目录 D:\ISPEXAM 中。文件可取名为 Cnt4b.vhd（Synplify 中的 VHDL 文件取名可以是任意的）。通过选择菜单“Tools”→“Syntax Check”来对当前正在编辑的源程序进行语法检查，直到无语法错误为止，保存修改结果。注意，在文件存盘后，文件中的关键词都会变成蓝色，否则说明此关键词写错。

关闭此文件编辑器（这时将回到如图 12-10 所示的窗口）。如果需要对此设计进行行为仿真，可直接进行下一段的操作；如果不打算行为仿真，而希望直接进入综合，可跳过此段，从第 3 段“利用 Synplify 对 Cnt4b.vhd 进行逻辑综合”开始。对于小系统设计，一般不必进行行为仿真，功能仿真/时序仿真和硬件仿真就足够了。

2. 在 ModelSim 中对 Cnt4b.vhd 进行行为仿真

在 Windows 中选择“开始”→“Model Tech”→“ModelSim”菜单，运行 ModelSim。

(1) 在 ModelSim 环境中选择菜单“File”→“Directory…”（如图 12-2 所示），将当前操作目录切换到 D:\ISPEXAM 目录。

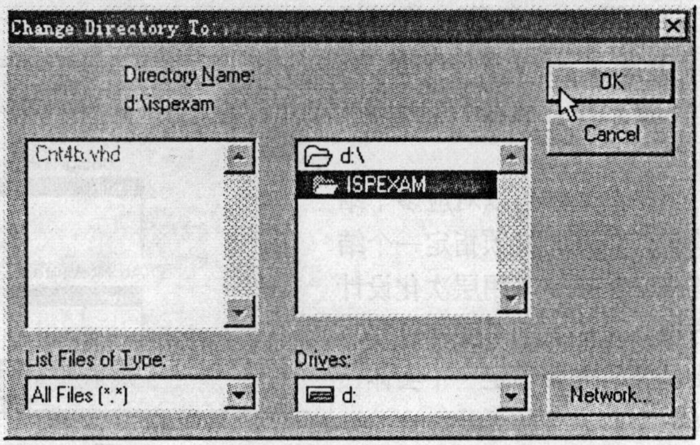

图 12-2　ModelSim 环境“Directory…”对话框

后面的相关操作都在这个目录中进行。

(2) 选择“Library”→“New”菜单，输入“WORK”，建立以子目录为 WORK 的 WORK 库（如图 12-3 所示）。WORK 库是仿真时所必须的一个默认库，仿真时所有需要的设计实体都必须编译到这个库中。因此在编译之前要首先建立 WORK 库（请参阅第 3 章）。如果此前已经在当前目录下建立了 WORK 库(子目录)，则不需要这一步。

图 12-3　建立 WORK 库对话框

(3) 选择“File”→“Compile VHDL…”菜单，弹出如图 12-4 所示的对话框，选中 Cnt4b.vhd，然后按“Compile”按钮，编译 Cnt4b.vhd，完成后点击“Done”按钮，关闭编译对话框。编译成功后，设计实体 Cnt4b 及其所有结构体都以特殊格式自动存储到 WORK 库中，以供后面仿真之用。本例中，设计实体 Cnt4b 只有一个结构体 one 被编译到了 WORK 库中（请注意，此编译文件仅供仿真，不能用于综合）。

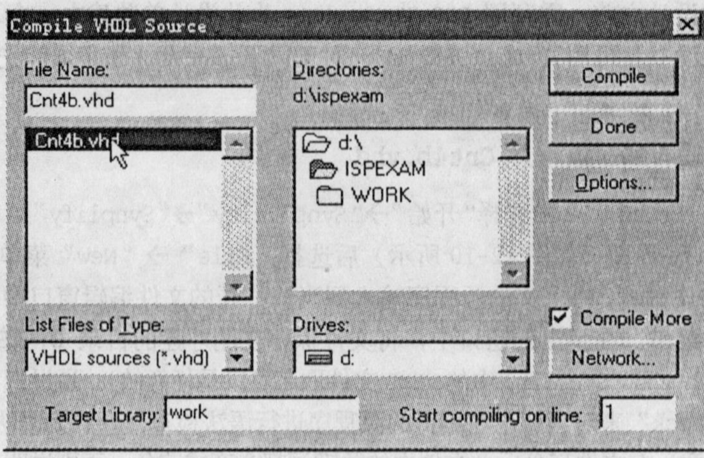

图 12-4　源程序编译对话框

(4) 选择“File”→“Simulate…”，系统弹出“Simulate a Design”对话框（如图 12-5 所示）。在对话框中用鼠标点中“Entity Cnt4b”，按“确定”按钮即可开始仿真过程。

一个实体可以对应多个结构体，仿真时必须指定一个结构体。如果是采用层次化设计方法，可能有多个实体存在，则仿真时需要指定一个实体，然后对其进行仿真。

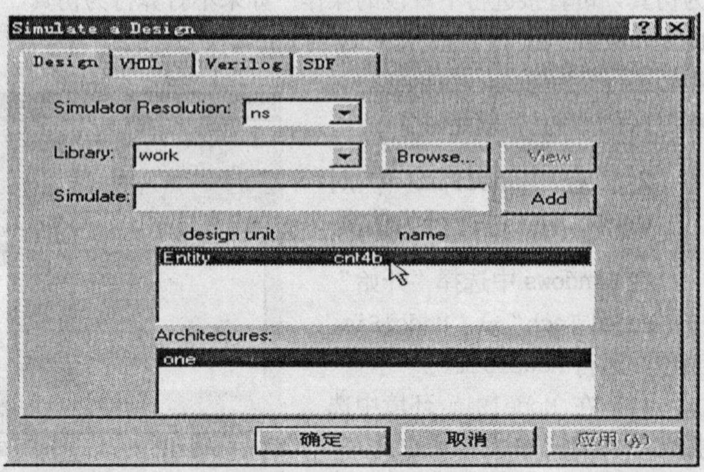

图 12-5　VHDL 源程序仿真对话框

(5) 选择主菜单的“View”→“Wave”菜单，系统打开波形（Wave）窗口（如图 12-6 所示），可用于观察和分析仿真输出波形。

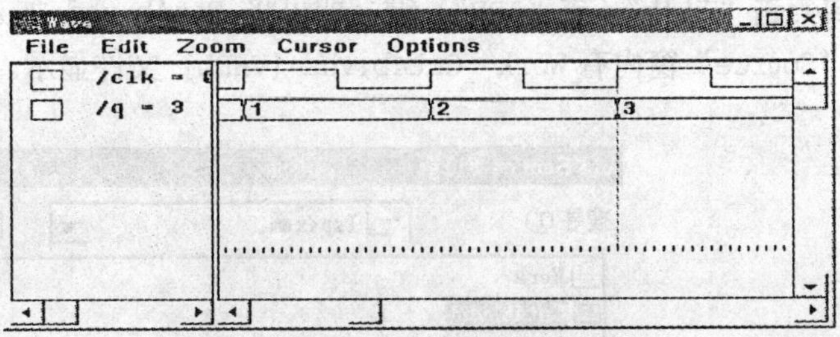

图 12-6 仿真波形窗口

(6) 选择主菜单的“Signals”→“Add to Waveform”→“Signals in Region”菜单，Cnt4b 中定义的两个信号 clk 和 q 即显示在波形窗口中（图 12-6）。

(7) 返回到“Transcript”子窗口，在 ModelSim 命令行中输入以下命令：

```
force clk 0 0, 1 50 -repeat 100
```

按 Enter 键执行此命令，这条命令用来设置时钟波形，设周期为 100 ns；第 0 ns 时为低电平 0，在第 50 ns 时变为高电平 1，重复周期为 100 ns。

(8) 然后切换当前子窗口到波形（Wave）窗口，连续选择“Run”→“Run 100 ns”菜单，或连续按“Run”按钮，观察仿真输出波形。

ModelSim 的命令请参见第 8 章。

3. 利用 Synplify 对 Cnt4b.vhd 进行逻辑综合

利用 VHDL 综合工具 Synplify 将设计文件针对特定的芯片系列进行综合。

(1) 进入 Synplify 集成环境（这时可能已处于此环境中，如图 12-10 所示），选择“File”→“New”菜单，选中 Project 项目，按下“OK”键，即弹出如图 12-10 所示的窗口。请注意，这时窗口的左上角标为 Unsaved Project，这是一个为新设计工程打开的窗口，即创建一个空的工程文件。选择“File”→“Save”菜单（如图 12-7 所示），在此对话框中，先选目录为 D:\ISPEXAM（若未进行过以上的行为仿真，将没有如图 12-7 所示的 Work 子目录），再于“文件名”子窗口键入文件名 CNT4.prj，按“保存”键后，即将此工程文件保存进 D:\ISPEXAM 目录中的 CNT4.prj 中。这时，图 12-10 窗口左上角将显示“D:\ISPEXAM\CNT4.prj”，此窗即为 CNT4.prj 的工程窗。

(2) 按下 D:\ISPEXAM\CNT4.prj 工程文件操作窗(图 12-10)中“Add”按钮，在弹出

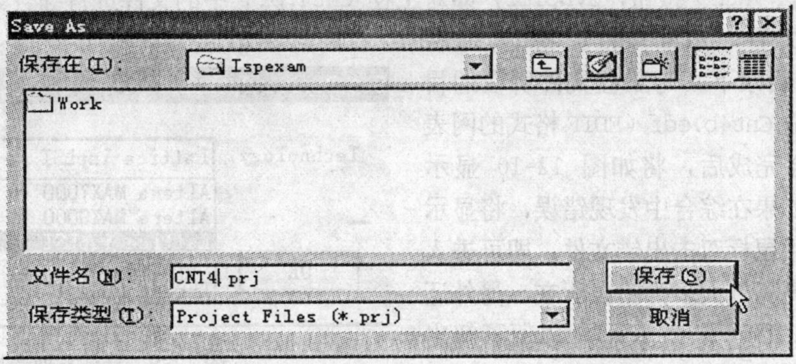

图 12-7 将工程文件保存为 D:\ISPEXAM 目录中的 CNT4.prj

的“Add Source Files”窗口中（图 12-8）（先选到此文件的目录）点中文件 Cnt4b.vhd，再点击“打开”（或“ADD”）键，即可将 Cnt4b.vhd 加入到此工程文件中。这时，窗口的“Source”窗内有 Work Cnt4b.vhd [VHDL] 文件显示。

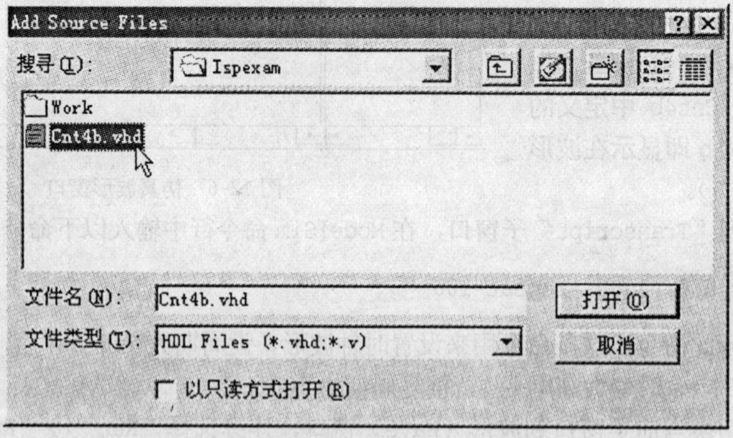

图 12-8 将 Cnt4b.vhd 加入到工程文件中

另请注意，如果是调用现成的设计文件进入 Synplify 进行综合，方法同此段介绍的类似。需首先在既定的设计文件的目录下为此建立一个工程，然后将此目录内的有关 VHDL 文件通过按键“ADD”加入到此工程中。如果这个工程中有多个 VHDL 文件（不同结构层次的），应将此工程的所有文件调入综合窗口（图 12-10）进行统一综合。顶层设计文件应排在最下面，如果不是，可以用鼠标拖动文件，改动此文件在工程中的位置，这样就可以随意指定顶层设计文件。

(3) 按下“Change”按钮（在如图 12-10 所示窗口中的 Change Target），在弹出的对话框“Set Device Options”中（如图 12-9 所示），在“Technology”右边的下拉框中选择“Lattice ispLSI”，再按“OK”按钮。表明此设计的综合目标器件系列为 Lattice 公司的 ispLSI。图 12-9 选择在系统可编程逻辑器件（当然也可以选其它公司的器件系列，如 Altera 的 FLEX10K，综合后的 EDIF 标准文件可进入对应公司的适配/布线器）。这说明综合是针对某一系列特定的硬件来进行的。

(4) 按下“Run”按钮，Synplify 即对工程 Cnt4.prj 中的文件进行综合。在本例中只有一个文件 Cnt4b.vhd。综合后在 D:\ISPEXAM 目录下（与工程文件所在的目录相同）生成 Cnt4b.edf（EDIF 格式的网表文件）。综合完成后，将如图 12-10 显示“Done!”。如果在综合中发现错误，将显示于窗口中，用鼠标双击出错文件，即可进入文件编辑，高亮处大多为错误所在。另外还可以点击窗口的“View Log”，以便了解出错说明。排错后重新综合。

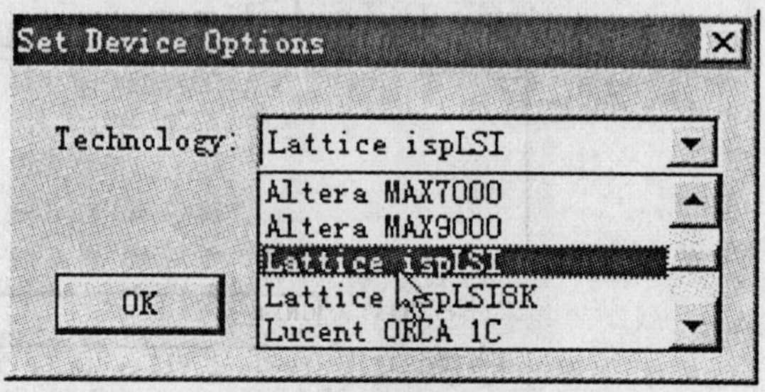

图 12-9 器件系列选择框

(5) 选择主窗口的“HDL Analyst”→“RTL View”菜单，将弹出如图 12-11 所示的图形观察窗，通过此窗可以浏览经过综合生成的 RTL 方式的电路原理图。仔细核对此电路与设计程序的功能描述是否吻合。这是根据源程序的逻辑描述生成的原理图，可用于定性检查原设计的正确性。此功能对调试 VHDL 设计非常有用。

为了得到此设计综合后的门级电路图，可在 HDL Analyst 中选 Technology View 菜单。请特别注意，对于不同的综合目标器件，尽管逻辑功能一样，但其门级电路结构是不一样的。不妨选两种器件综合后作一比较。

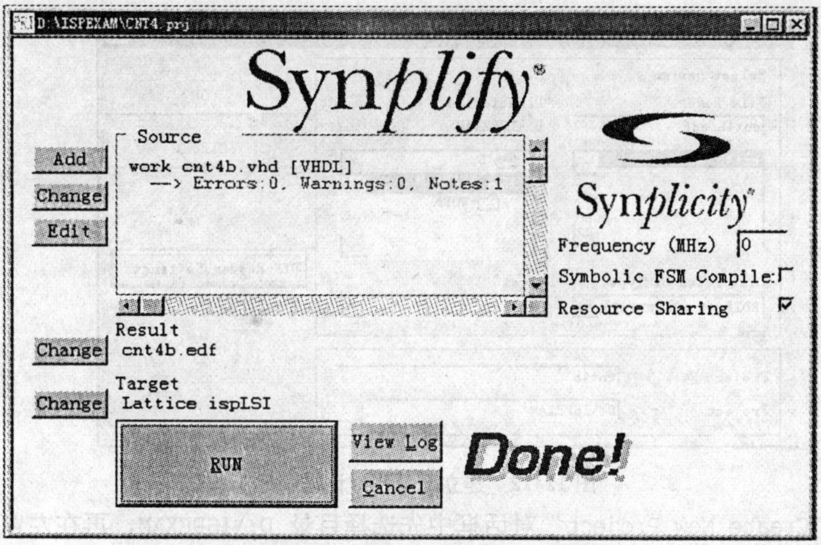

图 12-10　工程文件操作窗（主集成环境窗）

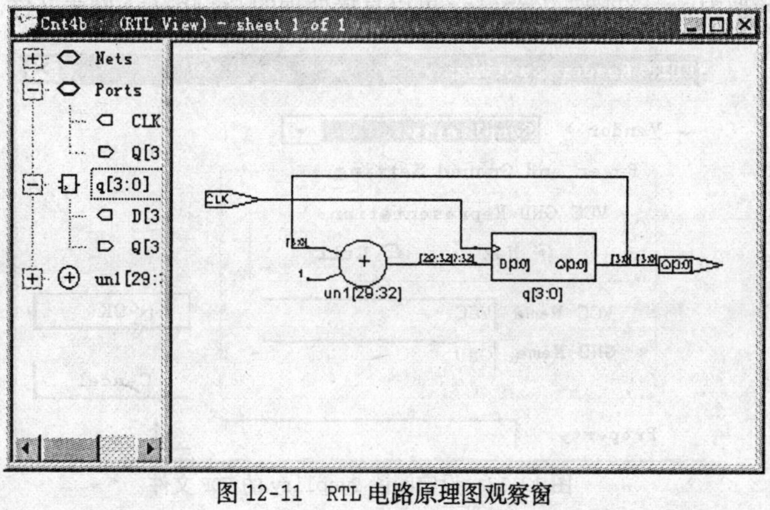

图 12-11　RTL 电路原理图观察窗

4. 利用 ispEXPERT Compiler 对 Cnt4b.edf 进行适配（布线优化）

利用 Lattice 的 ispEXPERT Compiler 将获得的网表文件映射到实际芯片中进行布线

适配，形成最后可用于硬件系统下载的JED格式的文件。操作步骤如下：

(1)在Windows的“程序”中“Lattice Semiconductor”项运行ispEXPERT Compiler。

(2) 选择“Project”→“New”菜单，系统将弹出“Create New Project”对话框（图12-12）。按下对话框右边的“EDIF Reader Settings”按钮，在弹出的“EDIF Reader Settings”对话框（图12-13）中的Vendor框中选“Synplicity”，以便接受来自Synplify的EDIF网表文件，然后按“OK”键。若要更新设计和EDF文件，可选菜单“Project”→“Update”。

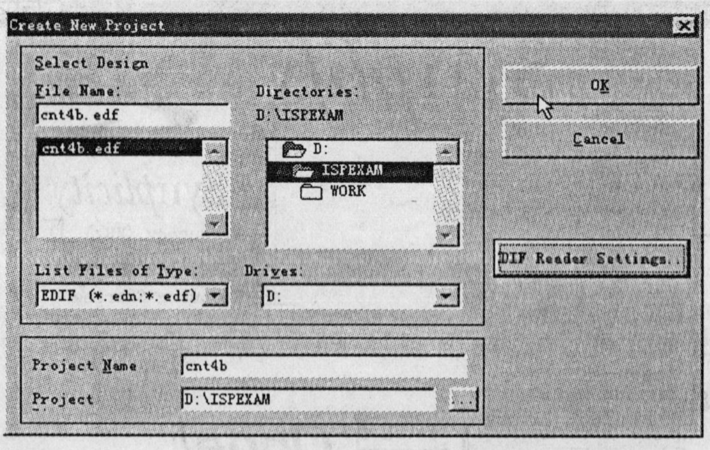

图12-12 建立新工程对话框

(3) 在“Create New Project”对话框中先选择目录D:\ISPEXAM，再在左窗中选已显示的文件“Cnt4b.edf”，按“OK”按钮。这时ispEXPERT Compiler将刚才在Synplify中已综合好的Cnt4b.edf调入ispEXPERT Compiler，并以此建立一个工程。首先将Cnt4b.edf转换为ispEXPERT Compiler可以直接处理的Cnt4b.laf网表文件。

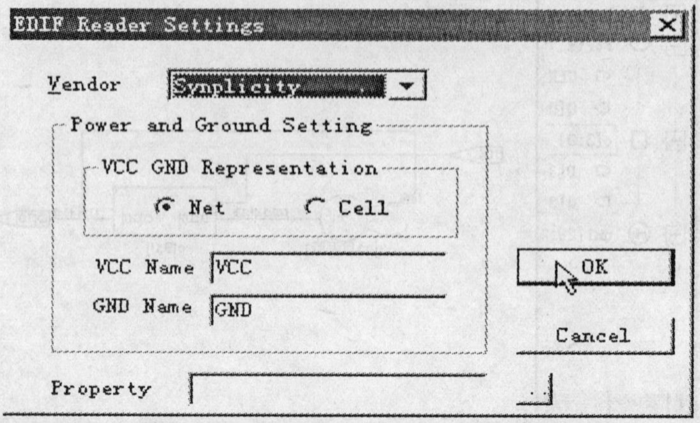

图12-13 设定阅读Synplify的EDF文件

(4) 选择“Assign”→“Device…”菜单，系统弹出“Device Selection”对话框（图12-14）。在此框中选择器件“ispLSI1032E-70LJ84”，按OK按钮。这是为了后面便于硬件仿真才作此选择，也可以选其它器件，但必须是Lattice ispLSI系列的器件；若选其它系列，必须首先在 Synplify 综合时就确定。

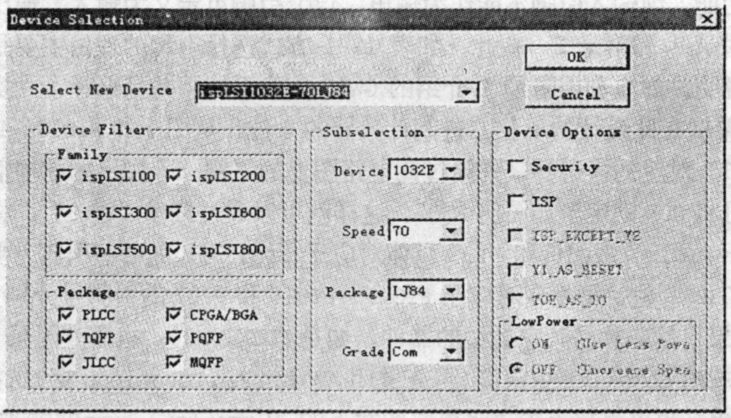

图 12-14　选择适配目标器件对话框

(5) 选择“Assign”→“Pin Locations”菜单，ispEXPERT Compiler 打开一个子窗口以便锁定芯片引脚（如图 12-15 所示）。此时在子窗口左边的“Unassigned”栏中已列出了本项设计实体中定义的所有对外的端口信号 CLK、Q(0)..Q(3)，蓝色为输入，黄色为

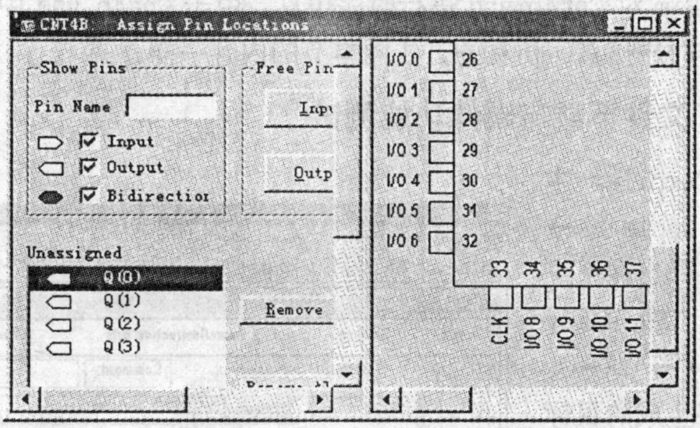

图 12-15　芯片引脚锁定对话框

输出。现可用鼠标在此栏里点中一个引脚信号名，然后在右边芯片图的引脚方框内的某一引脚上双击鼠标（如对应于 CLK 可点击 I/O7，第 33 脚），该信号即被锁定到双击鼠标的引脚上（该引脚颜色发生变化）。如果要改变引脚，可在已选的引脚上再次双击，即可退去此选择。引脚选定可参考表 12-1 所列情况来锁定。

如果希望将锁定引脚的信息保留起来，以便下次引脚设置之用，可作如下操作：

在“Pin Location Assignment”子窗口（图 12-15）的左下侧，有一个“Save Pin Assignments”按钮，按此按钮可以将当前的引脚锁定存盘为文件，在弹出的对话框中输入文件名，扩展名默认为.ppn。以后需要用的时候，可以按“Read Pin File…”按钮来读取该引脚锁定文件。

表 12-1

信号		引脚
CLK	→	I/O7 (PIN 33)
Q(0)	→	I/O16(PIN 45)
Q(1)	→	I/O17(PIN 46)
Q(2)	→	I/O18(PIN 47)
Q(3)	→	I/O19(PIN 48)

当将所有的引脚如表 12-1 作了选择后，“Unassigned”

窗的内容将全部进入“Assigned Pins”窗。引脚的选择虽然是任意的，但也必须了解所选芯片的各引脚功能，纯输入引脚不能作为输出，I/O 引脚可定义为输入、输出或双向。详细情况请参阅附录 1 和附录 2。在此，如表 12-1 方式选择引脚的理由主要是为了便于后面的硬件测试说明。如果利用附录 1 介绍的 GW48 实验系统，并且选择了“实验电路结构图 NO.5”，并希望在此设计的 4 位二进制计数器的 4 位，从图上的 PIO19～PIO16 端口输出至“数码管 1”对应的译码器，并通过此电路图上的“键 8”发出的脉冲信号作为计数时钟信号，则可将 CLK 锁定于如图的 PIO7。这样就可以通过按动“键 8”，将计数显示于数码管 1；至于 PIO19～PIO16 和 PIO7 具体对应于 isp1032E 的哪些引脚，要查附录 1 列表的“ispLSI1032E”栏，可发现对应于 PIO19～PIO16 和 PIO7 的引脚号分别为 48、47、46、45 和 33。如果目标芯片是其它类型的器件，如是 FLEX10K20，也需查附录 1。

(6) 在 ispEXPERT Compiler 主窗口（可先关闭 Assign Pin Locations 窗）选择“Tools”→“Compile”菜单（也可直接点击“飞机”图案下的“Compile”），ispEXPERT Compiler 将立即对 Cnt4b.laf 进行编译、优化和适配。如果成功，则生成目标文件 Cnt4b.jed。在下面将介绍把 Cnt4b.jed“烧写”进 isp1032E 中的方法。

(7) 选择“Interfaces”→“VHDL Writer”，ispDS+将生成一个 VHDL 网表文件 Cnt4b.vhd，用来对 Cnt4b 进行时序仿真。

(8) 利用 ModelSim 对 Cnt4b.vhd 进行时序仿真。由于 Cnt4b.vhd 中包含了时序延迟信息，所以可用来作时序仿真。仿真的方法同本节的内容一样。

5. Cnt4b.jed 文件下载与硬件功能测试

在 ispEXPERT Compiler 主窗口中，选择“Tools”→“ispDCD”菜单，将弹出在系统下载对话框“LSC ISP Daisy Chain ownload …”(图 12-16)。在此对话框中即可将生成的目标文件 Cnt4b.jed 下载进目标系统或实验板上的 ispLSI1032E 芯片中进行硬件测试。首先连接 ISP 下载电缆。在此下载窗口，选择菜单“Configuration”→“Scan Board”(或直接点击上排菜单键“SCAN”)，如果接线无误，目标系统工作正常，可以将电路板上接在菊花链上的所有的 Lattice ISP 芯片扫描出来，否则将不可能得到如图 12-16 中显示的关于 1032E 的条目。

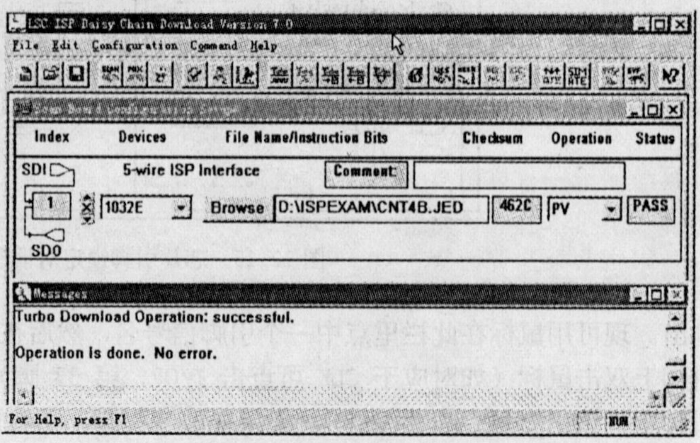

图 12-16　在系统编程下载窗口

接下去可对板上的 1032E 进行编程（烧录）。先用“Browse”按钮选择 Cnt4b.jed 文件。选择菜单“Command”→“Run Operation”菜单（或直接点击上排一“小人”键），即可将 Cnt4b 下载到电路板上的芯片中，如果没有问题，将在右小窗显示“PASS”。最后，就可以进行实验板上的硬件测试了，详细方法可参见附录 1。

6. VHDL 中调用 Lattice 宏

Lattice 在 ispEXPERT Compiler 的宏库（Macro Library）中提供了许多宏（Macro）模块，可以在 VHDL 中调用。Lattice 宏分为算术运算、编码器、计数器、I/O 引脚、逻辑门、多路选择器和寄存器等几大类共 600 多个宏。在使用 ispLSI6000 系列中的 RAM 等子模块时，Lattice 宏特别有用。Lattice 宏基本上都是用原理图设计的，逻辑综合效率很高。

下面讨论在使用 Synplify 综合器时，调用 Lattice 宏的方法。Lattice 宏已经定义在 Lattice 库中的程序包 components 中，在使用之前，需加入以下语句：

```
LIBRARY LATTICE;
USE LATTICE.COMPONENTS.ALL ;
```

加入这两条语句后，就可以像使用普通的元件一样，用元件例化语句调用 Lattice 宏。ispEXPERT System 的 manuals 子目录中备有关于 Lattice 宏的参考手册。

利用 Synplify 进行 ispLSI 设计需要熟悉 ispLSI 的内部结构才能设计出紧凑、高效的代码。一般在下载到目标器件之前，时序仿真是必须的一步，这时对于小规模的设计，RTL 级仿真和功能仿真就可以省略了。为了精确控制芯片的资源，在用 Synplify 进行 VHDL 综合后，用“RTL View”和“Technology View”菜单仔细观察生成的电路图，通过修改 VHDL 源程序来消除不必要的资源。

§ 12.2 Altera MAX+plus II VHDL 使用向导

MAX+plus II 界面友好，使用便捷，被誉为业界最易用易学的 EDA 软件。MAX+plus II 支持原理图、VHDL 和 Verilog 语言文本文件，以及波形与 EDIF 等格式的文件作为设计输入，并支持这些文件的任意混合设计。MAX+plusII 具有门级仿真器，可以进行功能仿真和时序仿真，能够产生精确的仿真结果。在适配之后，MAX+plusII 生成供时序仿真用的 EDIF、VHDL 和 Verilog 3 种不同格式的网表文件。

MAX+plusII 支持主流的第三方 EDA 工具，如 Synopsys、Cadence、Synplicity、Mentor、Viewlogic、Exemplar 和 Model Technology 等。MAX+plusII 支持除 APEX20K 系列之外的所有 Altera FPGA/CPLD 大规模逻辑器件。

1. 创建源程序 Cnt4.vhd

程序 12-5 中 Cnt4.vhd 是 4 位二进制计数器的 VHDL 源程序。选择菜单“File”→“New…”，出现如图 12-17 所示的对话框，在框中选中“Text Editor file”，按“OK”按钮，即选中了文本编辑方式。在出现的“Untitled - Text Editor” 文本编辑窗

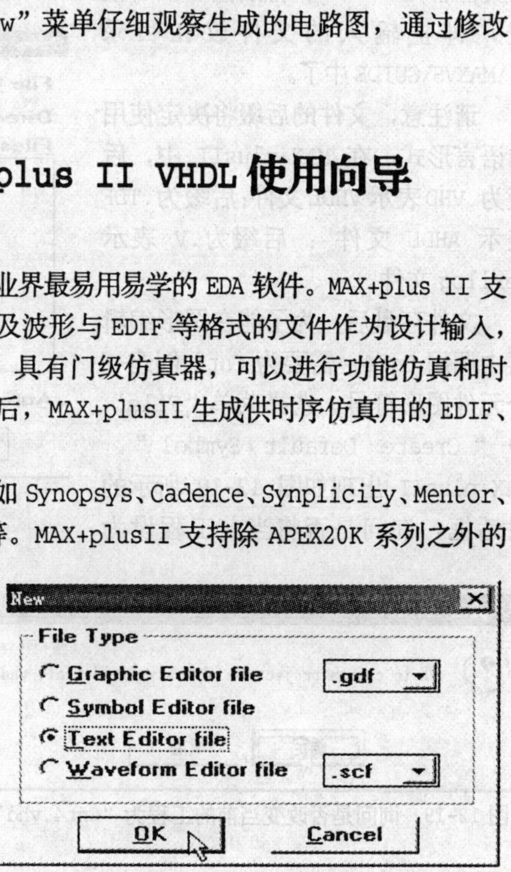

图 12-17　New 对话框

口中输入以下程序：

【程序 12-2】

```
LIBRARY IEEE ;
USE IEEE.STD_LOGIC_1164.ALL ;
ENTITY CNT4 IS
    PORT ( CLK : IN STD_LOGIC ;
             Q   : BUFFER INTEGER RANGE 0 TO 15) ;
END ;
ARCHITECTURE one OF CNT4 IS
BEGIN
    PROCESS (CLK)
    BEGIN
        IF  CLK'EVENT AND CLK = '1'  THEN  Q <= Q + 1 ;    END IF;
    END PROCESS ;
END ;
```

输入完毕后，选择菜单“File→Save”，即出现如图 12-18 所示的对话框。首先在“Directories”目录框中选择存放本文件的目录 D:\MAXVS\GUIDE，在“File Name”框中输入文件名 Cnt4.vhd，然后按“OK”按钮，即把输入的文件放在目录 D:\MAXVS\GUIDE 中了。

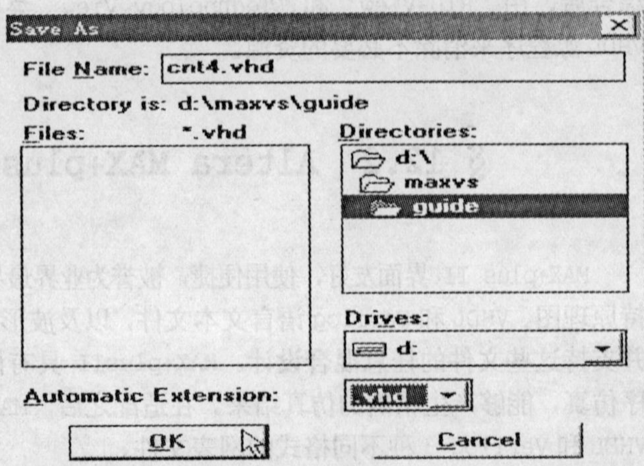

图 12-18　保存 Cnt4.vhd

请注意，文件的后缀将决定使用的语言形式，在 MAX+plusII 中，后缀为.VHD 表示 VHDL 文件；后缀为.TDF 表示 AHDL 文件；后缀为.V 表示 Verilog 文件。

文件存盘后，为了能在图形编辑器中调用 Cnt4，需要为 Cnt4 创建一个元件图形符号。选择菜单“File”→“Create Default Symbol”，MAX+plusII 出现如图 12-19 所示的对话框，询问是否将当前工程设为 Cnt4，可按下“确定”按钮。这时 MAX+plusII 调出编译器对 Cnt4.vhd 进行编译，编译后生成 Cnt4 的图形符号。如果源程序有错，要对源程序进行修改，重复上面的步骤，直到此元件符号创建成功。成功后出现如图 12-20 所示的对话框。退出编译器，再退出编辑器，回到主窗口。

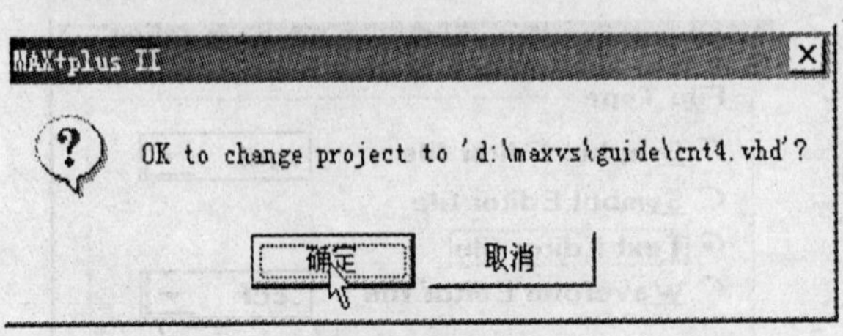

图 12-19　询问是否改变当前的工程为“Cnt4.vhd”

2. 创建源程序 Decl7s.vhd

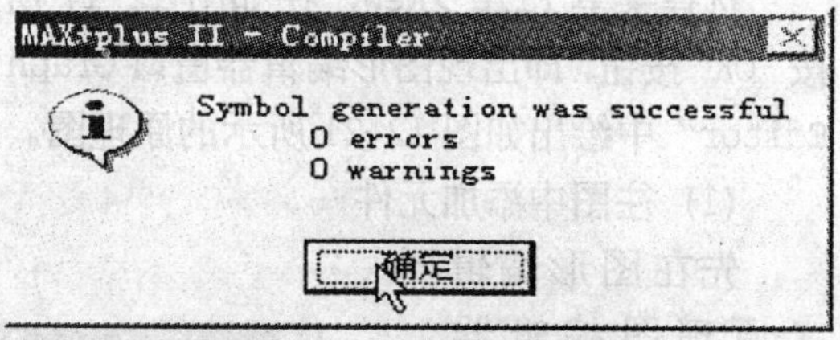

图 12-20 元件符号创建成功

Decl7s.vhd 完成 7 段显示译码器的功能，用来将 4 位二进制数译码为驱动 7 段数码管的显示信号。Decl7s.vhd 及其元件符号的创建过程同上，即重复以上“1.创建源程序 Cnt4.vhd”的全过程即可，文件放在同一目录 D:\MAXVS\GUIDE 内，其源程序如下：

【程序 12-3】

```
LIBRARY IEEE ;
USE IEEE.STD_LOGIC_1164.ALL ;
ENTITY DecL7S IS
   PORT ( A      : IN  STD_LOGIC_VECTOR(3 DOWNTO 0) ;
          LED7S  : OUT STD_LOGIC_VECTOR(7 DOWNTO 0)   ) ;
END ;
ARCHITECTURE one OF DecL7S IS
BEGIN
   PROCESS( A )
   BEGIN
      CASE  A(3 DOWNTO 0)  IS
        WHEN "0000" =>  LED7S <= "00111111" ; -- X“3F”→0
        WHEN "0001" =>  LED7S <= "00000110" ; -- X“06”→1
        WHEN "0010" =>  LED7S <= "01011011" ; -- X“5B”→2
        WHEN "0011" =>  LED7S <= "01001111" ; -- X“4F”→3
        WHEN "0100" =>  LED7S <= "01100110" ; -- X“66”→4
        WHEN "0101" =>  LED7S <= "01101101" ; -- X“6D”→5
        WHEN "0110" =>  LED7S <= "01111101" ; -- X“7D”→6
        WHEN "0111" =>  LED7S <= "00000111" ; -- X“07”→7
        WHEN "1000" =>  LED7S <= "01111111" ; -- X“7F”→8
        WHEN "1001" =>  LED7S <= "01101111" ; -- X“6F”→9
        WHEN "1010" =>  LED7S <= "01110111" ; -- X“77”→10
        WHEN "1011" =>  LED7S <= "01111100" ; -- X“7C”→11
        WHEN "1100" =>  LED7S <= "00111001" ; -- X“39”→12
        WHEN "1101" =>  LED7S <= "01011110" ; -- X“5E”→13
        WHEN "1110" =>  LED7S <= "01111001" ; -- X“79”→14
        WHEN "1111" =>  LED7S <= "01110001" ; -- X“71”→15
        WHEN OTHERS =>  NULL ;
      END CASE ;
   END PROCESS ;
END ;
```

3. 创建源文件 TOP.GDF

TOP.GDF 是本项示例的最顶层的图形设计文件，调用了前面 1、2 段创建的两个功能元件，将 Cnt4.vhd 和 Decl7s.vhd 两个模块组装起来，成为一个完整的设计。

选择菜单 File→New，在如图 12-17 所示的对话框中选择“Graphic Editor File”，按“OK”按钮，即出现图形编辑器窗口 Graphic Editor。现按照以下给出的方法在“Graphic Editor”中绘出如图 12-21 所示的原理图。

(1) 往图中添加元件

先在图形编辑器（原理图编辑器）Graphic Editor 中的任何位置双击鼠标，将出现如图 12-22 所示的 Enter Symbol 对话框。通过鼠标选择一个元件符号，或直接在“Symbol Name”框中输入元件符号名（已设计的元件符号名与原 VHDL 文件名相同）。按“OK”按钮，选中的元件符号立即出现在图形编辑器中的双击鼠标的位置上（如果在调出的元件上双击鼠标，就能看到元件内部的逻辑结构或逻辑描述）。

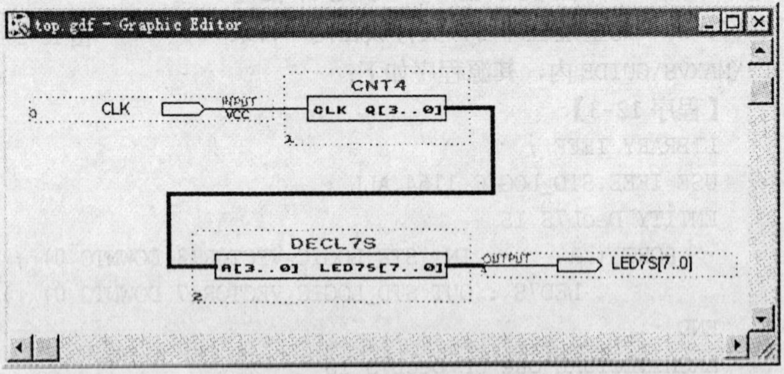

图 12-21 顶层设计原理图

现在“Symbol Files”窗中已有两个元件符号 Cnt4 和 Decl7s（如果没有，可用鼠标双击“Symbol Libraries”窗口内的 d:\maxvs\guide 目录即可，因为刚才输入并编译过的两个 VHDL 文件都在此目录中），即为刚才输入的两个 VHDL 文件所对应的元件符号，元件名与对应的 VHDL 文件名是一样的。用鼠标选择其中一个元件，再选 OK，此元件即进入原理图编辑器，然后重复此过程，将第二个元件调入原理图编辑器。用鼠标按在元件上拖动，即可移动元件，并如图 12-21 所示，排好它们的位置。

接着可为元件 Cnt4 和 Decl7s 接上输入输出接口。输入输出接口符号名为“INPUT”和“OUTPUT”，在库“prim”中，即在如图 12-22 所示的 e:\maxplus2\max2lib\prim 的目录内，双击它，即刻在“Symbol Files”子窗口中出现许多元件符号，选择“INPUT”和“OUTPUT” 元件进入原理图编辑器。当然也可以直接在“Symbol Name”文本框中输入“INPUT”或“OUTPUT”，MAX+plusII 会自动搜索所有的库，找到 INPUT 和

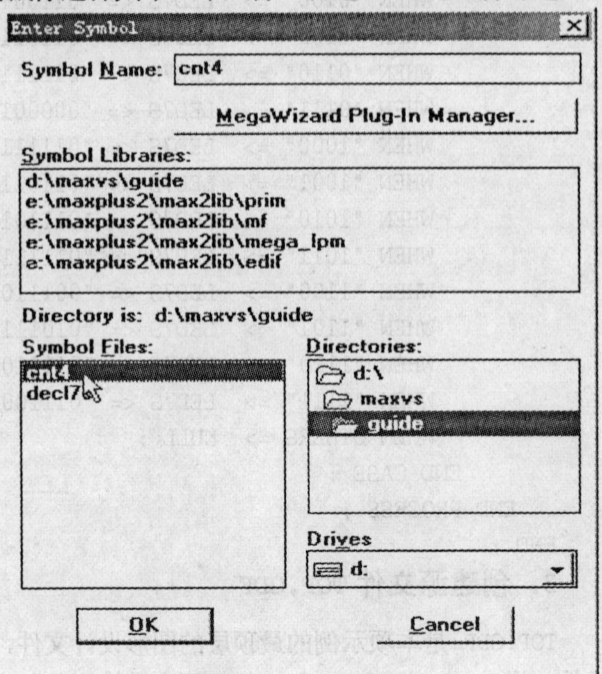

图 12-22 输入元件

OUTPUT 元件符号。

(2) 在符号之间进行连线

先按如图 12-21 的方式，放好输入/输出元件符号，再将鼠标箭头移到符号的输入/输出引脚上，鼠标箭头形状会变成“＋”字形，然后可以按着鼠标左键并拖动鼠标，绘出一条线，松开鼠标按键完成一次操作。将鼠标箭头放在连线的一端，鼠标光标也会变成“＋”字，此时可以接着画这条线。细线表示单根线，粗线表示总线，它的根数可从元件符号的标示上看出，例如如图 12-21 所示的 LED7S[7..0]表示有 8 根信号线。通过选择可以改变连线的性质。方法是先点击该线，使其变红，然后选顶行的选项“Options”→“Line Style”，即可在弹出的窗口中选所需的线段。

(3) 设置输入/输出引脚名

在 INPUT 或 OUTPUT 符号的引脚上双击鼠标左键，可以在端口上输入新的引脚名。TOP.GDF 中只有一个输入引脚“CLK”及 8 位总线输出引脚“LED7S[7..0]”，按如图 12-21 的方式分别输入端口符号。LED7S[7..0]在 VHDL 中是一个数组，表示由信号 LED7S7～LED7S0 组成的总线信号(这里，例如分量 LED7S7 是 AHDL 的表示方法，它对应 VHDL 的 LED7S(7))。实际上这里有 8 个输出引脚。完成的顶层原理图设计如图 12-21 所示。最后选择 File→Save 菜单，将此顶层原理图文件取名为 TOP.GDF，或其它名字，并写入“File Name”中，存入同一目录中。

4. 编译 TOP.GDF

在编译 TOP.GDF 之前，需要设置此文件为顶层文件（最上层文件），或称工程文件：Project。选择菜单 File→Project→Set Project to Current File，当前的工程即被设为 TOP（此名在最初是任选的）。然后选择用于编程的目标芯片。选择菜单 Assign→Device…，在弹出的对话框中的 Device Family 下拉栏中选择 FLEX10K，然后在 Devices 列表框中选择芯片型号“EPF10K10LC84-3”(参考附录 2)，按 OK。

注意，在确定引脚锁定前，必须先编译一次，方法是选菜单“MAX+plus II”→“Compiler”菜单，此时将出现如图 12-23 所示的界面，按“START”键，运行编译器，以便编译器将对应的引脚信息调出。接着是具体确定引脚，选择菜单“Assign”→“Pin/Location/Chip…”弹出一个对话框来设置引脚。在“Node Name”右边的文本框中输入引脚名。注意，引脚必须一个一个地确定。在“Pin:”右边的下拉栏中选择芯片引脚号，然后按下“Add”按钮，就会在下面的子窗口中出现引脚设定说明句，当前的一个引脚设置即加到了列表中。如果是总线形式的引脚名，也应当分别写出总线中的每个信号。例如，LED7S[7..0]就应当分别写成 LED7S7、LED7S6、…、LED7S0 共 8 个引脚名。引脚号设定可按照表 12-2 的方式来定义。

表 12-2

CLK	PIN 23	→ PIO13 → 键 8
LED7S7	PIN 38	→ PIO23 → D8
LED7S6	PIN 78	→ PIO46 → g 段
LED7S5	PIN 73	→ PIO45 → f 段
LED7S4	PIN 72	→ PIO44 → e 段
LED7S3	PIN 71	→ PIO43 → d 段
LED7S2	PIN 70	→ PIO42 → c 段
LED7S1	PIN 67	→ PIO41 → b 段
LED7S0	PIN 66	→ PIO40 → a 段

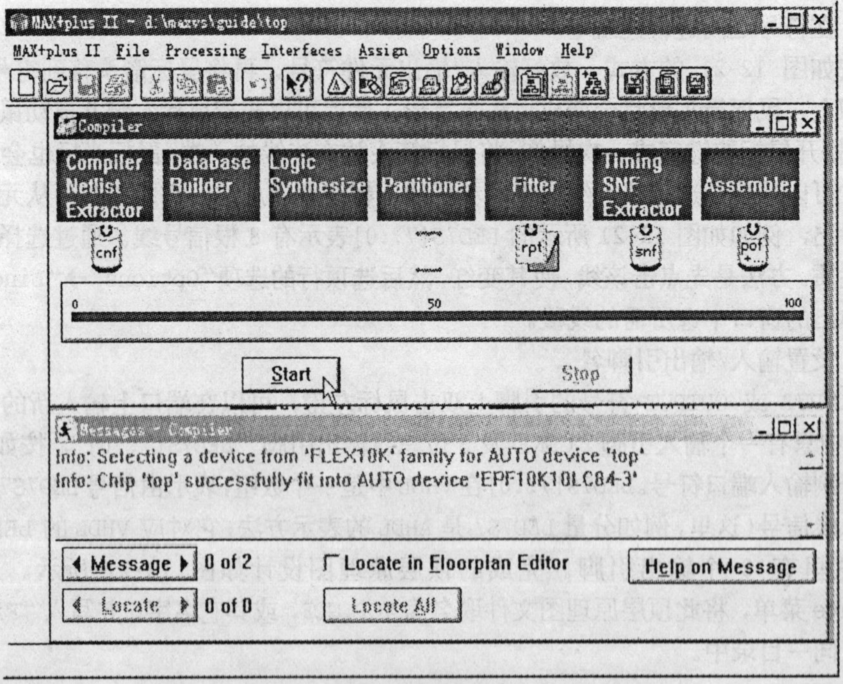

图 12-23 工程项目编译综合器

全部设定结束后，按“OK”键。假定最后将设计下载进 GW48 系统，并选择附录 1 的实验电路结构图 NO.6，设定 CLK 信号由“键 8”产生，即每按两次键，产生一完整的计数脉冲；LED7S7 输出接数码“D8”；LED7S6～LED7S0 分别接 PIO46～PIO40，它们分别接数码管的 7 个段。

最后开始编译和综合。如前那样，选择“MAX+plus II”→“Compiler”菜单，在此可运行编译器（此编译器将一次性完成编译、综合、优化、逻辑分割和适配／布线等操作），出现如图 12-23 所示的界面。现在首先设定 VHDL 版本。选择如图 12-23 所示界面上方的 Interfaces→VHDL Netlist Reader Settings，在弹出的窗口中选“VHDL'87”。这样，编译器将支持 87 版本的 VHDL 语言。

下面进行综合器的有关优化设置。先选“Assign”→“Global Project Logic Synthesis”，进入此窗后，在右侧的小窗口“Optimize”中将“滑块”放在适当位置：越靠左“Area”，综合后的芯片资源利用率越高；靠右“Speed”则是对运行速度进行优化，但以耗用芯片资源为代价。若为 CPLD 目标器件，要对窗口中间的“MAX Device Synthesis Options”作相应的选择。然后按键“Define Synthesis Style”，选综合方式“Style”为“Normal”；“Minimization”可选“Full”；“Slow Slew Rate”可根据需要选，若希望减少 I/O 输出口的信号噪声，可选此项，但这是以牺牲信号速度为代价的；对于 7128S，可选“XOR Synthesis”，这对于某些组合逻辑有很好的优化功能。选好后，点击“OK”，关闭此窗，然后通过“Assign”→“Global Project Device Options”窗口，选定是否加密芯片（选 Security Bit 加密），并选“Enable JTAG Suport”，以便能利用 JTAG 方式对目标器件进行编程下载。最后按“OK”，关闭此窗口。

最后在 Compiler 窗口中按下“Start”按钮，启动编译过程，直到编译结束。如果源程序有错误，用鼠标双击红色的错误信息即可返回图形或文本编辑器进行修改，然后再次编译，直到通过。通过后双击“Fitter”下的“rpt”标记，即可进入适配报告，以便了解适配情况，然后了解引脚的确定情况是否与以上设置一致。关闭编辑器。

5. 仿真顶层设计 TOP

MAX+plusII 支持功能仿真和时序仿真两种仿真形式。功能仿真用于大型设计编译适配之前的仿真，而时序仿真则是在编译适配生成时序信息文件之后进行的仿真。仿真首先要建立波形文件。选择菜单“File”→“New”，在出现的“New”对话框中选择“Waveform Editor file”（如图 12-17 所示），按“OK”后将出现波形编辑器窗口（如图 12-24 所示）。

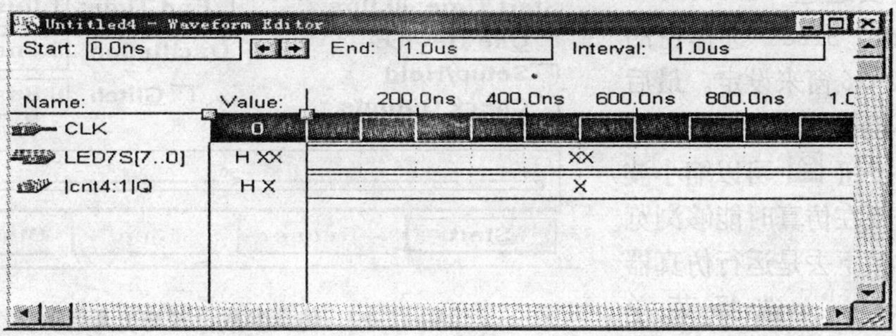

图 12-24　设置了时钟信号的波形编辑器

再选择菜单“Node”→“Enter Nodes from SNF…”，出现如图 12-25 所示的选择信号节点对话框。按右上侧的“List”按钮，左边的列表框将立即列出所有可以选择的信号节点，其中有单信号形式的，也有总线形式的，然后按右侧的“=>”按钮，将左边列表框的节点全部选中到右边的列表框。按“OK”按钮，选中的信号将出现在波形编辑器中。其中有输入信号 CLK、7 段译码器输出信号 LED7S[7..0]以及 4 位二进制计数缓冲信号输出 |Cnt4:1| Q。最后通过菜单“File”→“Save”在弹出的窗口中将波形文件存在以上的同一目录中，文件取名为 top.scf（以上出现的 SNF 是仿真外表文件，只有在编译综合后才会产生）。

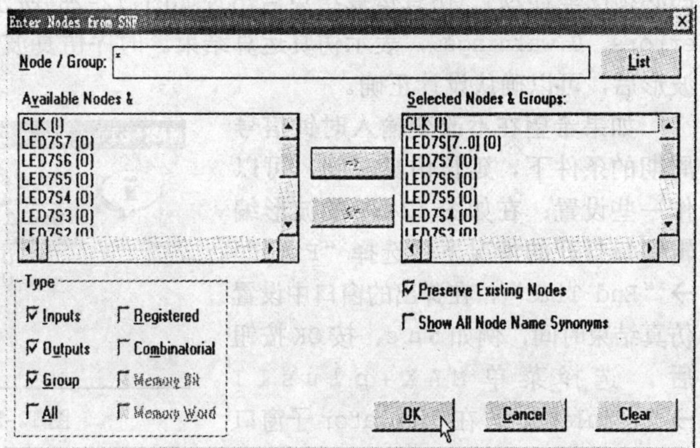

图 12-25　往波形编辑中添加信号节点

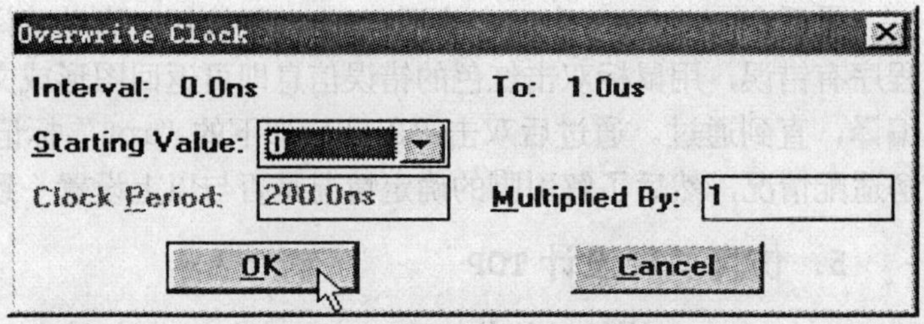

图 12-26 设置时钟信号

首先设置 CLK 时钟信号。用鼠标点 CLK 信号的 Value 区域，可以将 CLK 选中，这时 CLK 的波形区域全部变成黑色。按集成环境窗左边上的时钟按钮（倒数第 4 个），出现如图 12-25 所示的对话框，用于设置时钟信号，在本例中只需按下“OK”键。如果要改变时钟信号的周期，需要通过“OPTIONS”菜单的“Grid Size”选择窗的选择和图 12-26 窗来设定。最后回到集成环境图 12-24，按集成环境右边的按钮可以缩小波形显示，以便在仿真时能够浏览波形全貌。接下去是运行仿真器（Simulator）。选择菜单“MAX+plusII”按钮即可（已选了时钟周期为 200ns）。按下“Simulator”子窗口（如图 12-27 所示）中的“Start”按钮，即刻进行仿真运算（注意，在启动仿真时，波形文件必须已经具备有效的文件名，即必须已经存盘）。仿真运算结束后出现如图 12-28 所示的对话框。对话框中显示“0 errors，0 warnings”，表示仿真运算结束。时序仿真波形结果如图 12-29 所示，观察波形后，可以确认设计正确。

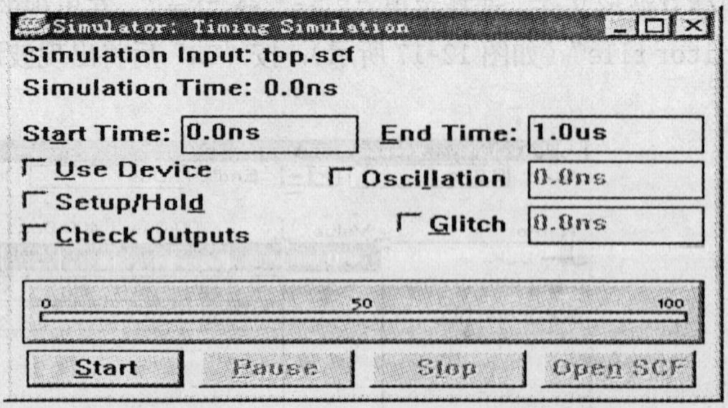

图 12-27 仿真参数设置与仿真启动窗

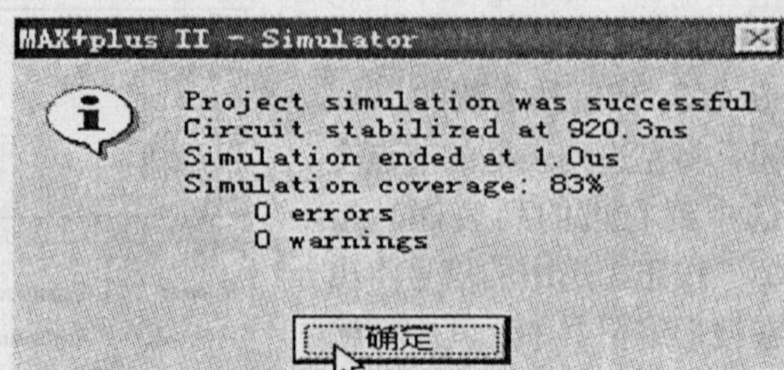

图 12-28 仿真计算结束对话框

如果希望在不改变输入时钟信号周期的条件下，延长仿真时间，可以作一些设置：在如图 12-29 的波形编辑窗口打开的情况下，选择“File”→“End Time”，在弹出的窗口中设置仿真结束时间，例如 5μs，按 OK 按钮后，选择菜单 MAX+plusII→“Simulator”，在 Simulator 子窗口的“End Time”处也设 5μs，然后启动仿真操作，结束后可观察仿真波形。如果在一开始没有打开波形观察窗，可选 File→Open，这时将弹出一名为“Open”的窗口，可在此窗的“Waveform Editor Files”处点击，并在“Files”窗中弹出的波形文件名 top.scf 上双击，即可进入波形观察窗。

注意，波形观察窗左排按钮是用于设置输入信号的，十分方便。使用时先用鼠标在输入波形上拖一需要改变的黑色区域，然后点左排按钮，其中“0”、“1”、“X”、“Z”、“INV”、“G”分别表示低电平、高电平、任意、高阻态、反相和总线数据设置。

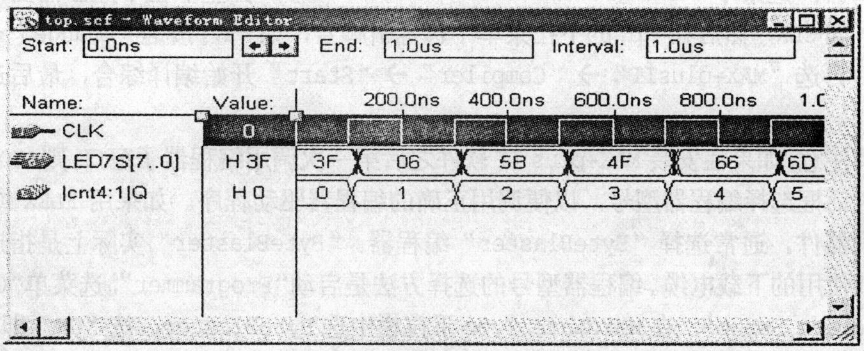

图 12-29　TOP 仿真结果

6. 将设计文件 TOP 编程下载到芯片中去

用鼠标双击编译器窗口（图 12-23）中的图标 ，或者选择“MAX+plus II”→“Programmer”菜单，可调出编程器（Programmer）窗口（图 12-30）。在将设计文件编程配置（对此 FPGA 下载称为配置）进硬件芯片前，需连接好硬件测试系统（如果实验系统是 GW48，编程配置和硬件测试方法可参阅附录 1）。

本例使用 FLEX10K 系列中的 10K10 器件，一切连接就绪后，方可按下编程器窗口中的“Configure”按钮，若一切无误，即可将所设计的内容下载到 10K10 芯片中。下载成功后将在一弹出的小窗中显示“Configuration Complete”。接下去就可以在实验系统上进行实验验证：按“模式选择键”，使“模式指示”显示“6”，表明此时实验系统已进入第 6 种电路结构。然后按“键 8”，每按两次（一次高电平，一次低电平），在“数码 8”上显示的数将递增 1，从 0～F 循环显示，所有结果与仿真的情况完全一致。至此，表明计数器和 7 段译码器设计都是成功的（读者可以利用例化语句设计一 VHDL 文本文件，取代上面的 GDF 图型文件，作为此项设计的顶层文件——工程文件）。

注意，图 12-30 中，对 FPGA 器件的下载按钮是“Configure”；而目标器件若选为 CPLD（如 EPM7128S）时，下载的按钮则是“Program”，这时“Configure”变为灰色。如果希望改变某引脚，如欲将 CLK 改接为 42 脚，可以这样操作：参阅附录 1/2，注意 10K10 的 42 脚对应实验系统的“Clock1”，标于板的右下角处，如果接此引脚，时钟信号将自动进入计数器，可将短路帽接于“Clock1”处，另一短路帽可分别选 8Hz、4Hz、2Hz、1Hz 输入频率。然后选“File”→“Open”，在 Open 窗中点击“Graphic Editor”，双击弹出的原理图文件 top.gdf，进入原

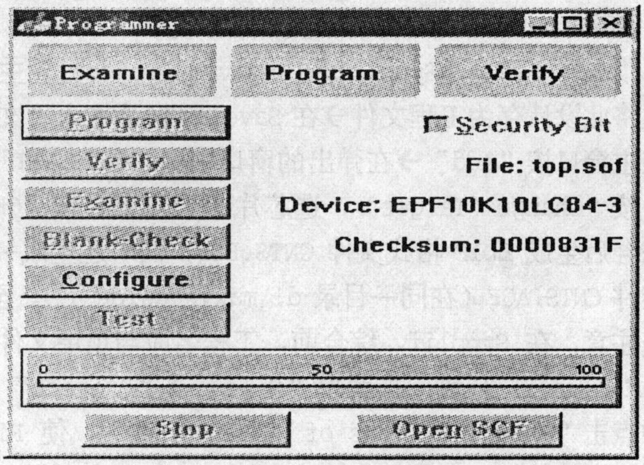

图 12-30　编程器子窗口

理图编辑器；选菜单“Assign”→“Pin/Location/Pin”，在左下栏中点击需要改变引脚的项目，如 CLK，然后在 Pin 的下拉菜单中选定引脚号，如 42，按键“Change”→“OK”即完成。再选“MAX+plusII”→“Compiler”→“Start”开始编译综合，最后进行下载测试。

另请注意，如果在安装 MAX+plus II 软件之后第一次调用编程器子窗口，则 MAX+plusII 将弹出对话框选择编程器型号，以便调用正确的编程器驱动程序。如果用 FLEX 或 ISP 型 MAX 系列器件，通常选择“ByteBlaster”编程器。“ByteBlaster”实际上是指连接在并行打印口使用的下载电缆。编程器型号的选择方法是启动“Programmer”，选菜单“Options”→“Hardware Setup”，在 Hardware Type 下拉栏中选 ByteBlaster，按“OK”即可。

§ 12.3 MAX+plus II 与 Synplify 接口

经验告诉我们，相对于专业 EDA 公司的 VHDL 综合器（如 Synopsys 的 FPGA Express 或 Synplicity 的 Synplify）的优化效率和兼容性，以及对一般 VHDL 语句的兼容性，MAX+plusII 中的 VHDL 综合器都稍逊于前者，此外也是为了学会移植一些有用的模块，或是利用在其它 EDA 平台上完成的设计成果（可能是非 VHDL 语言描述的设计）或是 IP 核，有必要学会 EDA 工具间的接口技术。在此仍以“向导”方式为读者介绍 MAX+plus II 与 Synplify 的接口方法。即将某项用 Synplify 综合的 VHDL 设计与在 MAX+plus II 中的设计结合起来，构成一个完整的设计，由 MAX+plusII 进行适配、布线、仿真和下载配置。现仍以上面的 TOP 设计为例。

从以上的设计可知，TOP 主要由两部分组成，即计数器 Cnt4 和译码器 Decl7s，现假设 Cnt4 的设计来自其它 EDA 工具，如 Synplify。为了不至混淆，将程序 12-2 的实体名改为 CNTS，其它部分不变。现简述这一设计过程。

运行 Synplify→选“File”→“New”→选“HDL File”，选“OK”，然后在编辑器中输入程序 12-1，但将其实体名改为 CNTS（不要忘改结构体语句中的 Cnt4），并存于同一目录 d:\maxvs\guide 下，文件名取为“CNTS.VHD”。再选“File”→“New”→“Project”→“OK”→弹出“Synplify-[Unsaved Project]”主窗口→再选“File”→“Save”，以便将此设计存为工程文件→在 Save as 窗下输入“文件名”：CNTS.PRJ，按“保存”键→在主窗口按“Add”→在弹出的窗口中选“CNTS.VHD”，再按“Add”关闭此窗口→在主窗口按“Change（Target），选芯片 EPF10K10，按“OK”→在主窗口按“Run”，进行综合。综合后生成 EDIF 格式文件 CNTS.EDF，同时还生成一个 Altera MAX+plus II 格式的工程文件 CNTS.ACF（在同一目录 d:\maxvs\guide 下）。至此结束 Synplify 中的设计。此过程需注意，在 Synplify 综合前，工程名应与顶层文件名一致，其后缀是 .PRJ 。然后进入 MAX+plus II 环境，选菜单“File”→“Project”→“Name”，在“Project Name”窗中点击“Show Only Tops of Hierarchies”，使 Files 窗口显出所有文件，再用鼠标选顶层设计的 EDF 文件，在此选“CNTS.EDF”为工程文件。若所有设计均为 VHDL 文本文件，设定顶层的 EDF 文件为工程后，即可直接进入“Interfaces”选项进行设置。在本项设计中，需打开 CNTS.EDF 文件，选择菜单“File”→“Create Default Symbol”，生成了一个元件符号。然后打开原理图文件 top.gdf，用元件 cnts 替换原图中的 Cnt4，存盘→设置 top.gdf 为工程文件（设置为顶层文件），方法是在 MAX+plusII 环境选“File”→“Project”→“Name”→选“top.gdf”→运行编译器“Compiler”，进入 Compiler 窗口，先选定芯片“EPF10K10”。然后选择菜单“Interfaces”→“EDIF Netlist Reader Settings…”。在弹出的对话框的“Vendor”一项选择“Synplicity”，然后按“Customize >>”按钮，使“LMF #1”右面的圆形选择框被选中（MAX+plus II8.0 无法直接作此选择）→OK。最后在“Compiler”中按“Start”，启动编译/综合器。完成后可进行时序仿真，或直接打开编程器“Programmer”，向芯片 10K10 下载。

接口操作步骤：

（1）利用 Synplify 综合 VHDL 文件，综合前需要先选定此设计最终实现的器件。

（2）在 MAX+plusII 中选综合所得的 EDF 文件为工程文件“Project File”。

（3）在 MAX+plusII 中 Interfaces 菜单的 EDIF Netlist Reader Settings…子窗口选第三方 EDA 工具生产商，如“Synplicity”，再选对应芯片。

（4）在 MAX+plusII 中编译一次，再根据需要锁定引脚，再编译一次。

（5）在 MAX+plusII 中进行时序仿真，如果不符合要求，需从以上第 1 步开始，修改源文件，并重复以上各步骤。

（6）如果仿真通过，最后的步骤是对实际器件编程下载。

多数 EDA 工具间都能进行此类接口操作，有条件的读者不妨仿照以上的方法作一些不同方式的接口练习。

§ 12.4　Xilinx Foundation VHDL 使用向导

Foundation Series 是 Xilinx 公司最新集成开发的 EDA 工具，它支持的芯片有：XC3000A/L XC3100A/L XC4000E/L/EX/XL/XV/XLA XC5200、XC9500、XC9500XL Spartan、SpartanXL Virtex 。Foundation 采用自动化的、完整的集成设计环境。其项目管理器（Foundation Project Manager）集成了 Xilinx 完整的设计工具。其中包含了强大的 Synopsys FPGA Express 综合系统，并将它完美地集成到了 Foundation Series 统一的项目管理器中，从而成为业界最强大的 EDA 设计工具之一。

包含了 Synopsys FPGA Express 的 Foundation 可提供真正的混合语言(VHDL 和 Verilog HDL）的综合和优化，从而为支持使用第三方的 IP（知识产权）核提供了有利条件，它的 JTAG 编程器支持 CPLD 和 FPGA 的下载和配置。

Foundation 增强了逻辑优化和适配技术方面的能力，生成的逻辑可以工作在更快的系统时钟频率下。由于按钮化的操作和时序驱动实现技术，连同更快的编译速度。

12.4.1 Foundation 设计流程

Foundation 有两种主设计类型：原理图方式和 HDL 方式，对应两种设计流程：

• HDL（硬件描述语言）流程，显示在主窗口的“Flow”项中。

• 原理图作为主设计输入方式的流程，图 12-31 显示了项目管理器中的所有流程。

(1) 原理图输入。利用 Xilinx 提供的符号库，在原理图编辑器中设计系统原理图。

(2) 生成网表。 在原理图编辑器中选择菜单 Options→Create Netlist 可以生成网表。如果省略这一步，在进行下一步操作时，项目管理器会询问是否生成网表。

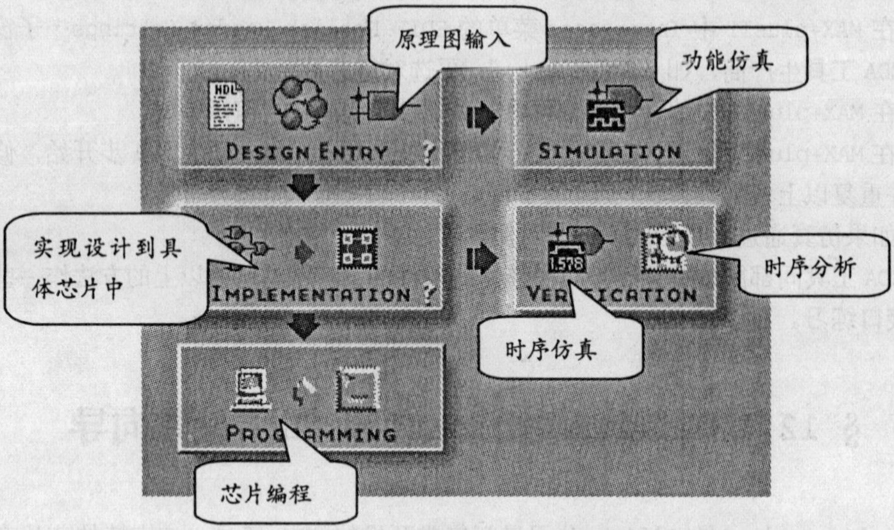

图 12-31 原理图主设计输入流程

(3) 功能仿真。逻辑仿真器（Logic Simulator）支持 4 种类型的仿真，功能仿真用来验证系统的逻辑功能是否正确。

(4) 实现到具体芯片中。这一步骤包含一系列操作，具体顺序是转换（Translate）→映射（Map）→放置和布线（Place & Route）→时序分析（Timing）→配置（Configure）。所谓配置是生成可以写到芯片中的目标文件。

(5) 时序仿真。时序仿真是在将适配到选定的芯片后的仿真验证方式。时序仿真将模拟芯片的实际运作，其仿真时间模型很严格，模型将门级延迟计算在内，可以分析出竞争和冒险。经过时序仿真验证过的设计基本上与实际电路相一致。

(6) 时序分析。时序分析是验证芯片中电路可能的工作速度的重要手段，可以分析出引脚之间及内部信号之间的时间延迟，初步确定芯片中电路的工作性能。

(7) 芯片编程。在经过仿真验证之后，可以将生成的目标文件写到芯片中去，以对芯片进行实际配置，得到所需要的功能。

HDL 作为主设计输入的流程如图 12-32 所示，此窗也是显示在 Foundation 项目管理器中的流程。将图 12-31 与图 12-32 比较可以发现，HDL 主设计输入流程中仅有一项与原理图主设计输入流程不同。在 HDL 主设计输入流程中的“逻辑综合”，对应地在原理图主设计流程中是“生成网表”。

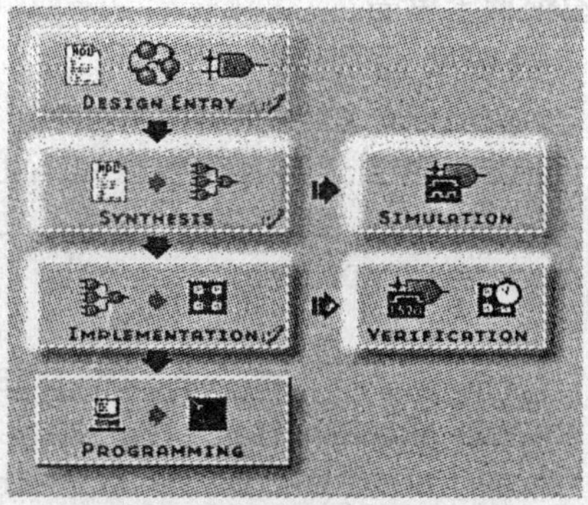

图 12-32 HDL 主设计输入流程

12.4.2 VHDL 输入方式设计向导

与原理图输入方式相比，VHDL 设计方式为高级设计输入方式，是未来电子设计的主流。本章以 4 位加法器（ADDER4b）的设计说明 Foundation 的基本使用方法。

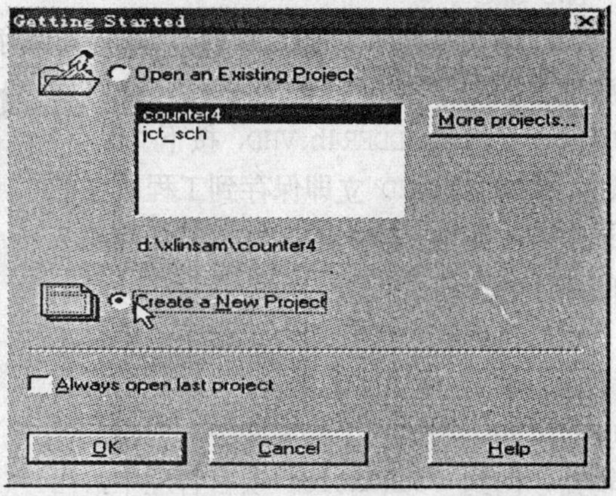

图 12-33 进入 Foundation 项目管理器后的对话框

1. 创建新工程 ADDER4b

本节介绍创建以 HDL 作为主输入方式的新工程 ADDER4b。首先为此设计工程建立一个空的目录，如：“D：\XLINSAM”。进入 Foundation 项目管理器后，出现一个如图 12-33 所示的对话框。在对话框中选中“Create a New Project”，然后按下“OK”按钮，出现如图 12-34 所示的新工程设置对话框，在此对话框中输入工程名“ADDER4b”及目录名（也可选择其它目录，根据具体情况而定），然后选中“HDL”单选按钮。按下“OK”按钮，新工程设置完毕。建立新工程也可直接点击项目管理器集成环境的“File”→“New Project”，产生“New Project”窗口。

2. 创建 HDL 源文件 ADDER4b.VHD

下面创建源程序 ADDER4b.VHD，并将其添加到所建立的工程中。

(1) 进入 HDL 编辑器，在 Foundation 项目管理中，按

图标最左侧的按钮，进入 HDL 编辑器（HDL Editor），出现如图 12-35 所示的对话框。选中“Create Empty”（创建空文档），按下“OK”按钮后进入 HDL

图 12-34 设置新工程信息对话框

编辑器主界面。

【程序12-4】

```
LIBRARY IEEE ;
USE IEEE.STD_LOGIC_1164.ALL ;
USE IEEE.STD_LOGIC_ARITH.ALL ;
ENTITY ADDER4b IS
    PORT ( a , b   : IN  INTEGER RANGE 0 TO 15 ;
              c    : OUT INTEGER RANGE 0 TO 31 ) ;
END ADDER4b ;
ARCHITECTURE one OF ADDER4b IS
BEGIN
   c <= a + b ;
END one ;
```

(2) 输入源程序（程序12-4），并将其保存，在HDL编辑器中输入以下VHDL源程序，然后选择菜单“File”→“Save”，在对话框中填入文件名ADDER4b.VHD，按下“保存”按钮，ADDER4b.VHD立即保存到工程所在的目录中。一般地，填入的文件名最好与此文件的实体名一致。

(3) 将源程序文件加到工程中。选择菜单“Project”→“Add to Project”，可将ADDER4b.VHD添加到工程文件中。关闭HDL编辑器，回到Foundation项目管理中，可以发现层次浏览窗口中已经存在ADDER4b.VHD。注意，已经加到工程中的文件不能再次添加。对于由多个VHDL文件组成的设计也是以上述相同的方式进入HDL编辑器，然后存进同一目录中，并通过“Add to Project”选项加入到同一工程中。

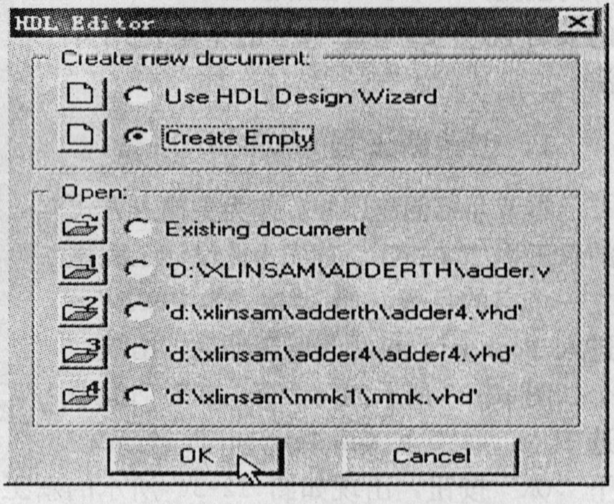

图12-35 进入HDL编辑器后显示的对话框

要保证输入的VHDL源程序的正确性，因为在发送“添加到工程”命令时，Foundation管理器自动调用语法检查器对当前新加入的源程序文件ADDER4b.VHD进行语法检查。如果语法检查通不过，需修改源程序，以排除其中的错误，然后再选择菜单“Synthesis”→“Check Syntax”，再次进行语法检查。

3. 逻辑综合

逻辑综合的作用是将ADDER4b.VHD编译后，为ADDER4b选择一个电路实现方案，然后为此方案生成一个电路网表。

(1) 启动综合过程

在Foundation项目管理器中，按

图标按钮，启动综合器。首先弹出如图12-36所示的对话框，提示设置综合时需要的信息。在此要注意“Version”的选择，要根据主窗口界面左侧的“Versions”显示的当前设计版本Version，在图12-36的栏中填入恰当的 ver1、ver2 或 ver3 等。

(2) 为 ADDER4b 的输入/输出端指定引脚

在此处，需要为 ADDER4b 的输入/输出端指定芯片引脚，因此如图 12-36 所示对话框中的选项“Edit Synthesis/Implementation Constraints”一定要选中。此外，对于“Speed”和“Area”项要作恰当的选择。最后是选择目标器件，可以作如图 12-36 所示的选择。结束后，按下“Run”按钮，之后开始设置芯片引脚。

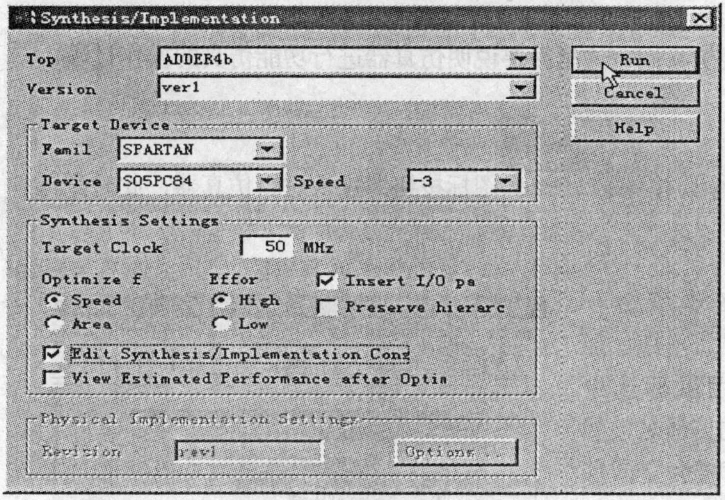

图 12-36　设置综合信息

按下“Run”之后，首先出现如图 12-37 所示的窗口，可以在其中定义芯片引脚。将下面的滚动条拖到右边“Pad Loc”一栏，即可进行定义引脚，用鼠标单击要设置的输出名所对应的方格，可以输入引脚号，双击则可以修改。引脚号的格式是“P 号码”，如 P5 表示芯片封装的第 5 引脚。

在此栏的设置中，用户应特别注意，如果目标芯片是 FPGA，如附录 2 的 XCS10、XCS30 等，图 12-37 所示的窗口中会出现“Global Buffer”选择栏。若已将芯片的 I/O 口设置为 CLK（时钟）信号输入口，需在此栏定义 CLK 信号为“DONT USE”，方法是在对应所定义的 CLK 信号名的“Global Buffer”选择栏的小方框内，用鼠标点击，并选择出现的下拉框中的“DONT USE”项。

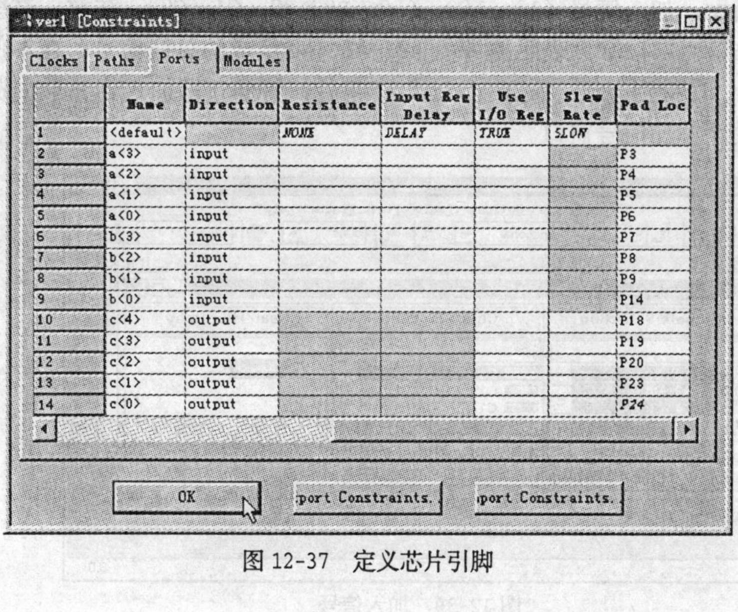

图 12-37　定义芯片引脚

注意，如果在综合成功后，还需要修改芯片引脚定义(如图 12-38 所示)，可以在 Foundation 项目管理器的版本管理“Versions”一栏中，在“Ver1-SPARTAN-S05PC84-3”字串上按鼠标右键，再点击“Edit Constraints”，同样可以弹出如图 12-37 所示的窗口，操作方法与上面所述相同。引脚定义结束后，按图 12-37 所示的“OK”按钮，Foundation 即按刚才的设置来优化设计。

4．功能仿真

综合后生成的网表可供功能仿真用。这里简要说明仿真器进行功能仿真的操作过程。

(1) 启动仿真器

在 Foundation 项目管理器中，按

图标按钮即进入逻辑仿真器，此时逻辑仿真自动设置为功能仿真状态。

(2) 加入信号

在逻辑仿真器中，选择菜单命令“Signal”→“Add Signals…”，出现如图 12-38 所示的子窗口。首先用鼠标选中“Singal Selection”一栏中的信号名，然后按下“Add”按钮，选中的信号会立即加到“Waveform Viewer 0”子窗口中，重复操作直到加完所有所需信号。也可按住 Ctrl 键后，用鼠标选中多个信号，按“Add”按钮，这些选中的信号同时被加到“Waveform Viewer 0”子窗口中。信号添加完后，按“Close”按钮关闭“Component Selection for Waveform Viewer”子窗口。

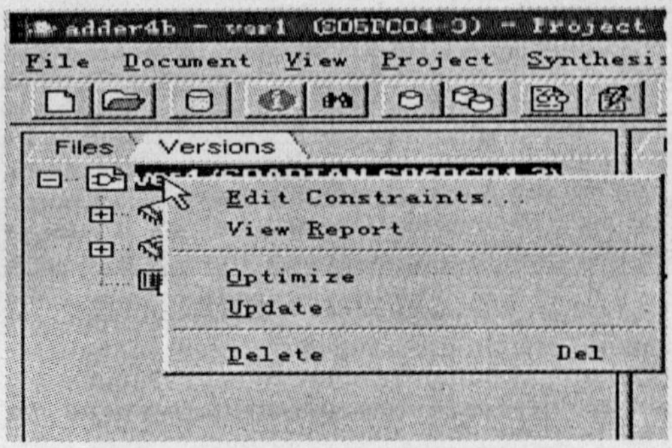

图 12-38　在综合后，修改引脚定义

如图 12-39 所示，加入信号 (A3, A0)、(B3, B0) 和 (C4, C0)。注意，这里的信号表示形式是总线形式，(A3, A0) 表示由 A3、A2、A1、A0 组成的总线信号。在本例中，用总线信号形式进行仿真特别方便。按下“Add”按钮后，信号立即加入到波形浏览器中，按“Close”按钮关闭添加信号窗口。

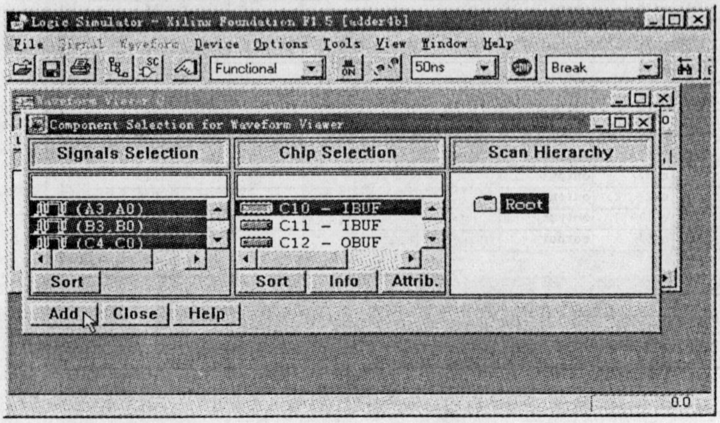

图 12-39　加入信号

(3) 设置输入波形

选择菜单命令“Waveform”→“Edit…”，出现如图 12-45 所示的标题为“Test Vector State Selection”工具窗口。上面各按钮的意义如表 12-3 所示。

表 12-3 Test Vector State Selection 工具窗口各按钮的意义

按钮名	意 义
Low	此按钮将波形观察窗口选中的块设为低电平
High	此按钮将波形观察窗口选中的块设为高电平
Unkn_X	此按钮将波形观察窗口选中的块设为不确定状态
High_Z	此按钮将波形观察窗口选中的块设为高阻态
Del	此按钮删除波形观察窗口选中的块的值
Bus	此按钮将波形观察窗口选中 Bus 类型信号的块的值设为“Bus State”文本框中的值

要输入信号的值，需先定义一个块，定义块的方法是：将鼠标放到块的首位置，按下鼠标左键，拖动鼠标到块的末位置，松开鼠标左键。如图 12-40 所示，选中的块是灰色的。定义了一个块后，按“Test Vector State Selection”工具窗口中相应的按钮，即可设置当前块的值。例如，按下“High”按钮，则当前选中块的值变为高电平。

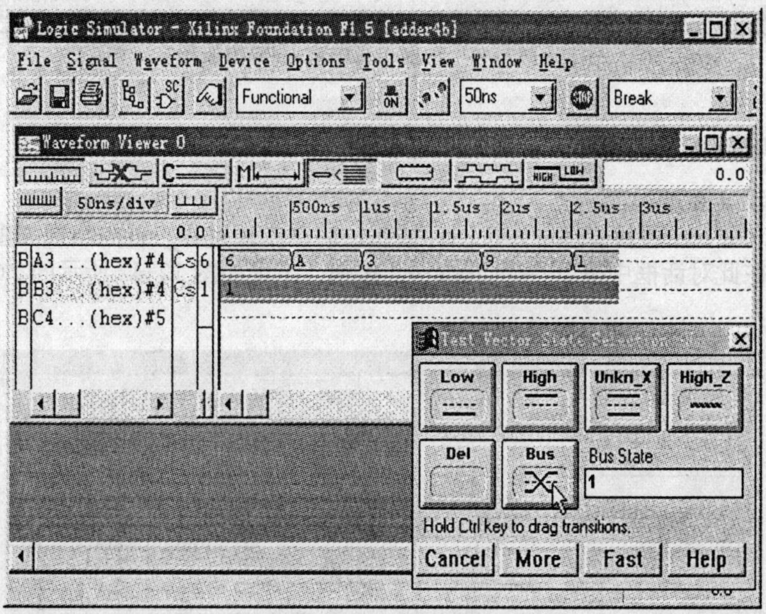

图 12-40 编辑输入波形

根据上面所述方法，为（A3，A0）及（B3，B0）设置如图 12-40 所示的输入波形。设置总线表示方式的输入波形的方法是：首先在波形浏览窗口中将要编辑的部分波形定义成一个块，在“Bus”按钮右面的输入框中输入一个数值作为总线信号的新值（十六进制形式），然后按下“Bus”按钮，即更改所定义的块中总线信号的值。

(4) 单步仿真

如图 12-41 所示，用鼠标重复点击“Simulation Step”按钮进行单步仿真（在 Tools

选项下方的双脚印按钮处），每按一下，仿真过程执行一步，仿真器即画出输出信号的波形。在本例中使用仿真器默认值，每步执行 50ns。出现如图 12-41 所示的仿真输出波形。

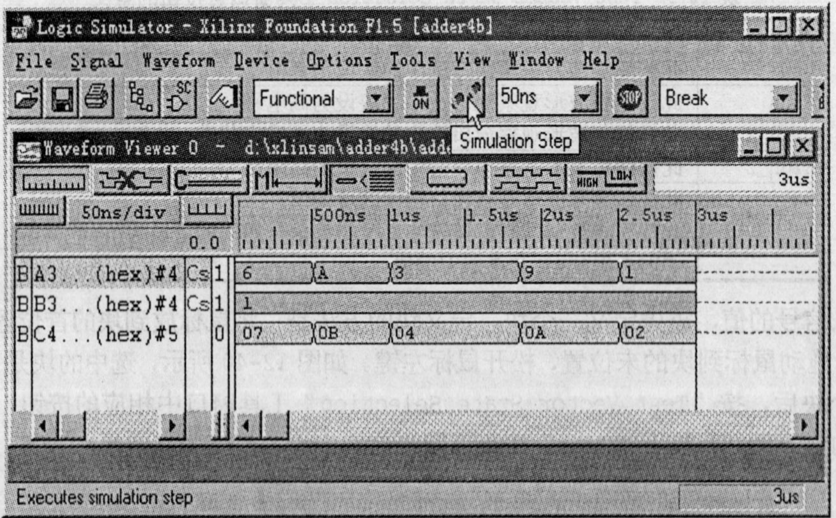

图 12-41　功能仿真的输入/输出波形

5. ADDER4b 设计实现

(1) 启动实现过程

在 Foundation 项目管理中，按图标按钮，启动实现过程。首先出现如图 12-41 所示的对话框，在此对话框中按下“Options…”按钮，出现如图 12-42 所示的“Options”（选项）对话框。

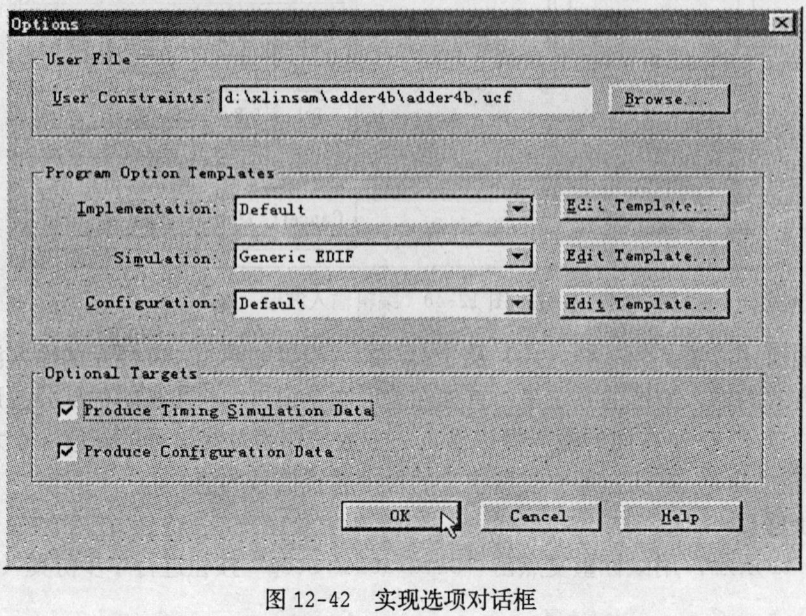

图 12-42　实现选项对话框

(2) 设置实现选项

在如图 12-42 所示的对话框中，“Optional Targets”一组中的两个选项“Produce Timing Simulation Data”（产生时序仿真数据）和“Produce Configuration Data”（产生配置数据）都要选上。然后在此对话框中按“OK”按钮，返回如图 12-43 所示的对话框。

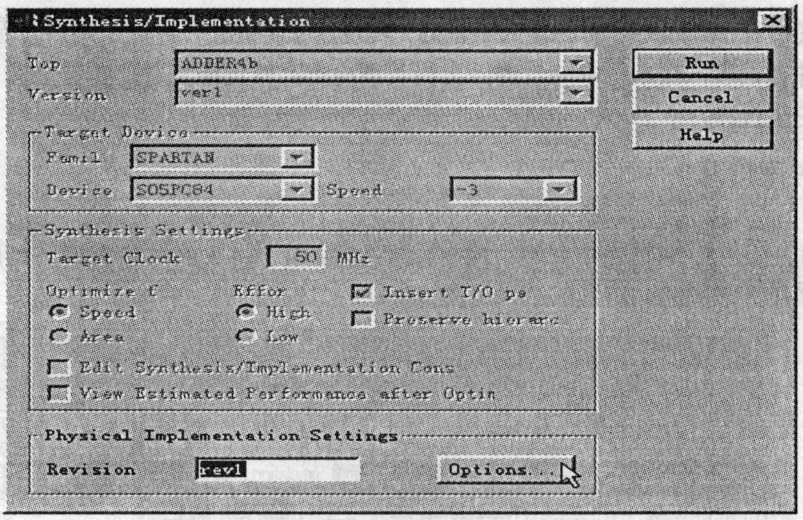

图 12-43　设置实现信息

(3) 进入流程引擎

在如图 12-43 所示的对话框中按下“Run”按钮，进入流程引擎（Flow Engine，图 12-44），流程引擎负责完成整个实现过程。

在完成上面的步骤后，Foundation 出现流程引擎（Flow Engine）窗口，表示已经进

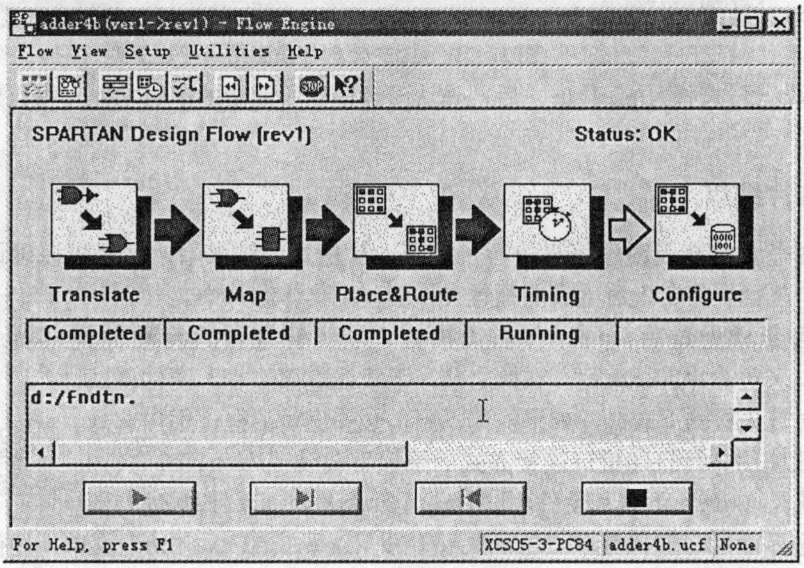

图 12-44　处理流程显示窗

入实现过程。实现过程的步骤如表 12-4 所示。在执行一个子过程时，其图标下面的状态框显示“Running”表示正在运行。每完成一个子过程，相应子过程下面的状态框会显示“Completed”，其右面的箭头变成黑色。当如图 12-44 所示“Configure”子过程下面的状态显示为“Completed”时，表示实现过程已经正常结束，生成了供时序仿真和编程用的文件。

在实现过程中，如果前面的输入不正确，实现过程将终止，并提示用户查看出错信息。出错信息种类很多，在本例中一旦遇到出错，请检查并修正源文件。排错之后，重新执行上面所示的全过程。

6. 时序仿真

在 Foundation 项目管理器中，按下按钮，进入时序仿真器。时序仿真与功能仿真的操作方法相同。仿真的结果见图 12-45。

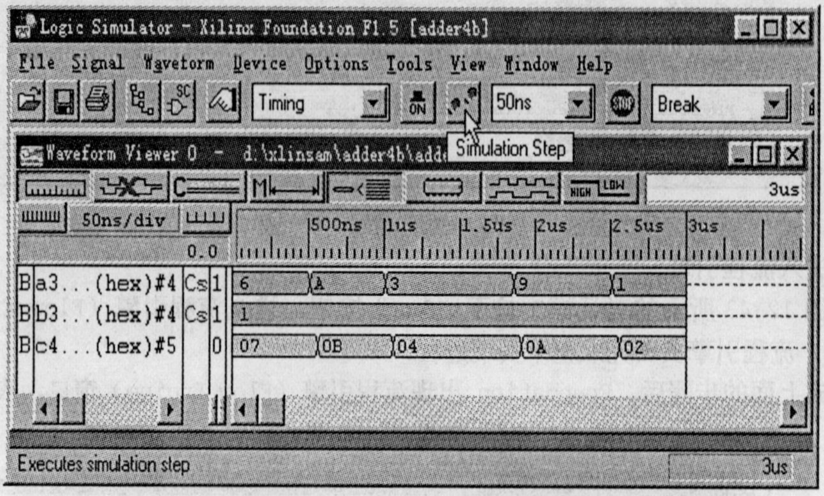

图 12-45　ADDER4b 时序仿真结果

ADDER4b 经过时序仿真验证之后，确认已经达到所期望的逻辑功能，可以对目标芯片进行编程了。

7. 芯片编程

以上对芯片功能及时序信息进行了验证，从仿真的结果看，已经可以确认实现电路基本正确，下面要将实现后生成的配置文件编程到具体芯片中。

以上各步骤通过后，可以按右边按钮，项目管理器运行硬件调试器（Hardware Debugger）来对芯片进行编程。在此之前，下载线应该连好。硬件调试器在运行时首先检测下载线，如果检测不到，会弹出对话框让用户选择一种。一般使用并行打印机口连接方式的配置下载线“Parallel”（如果实验系统是 GW48，下载和硬件测试方法可参考附录 1）。正常进入硬件调试器主界面后，选择菜单“Download”→“Download Design”菜单，硬件调试器立即将配置文件下载到器件中去。

表　12-4

子 过 程	注　解
Translate（转换）	合并所有的输入网表
Map（映射）	映射本设计到 Xilinx FPGA
Place & Route（放置和布线）	把逻辑放置和布线到目标器件中
Timing（时序）	时序分析，生成时序信息
Configure（配置）	生成可供编程用的目标器件配置文件

对于 Xilinx 的 CPLD，如 XC95108，下载操作中需要注意两点：(1) 下载前，应将模式选在“b”上，尽可能降低系统功耗，确保稳定、标准的编程电压；(2) 下载结束后，按单片机复位键，以便使 CPLD 进入正常工作状态。

8. XC9500 器件适配设置

在工程管理窗“Project Manager”点击 Implementation 纽，在跳出的窗中点“Options”纽，在 Options 窗中可对 XC9500 系列器件的适配作一些控制选择。如速度或资源优化的选择；由“Edit Template”进入的窗中宏单元功耗的选择；或输出 Slew Rate 的选择。

【习题】

12-1　改变本章 12.2 节的设计方式，顶层文件 TOP 不用图形方式表示，而是用 VHDL 文字方式表示，用元件例化语句将 Cnt4.vhd 和 Decl7s.vhd 连接到顶层文件 TOP.VHD 中，然后进行编译、综合、适配和配置（向芯片中编程下载）。

第 13 章 VHDL 设计实践与实验

为了避免将 EDA 技术的学习仅仅停留在软件设计和功能模拟上，而是立足于有效地提高 VHDL 的应用和实践的能力，本章提供了 19 则基于 VHDL 的逻辑设计示例及相应的实验内容与习题。这些内容有常规的组合与时序逻辑的数字系统设计，也有多种常用的接口系统的典型示例，其中有些设计实例可直接成为更大的数字系统或电子产品电路设计中的实用程序，有的实验实例是国外 EDA 公司在国外大学中推广 EDA 技术的“EDA 大学实验计划”中的典型 EDA 实验，如 Xilinx 公司的“XILINX University Program EDA Workshop”和 Altera 公司的“University Program EDA Design Laboratory Package”等实验板设置的基于 FPGA/CPLD 的 RS232 硬件通信模块的设计、单片机硬件通信模块的设计、VGA 显示控制模块的设计等。本章给出的所有实验示例都经 MAX+plusII 软件综合和仿真通过，并全部经附录 1 介绍的 GW48-CK 型 EDA 实验开发系统硬件测试通过。为了对各项示例设计的硬件测试和实验过程解释得更为形象和具体，每一项设计示例的最后都编排了基于 GW48-CK 的硬件验证操作步骤，其中包括介绍配 GW48-CK 的光盘中实验实例的调用方法（在光盘的 VHDLDEMO 目录下可找到相应的 VHDL 示例）。

本章中介绍的实验实例虽只经 MAX+plusII 综合和验证过，并在芯片 EPF10K10（见附录 2）上硬件测试，但这并不妨碍读者利用其它 EDA 软件（如第 12 章介绍的软件）和硬件（如附录 2 列出的器件）获得同样的结果。

鉴于篇幅所限，以下给出的实验示例的叙述比较简略，只是对每一实验的核心内容和实现方法作了说明，而且也没有给出每一实例对应的仿真波形。因此，若作为教学实验的内容，读者可根据实验目的和实验要求以及自己的实验环境、实验设备的配置和具体课程的安排，对本章的内容作适当的展开、扩充和实验指导规范化，以便获得适合于自己的实验指导教材。

§ 13.1 8 位并行预置加法计数器设计

程序 13-1 描述的是一个含计数使能、异步复位和计数值并行预置功能的 8 位加法计数器，其综合后得到的电路如图 13-1 所示。其中，d(7 DOWNTO 0)为 8 位并行输入预置值；ld、ce、clk 和 rst 分别是计数器的并行输入预置使能信号、计数时钟使能信号、计数时钟信号和复位信号。需要注意的是，由程序 13-1 可见，加载信号 ld 作为高电平应保持的时间内必须含有至少一个时钟上升沿。

【程序 13-1】 文件名：counter.vhd

```
LIBRARY IEEE;
USE IEEE.STD_LOGIC_1164.ALL;
USE IEEE.STD_LOGIC_UNSIGNED.ALL;
ENTITY counter IS
    PORT (d : IN STD_LOGIC_VECTOR (7 DOWNTO 0);--8 位预置值定义
            ld, ce, clk, rst : IN std_logic;
            q : OUT STD_LOGIC_VECTOR (7 DOWNTO 0));
END counter;
ARCHITECTURE behave OF counter IS
    SIGNAL count : STD_LOGIC_VECTOR (7 DOWNTO 0);
BEGIN
PROCESS (clk, rst)
BEGIN
    IF rst = '1' THEN count <= (OTHERS =>'0');--复位有效，计数置 0
    ELSIF RISING_EDGE(clk) THEN            --有脉冲上升沿，则...
        IF ld = '1' THEN count <= d;    --预置信号为 1 时,进行加载操作
        ELSIF ce = '1' THEN count <= count + 1;--否则,在计数使能
        END IF;             --信号为高电平时,进行一次加 1 操作
    END IF;
END PROCESS;
q <= count;          --将计数器中的值向端口输出
END behave;
```

GW48-CK 实验步骤：① 将程序 13-1 取名 counter.VHD 存入自己设定的目录，在 MAX+plusII 上编译综合，再选目标器件为 EPF10K10LC84，再进行一次编译，此步骤以下各实验都一样，故不再重复。② 参考附录 1，选“实验电路结构图 NO.0”，故此，分别锁定引脚为：d(7 DOWNTO 0)→PIO15~PIO8；q(7 DOWNTO 0)→PIO47～PIO40；ce→PIO7；ld→PIO6；rst→PIO5；clk→CLOCK0。③参考附录 1，查出 PIO 口对应于 10K10 器件的引脚名，并输入 MAX+PLUSII 的相应文件中，详细方法可参阅 12.3 节。④下载文件，将 CLOCK0 设在 1Hz。⑤此时键 8 控制计数使能信号 ce；键 7 控制加载信号 ld；键 6 控制清 0 信号 rst；数码 8 和 7 为十六进制计数显示；键 2/键 1 预置 8 计数输入值，它们显示在发光管 D8~D1。

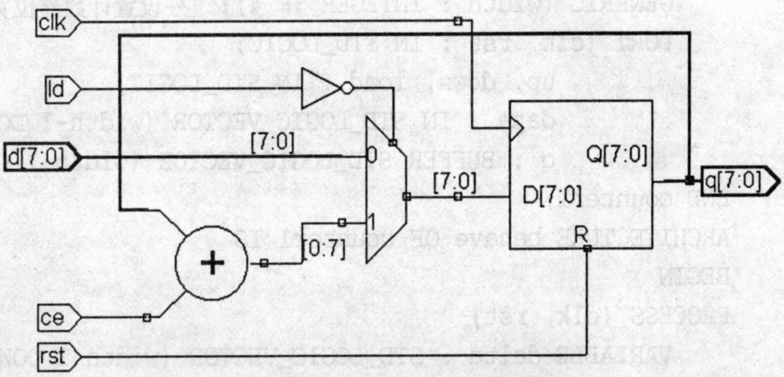

图 13-1 程序 13-1 实现的硬件电路原理图

【实验习题】

13-1-1 在 MAX+plusII 上作出程序 13-1 的完整仿真时序波形，并给出波形分析报告。

13-1-2　修改程序 13-1，使其为以时钟下降沿触发的计数器。

13-1-3　程序 13-2 描述的计数器对程序 13-1 作了扩展，它扩展了加减计数可控功能，且程序的计数位宽可通过类属 GENERIC 设置，计数位宽从 1 至多位。图 13-2 即为令“GENERIC (width : INTEGER := 1)”时的逻辑电路。试完成以下实验：

（1）参考图 13-2，画出程序 13-2 构成的 2 位位宽的计数器逻辑电路。

（2）将程序设置成 8 位位宽计数器，并在 GW48 系统上测试其功能（取 NO.0 模式）。

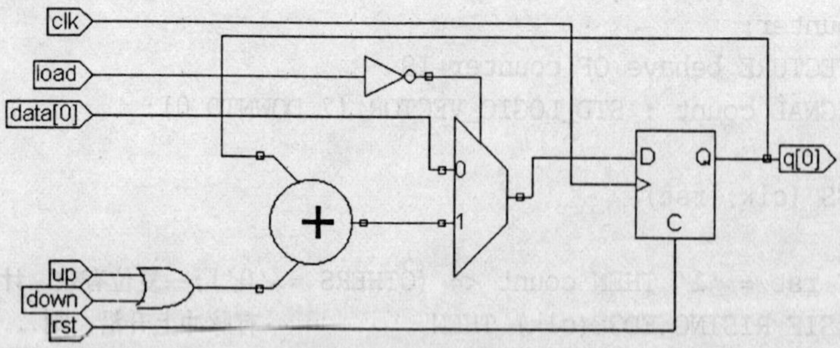

图 13-2　程序 13-2 实现的硬件电路原理图

【程序 13-2】文件名：counter1.vhd

```
LIBRARY IEEE;
USE IEEE.STD_LOGIC_1164.ALL;
USE IEEE.STD_LOGIC_unsigned.ALL;
ENTITY counter1 IS
    GENERIC (width : INTEGER := 4);  --设置计数器位宽为 4
    PORT (clk, rst : IN STD_LOGIC;
          up, down, load : IN STD_LOGIC;
          data : IN STD_LOGIC_VECTOR (width-1 DOWNTO 0);
          q : BUFFER STD_LOGIC_VECTOR (width-1 DOWNTO 0) );
END counter1;
ARCHITECTURE behave OF counter1 IS
BEGIN
PROCESS (clk, rst)
    VARIABLE delta : STD_LOGIC_VECTOR (width-1 DOWNTO 0);
BEGIN
    IF rst = '1' THEN q <= (OTHERS => '0');
    ELSIF RISING_EDGE(clk) THEN
        IF (load = '1') THEN q <= data;
        ELSIF (up = '1' OR down = '1') THEN
            IF (up = '1') THEN  delta := (0 => '1', OTHERS => '0');
            ELSE delta := (OTHERS => '1');
            END IF;
            q <= q + delta;
        END IF;
    END IF;
```

```
END PROCESS;
END behave;
```

§ 13.2　位宽可预置中断处理器设计

中断处理器（程序 13-3）的设计利用了 IF-THEN-ELSE 语句结构，使得很容易地实现了 nmi、float、int 和 peripheral 4 个中断请求信号的能按优先级顺序分别进行处理，程序中使用了类属语句，使此中断处理器可根据实际情况容易地改变地址位宽；程序中还使用了数据类型转换函数 CONV_STD_LOGIC_VECTOR(X, Y)。

程序 13-3 是一种硬件中断处理器的设计模型，在工控机或单片机仿真器的设计中，很有实用价值。

【程序 13-3】文件名：interrupt.vhd

```
LIBRARY IEEE;
USE IEEE.STD_LOGIC_1164.ALL;
USE IEEE.STD_LOGIC_ARITH.ALL;
ENTITY interrupt IS
  GENERIC(msb: INTEGER := 15);
  PORT( nmi; float, int, peripheral: IN STD_LOGIC;
        Flush_cache: OUT STD_LOGIC;
        Goto_addr: OUT STD_LOGIC_VECTOR (msb DOWNTO 0) );
END interrupt;
ARCHITECTURE behave OF interrupt IS
  CONSTANT nop: INTEGER :=0;                   --设置地址 nop=0
  CONSTANT nmi_addr: integer := 16#C5AA#; --设置中断服务程序地址
  CONSTANT float_addr: integer := 16#CA522#;   --设置中断服务程序地址
  CONSTANT int_addr: integer := 16#CB4A#;      --设置中断服务程序地址
  CONSTANT periph_addr: integer :=16#CD2C#;    --设置中断服务程序地址
BEGIN
PROCESS (nmi, float, int, peripheral)
  VARIABLE address : INTEGER;
BEGIN
  flush_cache <= '0';
  IF nmi = '1' THEN address := nmi_addr;             --最高优先级
  ELSIF float = '1' THEN
  address := float_addr;   flush_cache <= '1';      --次高优先级
  ELSIF int = '1'   THEN
  address := int_addr;     flush_cache <= '1';      --再次高优先级
  ELSIF peripheral = '1' THEN
  address := periph_addr;                           --最低优先级
  ELSE  address := nop;                             --地址置 0
  END IF;
--调用类型转换函数将整数类型的地址值“address”转化成“msb+1”位标准矢量位值
```

```
    goto_addr <= CONV_STD_LOGIC_VECTOR(address, msb+1);
  END PROCESS;
  END behave;
```

【实验习题】

13-2-1 将程序13-3设置成为16位地址位宽的中断处理器，并在GW48-CK系统上测试其功能（取实验电路结构图NO.5模式），分别用键4、3、2、1代表中断请求信号nmi、float、int、peripheral；用发光管D1指示flush_cache信号；用数码管4、3、2和1指示处理中断的中断服务程序地址值goto_addr。

13-2-2 如果将程序13-3描述的中断处理器用在MCS51单片机仿真器中（含5个中断源），应如何修改程序13-3？写出修改后的VHDL源程序。

§ 13.3 静态随机存储器（SRAM）设计

静态随机存储器SRAM电子线路中是存储数据的重要器件，它由锁存器阵列构成，它的界面端口由地址线、数据输入线、数据输出线、片选线、写入允许线和读出允许线组成。SRAM根据地址信号，经由译码电路选择欲读写的存储单元。

程序13-4描述的SRAM具有4位二进制地址线、8位二进制输入输出数据线，即存储空间为16×8bit，它的地址线是将数据读入和数据输出端口分开的（许多SRAM的数据端口的读写功能是合二为一的，即为双向口），见图13-3。程序中有两个进程，一个是数据写入进程WRITE，该进程设置条件为wr='0'的IF_THEN不完整条件语句，锁存器阵列，wr作为锁存控制信号，当wr='0'时，在满足条件（cs='0' AND rd='1'）时将外部8位数据din锁进指定地址adr的RAM单元中；而当满足条件(rd='0' and cs='0' and wr='1')时，此SRAM将指定地址adr的RAM单元中的数据向dout端口输出，否则该端口呈高阻态。

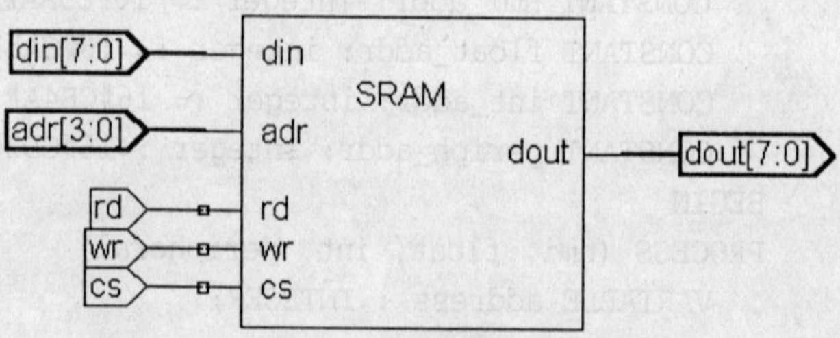

图13-3 程序13-4实现的硬件电路原理图

程序13-4可利用GENERIC设定SRAM的数据位宽k和地址线位宽w。

由于MAX+PLUSII不支持以下个别语句格式，需在其他EDA工具上对程序13-4进行编译综合，但也可以利用12.3.4小节介绍的类似方法在MAX+PLUSII上综合、适配和仿真，并将结果下载于EPF10K10或其他同类器件中进行硬件测试。

【程序13-4】文件名：sram.vhd

```
LIBRARY IEEE;  --16X8bitSRAM
USE IEEE.STD_LOGIC_1164.ALL;
USE IEEE.STD_LOGIC_UNSIGNED.ALL;
```

```
  entity sram is
  GENERIC(k: INTEGER := 8;                        --8 位数据宽度
          w: INTEGER := 4);                       --4 位宽地址，共 16 个地址
port (rd, wr, cs: in Std_logic;                   --写、读、片选控制信号
     adr: in Std_logic_vector(w-1 downto 0);          --4 位地址信号
     din: in Std_logic_vector(k-1 downto 0);          --8 位输入信号
     dout: out Std_logic_vector(k-1 downto 0));       --8 位输出信号
    end sram;
  architecture behav of sram is
    subtype word is Std_logic_vector(k-1 downto 0);
          --请注意，MAX+PLUSII 不支持以下语句格式：
    type memory is array(0 to 2 ** w-1) of word;
    signal sram : memory;
     signal adr_in :INTEGER;
    begin
      adr_in <=conv_integer(adr);
WRITE:  process( wr,cs,adr_in,din,rd)  --数据写入进程：WRITE
        Begin
        If wr='0' then
          if cs='0' AND rd='1' then
            sram(adr_in)<=din;
           end if;
        end if;
      end process;
READ: process(rd,cs,adr_in,wr)           --数据读出进程：READ：
      Begin
      if (rd='0' and cs='0' and wr='1') then
          dout <= sram(adr_in);          else
          dout <=(others=>'Z');
       end if ;
      end process;
end behav;
```

GW48-CK 实验步骤：①将 SRAM 目录中的 SRAM.EDF 文件设定为工程文件，再选目标器件为 EPF10K10LC84，编译一次。②选“实验电路结构图 NO.1”，分别锁定引脚为：din(7 DOWNTO 0)→PIO7~PIO0;dout(7 DOWNTO 0)→PIO31~PIO24;adr(3 DOWNTO 0)→PIO11~pIO8;cs→PIO12;rd→PIO48;wr→PIO49。③实测步骤：键 4 输入 0，即 cs= ‘0’；键 3 输入 1 位十六进制地址；键 2 / 键 1 输入 8 位二进制待写入数据；30 下载文件；键 8 和键 7 分别控制 wr 和 rd 信号，平时应打在高电平上；数码 8/数码 7 显示 RAM 的 8 位输出数据。

【实验习题】

试改变程序 13-4 的数据写入方式，即用 wr 的上升沿写入数据，完成程序改写、时序仿真和硬件测试三步工作。

§13.4 堆栈设计

在计算机组成电路中，或数字信号处理电路模块中堆栈存储器（后进先出存储器）具有重要的实用性。程序 13-5 给出的是一数据位宽为 8，深度为 8 的堆栈。此堆栈所有的操作运行均由时钟信号 clk 同步。push='1'和 pop='0'时允许将 8 位数据 din(7 downto 0)压入堆栈；而当 push='0'和 pop='1'时允许将堆栈内部的数据按后进先出的方式弹出堆栈，从 dout(7 downto 0)口输出；empty='1'时，表示堆栈中已空；pushfull='1'时，表示堆栈已满。信号 C 用于计算堆栈中已压入数据的个数。

【程序 13-5】文件名：stack.vhd

```
LIBRARY IEEE;
USE IEEE.STD_LOGIC_1164.ALL;
USE IEEE.STD_LOGIC_UNSIGNED.ALL;
  entity stack is
        generic (n: INTEGER := 8;          --堆栈元素的字长
                 k: INTEGER := 8);         --堆栈中元素的个数
         port(rst, clk:  in Std_logic;
              push, pop: in Std_logic;
              empty, fullpop: out Std_logic;
              din: in Std_logic_vector(n-1 downto 0 );
              dout: out Std_logic_vector(n-1 downto 0 ));
    end stack;
    architecture alg of stack is
         signal num,c: integer range 0 to k-1;
         function to_bit (b: in boolean) return Std_logic is
         begin
            case b is
--请注意，MAX+PLUSII 不支持 case 或 IF 语句中含 return 的格式：
                 when true  => return'1';
                 when false => return'0';
           end case;
         end to_bit;
     begin
           empty <= to_bit(c = 0);
         fullpop <= to_bit(c = k - 1);
    process
         type type_stack is array (natural range k-1 downto 0) of
                    Std_logic_vector (n-1 downto 0 );
              variable s: type_stack;
     begin
          wait until clk'event and clk ='1';
              if rst = '1' then  c <= 0;
```

```
      elsif push = '1' and pop = '0' then
          s( k-1 downto 1):= s( k-2 downto 0);
          s(0):= din;   c <= c + 1;
      elsif pop = '1' and push = '0' then   dout <= s(0);
          s( k-2 downto 0):= s( k-1 downto 1);
          c <= c - 1;
    end if;
  end process;
end alg;
```

GW48-CK 实验步骤同上例。

【实验习题】

模仿程序 13-5，设计一先进先出存储器 FIFO，并在 GW48-CK 上实测。

§ 13.5 8 位硬件加法器设计

加法器是数字系统中的基本逻辑器件。例如，为了节省逻辑资源，减法器和硬件乘法器都可由加法器来构成。宽位的加法器的设计是十分耗费硬件资源的，因此在实际的设计和相关系统的开发中需要注意资源的利用率和进位速度两方面的问题。对此，首先应选择较适合组合逻辑设计的器件作为最终的目标器件，如 CPLD；其次在加法器的逻辑结构的设计上，在芯片资源的利用率和加法器的速度两方面权衡得失，探寻最佳选择，即选择最佳的并行进位最小加法单元的宽度。显然，这种选择与目标器件的时延特性有直接关系。以下是一个比较简单的设计示例。

多位加法器的构成有两种方式：并行进位和串行进位方式。并行进位加法器设有并行进位产生逻辑，运算速度较快；串行进位方式是将全加器级联构成多位加法器。并行进位加法器通常比串行级联加法器占用更多的资源，随着位数的增加，相同位数的并行加法器与串行加法器的资源占用差距快速增大。

一般，4 位二进制并行加法器和串行级联加法器占用几乎相同的资源。这样，多位数加法器由 4 位二进制并行加法器级联构成是较好的折中选择。

本实验示例中的 8 位二进制并行加法器即是由两个 4 位二进制并行加法器级联而成的。图 13-4 所示的逻辑电路是由两个并行进位 4 位加法器级联而成的 8 位二进制加法器。其中的 4 位二进制加法器的 VHDL 逻辑描述如下：

【程序 13-6】文件名：ADDER4B.vhd

```
LIBRARY IEEE;
USE IEEE.STD_LOGIC_1164.ALL;
USE IEEE.STD_LOGIC_UNSIGNED.ALL;
ENTITY ADDER4B IS                                    -- 4 位二进制并行加法器
    PORT (  CIN : IN STD_LOGIC ;                          --低位进位
              A : IN STD_LOGIC_VECTOR(3 DOWNTO 0) ;   --4 位加数
              B : IN STD_LOGIC_VECTOR(3 DOWNTO 0) ;   --4 位被加数
```

```
            S : OUT STD_LOGIC_VECTOR(3 DOWNTO 0) ; --4位和
        COUT : OUT STD_LOGIC  );                    --进位输出
END ADDER4B ;
ARCHITECTURE behav OF ADDER4B IS
SIGNAL SINT : STD_LOGIC_VECTOR(4 DOWNTO 0) ;
    SIGNAL AA,BB : STD_LOGIC_VECTOR(4 DOWNTO 0) ;
BEGIN
    AA<='0'&A ;                  --将4位加数矢量扩为5位，为进位提供空间
    BB<='0'&B ;                  --将4位被加数矢量扩为5位，为进位提供空间
    SINT <= AA + BB + CIN ;
    S <= SINT(3 DOWNTO 0) ;
COUT <= SINT(4) ;
END behav ;
```

由两个4位二进制并行加法器级联而成的8位二进制加法器逻辑描述如下：

【程序13-7】文件名：ADDER8B.vhd

```
LIBRARY IEEE ;
USE IEEE.STD_LOGIC_1164.ALL ;
USE IEEE.STD_LOGIC_UNSIGNED.ALL ;
ENTITY ADDER8B IS
    PORT (  CIN : IN STD_LOGIC ;
              A : IN STD_LOGIC_VECTOR(7 DOWNTO 0) ;
              B : IN STD_LOGIC_VECTOR(7 DOWNTO 0) ;
              S : OUT STD_LOGIC_VECTOR(7 DOWNTO 0) ;
         COUT : OUT STD_LOGIC  );
END ADDER8B ;
ARCHITECTURE struc OF ADDER8B IS
COMPONENT ADDER4B              --对要调用的元件ADDER4B的界面端口进行定义
  PORT ( CIN : IN STD_LOGIC;
            A : IN STD_LOGIC_VECTOR(3 DOWNTO 0) ;
            B : IN STD_LOGIC_VECTOR(3 DOWNTO 0) ;
            S : OUT STD_LOGIC_VECTOR(3 DOWNTO 0) ;
       COUT : OUT STD_LOGIC  ) ;
END COMPONENT ;
  SIGNAL CARRY_OUT : STD_LOGIC;     --设置4位加法器进位标志
BEGIN
  U1 : ADDER4B                         -- 例化（安装）一个4位二进制加法器U1
  PORT MAP(CIN=>CIN, A=>A(3 DOWNTO 0), B=>B(3 DOWNTO 0),
             S=>S(3 DOWNTO 0), COUT=>CARRY_OUT   ) ;
  U2 : ADDER4B                      -- 例化（安装）另一个4位二进制加法器U2
  PORT MAP(CIN=>CARRY_OUT, A=>A(7 DOWNTO 4),B=>B(7 DOWNTO 4),
             S=>S(7 DOWNTO 4), COUT=>COUT ) ;
END struc ;
```

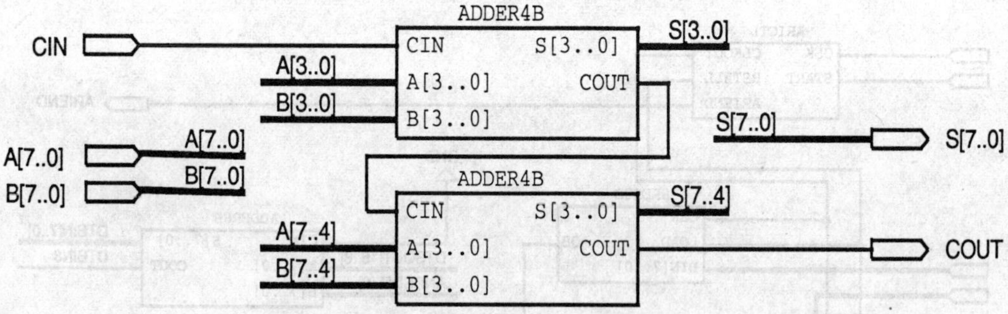

图 13-4　8 位加法器电路原理图

GW48-CK 实验步骤：选实验电路结构图 NO.1，根据此电路图和附录 1 确定引脚的锁定方式，如可取 A[7..0]接 PIO7～PIO0；B[7..0]接 PIO15～PIO8；S[7..0]接 PIO23～PIO16。此加法器的 8 位被加数 A 和加数 B 分别由键 2 与键 1、键 4 与键 3 输入；计算结果将显示于数码管 6（高 4 位）和数码管 5（低 4 位），溢出进位由 PIO39 输出。当有进位时，结果显示于发光管 D8；键 8 可控制加法器的最低位进位输入 CIN（可由 PIO49 输入）。

【实验习题】

设计一个由 8 位二进制加法器为基本元件构成的 8 位减法器。提示：根据二进制数相减等于补码相加的道理，将减数的每一位取反，同时将加法器的借位输入置高电平。这种方法占用资源最少。注意，此种结构的减法器，其溢出或借位的输出电平是 0。

§ 13.6　8 位硬件乘法器设计

纯组合逻辑构成的乘法器虽然工作速度比较快，但过于占用硬件资源，难以实现宽位乘法器；基于 PLD 器件外接 ROM 九九表的乘法器则无法构成单片系统，也不实用。这里介绍由 8 位加法器构成的以时序逻辑方式设计的 8 位乘法器，具有一定的实用价值。其乘法原理是：乘法通过逐项移位相加原理来实现，从被乘数的最低位开始，若为 1，则乘数左移后与上一次的和相加；若为 0，左移后以全零相加，直至被乘数的最高位。从图 13-5 的逻辑图上可以清楚地看出此乘法器的工作原理。

图 13-5 中，ARICTL 是乘法运算控制电路，它的 START（可锁定于引脚 PIO49）信号的上跳沿与高电平有两个功能，即 16 位寄存器清零和被乘数 A[7..0]向移位寄存器 SREG8B 加载；它的低电平则作为乘法使能信号。乘法时钟信号从 ARICTL 的 CLK 输入。当被乘数被加载于 8 位右移寄存器 SREG8B 后，随着每一时钟节拍，最低位在前，由低位至高位逐位移出。当为 1 时，与门 ANDARITH 打开，8 位乘数 B[7..0]在同一节拍进入 8 位加法器，与上一次锁存在 16 位锁存器 REG16B 中的高 8 位进行相加，其和在下一时钟节拍的上升沿被锁进此锁存器。而当被乘数的移出位为 0 时，与门全零输出。如此往复，直至 8 个时钟脉冲后，由 ARICTL 的控制，乘法运算过程自动中止，ARIEND 输出高电平，以此可点亮一

发光管，以示乘法结束。此时 REG16B 的输出值即为最后乘积。此乘法器的优点是节

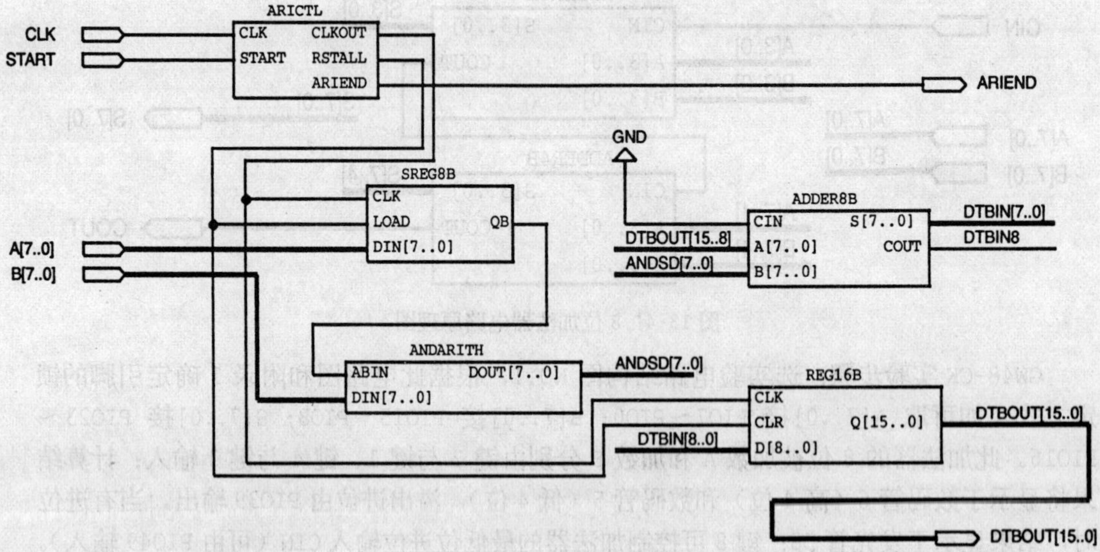

图 13-5 8×8 位乘法器电路原理图

省芯片资源，它的核心元件只是一个 8 位加法器，其运算速度取决于输入的时钟频率。若时钟频率为 100MHz，则每一运算周期仅需 80ns。而若利用配有最高时钟，即 12MHz 晶振的 MCS-51 单片机的乘法指令，进行 8 位乘法运算，仅单指令的运算周期长达 4μs。因此可以利用此乘法器，或相同原理构成的更高位乘法器完成一些数字信号处理方面的运算。乘法器的逻辑描述如下：

【程序 13-8】文件名：ANDARITH.vhd

```
LIBRARY IEEE ;
USE IEEE.STD_LOGIC_1164.ALL ;
ENTITY ANDARITH IS                                          --选通与门模块
  PORT ( ABIN : IN STD_LOGIC;                               --与门开关
        DIN : IN STD_LOGIC_VECTOR(7 DOWNTO 0) ;             --8 位输入
       DOUT : OUT STD_LOGIC_VECTOR(7 DOWNTO 0) ) ;          --8 位输出
END ANDARITH ;
ARCHITECTURE behav OF ANDARITH IS
BEGIN
  PROCESS(ABIN, DIN)
  BEGIN
     FOR I IN 0 TO 7 LOOP                    -- 循环，分别完成 8 位数据与 1 位
        DOUT(I) <= DIN(I) AND ABIN ; -- 控制位的与操作
     END LOOP ;
  END PROCESS ;
END behav;
```

【程序 13-9】文件名：REG16B.vhd

```
LIBRARY IEEE ;
```

```
USE IEEE.STD_LOGIC_1164.ALL ;
ENTITY REG16B IS                                          -- 16位锁存器
  PORT (CLK : IN STD_LOGIC ;                              --锁存信号
        CLR : IN STD_LOGIC ;                              --清零信号
        D : IN STD_LOGIC_VECTOR(8 DOWNTO 0) ;             -- 8位数据输入
        Q : OUT STD_LOGIC_VECTOR(15 DOWNTO 0) );          --16位数据输出
  END REG16B;
ARCHITECTURE behav OF REG16B IS
   SIGNAL R16S : STD_LOGIC_VECTOR(15 DOWNTO 0);--16位寄存器设置
BEGIN
   PROCESS(CLK, CLR)
   BEGIN
    IF CLR = '1' THEN  R16S <=  (OTHERS =>'0') ;-- 异步复位信号
      ELSIF CLK'EVENT AND CLK = '1' THEN -- 时钟到来时，锁存输入值
          R16S(6 DOWNTO 0) <= R16S(7 DOWNTO 1);-- 右移低8位
          R16S(15 DOWNTO 7) <= D ;                -- 将输入锁到高8位
     END IF ;
   END PROCESS ;
   Q <= R16S ;
END behav ;
```

【程序 13-10】文件名：SREG8B.vhd

```
LIBRARY IEEE ;
USE IEEE.STD_LOGIC_1164.ALL ;
ENTITY SREG8B IS                                          -- 8位右移寄存器
   PORT (  CLK : IN STD_LOGIC;   LOAD : IN STD_LOGIC ;
          DIN : IN STD_LOGIC_VECTOR(7 DOWNTO 0);
           QB : OUT STD_LOGIC  );
END SREG8B;
ARCHITECTURE behav OF SREG8B IS
   SIGNAL REG8 : STD_LOGIC_VECTOR(7 DOWNTO 0);
BEGIN
   PROCESS (CLK, LOAD)
   BEGIN
     IF CLK'EVENT AND CLK = '1' THEN
       IF LOAD = '1'  THEN  REG8 <= DIN;               -- 装载新数据
         ELSE  REG8(6 DOWNTO 0) <= REG8(7 DOWNTO 1);-- 数据右移
       END IF;
     END IF;
   END PROCESS;
   QB <= REG8(0);                                      -- 输出最低位
END behav;
```

【程序 13-11】文件名：ARICTL.vhd

```
LIBRARY IEEE;
USE IEEE.STD_LOGIC_1164.ALL;
```

```
USE IEEE.STD_LOGIC_UNSIGNED.ALL;
ENTITY ARICTL IS                                    -- 乘法运算控制器
   PORT ( CLK : IN STD_LOGIC;      START : IN STD_LOGIC;
        CLKOUT : OUT STD_LOGIC;   RSTALL : OUT STD_LOGIC;
        ARIEND : OUT STD_LOGIC  );
END ARICTL;
ARCHITECTURE behav OF ARICTL IS
   SIGNAL CNT4B : STD_LOGIC_VECTOR(3 DOWNTO 0);
BEGIN
   RSTALL <= START;
   PROCESS(CLK, START)
   BEGIN
      IF START = '1' THEN   CNT4B <= "0000"; -- 高电平清零计数器
        ELSIF CLK'EVENT AND CLK = '1'  THEN
         IF CNT4B < 8 THEN -- 小于 8 则计数，等于 8 表明乘法运算已经结束
            CNT4B <= CNT4B + 1;
         END IF;
      END IF;
   END PROCESS;
   PROCESS(CLK, CNT4B, START)
   BEGIN
      IF START = '0' THEN
         IF CNT4B < 8 THEN                          -- 乘法运算正在进行
               CLKOUT <= CLK;   ARIEND <= '0';
         ELSE  CLKOUT <= '0';  ARIEND <= '1';     -- 运算已经结束
         END IF;
        ELSE  CLKOUT <= CLK;   ARIEND <= '0';
      END IF;
   END PROCESS;
END behav;
```

【程序 13-12】文件名：MULTI8X8.vhd

```
LIBRARY IEEE;    -- 8 位乘法器顶层设计文件
USE IEEE.STD_LOGIC_1164.ALL;
ENTITY MULTI8X8 IS
  PORT (  CLK : IN STD_LOGIC;
      START : IN STD_LOGIC; --乘法启动信号，高电平复位与加载，低电平运算
          A : IN STD_LOGIC_VECTOR(7 DOWNTO 0) ; --8 位被乘数
          B : IN STD_LOGIC_VECTOR(7 DOWNTO 0) ; --8 位乘数
     ARIEND : OUT STD_LOGIC;                         --乘法运算结束标志位
       DOUT : OUT STD_LOGIC_VECTOR(15 DOWNTO 0) );--16 位乘积输出
END MULTI8X8 ;
ARCHITECTURE struc OF MULTI8X8 IS
COMPONENT ARICTL                          --待调用的乘法控制器端口定义
   PORT (  CLK : IN STD_LOGIC;   START : IN STD_LOGIC;
```

```
        CLKOUT : OUT STD_LOGIC;  RSTALL : OUT STD_LOGIC;
       ARIEND : OUT STD_LOGIC  );
  END COMPONENT;
  COMPONENT ANDARITH    --待调用的控制与门端口定义
     PORT (  ABIN : IN STD_LOGIC;
            DIN : IN STD_LOGIC_VECTOR(7 DOWNTO 0);
          DOUT : OUT STD_LOGIC_VECTOR(7 DOWNTO 0)  );
  END COMPONENT;
  COMPONENT ADDER8B      -- 待调用的 8 位加法器端口定义
     PORT (CIN : IN STD_LOGIC;
            A : IN STD_LOGIC_VECTOR(7 DOWNTO 0);
            B : IN STD_LOGIC_VECTOR(7 DOWNTO 0);
            S : OUT STD_LOGIC_VECTOR(7 DOWNTO 0);
        COUT : OUT STD_LOGIC );
  END COMPONENT;
  COMPONENT SREG8B      --待调用的 8 位右移寄存器端口定义
     PORT (  CLK : IN STD_LOGIC;  LOAD : IN STD_LOGIC;
            DIN : IN STD_LOGIC_VECTOR(7 DOWNTO 0);
             QB : OUT STD_LOGIC  );
  END COMPONENT;
  COMPONENT REG16B      --待调用的 16 位寄存器端口定义
     PORT (   CLK : IN STD_LOGIC;  CLR : IN STD_LOGIC ;
               D : IN STD_LOGIC_VECTOR(8 DOWNTO 0) ;
               Q : OUT STD_LOGIC_VECTOR(15 DOWNTO 0) ) ;
  END COMPONENT;
     SIGNAL GNDINT : STD_LOGIC ;
     SIGNAL INTCLK : STD_LOGIC ;
     SIGNAL RSTALL : STD_LOGIC;
     SIGNAL    QB : STD_LOGIC;
     SIGNAL ANDSD : STD_LOGIC_VECTOR(7 DOWNTO 0);
     SIGNAL DTBIN : STD_LOGIC_VECTOR(8 DOWNTO 0);
     SIGNAL DTBOUT : STD_LOGIC_VECTOR(15 DOWNTO 0);
  BEGIN
     DOUT <= DTBOUT ;   GNDINT <= '0';
  U1 : ARICTL  PORT MAP(   CLK=> CLK,       START=> START,
     CLKOUT => INTCLK, RSTALL=> RSTALL,  ARIEND=> ARIEND ) ;
  U2 : SREG8B  PORT MAP(   CLK=> INTCLK,    LOAD=> RSTALL,
                          DIN=> B,           QB=> QB ) ;
  U3 : ANDARITH PORT MAP( ABIN=> QB, DIN=> A, DOUT=> ANDSD);
  U4 : ADDER8B  PORT MAP(CIN => GNDINT,  A => DTBOUT(15 DOWNTO 8),
     B => ANDSD,  S => DTBIN(7 DOWNTO 0), COUT => DTBIN(8) ) ;
  U5 : REG16B   PORT MAP(CLK => INTCLK, CLR => RSTALL,
                          D => DTBIN,     Q => DTBOUT  ) ;
  END struc ;
```

GW48-CK 实验步骤：选择实验电路结构图 NO.1，运算结束信号 ARIEND 接 PIO39(D8)，乘法运算时钟 CLK 接 Clock0，清零及启动运算信号 START 由键 8(PIO49)控制，乘数 B[7..0]接 PIO7～PIO0（由键 2、键 1 输入 8 位二进制数），被乘数 A[7..0]接 PIO15～PIO8（由键 4、键 3 输入 8 位二进制数），乘积输出 DOUT[15..0]接 PIO31～PIO16。编译、综合后向目标芯片下载适配后的逻辑设计文件，操作步骤为：①键 2 和键 1 分别输入乘数的高 4 位和低 4 位(输入值显示于数码 2 和数码 1)；②键 4 和键 3 分别输入被乘数的高 4 位和低 4 位(输入值显示于数码 4 和数码 3)；③乘法操作时钟信号输入 clock0；④键 8 输入高电平时，乘积锁存器清零，乘数和被乘数值加载；低电平时开始作乘法操作，8 个脉冲后乘法结束，乘积显示于数码管 8～5，高位在左。

【实验习题】

13-6-1　用组合逻辑设计一 4 位乘法器，并与以上设计比较资源利用情况。

13-6-2　利用移位相减的原理，设计一个 8 位除以 4 位的硬件除法器。

§ 13.7　乒乓球游戏电路设计

以下 8 个 VHDL 文件是一个乒乓球游戏电路的完整设计。其中，模块 tabletennis 是顶层设计，在 MAX+PLUSII 中可设其为工程文件；ball 是模拟乒乓球行进路径的发光管亮灯控制模块，在游戏中，以一排发光管交替发光指示乒乓球的行进路径，其行进的速度可由输入的时钟信号 clk 控制；board 是乒乓板接球控制模块，即当发光管亮到最后一瞬间，若检测到对应的表示球拍的键的信号，立即将“球”反向运行，如果此瞬间没有接到键信号，将给出出错鸣叫，同时为对方记 1 分，并将记分显示出来；cou4 和 cou10 分别是失球计数器的高低位计数模块；mway 是乒乓球行进方向控制模块，主要由发球键控制；sound 是失球提示发声模块。

【程序 13-13】文件名：ball.vhd

```
library ieee;                              --乒乓球灯模块
use ieee.std_logic_1164.all;
use ieee.std_logic_unsigned.all;
entity ball is
port(clk:in std_logic;                     --乒乓球灯前进时钟
    clr:in std_logic;                      --乒乓球灯清零
    way:in std_logic;                      --乒乓球灯前进方向
    en:in std_logic;                       --乒乓球灯使能
    ballout:out std_logic_vector(7 downto 0));   --乒乓球灯
end ball;
architecture ful of ball is
  signal lamp:std_logic_vector(9 downto 0);
  begin
  process(clk,clr,en)
```

```
  begin
  if(clr='1') then  lamp<="1000000001";      --清零
    elsif en='0' then
    elsif (clk'event and clk='1') then       --使能允许，乒乓球灯前进时钟上升沿
     if(way='1') then                        --乒乓球灯右移
          lamp(9 downto 1)<=lamp(8 downto 0);
          lamp(0)<='0';        else          --乒乓球灯左移
          lamp(8 downto 0)<=lamp(9 downto 1); lamp(9)<='0';
       end if;
  end if;
        ballout<=lamp(8 downto 1);
  end process;
end;
```

【程序 13-14】文件名：ballctrl.vhd

```
library ieee; --总控制模块
use ieee.std_logic_1164.all;
entity ballctrl is
 port(clr:in std_logic;              --系统复位
     bain, bbin:in std_logic;  --左球拍和右球拍
     serclka:in std_logic;     --左拍准确接球或发球
     serclkb:in std_logic;     --右拍准确接球或发球
     clk:in std_logic;         --乒乓球灯移动时钟
     bdout:out std_logic;      --球拍接球脉冲
     serve:out std_logic;      --发球状态信号
     serclk:out std_logic;     --球拍正确接球信号
     ballclr:out std_logic;    --乒乓球灯清零信号
     ballen:out std_logic);    --乒乓球灯使能
end ballctrl;
 architecture ful of ballctrl is
  signal bd, ser:std_logic;
  begin
    bd<=bain or bbin; ser<=serclka or serclkb;
    serclk<=ser;              --球拍正确接球信号
    bdout<=bd;                --球拍接球脉冲
process(clr,clk,bd)
begin
if(clr='1' ) then             --系统复位
    serve<='1';               --系统处在发球状态
    ballclr<='1';             --乒乓球灯清零
else                          --系统正常
    if(bd='1')then            --球拍发球或接球时
       ballclr<='1';          --乒乓球灯清零
       if(ser='1') then       --球拍发球或准确接球
```

```
                ballen<='1';          --乒乓球灯使能允许
                serve<='0';           --系统处在接球状态
            elseballen<='0';          --接球失败，乒乓球灯被禁止
                    serve<='1';       --系统处在发球状态
            end if;
            elseballclr<='0';         --没发球或接球时，乒乓球灯不清零
          end if;
      end if;
   end process;
end;
```

【程序 13-15】文件名：board.vhd

```
library ieee; --乒乓拍模块
use ieee.std_logic_1164.all;
entity board is
port (ball:in std_logic;        --接球点，也就是乒乓球灯的末端
    net:in std_logic;           --乒乓球灯的中点，乒乓球过中点时，counclk、serclk复位
    bclk:in std_logic;          --球拍接球信号
    serve:in std_logic;         --发球信号
    couclk:out std_logic;       --失球计数时钟信号
    serclk:out std_logic);      --正确接球信号，接到球时为'1'
end board;
 architecture ful of board is
 begin
  process(bclk,net)
   begin
    if(net='1')then                          --乒乓球过中点时，counclk、serclk复位
        serclk<='0';couclk<='0';
    elsif(bclk'event and bclk='1')then    --球拍接球时系统处于发球状态时
      if(serve='1')then  serclk<='1';      --发球成功
        else                               --系统处于接球状态
        if(ball='1') then serclk<='1';    --乒乓球刚落在接球点上，接球成功
        else  serclk<='0'; couclk<='1';   --乒乓球没落在接球点上，发球失败
        end if;
      end if;
    end if;
   end process;
end;
```

【程序 13-16】文件名：cou10.vhd

```
library ieee; --十进制计数器用来做失球低位计数
use ieee.std_logic_1164.all;
use ieee.std_logic_unsigned.all;
entity cou10 is
  port(clk,clr:in std_logic;
    cout:out std_logic;
```

```
    qout:out std_logic_vector(3 downto 0));
  end cou10;
architecture ful of cou10 is
  signal qqout:std_logic_vector(3 downto 0);
  begin
  process(clr,clk)
   begin
    if(clr='1') then qqout<="0000"; cout<='0';
     elsif(clk'event and clk='1') then
     if(qqout>"1000") THEN qqout<="0000"; cout<='1';
       else  qqout<=qqout+'1'; cout<='0';
     end if;
    end if;
   qout<=qqout;
 end process;
end;
```

【程序 13-17】文件名：cou4.vhd

```
library ieee;      --四进制计数器用来做失球高位计数
use ieee.std_logic_1164.all;
use ieee.std_logic_unsigned.all;
entity cou4 is
port(clk,clr:in std_logic;
    cout:out std_logic;
    qout:out std_logic_vector(3 downto 0));
 end cou4;
architecture ful of cou4 is
signal qqout:std_logic_vector(3 downto 0);
begin
process(clr,clk)
begin
if(clr='1') then qqout<="0000"; cout<='0';
  elsif(clk'event and clk='1') then
  if(qqout>"0010")THEN qqout<="0000"; cout<='1';
    else  qqout<=qqout+'1'; cout<='0';
   end if;
 end if;
 qout<=qqout;
 end process;
end;
```

【程序 13-18】文件名：mway.vhd

```
library ieee;        --乒乓球前进方向产生模块
use ieee.std_logic_1164.all;
entity mway is
  port(servea, serveb:in std_logic;--左选手发球信号和右选手发球信号
```

```
    way:out std_logic);          --乒乓球灯前进方向信号
  end mway;
architecture ful of mway is
  begin
   process(servea,serveb)
    begin
    if(servea='1') then  way<='1';        --左选手发球，方向向右
    elsif(serveb='1') then  way<='0';  --右选手发球，方向向左
    end if;
   end process;
end;
```

【程序 13-19】文件名：sound.vhd

```
library ieee;    --失球提示
use ieee.std_logic_1164.all;
entity sound is
  port (clk:in std_logic;      --发声时钟
            sig:in std_logic;     --正确接球信号
             en:in std_logic;    --球拍接球脉冲
         sout:out std_logic);     --提示声输出，接小喇叭
end sound;
architecture ful of sound is
  begin
    sout<=clk and (not sig) and en;    --球拍接球，没接到时，发提示声
end;
```

【程序 13-20】文件名：tabletennis.vhd

```
library ieee;--顶层设计文件
use ieee.std_logic_1164.all;
entity tabletennis is
port(bain,bbin,clr,clk,souclk:in std_logic;
    ballout:out std_logic_vector(7 downto 0);
    countah,countal,countbh,countbl:out
               std_logic_vector(3 downto 0);
    lamp,speaker:out std_logic);
  end;
architecture ful of tabletennis is
  component sound
port (clk,sig,en:in std_logic;  sout:out std_logic);
  end component;
  component ballctrl
  port(clr,bain,bbin,serclka,serclkb,clk:in std_logic;
     bdout,serve,serclk,ballclr,ballen:out std_logic);
  end component;
  component ball
   port(clk,clr,way,en:in std_logic;
```

```
        ballout:out std_logic_vector(7 downto 0));
    end component;
    component board
    port (ball,net,bclk,serve:in std_logic;
          couclk,serclk:out std_logic);
    end component;
    component cou10
    port(clk,clr:in std_logic;cout:out std_logic;
      qout:out std_logic_vector(3 downto 0));
    end component;
    component cou4
    port(clk,clr:in std_logic; cout:out std_logic;
      qout:out std_logic_vector(3 downto 0));
    end component;
    component mway
    port(servea,serveb:in std_logic; way:out std_logic);
    end component;
   signal net,couclkah,couclkal,couclkbh,couclkbl,cah,cbh, way,
   serve,serclka,serclkb,serclk,ballclr,bdout,ballen:std_logic;
   signal bbll:std_logic_vector( 7 downto 0);
  begin
    net<=bbll(4);
  uah:cou4  port map (couclkah,clr,cah,countah);
  ual:cou10 port map (couclkal,clr,couclkah,countal);
  ubh:cou4  port map (couclkbh,clr,cbh,countbh);
  ubl:cou10 port map (couclkbl,clr,couclkbh,countbl);
  ubda:board port map (bbll(0),net,bain,serve,couclkal,serclka);
  ubdb:board port map (bbll(7),net,bbin,serve,couclkbl,serclkb);
  ucpu:ballctrl port map (clr,bain,bbin,serclka,serclkb,
                          clk,bdout,serve,serclk,ballclr,ballen);
  uway:mway port map (serclka,serclkb,way);
  uball: ball port map (clk,ballclr,way,ballen,bbll);
  usound:sound port map(souclk,ballen,bdout,speaker);
  ballout<=bbll;  lamp<=clk;
  end;
```

GW48-CK 实验步骤：①设 EDA 软件是 MAX+PLUSII，目标器件是 EPF10K10-PC84，以下是各端口信号与 10K10 引脚锁定设置：bain→16、bbin→5、ballout（0..7）→25,24,23,22,21,19,18,17 、clk → 42 、clr → 11 、countah(0..3) → 39,47,48,49 、countbh(0..3) → 66,67,70,71 、countal(0..3) → 35,36,37,38 、countbl(0..3) →61,62,64,65、lamp→79、souclk→83、speaker→3。②操作步骤：选电路模式 NO.3（用琴键方式）；clock5 接 1024Hz，为失球提示提供声响频率；clock1 接 4Hz，乒乓球行进提供时钟信号；选手甲的模拟球拍是键 8，选手乙的模拟球拍是键 1，可由一方先发球（按键）；双方失球分数分别显示于数码管 3/2 和数码管 7/6。

【实验习题】

完善以上设计，使之更符合乒乓球运动的各项规则。

§ 13.8 序列检测器设计

序列检测器可用于检测一组或多组由二进制码组成的脉冲序列信号，这在数字通信领域有广泛的应用。当序列检测器连续收到一组串行二进制码后，如果这组码与检测器中预先设置的码相同，则输出 1，否则输出 0。由于这种检测的关键在于正确码的收到必须是连续的，这就要求检测器必须记住前一次的正确码及正确序列，直到在连续的检测中所收到的每一位码都与预置数的对应码相同。在检测过程中，任何一位不相等都将回到初始状态重新开始检测。如图 13-6 所示，当一串待检测的串行数据进入检测器后，若此数在每一位的连续检测中都与预置的密码数相同，则输出“A”，否则仍然输出“B”。其 VHDL 逻辑描述如下：

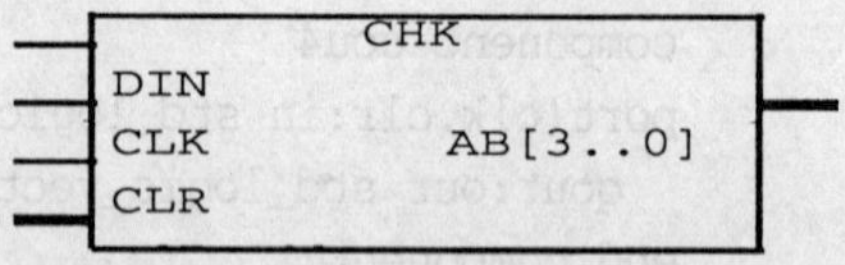

图 13-6 8 位序列检测器逻辑图

【程序 13-21】文件名：CHK.vhd

```
LIBRARY IEEE ;
USE IEEE.STD_LOGIC_1164.ALL;
ENTITY CHK IS
  PORT( DIN  : IN STD_LOGIC ;                          --串行输入数据位
        CLK, CLR : IN STD_LOGIC ;                      --工作时钟/复位信号
        D : IN STD_LOGIC_VECTOR(7 DOWNTO 0);           --8位待检测预置数
        AB : OUT STD_LOGIC_VECTOR(3 DOWNTO 0));        --检测结果输出
END CHK;
ARCHITECTURE behav OF CHK IS
    SIGNAL Q : INTEGER RANGE 0 TO 8 ;
BEGIN
  PROCESS( CLK, CLR )
  BEGIN
  IF CLR = '1' THEN    Q <= 0 ;
  ELSIF  CLK'EVENT AND CLK='1' THEN  --时钟到来时，判断并处理当前输入的位
 CASE Q IS
  WHEN 0=>  IF DIN = D(7) THEN Q <= 1 ; ELSE Q <= 0 ; END IF ;
  WHEN 1=>  IF DIN = D(6) THEN Q <= 2 ; ELSE Q <= 0 ; END IF ;
  WHEN 2=>  IF DIN = D(5) THEN Q <= 3 ; ELSE Q <= 0 ; END IF ;
  WHEN 3=>  IF DIN = D(4) THEN Q <= 4 ; ELSE Q <= 0 ; END IF ;
  WHEN 4=>  IF DIN = D(3) THEN Q <= 5 ; ELSE Q <= 0 ; END IF ;
  WHEN 5=>  IF DIN = D(2) THEN Q <= 6 ; ELSE Q <= 0 ; END IF ;
  WHEN 6=>  IF DIN = D(1) THEN Q <= 7 ; ELSE Q <= 0 ; END IF ;
  WHEN 7=>  IF DIN = D(0) THEN Q <= 8 ; ELSE Q <= 0 ; END IF ;
```

```
WHEN OTHERS => Q <= 0 ;
        END CASE ;
      END IF ;
  END PROCESS ;
  PROCESS( Q )                                  --检测结果判断输出
  BEGIN
      IF Q = 8  THEN  AB <= "1010" ;        --序列数检测正确，输出 "A"
      ELSE          AB <= "1011" ;          --序列数检测错误，输出 "B"
      END IF ;
  END PROCESS ;
END behav ;
```

GW48-CK 实验步骤：待检测串行序列数输入 DIN 接 PIO10（左移，最高位在前），清零信号 CLR 接 PIO8，工作时钟 CLK 接 PIO9，预置 8 位密码 D[7..0]接 PIO7～PIO0，指示输出 AB[3..0]接 PIO43～PIO40（显示于数码管 7)。下载文件后，操作步骤是：①选择实验电路结构图 NO.8，按实验板“系统复位”键；②用键 2 和键 1 输入 2 位十六进制待测序列数；③利用键 4 和键 3 输入 2 位十六进制预置码；④按键 8，高电平初始化清零，低电平清零结束（平时数码 7 应显“B”）；⑤按键 6(CLK) 8 次，这时若串行输入的 8 位二进制序列码与预置码相同，则数码 7 应从原来的“B”变成“A”，表示序列检测正确，否则仍为“B”。

【实验习题】

13-8-1 改进此示例，使之能检测两组不同的串行输入序列码。

13-8-2 利用摩尔状态机方式来设计此序列检测器。

§ 13.9 正负脉宽数控调制信号发生器设计

如图 13-7 所示，此信号发生器是由两个完全相同的可自加载加法计数器 LCNT8 组成的，它的输出信号的高低电平脉宽可分别由两组 8 位预置数进行控制。

如果将计数初始值可预置的加法计数器的溢出信号作为本计数器的初始预置值加载信号 LD，则可构成计数初始值自加载方式的加法计数器，从而构成数控分频器。图 13-7 中

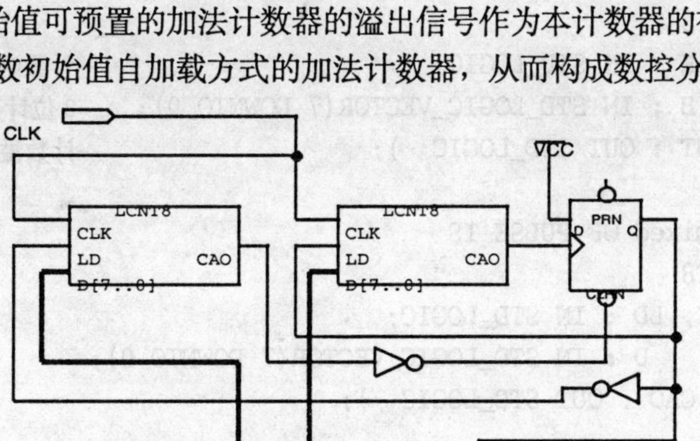

图 13-7 脉宽数控调制信号发生器逻辑图

D 触发器的一个重要功能就是均匀输出信号的占空比，提高驱动能力，这对驱动诸如扬声器或电动机十分重要。初始值可预置的加法计数器逻辑描述见程序 13-22 和程序 13-23。

【程序 13-22】文件名：LCNT8.vhd

```
LIBRARY IEEE ;
USE IEEE.STD_LOGIC_1164.ALL ;
ENTITY LCNT8 IS                                      -- 8 位可自加载加法计数器
PORT ( CLK, LD : IN STD_LOGIC;                       --工作时钟/预置值加载信号
             D : IN INTEGER RANGE 0 TO 255 ; --8 位分频预置数
           CAO : OUT STD_LOGIC ) ;                   --计数溢出输出
END LCNT8 ;
ARCHITECTURE behav OF LCNT8 IS
    SIGNAL COUNT : INTEGER RANGE 0 TO 255 ;--8 位计数器设置
BEGIN
   PROCESS( CLK )
   BEGIN
      IF CLK'EVENT AND CLK = '1' THEN
        IF LD = '1' THEN    COUNT <= D;   --LD 为高电平时加载预置数
          ELSE           COUNT <= COUNT + 1; --否则继续计数
        END IF;
      END IF;
   END PROCESS;
   PROCESS( COUNT )
   BEGIN
      IF COUNT = 255 THEN  CAO <= '1';    --计数满后，置位溢出位
      ELSE                 CAO <= '0';
      END IF;
   END PROCESS;
END behav;
```

【程序 13-23】文件名：LCNT8.vhd

```
LIBRARY IEEE;                                     --  正负脉宽数控调制信号发生器顶层文件
USE IEEE.STD_LOGIC_1164.ALL;
ENTITY PULSE IS
   PORT ( CLK : IN STD_LOGIC;                          --计数时钟
        A, B : IN STD_LOGIC_VECTOR(7 DOWNTO 0);   --8 位计数预置数
       PSOUT : OUT STD_LOGIC  );                       --计数溢出并分频输出
END  PULSE;
ARCHITECTURE mixed OF PULSE IS
COMPONENT LCNT8
   PORT ( CLK, LD : IN STD_LOGIC;
               D : IN STD_LOGIC_VECTOR(7 DOWNTO 0);
             CAO : OUT STD_LOGIC  );
END COMPONENT;
   SIGNAL CAO1, CAO2 : STD_LOGIC;
```

```
    SIGNAL LD1, LD2      : STD_LOGIC;
    SIGNAL PSINT         : STD_LOGIC;
  BEGIN
    U1 : LCNT8 PORT MAP( CLK => CLK, LD => LD1,
                         D => A ,    CAO => CAO1  );
    U2 : LCNT8 PORT MAP(  CLK => CLK,   LD => LD2,
                         D => B,    CAO => CAO2 );
    PROCESS(CAO1, CAO2)                         --计数溢出二分频进程
    BEGIN
      IF CAO1 = '1' THEN  PSINT <= '0';         --异步复位
      ELSIF  CAO2'EVENT AND CAO2 = '1'  THEN   PSINT <= '1';
      END IF ;
    END PROCESS;
    LD1 <= NOT PSINT ;  LD2 <= PSINT ;  PSOUT <= PSINT ;
  END mixed;
```

GW48-CK 实验步骤：选择实验电路结构图 NO.1，输入时钟 CLK 接 clock0（用于发声时，接频率 65536Hz），8 位数控预置输入 B[7..0]接 PIO15～PIO8，由键 4 和键 3 控制输入，输入值分别显示于数码管 4 和数码管 3；另 8 位数控预置输入 A[7..0]接 PIO7～PIO0，由键 2 和键 1 控制输入，输入值分别显示于数码管 2 和数码管 1；输出 PSOUT 接 Speaker(对应 1032E 是第 5 引脚 Pin 5；对应 EPF10K10 是第 3 引脚 Pin 3)。

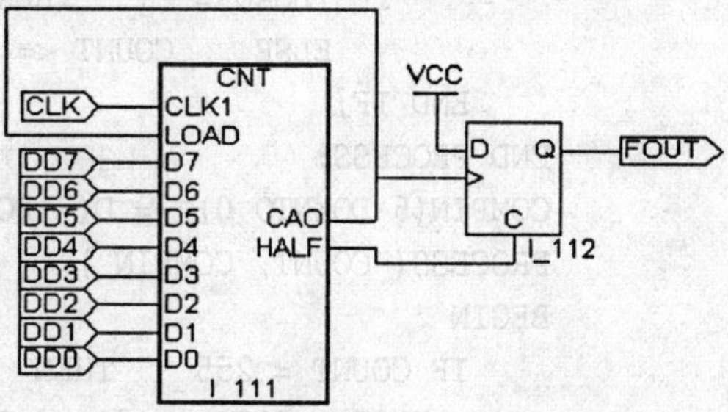

图 13-8 实验习题 13-9-1 逻辑图

向目标芯片下载适配后的逻辑设计文件，通过键 2 和键 1 输入控制高电平信号脉宽的预置数(显示于数码管 2 和 1)；由键 4 和键 3 输入控制低电平信号脉宽的预置数(显示于数码管 4 和 3) ；取待分频频率 F=12MHz、6MHz 或 3MHz， 通过短路帽输入 clk9；频率输出可利用示波器观察波形随预置数的变化而变化的情况。在没有示波器时，“CLK”可接低频率信号，然后接通扬声器，通过声音音调的变化来了解输出频率的变化。

【实验习题】

根据下面的实验习题程序 13-23 和逻辑图 13-8，试完成以下习题：

(1) 分析程序 13-24 的逻辑功能。

(2) 利用 EDA 软件绘出 CLK、CAO、HALF 和 FOUT 的信号波形。

(3) 当 CLK 的频率改变时，信号 HALF 和 FOUT 之间有何变化关系？

(4) 满足 HALF 为 1 的逻辑实质是什么？HALF 信号有何功能？

(5) 从示波器上观察输出信号 FOUT，并比较 D 触发器的清零端 C 接 HALF 或不接 HALF 信号时，FOUT 的变化情况。

(6) 这是一个颇有实用价值的逻辑模块，请利用它完成一项实用的电子设计。

【程序 13-24】文件名：PULSE1.VHD

```
LIBRARY IEEE;
USE IEEE.STD_LOGIC_1164.ALL;
USE IEEE.STD_LOGIC_UNSIGNED.ALL;
ENTITY PULSE1 IS
    PORT ( CLK   : IN STD_LOGIC;
             D   : IN STD_LOGIC_VECTOR(7 DOWNTO 0);
          FOUT : OUT STD_LOGIC );
END PULSE1;
ARCHITECTURE behav OF PULSE1 IS
    SIGNAL COUNT    : STD_LOGIC_VECTOR(7 DOWNTO 0);
    SIGNAL COMPIN   : STD_LOGIC_VECTOR(7 DOWNTO 0);
    SIGNAL HALF, CAO, PDFF ,LOAD : STD_LOGIC;
BEGIN
    LOAD <= CAO ;
    PROCESS( CLK, LOAD, D )
    BEGIN
        IF CLK'EVENT AND CLK = '1' THEN
            IF  LOAD = '1'  THEN  COUNT <= D;
               ELSE   COUNT <= COUNT + 1 ;  END IF;
        END IF;
    END PROCESS;
    COMPIN(6 DOWNTO 0) <= D(7 DOWNTO 1);   COMPIN(7) <= '1';
    PROCESS( COUNT, COMPIN )
    BEGIN
        IF COUNT = 255    THEN   CAO <= '1';
          ELSE  CAO <= '0' ;  END IF;
        IF COUNT = COMPIN THEN   HALF <= '1';
          ELSE  HALF <= '0';  END IF;
    END PROCESS;
    PROCESS(CAO, HALF)
    BEGIN
     IF HALF = '1'  THEN  PDFF <= '0';
     ELSIF  CAO'EVENT AND CAO = '1'  THEN  PDFF <= '1';  END IF;
    END PROCESS;
    FOUT <= PDFF;
END behav;
```

§ 13.10 “梁祝”乐曲演奏电路设计

与利用微处理器（CPU 或 MCU）来实现乐曲演奏相比，以纯硬件完成乐曲演奏电路的逻辑要复杂得多，如果不借助于功能强大的 EDA 工具和硬件描述语言，仅凭传统的数字逻辑技术，即使最简单的演奏电路也难以实现。

本实验设计项目作为“梁祝”乐曲演奏电路的实现，其工作原理是这样的：我们知道，组成乐曲的每个音符的发音频率值及其持续的时间是乐曲能连续演奏所需的两个基本要素，问题是如何来获取这两个要素所对应的数值以及通过纯硬件的手段来利用这些数值实现所希望乐曲的演奏效果。首先让我们来了解图 13-9 的工作原理。

(1)音符的频率可以由图 13-9 中的 SPEAKERA 获得，这是一个数控分频器（其详细工作原理可参阅 §13.10 节），由其 clk 端输入一具有较高频率（这里是 12MHz）的信号，通过 SPEAKERA 分频后由 SPKOUT 输出。由于直接从数控分频器中出来的输出信号是脉宽极窄的脉冲式信号，为了有利于驱动扬声器，需另加一个 D 触发器以均衡其占空比，但这时的频率将是原来的 1/2。SPEAKERA 对 clk 输入信号的分频比由 11 位预置数 Tone[10..0]决定。SPKOUT 的输出频率将决定每一音符的音调，这样，分频计数器的预置值 Tone[10..0] 与 SPKOUT 的输出频率，就有了对应关系。例如在 TONETABA 模块中若取 Tone[10..0]=1036，将发音符为"3"音的信号频率。

（2）音符的持续时间须根据乐曲的速度及每个音符的节拍数来确定，图 13-9 中模块 TONETABA 的功能首先是为 SPEAKERA 提供决定所发音符的分频预置数，而此数在 SPEAKER 输入口停留的时间即为此音符的节拍值。

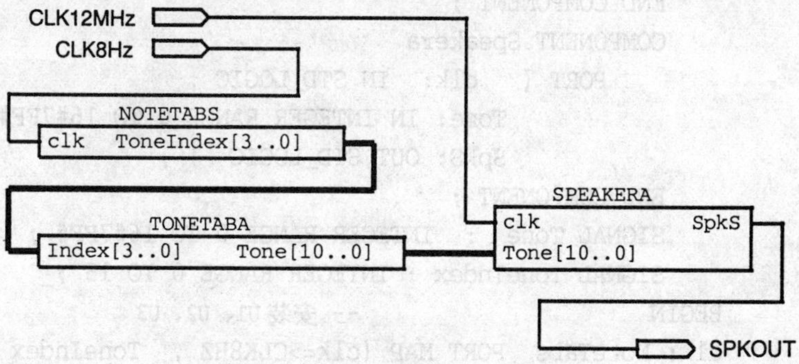

图 13-9　“梁祝”乐曲演奏电路逻辑图

模块 TONETABA 是乐曲简谱码对应的分频预置数查表电路，其中设置了“梁祝”乐曲全部音符所对应的分频预置数，共 13 个，每一音符的停留时间由音乐节拍和音调发生器模块 NOTETABS 的 clk 的输入频率决定，在此为 4Hz。这 13 个值的输出由对应于 TONETABA 的 4 位输入值 Index[3..0]确定，而 Index[3..0] 最多有 16 种可选值。输向 TONETABA 中 Index[3..0]的值 ToneIndex[3..0]的输出值与持续的时间由模块 NOTETABS 决定。在 NOTETABS 中设置了一个 8 位二进制计数器（计数最大值为 138），这个计数器的计数频率选为 4Hz，即每一计数值的停留时间为 0.25s，恰为当全音符设为 1s 时，四四拍的 4 分音符持续时间。例如，NOTETABS 在以下的 VHDL 逻辑描述中，“梁祝”乐曲的第一个音符为“3”，此音在逻辑中停留了 4 个时钟节拍，即 1s 时间，相应地，所对应的“3”音符分频预置值为 1036，在 SPEAKERA 的输入端停留了 1s。随着 NOTETABS 中的计数器按 4Hz 的时钟速率作加法计数时，“梁祝”乐曲就开始连续自然地演奏起来了。乐曲演奏电路的 VHDL 逻辑描述如下：

【程序 13-25】文件名：Songer.VHD

```
LIBRARY IEEE ;                                    --“梁祝”乐曲演奏电路顶层设计
USE IEEE.STD_LOGIC_1164.ALL ;
ENTITY Songer IS
    PORT (  CLK12MHz : IN STD_LOGIC  ;   --音乐音调信号
```

```
        CLK8HZ : IN STD_LOGIC ;                    --音乐节拍信号
         CODE1: OUT INTEGER RANGE 0 TO 15 ;        --简谱码输出显示
         HIGH1: OUT STD_LOGIC;                     --高八度音显示
        SPKOUT: OUT STD_LOGIC ) ;                  --发音输出
  END;
ARCHITECTURE one OF Songer IS
    COMPONENT NoteTabs
        PORT (    clk   : IN STD_LOGIC ;
            ToneIndex   : OUT INTEGER RANGE 0 TO 15  ) ;
    END COMPONENT ;
    COMPONENT ToneTaba
     PORT (   Index :  IN INTEGER RANGE 0 TO 15 ;
              CODE : OUT INTEGER RANGE 0 TO 15 ;
              HIGH : OUT STD_LOGIC ;
               Tone : OUT INTEGER RANGE 0 TO 16#7FF# ) ;
    END COMPONENT ;
    COMPONENT Speakera
        PORT (    clk:   IN STD_LOGIC ;
               Tone: IN INTEGER RANGE 0 TO 16#7FF# ;--11 位二进制数
               SpkS: OUT STD_LOGIC    ) ;
    END COMPONENT ;
    SIGNAL Tone   :   INTEGER RANGE 0 TO 16#7FF# ;
    SIGNAL ToneIndex : INTEGER RANGE 0 TO 15 ;
  BEGIN                             -- 安装 U1、U2、U3
  u1 : NoteTabs  PORT MAP (clk=>CLK8HZ ,  ToneIndex =>ToneIndex ) ;
  u2 : ToneTaba PORT MAP (Index=>ToneIndex , Tone=>Tone ,
                                 CODE=>CODE1, HIGH=>HIGH1 ) ;
  u3 : Speakera PORT MAP(clk=>CLK12MHZ,Tone=>Tone, SpkS=>SPKOUT );
  END;
```

【程序 13-26】文件名：ToneTaba.VHD

```
  LIBRARY IEEE ;                               --乐曲简谱码对应的分频预置数查表电路
  USE IEEE.STD_LOGIC_1164.ALL ;
  ENTITY ToneTaba IS
     PORT (Index : IN INTEGER RANGE 0 TO 15 ;  --简谱代码输入
          CODE : OUT INTEGER RANGE 0 TO 15 ; --简谱码输出显示
          HIGH : OUT STD_LOGIC;                  --高八度音显示
          Tone : OUT INTEGER RANGE 0 TO 16#7FF# ); -- 输入的简谱码查表
                                                   --值，即分频预置值输出
  END ;
  ARCHITECTURE one OF ToneTaba IS
  BEGIN
     Search : PROCESS(Index)
     BEGIN
        CASE Index IS  -- 译码电路，分频预置值查表并输出控制音调的预置数，
```

```
                         --同时由 CODE 输出显示对应的简谱码，由 HIGH 输出显示音调高低
        WHEN 0  => Tone <= 2047 ;  CODE <= 0 ; HIGH <= '0' ;
        WHEN 1  => Tone <= 773 ;   CODE <= 1 ; HIGH <= '0' ;
        WHEN 2  => Tone <= 912 ;   CODE <= 2 ; HIGH <= '0' ;
        WHEN 3  => Tone <= 1036 ;  CODE <= 3 ; HIGH <= '0' ;
        WHEN 5  => Tone <= 1197 ;  CODE <= 5 ; HIGH <= '0' ;
        WHEN 6  => Tone <= 1290 ;  CODE <= 6 ; HIGH <= '0' ;
        WHEN 7  => Tone <= 1372 ;  CODE <= 7 ; HIGH <= '0' ;
        WHEN 8  => Tone <= 1410 ;  CODE <= 1 ; HIGH <= '1' ;
        WHEN 9  => Tone <= 1480 ;  CODE <= 2 ; HIGH <= '1' ;
        WHEN 10 => Tone <= 1542 ;  CODE <= 3 ; HIGH <= '1' ;
        WHEN 12 => Tone <= 1622 ;  CODE <= 5 ; HIGH <= '1' ;
        WHEN 13 => Tone <= 1668 ;  CODE <= 6 ; HIGH <= '1' ;
        WHEN 15 => Tone <= 1728 ;  CODE <= 1 ; HIGH <= '1' ;
        WHEN OTHERS => NULL ;
      END CASE ;
    END PROCESS ;
END ;
```

【程序 13-27】文件名：Speakera.VHD

```
LIBRARY IEEE ;                                          --数控分频与演奏发生器
USE IEEE.STD_LOGIC_1164.ALL ;
ENTITY Speakera IS
    PORT (  clk  : IN STD_LOGIC ;                        --待分频时钟
          Tone : IN INTEGER RANGE 0 TO 16#7FF# ;--分频预置数输入
          SpkS : OUT STD_LOGIC ) ;                       --发声输出
END ;
ARCHITECTURE one OF Speakera IS
    SIGNAL PreCLK : STD_LOGIC ;
    SIGNAL FullSpkS : STD_LOGIC ;
BEGIN
 DivideCLK : PROCESS(clk)
      VARIABLE Count4 : INTEGER RANGE 0 TO 15 ;
    BEGIN
      PreCLK <= '0' ;
                           -- 将 CLK 进行 11 分频，PreCLK 为 CLK 的 11 分频
     IF Count4 > 11  THEN   PreCLK <= '1' ;  Count4 := 0;
    ELSIF clk'EVENT AND clk='1' THEN  Count4 := Count4 + 1;
     END IF;
    END PROCESS ;
    GenSpkS : PROCESS(PreCLK, Tone)
      VARIABLE Count11 : INTEGER RANGE 0 TO 16#7FF# ;
 BEGIN
       IF PreCLK'EVENT AND PreCLK = '1' THEN  -- 11 位可预置计数器
         IF Count11 = 16#7FF# THEN
```

```
            Count11 := Tone;  --若计数已满，在时钟的上升沿，将预数锁入
            FullSpkS <= '1';    --11位计数器，并使FullSpkS输出高电平
        ELSE  Count11 := Count11 + 1;  --否则继续计数，输出低电平
            FullSpkS <= '0' ;  END IF;
        END IF;
    END PROCESS;
    DelaySpkS : PROCESS(FullSpkS)          --发音输出二分频进程
        VARIABLE Count2 : STD_LOGIC ;
  BEGIN      -- 将输出再进行二分频，将脉冲展宽，以使扬声器有足够功率发音
        IF  FullSpkS'EVENT AND FullSpkS = '1'  THEN
            Count2 := NOT Count2 ;
            IF Count2 = '1' THEN  SpkS <= '1';
             ELSE   SpkS <= '0' ;  END IF;
        END IF ;
    END PROCESS ;
  END ;
```

【程序 13-28】文件名：NoteTabs.VHD

```
  LIBRARY IEEE ;                                   --音乐节拍和音调发生器
  USE IEEE.STD_LOGIC_1164.ALL ;
  ENTITY NoteTabs IS
    PORT ( clk     :  IN STD_LOGIC ;                    --音乐节拍时钟
        ToneIndex :  OUT INTEGER RANGE 0 TO 15  ) ;  --乐谱码输出
  END;
  ARCHITECTURE one OF NoteTabs IS
    SIGNAL Counter : INTEGER RANGE 0 TO 138 ;         --乐谱码计数器
  BEGIN
    CNT8 : PROCESS(clk)
    BEGIN
        IF Counter = 138 THEN  Counter <= 0 ;
   ELSIF (clk'EVENT AND clk='1') THEN  Counter <= Counter + 1;
        END IF ;
    END PROCESS ;
  Search : PROCESS(Counter)
    BEGIN
   CASE Counter IS     -- 译码器，查歌曲的乐谱表，查表结果为音调表的索引值
          WHEN 00  => ToneIndex <= 3;    -- 简谱“3”音
          WHEN 01  => ToneIndex <= 3;    -- 发4个时钟节拍
          WHEN 02  => ToneIndex <= 3;
          WHEN 03  => ToneIndex <= 3;
          WHEN 04  => ToneIndex <= 5;    -- 简谱“5”音
          WHEN 05  => ToneIndex <= 5;    -- 发3个时钟节拍
          WHEN 06  => ToneIndex <= 5;
          WHEN 07  => ToneIndex <= 6;    -- 简谱“6”音
                    … …                  -- 程序过长，部分省略
```

```
            WHEN 136 => ToneIndex <= 0;          -- 简谱休止符→输出
            WHEN 137 => ToneIndex <= 0;          -- 频率为零
            WHEN 138 => ToneIndex <= 0;
            WHEN OTHERS => NULL;
        END CASE;
    END PROCESS;
END;
```

GW48-CK 实验步骤：先将引脚锁定，使 CLK12MHz 与 clock9 相接，接受 12MHz 时钟频率（输入待分频声调频率 12MHz，在实验板上的“高频组”处，用短路帽分别连接 clock9 和“12MHz”）；CLK8Hz 与 clock2 相接，接受 4Hz 频率（在实验板上的“低频组”处，用短路帽分别连接 Clock2 和“4Hz”）；发音输出 SPKOUT 接 Speaker(具体引脚要看使用什么目标芯片，这可查阅附录 1)；与演奏发音相对应的简谱码输出显示可由 CODE1 与 PIO19～16 相接来完成；HIGH1 为高八度音指示，可接 PIO36，然后进行布线适配，最后向目标芯片下载适配后的 SOF 逻辑设计文件。实验电路结构图为 NO.1。

【实验习题】

填入新的乐曲，如“采茶舞曲”或其它熟悉的乐曲。操作步骤如下：

(1) 根据所填乐曲可能出现的音符，如“4”，适当改变模块 ToneIndex 中的分频预置数值，以适应新的乐曲。

(2) 模仿模块 NOTETABA 中的方式，填入新的音符，同时注意每一音符的节拍长短。

(3) 如果乐曲比较长，可增加模块 NOTETABA 中计数器的位数，如 9 位时可达 512 个基本节拍。

§ 13.11 RS232 通信方式控制电子琴

利用 VHDL 在 FPGA/CPLD 中设计硬件 RS232 通信模块是一比较典型的 EDA 实验项目，这一电路在智能仪表、工业自动控制系统和通信设备中有广泛的应用。利用此通信模块可以使 PC 机通过 RS232 串行口直接与 FPGA/CPLD 进行通信，完成诸如各种编码运算的数据交换方面的工作。

本节给出的实验示例，主要完成三方面的工作：①在 FPGA/CPLD 目标器件中设计一硬件电子琴。其主设计由 § 13.10 节的 ToneTaba.vhd 和 Speakera.vhd 程序完成，它们的顶层设计是程序 13-30 的 TOP.VHD。②在同一目标器件中设计 RS232 通信模块和电子琴控制模块;其设计文件是程序 13-31 的 SEND.VHD;总的最顶层文件是程序 13-29 的 TOPTOP.VHD。③用 C 程序设计上位机（PC 机）通信握手文件，光盘中的相应文件是 SEND.C 和 SEND.EXE。

【程序 13-29】文件名：TOPTOP.VHD

```
LIBRARY IEEE;
USE IEEE.STD_LOGIC_1164.ALL;
ENTITY TOPTOP IS                        -- 包含了 RS232 通信模块的最顶层设计
  PORT ( CLK12MHZ : IN  STD_LOGIC;
```

```
            CODE1  : OUT INTEGER RANGE 0 TO 15;
            HIGH1  : OUT STD_LOGIC;
             RXD   : IN  STD_LOGIC;
               D   : OUT STD_LOGIC_VECTOR(10 DOWNTO 0);
           SPKOUT   : OUT STD_LOGIC );
  END;
 ARCHITECTURE one OF TOPTOP IS
      COMPONENT  SEND
       PORT(SYSCLK,RXD : IN STD_LOGIC;
            D     : OUT STD_LOGIC_VECTOR(10 DOWNTO 0 ) ;
            KEY   : OUT STD_LOGIC_VECTOR( 7 DOWNTO 0 ) );
      END COMPONENT;
      COMPONENT TOP
     PORT(CLK12MHZ : IN STD_LOGIC;
            INDEX1 : IN STD_LOGIC_VECTOR(7 DOWNTO 0);
            CODE1  : OUT INTEGER RANGE 0 TO 15;
            SPKOUT ,HIGH1  : OUT STD_LOGIC );
      END COMPONENT;
    SIGNAL SEL : STD_LOGIC_VECTOR(7 DOWNTO 0);
  BEGIN
  u1 : SEND PORT MAP(SYSCLK=>CLK12MHZ, RXD=>RXD,D=>D,KEY=>SEL);
  u2 : TOP PORT MAP(CLK12MHZ=>CLK12MHZ,CODE1=>CODE1,
                     HIGH1=>HIGH1,SPKOUT=>SPKOUT,INDEX1=>SEL );
END;
```

【程序 13-30】文件名：TOP.VHD

```
LIBRARY IEEE;
USE IEEE.STD_LOGIC_1164.ALL;
ENTITY TOP IS                                    -- 次顶层设计
PORT (   CLK12MHZ : IN STD_LOGIC;
         INDEX1 : IN STD_LOGIC_VECTOR(7 DOWNTO 0);
         CODE1  : OUT INTEGER RANGE 0 TO 15;
         HIGH1, SPKOUT  : OUT STD_LOGIC );
 END;
ARCHITECTURE one OF TOP IS
   COMPONENT ToneTaba
     PORT ( Index :  IN STD_LOGIC_VECTOR(7 DOWNTO 0);
            CODE  : OUT INTEGER RANGE 0 TO 15;
            HIGH  : OUT STD_LOGIC;
            Tone  : OUT INTEGER RANGE 0 TO 16#7FF# );
END COMPONENT;
```

```
  COMPONENT Speakera
      PORT (  clk   :  IN STD_LOGIC;
               Tone :  IN INTEGER RANGE 0 TO 16#7FF#;
              SpkS : OUT STD_LOGIC  );
  END COMPONENT;
  SIGNAL Tone2 : INTEGER RANGE 0 TO 16#7FF#;
    BEGIN
   u1 : ToneTaba PORT MAP (Index=>Index1, Tone=>Tone2,
                           CODE=>CODE1, HIGH=>HIGH1);
   u2 : Speakera PORT MAP (clk=>CLK12MHZ,Tone=>Tone2,
                           SpkS=>SPKOUT );
 END;
```

【程序 13-31】文件名：SEND.VHD

```
 LIBRARY IEEE;
 USE IEEE.STD_LOGIC_1164.ALL;
 USE IEEE.STD_LOGIC_UNSIGNED.ALL;
 ENTITY SEND IS
  PORT ( SYSCLK, RXD : IN STD_LOGIC;
           D    : OUT STD_LOGIC_VECTOR(10 DOWNTO 0 ) ;
          KEY   : OUT STD_LOGIC_VECTOR( 7 DOWNTO 0 )  );
 END SEND;
 ARCHITECTURE BEHAV OF SEND IS
  SIGNAL B   : STD_LOGIC_VECTOR(9 DOWNTO 0);
  SIGNAL R   : STD_LOGIC_VECTOR(3 DOWNTO 0);
  SIGNAL J   : STD_LOGIC_VECTOR(15 DOWNTO 0);
  SIGNAL FRXD,GT,GTCLR,CCLK,GATE  : STD_LOGIC;
 BEGIN
S1: PROCESS (SYSCLK,GT)
  BEGIN
   IF GT='0' THEN   J <= (OTHERS=>'0',2=>'1',1=>'0');
   ELSIF ( SYSCLK'EVENT AND SYSCLK='1')  THEN
      IF J = "0000000110101000" THEN  J <= (OTHERS=>'0');
       ELSE     J <= J + 1 ;
       END  IF;
    END IF;
 END PROCESS;
S2: PROCESS (J)
  BEGIN
   IF J= "0000000110101000" THEN    CCLK <= '0' ;
       ELSE  CCLK <= '1';
```

```
  END IF;
 END PROCESS;
 GATE <= GT AND CCLK ;
S3: PROCESS (GATE,GTCLR)
   BEGIN
   IF GTCLR = '1' THEN   R <= "0001";
  ELSIF ( GATE'EVENT AND GATE='1')  THEN   R <= R + 1 ;
  END  IF;
 END PROCESS;
S4: PROCESS (GATE,R)
 BEGIN
  IF R = "1001" THEN GTCLR <= NOT GATE ;
     ELSE  GTCLR <= '0';
  END IF;
 END PROCESS;

S5: PROCESS (GATE,RXD,B)
    BEGIN
     IF ( GATE'EVENT AND GATE='1')  THEN
     B(9 DOWNTO 0) <= B(8 DOWNTO 0) & RXD;
   END IF;
END PROCESS;
     D(9 DOWNTO 0) <= B(9 DOWNTO 0); FRXD <= NOT RXD;
S6: PROCESS (FRXD,GTCLR)
  BEGIN
   IF GTCLR='1' THEN      GT <= '0';
   ELSIF ( FRXD'EVENT AND FRXD='1')  THEN  GT <= '1' ;
   END IF;
END PROCESS;
S7: PROCESS( B(8 DOWNTO 5) )
 BEGIN
     CASE B(8 DOWNTO 5) IS
         WHEN "0000"  => KEY(0) <= '1' ;
         WHEN "0100"  => KEY(1) <= '1' ;
         WHEN "1000"  => KEY(2) <= '1' ;
         WHEN "0110"  => KEY(3) <= '1' ;
         WHEN "1010"  => KEY(4) <= '1' ;
         WHEN "0110"  => KEY(5) <= '1' ;
         WHEN "1110"  => KEY(6) <= '1' ;
         WHEN "1001"  => KEY(7) <= '1' ;
```

```
        WHEN OTHERS  => KEY <= (OTHERS=>'0') ;
      END CASE;
    END PROCESS;
END BEHAV;
```

GW48-CK 实验步骤：①用串行通信电缆，将 GW48-CK 系统的 RS232 接口与 PC 机的串行口 1，COM1 相连，打开系统电源；②将板上的 12MHz 频率（用于波特率设置）与 CLOCK9 相接；③引脚锁定：CLK12MHz→3、RXD→53、D(0..10)→17，18，70，67，66，65，64，62，61，25，59，用于显示来自 PC 机的键盘 ASCII 码、SPKOUT→3，由此发琴音；④选电路模式 NO.5，然后将实验板上的“JMCU”处的两个跳线座的短路帽全部右插；⑤用 MAX+PLUSII 编译示例“SENDSONG”目录中的顶层文件“TOPTOP”，然后将结果下载于 10K10 中；⑥运行通信握手文件 SEND.EXE，然后连续按 PC 机键盘的“0”，“2”，“3”，“4”，“5”，“6”，“7”，“8”等键，就会发现 PC 机键盘成了 GW48 系统的电子琴键盘，同时可以看到，GW48 系统的数码管上显示出 PC 机键盘键的 ASCII 码，而当码的低位分别为 0，2，3，4，5，6，7，8 时，GW48 系统就会发琴声。

【实验习题】

修改“SENDSONG”中的 VHDL 文件和上位机通信 C 程序，以改变通信与功能方式，如将电子琴的发声简谱对应的频率显示在计算机屏幕上。

§ 13.12　数字频率计设计

图 13-10 是顶层设计程序 13-35 对应的 8 位十进制数字频率计的逻辑图，它由一个测频控制信号发生器 TESTCTL、8 个有时钟使能的十进制计数器 CNT10 和一个 32 位锁存器 REG32B 组成。以下分别叙述频率计各逻辑模块的功能与设计方法。

(1) 测频控制信号发生器设计要求：频率测量的基本原理是计算每秒钟内待测信号的脉冲个数。这就要求 TESTCTL 的计数使能信号 TSTEN 能产生一个 1 秒脉宽的周期信号，并对频率计的每一计数器 CNT10 的 ENA 使能端进行同步控制。当 TSTEN 为高电平时，允许计数；为低电平时停止计数，并保持其所计的脉冲数。在停止计数期间，首先需要一个锁存信号 Load 的上跳沿将计数器在前 1 秒钟的计数值锁存进 32 位锁存器 REG32B 中，并由外部的 7 段译码器译出，并稳定显示。设置锁存器的好处是，显示的数据稳定，不会由于周期性的清零信号而不断闪烁。锁存信号之后，必须有一清零信号 CLR_CNT 对计数器进行清零，为下 1 秒钟的计数操作作准备。测频控制信号发生器的工作时序如图 13-11 所示。为了产生这个时序图，需首先建立一个由 D 触发器构成的二分频器，在每次时钟 CLK 上沿到来时其值翻转。

其中控制信号时钟 CLK 的频率取 1Hz，那么信号 TSTEN 的脉宽恰好为 1s，可以用作计数闸门信号。然后根据测频的时序要求，可得出信号 Load 和 CLR_CNT 的逻辑描述。由图 13-11 可见，在计数完成后，即计数使能信号 TSTEN 在 1s 的高电平后，利用其反相值

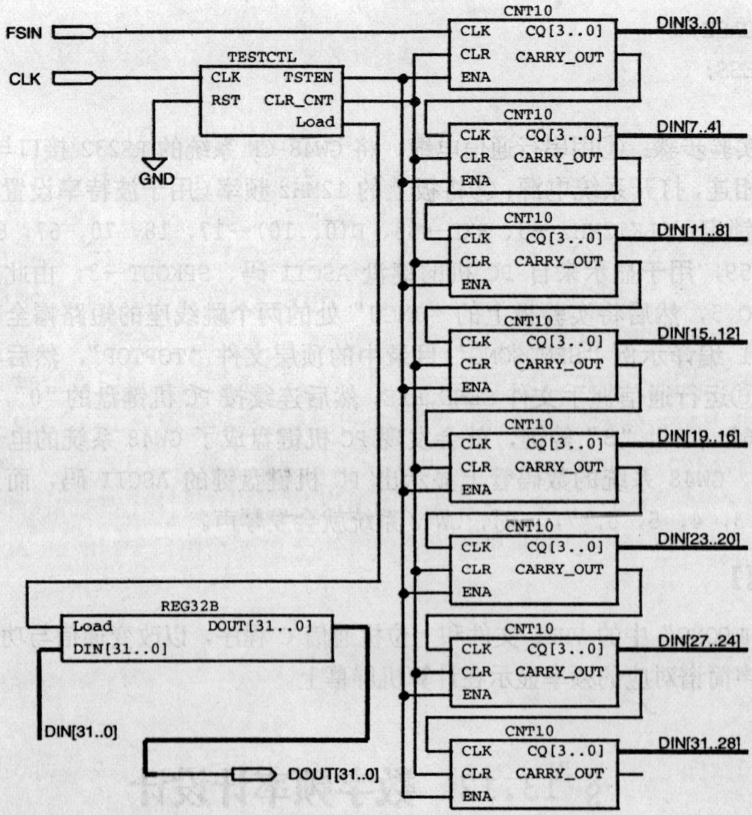

图 13-10　8 位十进制数字频率计逻辑图

的上跳沿产生一个锁存信号 Load，0.5s 后，CLR_CNT 产生一个清零信号上跳沿。高质量的测频控制信号发生器的设计十分重要，设计中要对其进行仔细的实时仿真（TIMING SIMULATION），防止可能产生的毛刺。

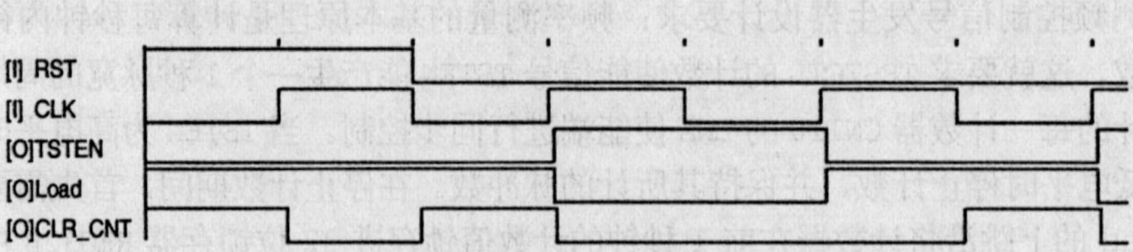

图 13-11　测频控制信号发生器工作时序

（2）寄存器 REG32B 设计要求：若已有 32 位 BCD 码存在于此模块的输入口，在信号 Load 的上升沿后即被锁存到寄存器 REG32B 的内部，并由 REG32B 的输出端输出，然后由实验板上的 7 段译码器译成能在数码管上显示输出的相对应的数值。

（3）计数器 CNT10 设计要求：如图 13-10 所示，此十进制计数器的特殊之处是，有一时钟使能输入端 ENA，用于锁定计数值。当高电平时计数允许，低电平时禁止计数。

8 位十进制数字频率计各模块 VHDL 逻辑描述如下：

【程序 13-32】文件名：CNT10.VHD

```
LIBRARY IEEE ;                          --有时钟使能的十进制计数器
```

```
USE IEEE.STD_LOGIC_1164.ALL ;
ENTITY CNT10 IS
    PORT (CLK : IN STD_LOGIC ;                        -- 计数时钟信号
          CLR : IN STD_LOGIC ;                        -- 清零信号
          ENA : IN STD_LOGIC ;                        -- 计数使能信号
           CQ : OUT INTEGER RANGE 0 TO 15 ;           -- 4位计数结果输出
        CARRY_OUT : OUT STD_LOGIC    ) ;              -- 计数进位
   END CNT10 ;
ARCHITECTURE behav OF CNT10 IS
    SIGNAL CQI : INTEGER RANGE 0 TO 15 ;
BEGIN
    PROCESS(CLK, CLR, ENA)
    BEGIN
        IF  CLR = '1'  THEN   CQI <= 0;               --计数器异步清零
        ELSIF  CLK'EVENT AND CLK = '1'  THEN
            IF  ENA = '1'  THEN
                IF CQI < 9  THEN   CQI <= CQI + 1 ;
              ELSE  CQI <= 0  ;  END  IF;   -- 等于 9，则计数器清零
            END IF ;
        END IF ;
    END PROCESS ;
    PROCESS(CQI)
    BEGIN
        IF  CQI = 9  THEN  CARRY_OUT <= '1' ;       --进位输出
                     ELSE  CARRY_OUT <= '0' ;  END IF;
    END PROCESS ;
    CQ <= CQI ;
END behav ;
```

【程序 13-33】文件名：REG32B.VHD

```
LIBRARY IEEE ;  --32 位锁存器
USE IEEE.STD_LOGIC_1164.ALL ;
ENTITY REG32B IS
    PORT ( Load : IN STD_LOGIC ;
             DIN  : IN STD_LOGIC_VECTOR(31 DOWNTO 0) ;
           DOUT : OUT STD_LOGIC_VECTOR(31 DOWNTO 0) ) ;
END REG32B ;
ARCHITECTURE behav OF REG32B IS
BEGIN
  PROCESS(Load, DIN)
   BEGIN
   IF  Load'EVENT AND Load='1' THEN DOUT<=DIN ; --锁存输入数据
   END IF;
  END PROCESS;
END behav;
```

【程序 13-34】文件名：TESTCTL.VHD

```
LIBRARY IEEE ;                                          -- 测频控制信号发生器
USE IEEE.STD_LOGIC_1164.ALL ;
USE IEEE.STD_LOGIC_UNSIGNED.ALL ;
ENTITY TESTCTL IS
    PORT (CLK : IN STD_LOGIC ;                          -- 1Hz 测频控制时钟
        TSTEN : OUT STD_LOGIC ;                         -- 计数器时钟使能
      CLR_CNT : OUT STD_LOGIC ;                         -- 计数器清零
         Load : OUT STD_LOGIC  );                       -- 输出锁存信号
 END TESTCTL ;
ARCHITECTURE behav OF TESTCTL IS
    SIGNAL Div2CLK : STD_LOGIC ;
BEGIN
    PROCESS( CLK )
    BEGIN
        IF  CLK'EVENT AND CLK = '1'  THEN               -- 1Hz 时钟二分频
            Div2CLK <= NOT Div2CLK ;
        END IF ;
    END PROCESS ;
    PROCESS (CLK, Div2CLK)
    BEGIN
   IF CLK='0' AND Div2CLK='0' THEN CLR_CNT<='1';--产生计数器清零信号
       ELSE  CLR_CNT <= '0'  ;    END IF;
    END PROCESS;
    Load  <= NOT Div2CLK ;   TSTEN <= Div2CLK ;
END behav ;
```

【程序 13-35】文件名：FREQTEST.VHD

```
LIBRARY IEEE;                 -- 频率计顶层文件（工程文件）
USE IEEE.STD_LOGIC_1164.ALL;
ENTITY FREQTEST IS
   PORT ( CLK : IN STD_LOGIC;
         FSIN : IN STD_LOGIC;
         DOUT : OUT STD_LOGIC_VECTOR(31 DOWNTO 0) );
END FREQTEST;
  ARCHITECTURE struc OF FREQTEST IS
   COMPONENT TESTCTL
   PORT(CLK : IN STD_LOGIC;  TSTEN : OUT STD_LOGIC;
     CLR_CNT : OUT STD_LOGIC;  Load : OUT STD_LOGIC );
  END COMPONENT;
  COMPONENT CNT10
  PORT(CLK : IN STD_LOGIC;  CLR : IN STD_LOGIC; ENA : IN STD_LOGIC;
       CQ : OUT STD_LOGIC_VECTOR(3 DOWNTO 0);
     CARRY_OUT : OUT STD_LOGIC );
  END COMPONENT;
```

```
  COMPONENT REG32B
    PORT ( Load : IN STD_LOGIC;
              DIN : IN STD_LOGIC_VECTOR(31 DOWNTO 0);
             DOUT : OUT STD_LOGIC_VECTOR(31 DOWNTO 0) );
 END COMPONENT;
   SIGNAL Load1, TSTEN1, CLR_CNT1 : STD_LOGIC;
   SIGNAL DTO1 : STD_LOGIC_VECTOR(31 DOWNTO 0);
   SIGNAL CARRY_OUT1 : STD_LOGIC_VECTOR(6 DOWNTO 0);
  BEGIN
 U1 : TESTCTL  PORT MAP(CLK => CLK,     TSTEN => TSTEN1,
                  CLR_CNT => CLR_CNT1, Load => Load1 );
 U2 : REG32B PORT MAP( Load => Load1, DIN => DTO1,DOUT => DOUT);
 U3 : CNT10  PORT MAP(CLK => FSIN,CLR => CLR_CNT1,ENA => TSTEN1,
     CQ => DTO1(3 DOWNTO 0),CARRY_OUT => CARRY_OUT1(0) );
 U4 : CNT10  PORT MAP(CLK => CARRY_OUT1(0), CLR => CLR_CNT1,
     ENA => TSTEN1, CQ => DTO1(7 DOWNTO 4),
     CARRY_OUT => CARRY_OUT1(1)  );
 U5 : CNT10 PORT MAP( CLK => CARRY_OUT1(1), CLR => CLR_CNT1,
                  ENA => TSTEN1, CQ => DTO1(11 DOWNTO 8),
            CARRY_OUT => CARRY_OUT1(2) );
 U6 : CNT10 PORT MAP( CLK => CARRY_OUT1(2), CLR => CLR_CNT1,
     ENA => TSTEN1, CQ => DTO1(15 DOWNTO 12),
     CARRY_OUT => CARRY_OUT1(3));
 U7 : CNT10 PORT MAP( CLK => CARRY_OUT1(3), CLR => CLR_CNT1,
     ENA => TSTEN1,  CQ => DTO1(19 DOWNTO 16),
     CARRY_OUT => CARRY_OUT1(4) );
 U8 : CNT10   PORT MAP( CLK => CARRY_OUT1(4),CLR => CLR_CNT1,
        ENA => TSTEN1,  CQ => DTO1(23 DOWNTO 20),
        CARRY_OUT => CARRY_OUT1(5) );
 U9 : CNT10  PORT MAP( CLK => CARRY_OUT1(5),CLR => CLR_CNT1,
               ENA => TSTEN1, CQ => DTO1(27 DOWNTO 24),
               CARRY_OUT => CARRY_OUT1(6) );
 U10 : CNT10 PORT MAP( CLK => CARRY_OUT1(6),CLR => CLR_CNT1,
        ENA => TSTEN1, CQ => DTO1(31 DOWNTO 28) );
 END struc;
```

GW48-CK 实验步骤：测频控制器时钟信号 CLK（1Hz）可接 Clock1；待测频 FSIN 可接 Clock0；8 位数码显示输出 DOUT[31..0]接 PIO47～PIO16。向目标芯片下载适配后的逻辑设计文件，选择实验电路结构 NO.0，数码管应显示来自 Clock0 的频率。

【实验习题】

改进电路，使之能测试信号的周期，并直接显示所测周期的微秒数。

§ 13.13 PC 机、单片机、FPGA 双向通信

本实验项目介绍的通信方式与§13.11 节有所不同，这里的通信方式是 PC 机通过串行口的 RXD 和 TXD 直接与单片机 89C2051 通信（单片机与目标芯片的引脚连接方式可参考附录 1 的附图 1-13），然后单片机再与目标器件 FPGA 通信，这是另一种实用的通信方式。为了便于演示，本项实验是在§13.12 节介绍的频率计的基础上进行的。即在§13.12 节的顶层文件 FREQTEST.VHD 中添加与单片机通信的逻辑设计，构成程序 13-36：FREQTEST.VHD 文件，注意其中应用了与单片机 P1 端口通信的双向端口 DINOUT 的 INOUT 模式（试比较程序 13-12 和程序 13-36 的不同之处），然后再设计单片机的通信文件 FSEND.ASM 和 PC 机的通信文件 FTEST.C 及 FTEST.EXE（这些文件过长，在此略去）。

本项设计的功能是将 FPGA 在实验板上测得的频率（频率范围 1Hz～50MHz）通过单片机 89C2051 送入 PC 机，并在屏幕上显示；同时将 PC 机键盘输入的代码送进 FPGA，并在实验板的数码管上显示出来，从而完成 PC 机、单片机和 FPGA 的双向通信的功能。

【程序 13-36】文件名：FREQTEST.VHD

```
LIBRARY IEEE;
USE IEEE.STD_LOGIC_1164.ALL;
ENTITY FREQTEST IS
    PORT (CLK, FSIN, P37 : IN STD_LOGIC;
           DINOUT : INOUT STD_LOGIC_VECTOR(7 DOWNTO 0);
         SEL  : IN STD_LOGIC_VECTOR(2 DOWNTO 0);
         DATAOUT : OUT STD_LOGIC_VECTOR(11 DOWNTO 0) );
          END FREQTEST;
ARCHITECTURE struc OF FREQTEST IS
COMPONENT TESTCTL
    PORT ( CLK : IN STD_LOGIC;      TSTEN : OUT STD_LOGIC;
       CLR_CNT : OUT STD_LOGIC;      Load : OUT STD_LOGIC    );
END COMPONENT;
COMPONENT CNT10
    PORT(CLK : IN STD_LOGIC; CLR : IN STD_LOGIC; ENA : IN STD_LOGIC;
           CQ : OUT STD_LOGIC_VECTOR(3 DOWNTO 0);
        CARRY_OUT : OUT STD_LOGIC );
END COMPONENT;
COMPONENT REG32B
    PORT(Load : IN STD_LOGIC;
          DIN : IN STD_LOGIC_VECTOR(31 DOWNTO 0);
          DOUT : OUT STD_LOGIC_VECTOR(31 DOWNTO 0) );
END COMPONENT;
    SIGNAL TSTEN1, CLR_CNT1, Load1, K1,K2,K3 : STD_LOGIC;
    SIGNAL DTO1, DOUT : STD_LOGIC_VECTOR(31 DOWNTO 0);
    SIGNAL CARRY_OUT1 : STD_LOGIC_VECTOR(6 DOWNTO 0);
    SIGNAL  CLOCK1,CLOCK2,CLOCK3 : STD_LOGIC;
```

```
    SIGNAL      DATA : STD_LOGIC_VECTOR(11 DOWNTO 0);
    SIGNAL      DAT  : STD_LOGIC_VECTOR(7 DOWNTO 0);
  BEGIN
   U1 : TESTCTL  PORT MAP( CLK => CLK,    TSTEN => TSTEN1,
                     CLR_CNT => CLR_CNT1, Load => Load1 );
   U2 : REG32B PORT MAP( Load => Load1, DIN => DTO1,DOUT => DOUT);
   U3 : CNT10  PORT MAP(CLK => FSIN,CLR => CLR_CNT1,ENA => TSTEN1,
        CQ => DTO1(3 DOWNTO 0),CARRY_OUT => CARRY_OUT1(0) );
   U4 : CNT10  PORT MAP(CLK => CARRY_OUT1(0), CLR => CLR_CNT1,
        ENA => TSTEN1, CQ => DTO1(7 DOWNTO 4),
        CARRY_OUT => CARRY_OUT1(1)  );
   U5 : CNT10 PORT MAP( CLK => CARRY_OUT1(1), CLR => CLR_CNT1,
                     ENA => TSTEN1, CQ => DTO1(11 DOWNTO 8),
              CARRY_OUT => CARRY_OUT1(2) );
   U6 : CNT10 PORT MAP( CLK => CARRY_OUT1(2), CLR => CLR_CNT1,
        ENA => TSTEN1, CQ => DTO1(15 DOWNTO 12),
        CARRY_OUT => CARRY_OUT1(3));
   U7 : CNT10 PORT MAP( CLK => CARRY_OUT1(3), CLR => CLR_CNT1,
        ENA => TSTEN1,  CQ => DTO1(19 DOWNTO 16),
        CARRY_OUT => CARRY_OUT1(4) );
   U8 : CNT10   PORT MAP( CLK => CARRY_OUT1(4),CLR => CLR_CNT1,
           ENA => TSTEN1,  CQ => DTO1(23 DOWNTO 20),
           CARRY_OUT => CARRY_OUT1(5) );
   U9 : CNT10  PORT MAP( CLK => CARRY_OUT1(5),CLR => CLR_CNT1,
                 ENA => TSTEN1, CQ => DTO1(27 DOWNTO 24),
                 CARRY_OUT => CARRY_OUT1(6) );
   U10 : CNT10 PORT MAP( CLK => CARRY_OUT1(6),CLR => CLR_CNT1,
           ENA => TSTEN1, CQ => DTO1(31 DOWNTO 28) );
   Sch : PROCESS(SEL)
    BEGIN
        CASE SEL IS
WHEN "000" => DINOUT <= DOUT(7 DOWNTO  0);K1 <='0'; K2 <='0'; K3 <='0';
WHEN "001" => DINOUT <= DOUT(15 DOWNTO  8);K1 <='0'; K2 <='0'; K3 <='0';
WHEN "010" => DINOUT <= DOUT(23 DOWNTO 16);K1 <='0'; K2 <='0'; K3 <='0';
WHEN "011" => DINOUT <= DOUT(31 DOWNTO 24);K1 <='0'; K2 <='0'; K3 <='0';
          WHEN "100"  => DAT <= DINOUT; K1 <='1' ;
          WHEN "101"  => DAT <= DINOUT; K2 <='1' ;
          WHEN "110"  => DAT <= DINOUT; K3 <='1' ;
          WHEN OTHERS => K1 <='0'; K2 <='0'; K3 <='0';
        END CASE;
    END PROCESS;
CLOCK1<=K1 AND P37 ; CLOCK2<=K2 AND P37 ; CLOCK3<=K3 AND P37 ;
   KK1: PROCESS(CLOCK1)
    BEGIN
```

```
    IF CLOCK1'EVENT AND CLOCK1 = '1' THEN
           DATA( 3 DOWNTO 0) <= DAT(7 DOWNTO 4);
        END IF;
     END PROCESS;
  KK2: PROCESS(CLOCK2)
    BEGIN
    IF CLOCK2'EVENT AND CLOCK2 = '1' THEN
           DATA( 7 DOWNTO 4) <= DAT(7 DOWNTO 4);
        END IF;
     END PROCESS;
  KK3: PROCESS(CLOCK3)
    BEGIN
    IF CLOCK3'EVENT AND CLOCK3 = '1' THEN
           DATA( 11 DOWNTO 8) <= DAT(7 DOWNTO 4);
        END IF;
     END PROCESS;
  DATAOUT <= DATA ;
  END struc;
```

GW48-CK 实验步骤：①电路结构选 NO.5，实验操作方式与§13-12 节介绍的相似；②引脚锁定为：P37→25；SEL(0..2)→23，22，21；DINOUT(0..7)→39，47，48，49，50，51，52，53；其余的引脚锁定同§13.12 节；③设目录 sendfre 中的 FREQTEST 为工程文件，向目标芯片下载；④按模式选择键至“5”；⑤在纯 DOS 下执行 sendfre 目录内，mcucom 目录中的通信文件 ftest.exe，再按动实验板的“系统复位键”，数秒后，PC 机屏幕上将显示 FPGA 所测得的频率值；⑥用 PC 机键盘输入几位数字，按回车键，屏幕上将显示最新测得的频率，同时实验板的数码管将显示 PC 机键盘输入的数字。

【实验习题】

将 FPGA 通过 ADC0809 以最快采样速度测得的值放在单片机中，每 30 个值，通过串行口向 PC 机发送一次，并显示在屏幕上，同时监测来自 PC 机的命令码。

§13.14 VGA 显示器彩条信号发生器设计

利用 FPGA 实现 VGA 彩显控制器的功能，在工业上有许多实际的应用。VGA 彩色显示器（640×480/60Hz）在显示过程中所必需的信号，除 R、G、B 三基色信号外，行同步 HS 和场同步 VS 也是非常重要的两个信号。显示过程中，HS 和 VS 的极性可正可负，显示器内可自动转换为正极性逻辑。

现以正极性为例，说明CRT 的工作过程：R、G、B 为正极性信号，即高电平有效。当 VS=0、HS=0 时，CRT 显示的内容为亮的过程，即正向扫描过程约为 26μs。当一行扫描完毕，行同步 HS=1，约需 6μs；其间，CRT 扫描产生消隐，电子束回到 CRT 左边下一行的起始位置（X=0，Y=1）；当扫描完 480 行后，CRT 的场同步 VS=1，产生场同步使扫描线回到

CRT 的第一行第一列（X=0，Y=0）处（约为两个行周期）。HS 和 VS 的时序图如图 13-12 所示。

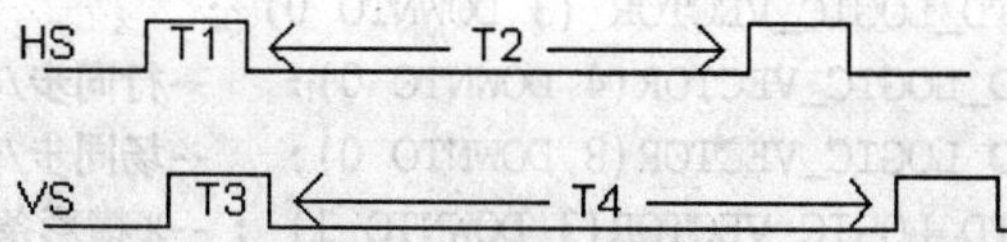

图 13-12　HS 和 VS 的时序图

图 13-12 中，T1 为行同步消隐（约为 6μs）；T2 为行显示时间（约为 26μs）；T3 为场同步消隐（两行周期）；T4 为场显示时间（480 行周期）。本项设计的彩条信号发生器可通过外部控制产生如表 13-1 所示的 3 种显示模式，共 6 种显示变化。

表　13-1

1	横彩条	1：白黄青绿品红蓝黑	2：　黑蓝红品绿青黄白
2	竖彩条	1：白黄青绿品红蓝黑	2：　黑蓝红品绿青黄白
3	棋盘格	1：棋盘格显示模式 1	2：棋盘格显示模式 2

表 13-1 的颜色编码如表 13-2 所示。

表　13-2

颜色	黑	蓝	红	品	绿	青	黄	白
R	0	0	0	0	1	1	1	1
G	0	0	1	1	0	0	1	1
B	0	1	0	1	0	1	0	1

彩条信号发生器逻辑如图 13-13 所示，程序 13-37 是它的逻辑描述。

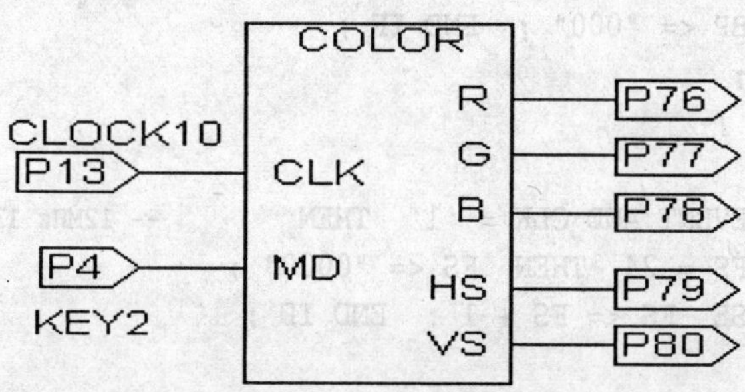

图 13-13　彩条信号发生器逻辑图

【程序 13-37】文件名：COLOR.VHD

```
LIBRARY IEEE ;                                    -- 显示器彩条发生器
USE IEEE.STD_LOGIC_1164.ALL ;
USE IEEE.STD_LOGIC_UNSIGNED.ALL ;
ENTITY COLOR IS
    PORT (    CLK, MD : IN STD_LOGIC ;             --扫描时钟/显示模式选择时钟
        HS, VS, R, G, B : OUT STD_LOGIC);          --行场同步/红、绿、蓝
END COLOR ;
```

```
ARCHITECTURE behav OF COLOR IS
    SIGNAL HS1, VS1, FCLK, CCLK  : STD_LOGIC ;
    SIGNAL MMD : STD_LOGIC_VECTOR(1 DOWNTO 0) ; --方式选择
    SIGNAL   FS : STD_LOGIC_VECTOR (3 DOWNTO 0) ;
    SIGNAL  CC : STD_LOGIC_VECTOR(4 DOWNTO 0);   --行同步/横彩条生成
    SIGNAL  LL : STD_LOGIC_VECTOR(8 DOWNTO 0);   --场同步/竖彩条生成
    SIGNAL GRBX : STD_LOGIC_VECTOR(3 DOWNTO 1) ; --X 横彩条
    SIGNAL GRBY : STD_LOGIC_VECTOR(3 DOWNTO 1) ; --Y 竖彩条
    SIGNAL GRBP : STD_LOGIC_VECTOR(3 DOWNTO 1) ;
    SIGNAL GRB  : STD_LOGIC_VECTOR(3 DOWNTO 1) ;
BEGIN
    GRB(2) <= (GRBP(2) XOR MD) AND HS1 AND VS1 ;
    GRB(3) <= (GRBP(3) XOR MD) AND HS1 AND VS1 ;
    GRB(1) <= (GRBP(1) XOR MD) AND HS1 AND VS1 ;
    PROCESS( MD )
    BEGIN
        IF  MD'EVENT AND MD = '0'  THEN
           IF  MMD = "10"  THEN  MMD <= "00" ;
            ELSE  MMD <= MMD + 1;  END IF;              --三种模式
        END IF ;
  END PROCESS ;
    PROCESS( MMD )
     BEGIN
      IF MMD = "00"  THEN   GRBP <= GRBX ;               --选择横彩条
      ELSIF  MMD = "01"  THEN  GRBP <= GRBY ;            --选择竖彩条
      ELSIF  MMD = "10"  THEN  GRBP <= GRBX XOR GRBY;--产生棋盘格
       ELSE  GRBP <= "000" ;  END IF ;
    END PROCESS ;
    PROCESS( CLK )
    BEGIN
        IF  CLK'EVENT AND CLK = '1'  THEN               -- 12MHz 13 分频
            IF  FS = 24  THEN  FS <= "0000" ;
              ELSE  FS <= FS + 1 ;  END IF ;
        END IF ;
    END PROCESS ;
    FCLK <= FS(2) ;
    PROCESS( FCLK )
    BEGIN
        IF  FCLK'EVENT AND FCLK = '1'  THEN
            IF  CC = 48  THEN  CC <= "00000";
              ELSE  CC <= CC + 1 ;  END IF;
        END IF ;
    END PROCESS ;
    CCLK <= CC(4) ;
```

```
    PROCESS( CCLK )
    BEGIN
        IF  CCLK'EVENT AND CCLK = '0'  THEN
            IF  LL = 481  THEN  LL <= "000000000" ;
              ELSE  LL <= LL + 1 ;  END IF ;
        END IF ;
    END PROCESS ;
    PROCESS( CC,LL )
    BEGIN
        IF  CC > 23  THEN  HS1 <= '0' ;              --行同步
            ELSE    HS1 <= '1' ;  END IF ;
        IF  LL > 479  THEN  VS1 <= '0' ;             --场同步
            ELSE    VS1 <= '1' ;  END IF ;
    END PROCESS ;
    PROCESS(CC, LL)
    BEGIN
        IF  CC < 3  THEN  GRBX <= "111" ;            --横彩条
        ELSIF  CC < 6   THEN  GRBX <= "110" ;
        ELSIF  CC < 9   THEN  GRBX <= "101" ;
        ELSIF  CC < 12  THEN  GRBX <= "100" ;
        ELSIF  CC < 15  THEN  GRBX <= "011" ;
        ELSIF  CC < 18  THEN  GRBX <= "010" ;
        ELSIF  CC < 21  THEN  GRBX <= "001" ;
         ELSE  GRBX <= "000"  ;  END IF;
           IF  LL <  60  THEN  GRBY <= "111" ;  --竖彩条
        ELSIF  LL < 120  THEN  GRBY <= "110" ;
        ELSIF  LL < 180  THEN  GRBY <= "101" ;
        ELSIF  LL < 240  THEN  GRBY <= "100" ;
        ELSIF  LL < 300  THEN  GRBY <= "011" ;
        ELSIF  LL < 360  THEN  GRBY <= "010" ;
        ELSIF  LL < 420  THEN  GRBY <= "001" ;
        ELSE  GRBY <= "000";  END IF ;
    END PROCESS;
    HS <= HS1 ; VS <= VS1 ; R <= GRB(2) ; G <= GRB(3) ; B <= GRB(1) ;
END behav ;
```

GW48-CK 实验步骤：向目标芯片下载适配后的逻辑设计文件，选择实验电路结构图 NO.1，时钟信号 CLK 接 CLOCK9，接受高频组的 12MHz 频率信号；模式选择信号 MD 接 PIO49。向目标芯片下载适配后的逻辑设计文件，然后按 KEY8 键（PIO49），每按动一次，输出就改变一种方式，6 次一循环，其循环显示模式分别为：横彩条 1、横彩条 2、竖彩条 1、竖彩条 2、棋盘格 1 和棋盘格 2 。

【实验习题】

13-14-1　设计可显示横彩条与棋盘格相间的 VGA 彩条信号发生器。

13-14-2 设计可显示英语字母的 VGA 信号发生器。

§ 13.15 A/D 采样控制器设计

与微处理器或单片机相比，CPLD/FPGA 更适用于直接对高速 A/D 器件的采样控制。例如数字图像或数字信号处理系统前向通道的控制系统设计。

为了适应数字电路教学大纲，本项实验设计的接口器件选为 ADC0809（GW48-CK 实验板也可插 AD574A）。利用 CPLD 或 FPGA 目标器件设计一采样控制器，按照正确的时序直接控制 ADC0809 的工作。事实上，可以利用 CPLD/FPGA 控制更高速的串行或并行工作的 A/D 器件。

ADC0809 为单极性输入、8 位转换精度、逐次逼进式 A/D 转换器，其采样速度为每次转换约 100μs，它的各引脚功能和工作时序如图 13-14 所示。有 8 个模拟信号输入通道，IN0--IN7；由 ADDA、ADDB 和 ADDC（ADDC 为最高位）作为此 8 路通道选择地址，在转换开始前由地址锁存允许信号 ALE 将此 3 位地址锁入锁存器中，以确定转换信号通道；EOC 为转换结束状态信号，由低电平转为高电平时指示转换结束，此时可读入转换好的 8 位数据。EOC 在低电平时，指示正在进行转换；START 为转换启动信号，上升沿启动；OE 为数据输

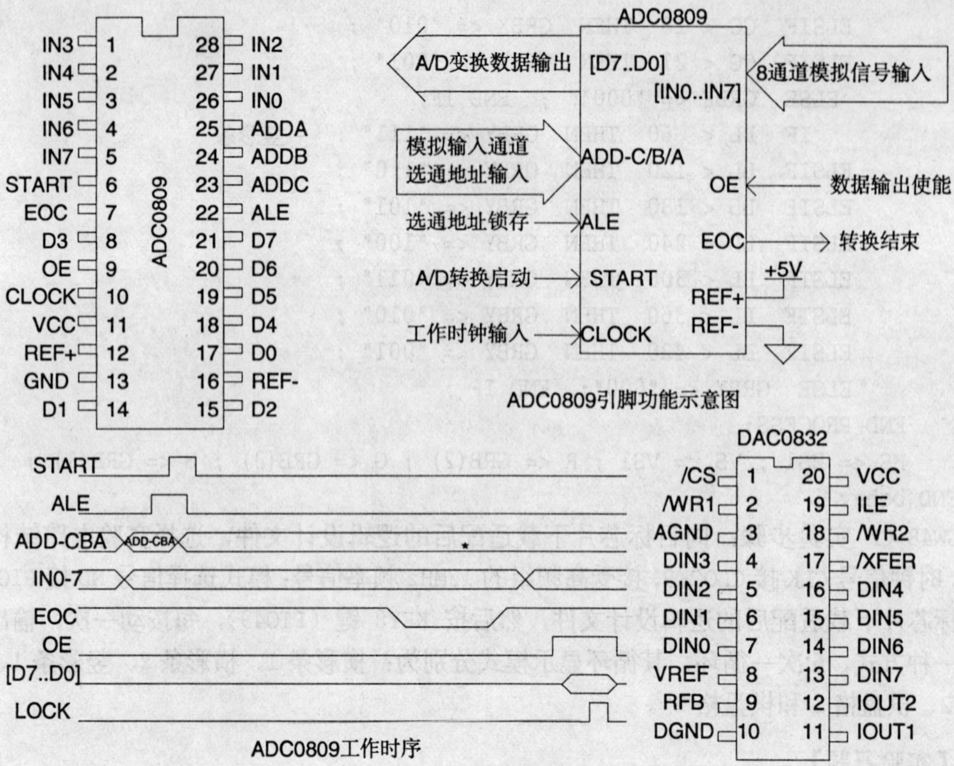

图 13-14 0809/0832 引脚图与时序图

出允许，高电平有效；CLK 为 ADC 转换时钟输入端口（500kHz 左右）。为了达到 A/D 器件的最高转换速度，A/D 转换控制器必须包含监测 EOC 信号的逻辑，一旦 EOC 从低电平变为高电平，即可将 OE 置为高电平，然后传送或显示已转换好的数据[D0..D7]。

图 13-15 是 ADC0809 采样控制器 ADCINT 的逻辑图，其中[D0..D7]为 ADC0809 转换结束后的输出数据（接 PIO16～PIO23）；[QQ0..QQ7]通过 7 段译码器在 GW48-CK 系统上的数码管 8 和数码管 7 上显示出来（可接 PIO40～PIO47）；ST 为自动转换时钟信号（接 clock0）；ALE 和 STA(即 START) 分别是通道选择地址锁存信号和转换启动信号（分别接 PIO33 和 PIO34）；EOC 接 PIO8；OE 和 ADDA 分别为输出使能信号和通道选择低位地址信号（分别接 PIO35 和 PIO32）。模拟信号由通道 1(AIN1_VR1)进入 0809 的 IN1。变换数据输出使能 OE 由 EOC 取反后控制。本项设计由于通过监测 EOC 信号，可以达到 0809 最快的采样速度，所以只要目标器件的速度允许，ST 可接受任何高的采样控制频率。

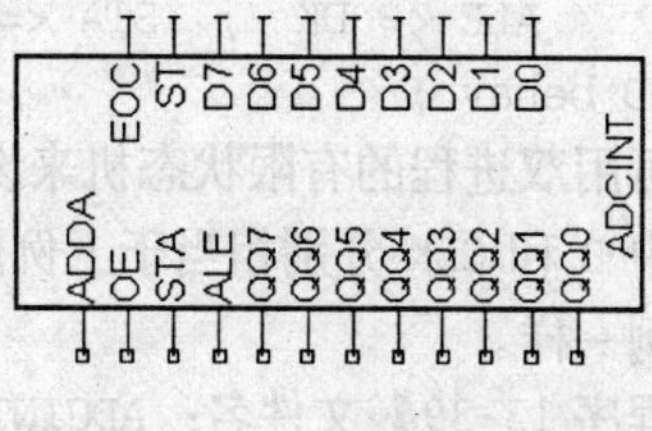

图 13-15　A/D 采样控制器逻辑图

ADC0809 采样控制器 VHDL 描述如下：

【程序 13-38】文件名：ADCINT.VHD

```
LIBRARY IEEE ;                                     --0809 自动采样控制电路
USE IEEE.STD_LOGIC_1164.ALL ;
ENTITY ADCINT IS
 PORT (DD : IN STD_LOGIC_VECTOR(7 DOWNTO 0);--8089 A/D 变换输入
    ST,EOC : IN STD_LOGIC;-- ST：采样控制时钟信号；EOC：A/D 转换状态信号
   ALE, STA  : OUT STD_LOGIC ; -- ALE：通道选择地址锁存信号
                                    -- STA(START)：转换启动信号
  OE, ADDA : OUT STD_LOGIC;  -- OE：输出使能信号；ADDA：通道选择低位地址
        QQ : OUT STD_LOGIC_VECTOR(7 DOWNTO 0));-- 变换数据显示输出
END ADCINT ;
ARCHITECTURE behav OF ADCINT IS
SIGNAL QQQ : STD_LOGIC_VECTOR(7 DOWNTO 0) ;
SIGNAL DK,CLR  : STD_LOGIC ;                    -- DK：A/D 转换启动信号发生器
BEGIN
ADDA <= '1' ;                                    --选通 IN1 通道
OE <= NOT EOC ;  CLR <= NOT EOC ;
   PROCESS (EOC)
      BEGIN
        IF  EOC='1' AND EOC'EVENT  THEN
           QQQ <= DD  ;  --用 A/D 转换状态信号 EOC 的上跳沿将变换好的数据锁存
        END IF;
    END PROCESS ;
    PROCESS (CLR,ST)
      BEGIN
        IF  CLR='1'  THEN  DK <= '0';   -- D 触发器 DK 异步清零控制
```

```
        ELSIF  ST='1' AND ST'EVENT  THEN
          DK <= '1' ;    --当时钟信号 ST 的上升沿到来时，触发器 DK 置 1
        END IF;
     END PROCESS;
     ALE <= DK  ;  STA <= DK  ;  QQ <= QQQ ;
  END behav ;
```

也可用双进程的有限状态机来设计 ADC0809 采样控制器，VHDL 描述如程序 13-39 所示，其中 D 和 CLK 分别相当于上例的 DD 和 ST；START 相当于上例的 STA，其余信号的意义与上例一样。

【程序 13-39】文件名：ADCINT.VHD

```
  LIBRARY IEEE ;
  USE IEEE.STD_LOGIC_1164.ALL ;
  ENTITY ADCINT IS
     PORT ( D      : IN STD_LOGIC_VECTOR(7 DOWNTO 0) ;
         CLK ,EOC : IN STD_LOGIC ;
      OE, ADDA    :  OUT STD_LOGIC ;
       ALE, START :  OUT STD_LOGIC ;
          Q  : OUT STD_LOGIC_VECTOR(7 DOWNTO 0) ; --转换数据输出显示
        QQ  : OUT INTEGER RANGE 15 DOWNTO 0); --即时状态输出显示（4 位）
  END ADCINT ;
  ARCHITECTURE behav OF ADCINT IS
                        --以枚举型数据类型定义各状态子类型
  TYPE states IS (st0, st1, st2, st3, st4, st5, st6, st7) ;
    SIGNAL current_state, next_state: states :=st0 ;
    SIGNAL REGL  : STD_LOGIC_VECTOR(7 DOWNTO 0) ;
    SIGNAL LOCK    : STD_LOGIC ;          -- 转换后数据输出锁存时钟信号
   BEGIN
     ADDA <= '1' ;                             --选通 IN1 通道
    PRO: PROCESS(current_state,EOC)
         BEGIN --规定各状态转换方式、组合进程
     CASE current_state IS
     WHEN st0=>  QQ<=0 ; ALE<='0' ; START<='0' ; OE<='0' ; LOCK<='0' ;
     next_state<=st1; --初始态 st0 向下一状态 st1 转换，0809 采样控制信号初始化
     WHEN st1=>  QQ<=1 ; ALE<='1' ; START<='0' ; OE<='0' ; LOCK<='0' ;
     next_state<=st2; --由 ALE 的上跳沿将通道地址'001'锁入 0809 的地址寄存器中
     WHEN st2=>  QQ<=2 ; ALE<='1' ; START<='1' ; OE<='0' ; LOCK<='0' ;
       next_state <= st3 ;                --启动采样信号 START
  WHEN st3=>  QQ<=3; ALE<='1';START<='1';OE<='0';LOCK<='0';--延时
       IF (EOC='0') THEN next_state <= st4; --转换即将结束，转下一状态
       ELSE next_state <= st3 ;       --转换未结束，继续在状态 st3 中等待
      END IF ;
     WHEN st4=>  QQ<=4 ; ALE<='0' ; START<='0' ; OE<='0' ; LOCK<='0' ;
       IF (EOC='1') THEN next_state<=st5; --EOC 由 0 恢复 1，表明转换结束
       ELSE next_state <= st4 ;          --转换未结束，继续等待
```

```
 END IF ;
 WHEN st5=>  QQ<=4 ; ALE<='0' ; START<='1' ; OE<='1' ; LOCK<='0' ;
   next_state <= st6 ;                    --开启输出允许 OE
 WHEN st6=>  QQ<=5 ; ALE<='0' ; START<='0' ; OE<='1' ; LOCK<='1' ;
   next_state <= st7 ;                    --关闭 START，开启数据锁存信号 LOCK
 WHEN st7=>  QQ<=6 ; ALE<='0' ; START<='0' ; OE<='1' ; LOCK<='1' ;
   next_state <= st0 ;                    --延时一个脉冲
 WHEN OTHERS =>  next_state <= st0 ;
 END CASE ;
END PROCESS PRO ;
PRO: PROCESS (CLK)                 -- 时序进程
   BEGIN
    IF ( CLK'EVENT AND CLK='1')  THEN
        Current_state <= next_state ; -- 在时钟上升沿，转换至下一状态
         END IF ;
 END PROCESS PRO;-- 由信号 Current_state 将当前状态值带出此进程，进入进程 PRO
      PROCESS (LOCK)  -- 此进程中，在 LOCK 的上升沿，将转换好的数据锁入
      BEGIN                          -- 8 位锁存器中，以便得到稳定显示
       IF  LOCK='1' AND LOCK'EVENT  THEN   REGL <= D ;
      END IF;
      END PROCESS ;
          Q <= REGL;
 END behav;
```

此程序的逻辑图如图 13-16 所示。

以上两个程序在 GW48-CK 上的实验步骤是相同的：选择实验电路结构图 NO.5A（即 NO.5），首先根据此图对 GW48 系统板左下角的跳线座作一些选择：

（1）短路“A/D 使能”，使 0809 的 OE 与 PIO35 相连（注意，当不用 0809 时，应使“A/D 禁止”短路），通过 PIO35，目标器件可监测 0809 的转换状态。

（2）短路“转换结束”，使 0809 的 EOC 与 PIO8 相接（注意，当不用 0809 时，应使此处开路），由此可使目标器件测试到 0809 的转换状态。由实验电路结构图 NO.5A 注意到，0809 的工作频率 CLOCK 已内接 750kHz。

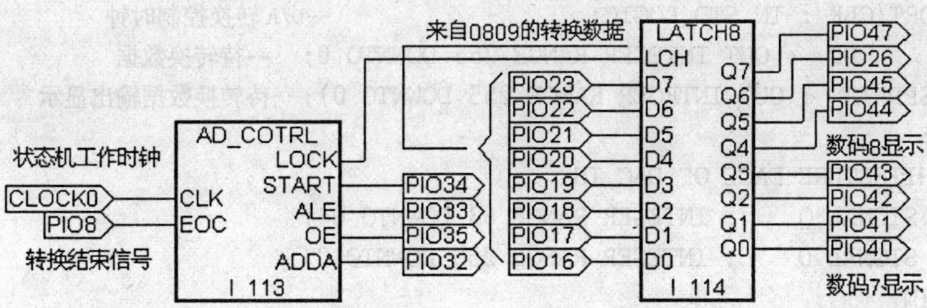

图 13-16　状态机工作方式采样控制电路逻辑图

（3）clock0 可选任何频率，频率越高，采样越快，直至达到器件的采样极限。

（4）调节电位器 VR1，可以看见数码管 8 和 7 显示的 AD 转换结果在随着变化。

【实验习题】

利用软件 ISPVHDL 或 MAX+PLUSII 给出此控制电路的工作时序。

§ 13.16 D/A 接口电路与波形发生器设计

在数字信号处理、语音信号的 D/A 变换、信号发生器等实用电路中，PLD 器件与 D/A 转换器的接口设计是十分重要的。本项实验设计的接口器件是 DAC0832，这是一个 8 位 D/A 转换器，转换周期为 1μs，其引脚功能如图 13-14 所示。DAC0832 与 FPGA/CPLD 目标器件典型的接口方式可参见附录 2 的实验电路结构图 NO.5C。它的 8 位待转换数据来自目标芯片的 PIO24～PIO31,其参考电压与＋5V 工作电压相接(实用电路应接精密基准电压)。DAC0832 的引脚功能简述如下：

（1）ILE（PIN 19)：数据锁存允许信号，高电平有效，系统板上已直接连在＋5V 上。

（2）/WR1、/WR2（PIN 2、18)：写信号 1、2，低电平有效。

（3）/XFER(PIN 17)：数据传送控制信号，低电平有效。

（4）VREF（PIN 8)：基准电压，可正可负，－10V～＋10V。

（5）RFB（PIN 9)：反馈电阻端。

（6）IOUT1/ IOUT2（PIN 11、12)：电流输出 1 和 2 。DAC0832 D/A 转换量是以电流形式输出的，所以必须利用一个运放，如以附录 2 实验结构图 NO.5C 所示的连接方式将电流信号变为电压信号。

（7）AGND/DGND（PIN 3、10)：模拟地与数字地。在高速情况下，此二地的连接线必须尽可能短，且系统的单点接地点须接在此连线的某一点上。

以下是正弦波发生器控制逻辑的 VHDL 设计，正弦波由 64 个点构成，经过滤波器后，可在示波器上观察到光滑的正弦波(若接精密基准电压，可得到更为清晰的正弦波形)。

【程序 13-40】文件名：DAC.VHD

```
LIBRARY IEEE;
USE IEEE.STD_LOGIC_1164.ALL;
ENTITY DAC IS
  PORT(CLK : IN STD_LOGIC;                          --D/A 转换控制时钟
       DD  : OUT INTEGER RANGE 255 DOWNTO 0;   --待转换数据
 DISPDATA  : OUT INTEGER RANGE 255 DOWNTO 0);--待转换数据输出显示
END;
ARCHITECTURE DACC OF DAC IS
    SIGNAL Q    : INTEGER RANGE 63 DOWNTO 0 ;
    SIGNAL D    : INTEGER RANGE 255 DOWNTO 0 ;
BEGIN
    PROCESS(CLK)
    BEGIN
      IF (CLK'EVENT AND CLK = '1') THEN      -- 建立转换计数器
          Q <= Q + 1;
```

```
        END IF;
     END PROCESS;
   PROCESS(Q)
     BEGIN
  CASE Q IS                                    --64 点正弦波波形数据输出
 WHEN 00=> D<=255 ; WHEN 01=> D<=254 ; WHEN 02=> D<=252 ;
 WHEN 03=> D<=249 ; WHEN 04=> D<=245 ; WHEN 05=> D<=239 ;
 WHEN 06=> D<=233 ; WHEN 07=> D<=225 ; WHEN 08=> D<=217 ;
 WHEN 09=> D<=207 ; WHEN 10=> D<=197 ; WHEN 11=> D<=186 ;
 WHEN 12=> D<=174 ; WHEN 13=> D<=162 ; WHEN 14=> D<=150 ;
 WHEN 15=> D<=137 ; WHEN 16=> D<=124 ; WHEN 17=> D<=112 ;
 WHEN 18=> D<= 99 ; WHEN 19=> D<= 87 ; WHEN 20=> D<= 75 ;
 WHEN 21=> D<= 64 ; WHEN 22=> D<= 53 ; WHEN 23=> D<= 43 ;
 WHEN 24=> D<= 34 ; WHEN 25=> D<= 26 ; WHEN 26=> D<= 19 ;
 WHEN 27=> D<= 13 ; WHEN 28=> D<=  8 ; WHEN 29=> D<=  4 ;
 WHEN 30=> D<=  1 ; WHEN 31=> D<=  0 ; WHEN 32=> D<=  0 ;
 WHEN 33=> D<=  1 ; WHEN 34=> D<=  4 ; WHEN 35=> D<=  8 ;
 WHEN 36=> D<= 13 ; WHEN 37=> D<= 19 ; WHEN 38=> D<= 26 ;
 WHEN 39=> D<= 34 ; WHEN 40=> D<= 43 ; WHEN 41=> D<= 53 ;
 WHEN 42=> D<= 64 ; WHEN 43=> D<= 75 ; WHEN 44=> D<= 87 ;
 WHEN 45=> D<= 99 ; WHEN 46=> D<=112 ; WHEN 47=> D<=124 ;
 WHEN 48=> D<=137 ; WHEN 49=> D<=150 ; WHEN 50=> D<=162 ;
 WHEN 51=> D<=174 ; WHEN 52=> D<=186 ; WHEN 53=> D<=197 ;
 WHEN 54=> D<=207 ; WHEN 55=> D<=217 ; WHEN 56=> D<=225 ;
 WHEN 57=> D<=233 ; WHEN 58=> D<=239 ; WHEN 59=> D<=245 ;
 WHEN 60=> D<=249 ; WHEN 61=> D<=252 ; WHEN 62=> D<=254 ;
 WHEN 63=> D<=255;
 WHEN OTHERS => NULL ;
 END CASE;
 END PROCESS;
        DD <= D;                          -- D/A 转换数据输出
  DISPDATA <= D;                          -- D/A 转换数据显示，当 CLK 频率很低时，
                                          --可以从显示器上看到此输出数据
 END;
```

GW48-CK 上的实验步骤是：选择实验电路结构图 NO.5C（即 NO.5）。

(1) 外时钟信号输入 CLK 由 clock0 提供，其周期不能小于 DAC0832 的转换周期。

(2) 短接 JP2 的“D/A 直通”，选择“JP1”的 clock0 于适当的频率，如 4096Hz，利用示波器观察波形。注意，不用 0832 时，要将“D/A 锁存”和“D/A 直通”断开。

(3)当 clock0 的频率选小时，如 4Hz，可以观察数码管 8 和 7 的显示数据，了解 DAC0832 的即时输入的转换数值，这时可用万用表的一端接地，另一端接实验板左下角的“AOUT”，以便了解此数与转换电压间的关系。

【实验习题】

设计一逻辑电路，由一个键作为选择控制，使 0832 产生三角波或锯齿波（实测时，对于 clock0 的不同频率，注意选择 JP2 的波形滤波电容“滤波 1”和“滤波 0”）。

§ 13.17 MCS-51 单片机与 CPLD 接口逻辑设计

在功能上，单片机与大规模 CPLD 有很强的互补性。单片机具有性能价格比高、功能灵活、易于人机对话、良好的数据处理能力等特点；FPGA/CPLD 则具有高速高可靠以及开发便捷规范等方面的优点。以此两类器件相结合的电路结构在许多高性能仪器仪表和电子产品中仍将被广泛应用。单片机与 CPLD 的接口方式一般有两种，即总线方式与独立方式。

13.17.1 总线方式

单片机以总线方式与 FPGA/CPLD 进行数据与控制信息通信有许多优点：

(1) 速度快。如图 13-17 所示，其通信工作时序是纯硬件行为，对于 MCS-51 单片机，只需一条单字节指令就能完成所需的读/写时序，如，MOV @DPTR，A ；MOV A，@DPTR 。

(2) 节省 PLD 芯片的 I/O 口线。如图 13-18，如果将图中的译码器 DECOER 设置足够的译码输出，以及安排足够的锁存器，就能仅通过 19 根 I/O 口线在 FPGA/CPLD 与单片机之间进行各种类型的数据与控制信息交换(图 13-18 的硬件实现电路板可参见第 14 章的综合电子设计竞赛开发板 GWDVP 一节)。

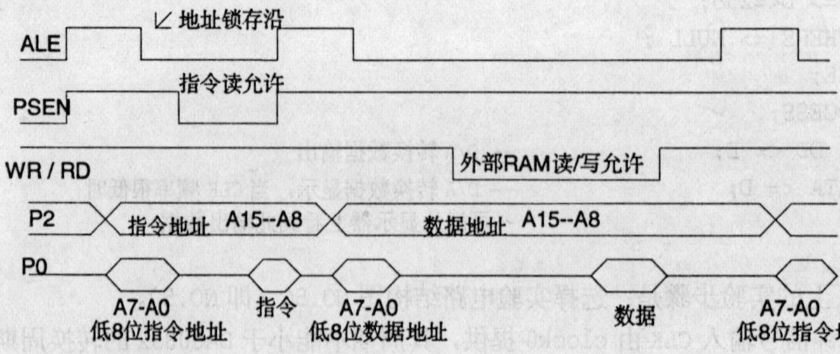

图 13-17 MCS-51 单片机总线接口方式工作时序

(3) 相对于非总线方式，单片机的编程简捷，控制可靠。

(4) 在 FPGA/CPLD 中通过逻辑切换，单片机易于与 SRAM 或 ROM 接口。这种方式有许多实用之处，如利用类似于微处理器系统的 DMA 的工作方式，首先由 FPGA/CPLD 与接口的高速 A/D 等器件进行高速数据采样，并将数据暂存于 SRAM 中，采样结束后，通过切换，使单片机与 SRAM 以总线方式进行数据通信，以便发挥单片机强大的数据处理能力。

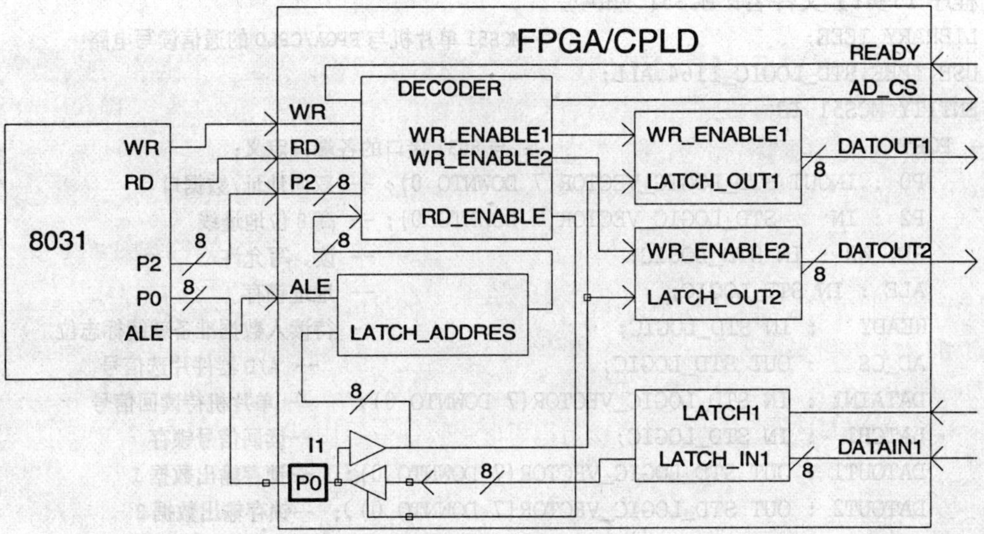

图 13-18 CPLD/FPGA 与 MCS-51 单片机的总线接口通信逻辑图

单片机与 FPGA/CPLD 以总线方式通信的逻辑设计，重要的是要详细了解单片机的总线读写时序，根据时序图来设计逻辑结构。图 13-17 是 MCS-51 系列单片机的时序图，其时序电平变化速度与单片机工作时钟频率有关。图中，ALE 为地址锁存使能信号，可利用其下沿将低 8 位地址锁存于 CPLD/FPGA 中的地址锁存器（LATCH_ADDRES）中；当 ALE 将低 8 位地址通过 P0 锁存的同时，高 8 位地址已稳定建立于 P2 口，单片机利用读指令允许信号 PSEN 的低电平，从外部 ROM 中将指令从 P0 口读入，由时序图可见，其指令读入的时机是在 PSEN 的上跳沿之前。接下来，由 P2 口和 P0 口分别输出高 8 位和低 8 位数据地址，并由 ALE 的下沿将 P0 口的低 8 位地址锁存于地址锁存器。若需从 FPGA/CPLD 中读出数据，单片机则通过指令 MOV A，@DPTR 使 RD 信号为低电平，由 P0 口将图 13-18 中锁存器 LATCH_IN1 中的数据读入累加器 A；但若欲将累加器 A 的数据写进 FPGA/CPLD，需通过指令 MOV @DPTR，A 和写允许信号 WR。这时，DPTR 中的高 8 位和低 8 位数据作为高低 8 位地址分别向 P2 和 P0 口输出，然后由 WR 的低电平，并结合译码，将累加器 A 的数据写入图中相关的锁存器。

13.17.2 独立方式

与总线接口方式不同，几乎所有单片机都可以独立接口方式与 FPGA/CPLD 进行通信，其通信的时序方式可由所设计的软件自由决定，形式灵活多样。其最大的优点是，PLD 中的接口逻辑无须遵循单片机内的固定的总线方式的读写时序。FPGA/CPLD 的逻辑设计与接口的单片机程序设计可以分先后相对独立地完成。事实上目前许多流行的单片机已无总线工作方式，如 89C2051、97C2051、Z84 系列、PIC16C5X 系列等，方法比较简单，因此不拟作详细介绍。

图 13-18 的 VHDL 设计程序如下，请注意双向端口的 VHDL 描述。

【程序 13-41】文件名：MCS51.VHD

```
LIBRARY IEEE;                     -- MCS51 单片机与 FPGA/CPLD 的通信读写电路
USE IEEE.STD_LOGIC_1164.ALL;
ENTITY MCS51 IS
  PORT (                           -- 与 8031 接口的各端口定义：
    P0 : INOUT STD_LOGIC_VECTOR(7 DOWNTO 0); -- 双向地址/数据口
    P2 : IN    STD_LOGIC_VECTOR(7 DOWNTO 0); -- 高 8 位地址线
    RD, WR : IN STD_LOGIC;                   -- 读、写允许
    ALE : IN STD_LOGIC;                      -- 地址锁存
    READY   : IN STD_LOGIC;                  -- 待读入数据准备就绪标志位
    AD_CS   : OUT STD_LOGIC;                    -- A/D 器件片选信号
    DATAIN1 : IN STD_LOGIC_VECTOR(7 DOWNTO 0);  -- 单片机待读回信号
    LATCH1  : IN STD_LOGIC;                     --读回信号锁存
    DATOUT1 : OUT STD_LOGIC_VECTOR(7 DOWNTO 0); --锁存输出数据 1
    DATOUT2 : OUT STD_LOGIC_VECTOR(7 DOWNTO 0)); --锁存输出数据 2
END MCS51;
ARCHITECTURE behav OF MCS51 IS
  SIGNAL LATCH_ADDRES : STD_LOGIC_VECTOR(7 DOWNTO 0);
  SIGNAL LATCH_OUT1   : STD_LOGIC_VECTOR(7 DOWNTO 0);
  SIGNAL LATCH_OUT2   : STD_LOGIC_VECTOR(7 DOWNTO 0);
  SIGNAL LATCH_IN1    : STD_LOGIC_VECTOR(7 DOWNTO 0);
  SIGNAL WR_ENABLE1   : STD_LOGIC;
  SIGNAL WR_ENABLE2   : STD_LOGIC;
BEGIN
  PROCESS( ALE )                          -- 低 8 位地址锁存进程
    BEGIN
     IF ALE'EVENT AND ALE = '0' THEN
       LATCH_ADDRES <= P0;                -- ALE 的下降沿将 P0 口的低 8 位地址
        END IF;                           -- 锁入锁存器 LATCH_ADDRES 中
     END PROCESS;
  PROCESS( P2,LATCH_ADDRES )              -- WR 写信号译码进程 1
     BEGIN
      IF (LATCH_ADDRES="11110101") AND (P2="01101111")  THEN
         WR_ENABLE1 <= WR ;                     -- 写允许
        ELSE WR_ENABLE1 <= '1';    END IF;      -- 写禁止
     END PROCESS;
   PROCESS( WR_ENABLE1 )                  -- 数据写入寄存器 1
     BEGIN
      IF WR_ENABLE1'EVENT AND WR_ENABLE1 = '1'
        THEN LATCH_OUT1 <= P0;  END IF;
  END PROCESS;
 PROCESS( P2,LATCH_ADDRES )               -- WR 写信号译码进程 2
     BEGIN
```

```
    IF (LATCH_ADDRES="11110011") AND (P2="00011111")  THEN
          WR_ENABLE2 <= WR ;                        -- 写允许
      ELSE WR_ENABLE2 <= '1'; END IF;               -- 写禁止
  END PROCESS;
  PROCESS( WR_ENABLE2 )                             -- 数据写入寄存器 2
    BEGIN
     IF WR_ENABLE2'EVENT AND WR_ENABLE2 = '1'
       THEN LATCH_OUT2 <= P0;  END IF;
  END PROCESS;
 PROCESS( P2,LATCH_ADDRES,READY,RD ) -- 8031 对 PLD 中数据读入进程
    BEGIN
     IF (LATCH_ADDRES="01111110") AND (P2="10011111")
                 AND (READY='1') AND (RD='0')  THEN
          P0 <= LATCH_IN1 ;                 -- 寄存器中的数据读入 P0 口
      ELSE P0 <= "ZZZZZZZZ" ; END IF; -- 禁止读数，P0 口呈高阻态
  END PROCESS;
 PROCESS( LATCH1 )                          -- 外部数据进入 CPLD 进程
    BEGIN
     IF LATCH1'EVENT AND LATCH1 = '1'
       THEN LATCH_IN1 <= DATAIN1;  END IF;
 END PROCESS;
 PROCESS( LATCH_ADDRES )                    -- A/D 工作控制片选信号输出进程
    BEGIN
     IF (LATCH_ADDRES="00011110") THEN
         AD_CS <= '0';                      -- 允许 A/D 工作
      ELSE AD_CS <= '1';   END IF;          -- 禁止 A/D 工作
 END PROCESS;
   DATOUT1 <= LATCH_OUT1 ; DATOUT2 <= LATCH_OUT2 ;
END behav;
```

这是一个 CPLD 与 8031 单片机接口的 VHDL 电路设计。8031 以总线方式工作，例如，由 8031 将数据#5AH 写入目标器件中的第一个寄存器 LATCH_OUT1 的指令是:

```
MOV  A, #5AH
MOV  DPTR, #6FF5H
MOVX @DPTR,A
```

当 READY 为高电平时，8031 从目标器件中的寄存器 LATCH_IN1 将数据读入的指令是:

```
MOV  DPTR, #9F7EH
MOVX A, @DPTR
```

【实验习题】

改进程序 13-41，保持 8031 的总线工作方式，使电路能同时控制 ADC0809 和 DAC0832 的工作，能及时将转换好的数据读入 8031 中，乘 3 加 15 后将低 8 位输入 DAC0832；写出 8031 相关的指令。

§ 13.18 PS/2 键盘接口逻辑设计

PS/2 键盘接口通常使用专用芯片实现。由于 PS/2 键盘或鼠标串行输出信号速度较高，普通单片机无法接收，本实验则利用 VHDL 在目标器件 FPGA/CPLD 上实现一个键码接收部分。将 PS/2 接口的键盘接到实验板上，每按下一个键，该键的扫描码即以十六进制形式显示在数码管上。PS/2 与 FPGA/CPLD 的接口方式请参见附录 1 的实验结构图 NO.5B。以下为接收 PS/2 键盘信号的 VHDL 逻辑描述。

【程序 13-42】文件名：kb2pc1.VHD

```
LIBRARY IEEE;
USE IEEE.STD_LOGIC_1164.ALL;
ENTITY kb2pc1 IS
    PORT (SYSCLK : IN STD_LOGIC; RESET   : IN STD_LOGIC;
        KBCLK  : IN STD_LOGIC;      KBDATA : IN STD_LOGIC;
        PDATA  : OUT STD_LOGIC_VECTOR( 7 DOWNTO 0 );
        PARITY : OUT STD_LOGIC;     DTOE   : BUFFER STD_LOGIC);
END kb2pc1;
ARCHITECTURE one OF kb2pc1 IS
    SIGNAL CoState : STD_LOGIC_VECTOR( 1 DOWNTO 0 );
    SIGNAL SPData : STD_LOGIC_VECTOR( 8 DOWNTO 0 );
    SIGNAL Start, Swto02, RecvEN : STD_LOGIC;
    SIGNAL Cnt8 : INTEGER RANGE 0 TO 15;
BEGIN
    Str1 : PROCESS( RESET, KBCLK, KBDATA, Start, CoState )
    BEGIN
        IF RESET = '1' THEN   Start <= '0';
        ELSIF KBCLK'EVENT AND KBCLK = '0' THEN
            IF CoState = "00" AND KBDATA = '0' THEN
                Start <= '1'; END IF;
        END IF;
    END PROCESS;
    Str2 : PROCESS( RESET, KBCLK, KBDATA, Start, CoState )
    BEGIN
        IF RESET = '1' THEN  Swto02 <= '0';
        ELSIF KBCLK'EVENT AND KBCLK = '1' THEN
            IF CoState = "00" AND Start = '1' AND KBDATA = '0' THEN
                Swto02 <= '1'; END IF;
        END IF;
      END PROCESS;
    ChState : PROCESS( RESET, SYSCLK, CoState, Swto02 )
    BEGIN
        IF RESET = '1' THEN  CoState <= "00";
```

```
        ELSIF SYSCLK'EVENT AND SYSCLK = '1' THEN
            IF Swto02 = '1' THEN  CoState <= "01";
            ELSIF Cnt8 = 9 THEN   CoState <= "10";
            END IF;
        END IF;
    END PROCESS;
        Recv : PROCESS( RESET, KBCLK, KBDATA, CoState )
    BEGIN
        IF RESET = '1' THEN   Cnt8 <= 0;  SPData <= "000000000";
        ELSIF KBCLK'EVENT AND KBCLK = '0' THEN
            IF CoState = "01" THEN
                IF Cnt8 /= 9 THEN
                    SPData( 7 DOWNTO 0 ) <= SPData(8 DOWNTO 1);
                    SPData(8) <= KBDATA;
                    Cnt8 <= Cnt8 + 1;   END IF;
            END IF;
        END IF;
    END PROCESS;
    RecvEnd : PROCESS( RESET, KBCLK, RecvEN, CoState )
    BEGIN
        IF RESET = '1' THEN  DTOE <= '0';
        ELSIF KBCLK'EVENT AND KBCLK = '1' THEN
            IF Cnt8 = 9 AND CoState = "01" THEN DTOE <= '1';
            END IF;
        END IF;
    END PROCESS;
    PARITY <= SPDATA(8);   PDATA <= SPDATA(7 DOWNTO 0);
END;
```

§ 13.19 7 段 LED 译码显示电路设计

本实验实现一个 7 段 LED 显示译码电路，与第 12 章的§12.2 节的设计练习题有相同的功能，只是将完成不同功能的 3 个文件合为程序 13-43 一个文件。即此设计在 7 段译码之前加入一个 4 位二进制加法计数器，当脉冲信号输入计数器后，由 7 段译码器将计数值译为对应的十六进制码，并由数码显示器显示出来。图 13-19 为此电路的原理图。

【程序 13-43】

```
LIBRARY IEEE ;
USE IEEE.STD_LOGIC_1164.ALL ;
USE IEEE.STD_LOGIC_UNSIGNED.ALL ;
ENTITY DECLED IS
```

```
    PORT (   CLK : IN STD_LOGIC ;
             DOUT : OUT STD_LOGIC_VECTOR(6 DOWNTO 0));   --7 段输出
  END DECLED ;
  ARCHITECTURE behav OF DECLED IS
    SIGNAL CNT4B : STD_LOGIC_VECTOR(3 DOWNTO 0);-- 4 位加法计数器定义
  BEGIN
    PROCESS(CLK)                                  -- 4 位二进制计数器工作进程
    BEGIN
      IF CLK'EVENT AND CLK = '1' THEN
        CNT4B <= CNT4B + 1;  --当 CLK 上升沿到来时计数器加 1，否则保持原值
       END IF;
    END PROCESS;
    PROCESS(CNT4B)
    BEGIN
      CASE CNT4B IS  -- CASE_WHEN 语句构成的译码输出电路，功能类似于真值表
        WHEN "0000" => DOUT <= "0111111";  -- 显示 0
        WHEN "0001" => DOUT <= "0000110";  -- 显示 1
        WHEN "0010" => DOUT <= "1011011";  -- 显示 2
        WHEN "0011" => DOUT <= "1001111";  -- 显示 3
        WHEN "0100" => DOUT <= "1100110";  -- 显示 4
        WHEN "0101" => DOUT <= "1101101";  -- 显示 5
        WHEN "0110" => DOUT <= "1111101";  -- 显示 6
        WHEN "0111" => DOUT <= "0000111";  -- 显示 7
        WHEN "1000" => DOUT <= "1111111";  -- 显示 8
        WHEN "1001" => DOUT <= "1101111";  -- 显示 9
        WHEN "1010" => DOUT <= "1110111";  -- 显示 A
        WHEN "1011" => DOUT <= "1111100";  -- 显示 B
        WHEN "1100" => DOUT <= "0111001";  -- 显示 C
        WHEN "1101" => DOUT <= "1011110";  -- 显示 D
        WHEN "1110" => DOUT <= "1111001";  -- 显示 E
        WHEN "1111" => DOUT <= "1110001";  -- 显示 F
        WHEN OTHERS => DOUT <= "0000000";  -- 必须有此项
      END CASE;
    END PROCESS;
  END behav;
```

硬件逻辑验证操作方法：选择实验电路结构 NO.6，CLK 接到 clock1 上，每输入一个脉冲，则由数码 1 显示计数器的计数结果 0~F。由实验电路结构 NO.6（附录 1），数码管的 a、b、c、d、e、f、g 七段分别与 I/O40~I/O46 相接。

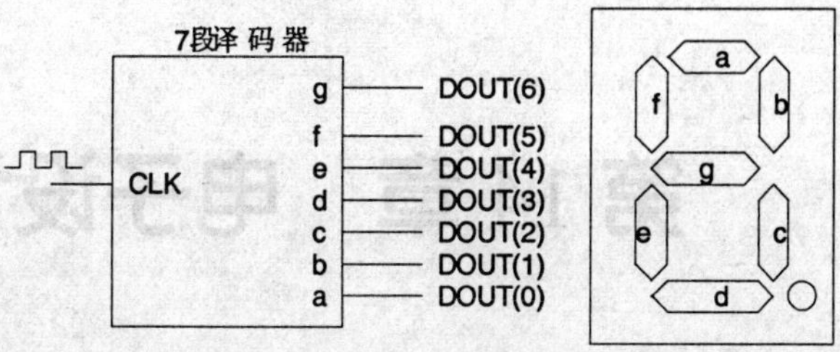

图 13-19　7 段 LED 译码显示电路

【实验习题】

13-19-1　设计一能递增显示各种不同符号的显示器，工作方式同此示例。

13-19-2　设计一二十六进制加法计数器和一译码器，利用状态机的逻辑表达方式来设计译码器，将此加法计数器的 26 个输出数分别译成对应于 7 段数码显示的 26 个英语字母。

第 14 章 电子设计竞赛实例介绍

本章首先介绍 97 年全国大学生电子设计竞赛赛题之一，数字频率计的设计示例，主要基于杭州电子工业学院获得一等奖的设计方案。本项设计比较能反映设计者的电子技术基础理论、软硬件设计知识和 EDA 技术的应用能力等方面的基本技能；然后介绍与之相关的通用开发板。

§ 14.1 多功能等精度频率计

基于传统测频原理的频率计的测量精度将随被测信号频率的下降而降低，在实用中有较大的局限性，而等精度频率计不但具有较高的测量精度，而且在整个频率区域保持恒定的测试精度。本项设计的基本指标为：

（1）频率测试功能，测频范围 0.1Hz～70MHz，测频精度：测频全域相对误差恒为百万分之一。

（2）周期测试功能、信号测试范围与精度要求与测频功能相同。

（3）脉宽测试功能，测试范围 0.1μs～1s，测试精度 0.01μs 。

（4）占空比测试功能，测试精度 1%～99%。

14.1.1 测频原理

等精度测频的实现方式可以简化为图 14-1 来说明。图中预置门控信号是宽度为 Tpr 的一个脉冲，CNT1 和 CNT2 是两个可控计数器，标准频率信号从 CNT1 的时钟输入端 CLK 输入，其频率为 Fs；经整形后的被测信号从 CNT2 的时钟输入端 CLK 输入，设其真实频率值为 Fxe，测量频率为 Fx。

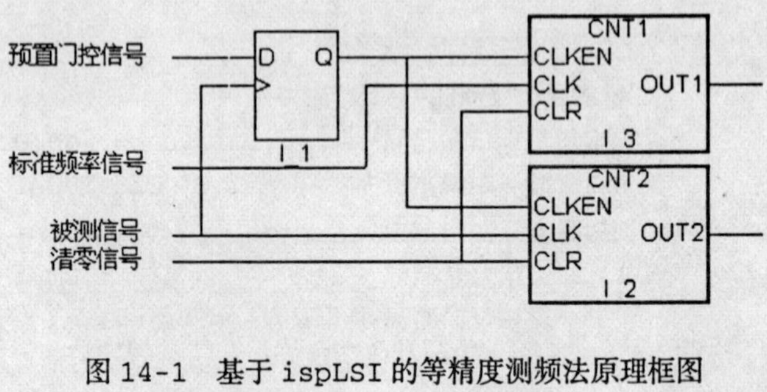

图 14-1 基于 ispLSI 的等精度测频法原理框图

当预置门控信号为高电平时，经整形后的被测信号的上沿通过 D 触发器的 Q 端同时启动计数器 CNT1 和 CNT2。CNT1、CNT2 分别对被测信号（频率为 Fx）和标准频率信号（频率为 Fs）同时计数。当预置门信号为低电平时，随后而至的被测信号的上沿将使这两个计数器同时关闭。设在一次预置门时间 Tpr 中对被测信号计数值为 Nx，对标准频率信号的计数值为 Ns，则下式成立：

$$Fx / Nx = Fs / Ns \tag{14-1}$$

由此可推得：

确良

$$Fx = (Fs / Ns) \cdot Nx \tag{14-2}$$

其误差分析如下：

若设所测频率值为 Fx，其真实值为 Fxc，标准频率为 Fs。在一次测量中，由于 Fx 计数的起停时间都是由该信号的上跳沿触发的，在 Tpr 时间内对 Fx 的计数 Nx 无误差；在此时间内 Fs 的计数 Ns 最多相差一个脉冲，即 $|\Delta et| \leqslant 1$，则下式成立：

$$Fx/Nx = Fs / Ns \tag{14-3}$$

$$Fxe / Nx = Fs / (Ns+\Delta et) \tag{14-4}$$

由此可分别推得：

$$Fx = (Fs / Ns) \cdot Nx \tag{14-5}$$

$$Fxe = [Fs / (Ns+\Delta et)] \cdot Nx \tag{14-6}$$

根据相对误差公式有：

$$\frac{\Delta Fxe}{Fxe} = \frac{|Fxe-Fx|}{Fxe} \tag{14-7}$$

将式(14-5)、(14-6)代入式（14-7）并整理得：

$$\frac{\Delta Fxe}{Fxe} = \frac{|\Delta et|}{Ns} \tag{14-8}$$

$$\because |\Delta et| \leqslant 1 \qquad \therefore \frac{|\Delta et|}{Ns} \leqslant \frac{1}{Ns} \tag{14-9}$$

即

$$|\delta| = \frac{\Delta Fxe}{Fxe} \leqslant \frac{1}{Ns} \tag{14-10}$$

$$Ns = Tpr \cdot Fs \tag{14-11}$$

由上式可以得出以下结论：

（1）相对测量误差与频率无关；

（2）增大 Tpr 或提高 Fs，可以增大 Ns，减少测量误差，提高测量精度。

（3）标准频率误差为 ΔFs/Fs，由于晶体的稳定度很高，标准频率误差可以进行校准。

（4）等精度测频方法测量精度与预置门宽度和标准频率有关，与被测信号的频率无关。在预置门时间和常规测频闸门时间相同而被测信号频率不同的情况下，等精度测量法的测量精度不变，而常规的直接测频法精度随着被测信号频率的下降而下降。测试电路可采用高频率稳定度和高精度的恒温可微调的晶体振荡器作标准频率发生电路。

14.1.2　测频专用模块工作原理和设计

根据以上给出的等精度测频原理，利用 VHDL 设计的测频模块逻辑结构如图 14-2 所示，各模块功能和工作步骤如下。

1．测频/测周期实现

被测信号脉冲从 CONTRL 模块的 FIN 端输入，标准频率信号从 CONTRL 的 FSD 端输入，CONTRL 的 CLR 是此模块电路的工作初始化信号输入端。在进行频率或周期测量时，完成如下步骤：

（1）令 TF=0，选择等精度测频，然后在 CONTRL 的 CLR 端加一正脉冲信号以完成测试电路状态的初始化。

（2）由预置门控信号将 CONTRL 的 START 端置高电平，预置门开始定时，此时由被测信号的上沿打开计数器 CONT1，进行计数，同时使标准频率信号进入计数器 CONT2 。

（3）预置门定时结束信号把 CONTRL 的 START 端置为低电平（由单片机来完成），在被测信号的下一个脉冲的上沿到来时，CONT1 停止计数，同时关断 CONT2 对 Fs 的计数。

（4）计数结束后，CONTRL 的 EEND 端将输出低电平来指示测量计数结束，单片机得到此信号后，即可利用 ADRB、ADRA 分别读回 CONT1 和 CONT2 的计数值，并根据等精度测量公式进行运算，计算出被测信号的频率或周期值。

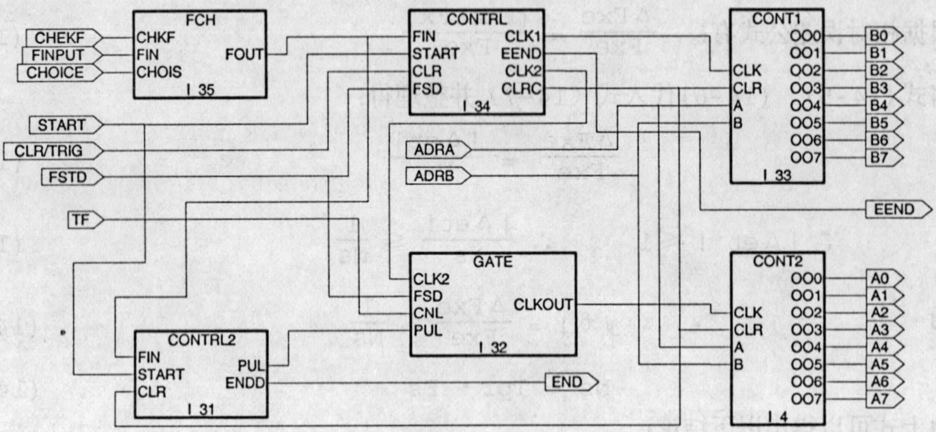

图 14-2 测频模块逻辑图

2．控制部件设计

如图 14-3 所示，当 D 触发器的输入端 START 为高电平时，若 FIN 端来一个上沿，则 Q 端变为高电平，导通 FIN→CLK1 和 FSD→CLK2，同时 EEND 被置为高电平作为状态标志；在 D 触发器的输入端 START 为低电平时，当 FIN 端输入一个脉冲上沿，FIN→CLK1 与 FSD→CLK2 的信号通道被切断。

3．计数部件设计

图 14-2 中的计数器 CONT1/CONT2 是 32 位二进制计数器，输出 8 位数据总线，单片机可分 4 次将 32 位数据全部读出。

4．脉冲宽度测量和占空比测量模块设计

根据上述脉宽测量原理，设计如图 14-4 (CONTRL2)所示的电路原理图。该信号的上

沿和下沿信号对应于未经处理时的被测信号的 50% 幅度时上沿和下沿信号。被测信号从 FIN 端输入，CLR 为初始化信号，START 为工作使能信号，图 14-4 中 CONTRL2 的 PUL 端与 GATE 的输入端 PUL 相连。其测量脉冲宽度的工作步骤是：

（1）向 CONTRL2 的 CLR 端送一个脉冲以便进行电路的工作状态初始化。

（2）将 GATE 的 CNL 端置高电平，表示开始脉冲宽度测量，这时 CONT2 的输入信号为 FSD。

（3）在被测脉冲的上沿到来时，CONTRL2 的 PUL 端输出高电平，标准频率信号进入计数器 CONT2。

（4）在被测脉冲的下沿到来时，CONTRL2 的 PUL 端输出低电平，计数器 CONT2 被关断。

（5）由单片机读出 CONT2 中的结果，并通过上述测量原理公式计算出脉冲宽度。

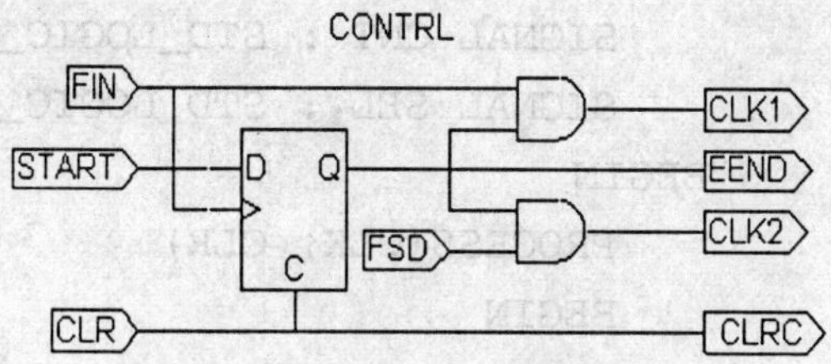

图 14-3　测频与测周期控制部分电路

CONTRL2 子模块的主要特点是：电路的设计保证了只有 CONTRL2 被初始化过后才能工作，否则 PUL 输出始终为零。只有在先检测到上沿后 PUL 才为高电平，然后在检测到下沿时，PUL 输出为低电平；ENDD 输出高电平以便通知单片机测量计数已经结束；如果先检测到下沿，PUL 并无变化；在检测到上沿并紧接一个下沿后，CONTRL2 不再发生变化直到下一个初始化信号到来。占空比的测量方法是通过测量脉冲宽度记录 CONT2 的计数值 N1，然后将输入信号反相，再测量其脉冲宽度，测得 CONT2 计数值 N2，则可以计算出：

$$\text{占空比} = \frac{N1}{N1+N2} \times 100\%$$

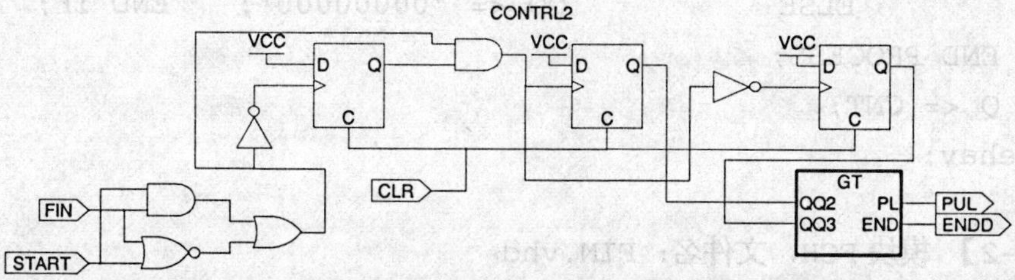

图 14-4　脉冲宽度测量原理

14.1.3　频率计功能模块的 VHDL 描述

基于以上的测试原理与各模块的功能描述，以下给出相应的 VHDL 逻辑描述。

【程序 13-1】　模块 CNT1 或 CNT2，文件名：counter.vhd

```
LIBRARY IEEE;
USE IEEE.STD_LOGIC_1164.ALL;
USE IEEE.STD_LOGIC_UNSIGNED.ALL;
```

```
ENTITY CNT IS
    PORT (A, B, CLK, CLR: IN STD_LOGIC;
                    OO: OUT STD_LOGIC_VECTOR(7 DOWNTO 0);
                     Q: OUT STD_LOGIC_VECTOR(31 DOWNTO 0) );
END CNT;
ARCHITECTURE behav OF CNT IS
    SIGNAL CNT : STD_LOGIC_VECTOR(31 DOWNTO 0);
    SIGNAL SEL : STD_LOGIC_VECTOR(1 DOWNTO 0);
BEGIN
    PROCESS(CLK, CLR)
    BEGIN
      IF CLR = '1' THEN CNT <= (OTHERS =>'0');
       ELSIF CLK'EVENT AND CLK = '1' THEN CNT <= CNT + 1;
      END IF;
    END PROCESS;
    PROCESS(A, B)
    BEGIN
       SEL(0) <= A;   SEL(1) <= B;
          IF SEL = "00" THEN  OO <= CNT(7 DOWNTO 0);
       ELSIF SEL = "01" THEN  OO <= CNT(15 DOWNTO 8);
       ELSIF SEL = "10" THEN  OO <= CNT(23 DOWNTO 16);
       ELSIF SEL = "11" THEN  OO <= CNT(31 DOWNTO 24);
            ELSE              OO <= "00000000";   END IF;
    END PROCESS;
    Q <= CNT;
END behav;
```

【程序 13-2】 模块 FCH，文件名：FIN.vhd

```
LIBRARY IEEE;
USE IEEE.STD_LOGIC_1164.ALL;
ENTITY FIN IS
    PORT (  CHKF, FIN, CHOIS : IN STD_LOGIC;
                       FOUT : OUT STD_LOGIC  );
END FIN;
ARCHITECTURE rtl OF FIN IS
BEGIN
    FOUT <= (FIN AND CHOIS) OR (CHKF AND NOT CHOIS);
END rtl;
```

【程序 13-3】 模块 CONTRL，文件名：CONTRL.vhd

```
LIBRARY IEEE;
USE IEEE.STD_LOGIC_1164.ALL;
ENTITY CONTRL IS
   PORT ( FIN, START, CLR, FSD : IN STD_LOGIC;
          CLK1, EEND, CLK2, CLRC : OUT STD_LOGIC  );
END CONTRL;
ARCHITECTURE mix OF CONTRL IS
   SIGNAL QQ1 : STD_LOGIC;
BEGIN
   PROCESS(FIN, CLR, START)
   BEGIN
      IF CLR = '1' THEN  Q1 <= '0';
      ELSIF FIN'EVENT AND FIN = '1' THEN   QQ1 <= START;
      END IF;
   END PROCESS;
   CLRC <= CLR;   EEND <= QQ1;
   CLK1 <= FIN AND QQ1;  CLK2 <= FSD AND QQ1;
END mix;
```

【程序 13-4】 CONTRL2，文件名：CONTRL2.vhd

```
LIBRARY IEEE;
USE IEEE.STD_LOGIC_1164.ALL;
USE IEEE.STD_LOGIC_UNSIGNED.ALL;
ENTITY CONTRL2 IS
   PORT ( FIN, START, CLR : IN STD_LOGIC;
                ENDD, PUL    : OUT STD_LOGIC  );
END CONTRL2;
ARCHITECTURE behav OF CONTRL2 IS
   SIGNAL QQ : STD_LOGIC_VECTOR(3 DOWNTO 1);
   SIGNAL A0, B0, C0, F2 : STD_LOGIC;
   SIGNAL S : STD_LOGIC_VECTOR(1 DOWNTO 0);
BEGIN
   S(0) <= QQ(3);   S(1) <= QQ(2);
   PROCESS(START, S)
   BEGIN
      IF START = '1' THEN  F2 <= FIN;
      ELSE  F2 <= NOT FIN;   END IF;
      IF S = 2 THEN    PUL <= '1';
```

```
        ELSE  PUL <= '0';  END IF;
        IF S = 3 THEN   ENDD <= '1';
        ELSE   ENDD <= '0';     END IF;
    END PROCESS;
    A0 <= F2 AND QQ(1);  B0 <= NOT A0;  C0 <= NOT F2;
    PROCESS(C0, CLR)
    BEGIN
        IF CLR = '1' THEN    QQ(1) <= '0';
        ELSIF C0'EVENT AND C0 = '1' THEN  QQ(1) <= '1';
        END IF;
    END PROCESS;
    PROCESS(A0, CLR)
    BEGIN
        IF CLR = '1' THEN    QQ(2) <= '0';
        ELSIF A0'EVENT AND A0 = '1' THEN  QQ(2) <= '1';
        END IF;
    END PROCESS;
    PROCESS(B0, CLR)
    BEGIN
        IF CLR = '1' THEN    QQ(3) <= '0';
        ELSIF B0'EVENT AND B0 = '1' THEN   QQ(3) <= '1';
        END IF;
    END PROCESS;
 END behav;
```

【程序 13-5】 模块GATE，文件名：GATE.vhd

```
LIBRARY IEEE;
USE IEEE.STD_LOGIC_1164.ALL;
ENTITY GATE IS
    PORT (CLK2, FSD, CNL, PUL : IN STD_LOGIC;
                  CLKOUT : OUT STD_LOGIC );
END GATE;
ARCHITECTURE behav OF GATE IS
BEGIN
    PROCESS(CLK2, PUL, FSD, CNL)
    BEGIN
        IF CNL = '0' THEN  CLKOUT <= CLK2;
              ELSE      CLKOUT <= PUL AND FSD;  END IF;
    END PROCESS;
```

END behav;

根据图 14-2 的接口方式，在一个顶层设计中将以上各模块通过元件例化，连接成一个完整的设计实体，最后进行综合适配、下载和测试。顶层文件的设计留给读者。

14.1.4　测频主系统实现

测频主系统原理如图 14-5 所示，由单片机 89C51 完成整个测量电路的测试控制、数据处理和显示输出，一片 ispLSI1032E 完成各种测试功能。键盘信号由 89C51 进行处理，它从 1032E 读回计数数据进行运算，并向显示电路输出测量结果。显示器电路采用 7 段 LED 显示器。在标准信号频率为 60MHz 的情况下，其测量精度可达 1.1×10^{-8}，即能够显示近 8 位有效数字。系统的基本工作方式如下：

(1) 图 14-5 中的 7PIN 座为数显与键控信号接口（原理图略去）。由 8 片 4094 完成串行显示，其中 89C51 的 P1.0 接 8 个 4094 的输出使能端（PIN15），P1.1 接第一片的串行数据输入端（PIN2），P1.2 接时钟端（PIN3）。系统设置 8 个键：下调、上调、时间、自校、占空比、脉宽、周期、频率，其中“时间”键选定后可通过“下调”和“上调”键对预置门时间进行调节。通过一片 4014 将键控信息串行读入单片机。

(2) FSTD 为测频标准频率 60MHz 信号输入端。

(3) FINPUT 为被 AMPL 模块放大整形后的被测信号。待测信号由“FIN”输入。

(4) STADF 为自校频率发生模块，CHEKF 为自校频率输入端。

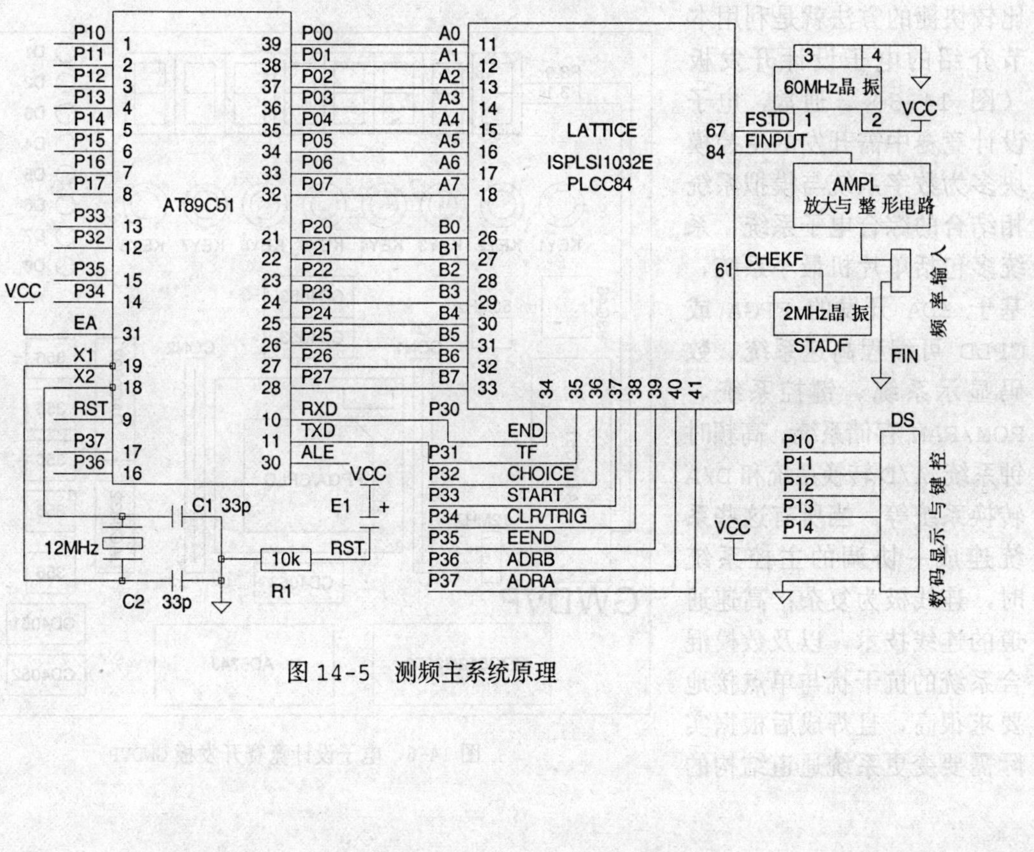

图 14-5　测频主系统原理

14.1.5 专用模块测试控制信号说明

(1) TF（P31）：TF = 0 时等精度测频，TF = 1 时测脉宽。

(2) CLR/TRIG（P34）：当 TF = 0 时系统全清零功能，当 TF = 1 时 CLR/TRIG 的上跳沿将启动 CONT2，进行脉宽测试计数。

(3) END（P3.0）：脉宽计数结束状态信号，END = 1 计数结束。

(4) CHOICE（P3.2）：自校/测频选择，CHOICE = 1 测频，CHOICE = 0 自校。

(5) START（P3.3）：当 TF = 0 时，作为预置门闸，门宽可通过键盘由单片机控制，START=1 时预置门打开；当 TF = 1 时，START 有第二功能，此时，当 START=0 时测负脉宽，当 START=1 时测正脉宽。利用此功能可分别获得脉宽和占空比数据。

(6) EEND（P3.5）：等精度测频计数结束状态信号，EEND = 0 时计数结束。

(7) ADRA，ADRB ：计数值读出选通控制。若令 AD = [ADRB，ADRA]，则当 AD=0、1、2、3 时可从 P0 和 P2 口由低 8 位至高 8 位分别读出两组 4 个 8 位计数值。

§14.2 电子设计竞赛开发板

如果希望方便地实现上节介绍的多功能频率计的设计，VHDL 程序的调试及系统测试，比较快捷的方法就是利用本节介绍的电子设计开发板（图 14-6）。通常，电子设计竞赛中需开发的主控模块多为数字系统与模拟系统相结合的综合电子系统，系统多包括单片机最小系统、基于 EDA 开发的 FPGA 或 CPLD 可编程高速系统、数码显示系统、键控系统、ROM/RAM 存储系统、高频时钟系统、A/D 转换系统和 D/A 转换系统等。当所有这些系统连成一协调的主控系统时，连线极为复杂；高速通道的连线技术，以及数模混合系统的抗干扰与单点接地要求很高，且焊成后根据实际需要变更系统通道结构的

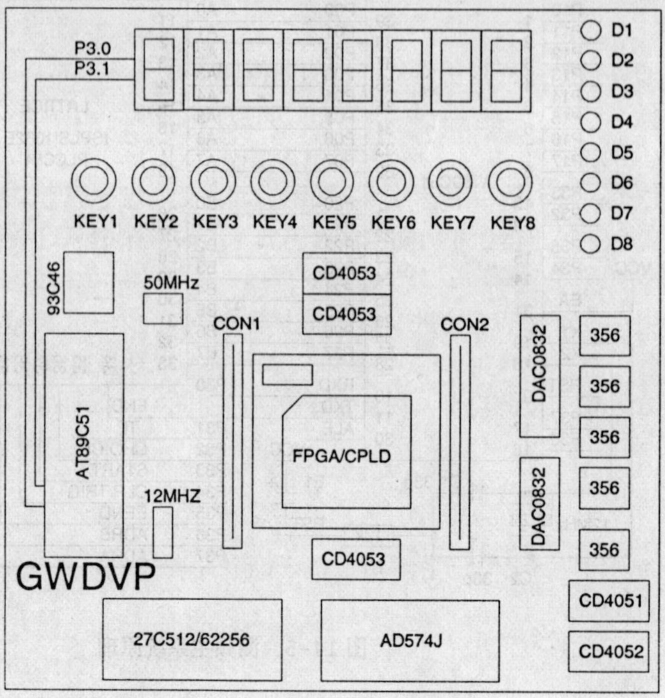

图 14-6 电子设计竞赛开发板 GWDVP

灵活性要求较高；特别是为了适应不同的设计目的，系统要求能方便地更换不同规模的 FPGA/CPLD 芯片。

1. GWDVP 板使用特点

GWDVP 板须与 GW48-CK 系统配合使用：（1）必须利用 GW48-CK 提供的 10 芯在系统下载接口和通信线进行下载；（2）GWDVP 板与 GW48-CK 上的 FPGA/CPLD 目标芯片板相互间完全兼容，因此可以使用 GW48-CK 系统所有可配的目标芯片，所以在利用 GWDVP 板开发时，便没有逻辑资源不够用的问题，也没有对使用 FPGA/CPLD 型号的限制，（3）GWDVP 板的 FPGA/CPLD 目标芯片板上的引脚定义和使用情况与 GW48-CK 相同。

2. 图 14-6 说明

（1）89C51 单片机系统：通过改变 FPGA/CPLD 中的逻辑结构和跳线，可使其上的单片机系统与 ROM/RAM 构成单片机总线工作系统（单片机最小系统，参见第 13 章 13.17 节）、单片机独立工作系统（如可与 A/D 结合可构成类似于 DMA 的高速数据采集系统）。

（2）显示系统：它们由 8 个数码显示器和 8 个发光管构成的具有独立电源驱动的串行静态显示系统。静态显示系统的优点是，显示亮度好；显示稳定；占用单片机端口少（P3.0 和 P3.1，此 2 口都为输入方式，可复用）；串行静态显示系统很容易构成具有独立电源驱动的系统，这对提高主系统的工作稳定性、减少干扰及提高系统中的 A/D 和 D/A 的工作精度尤为重要。

（3）ROM/RAM 系统：通过 GWDVP 板上的跳线设置和 4053 构成的电子开关系统，可构成不同的工作方式，如：单片机最小系统存储方式、DMA 方式、硬件高速计算方式、波形发生数据存储器等；又由于 ROM/RAM 座是与系统中的 FPGA/CPLD 直接相接的，所以此座可根据需要插不同型号和容量的存储器（如 27C512、W27E512、27C256、27C128、27C64、28C64、28E64、6264、62256 等）。

（4）通用 FPGA/CPLD 接插系统：它由 48 脚双排座构成、它将 GWDVP 系统构成了一个有机整体，其上可插含有不同型号，不同公司、不同逻辑容量和不同封装 FPGA/CPLD 的目标板，如 ispLSI1032、ispLSI1048、ispLSI3256、EPM7128S、EPF10K10、EPF10K20、EPF10K30、EPF6016、XCS10、XC95108 等等。

（5）D/A 转换系统：该系统由两片 ADC0832 构成，一片用作模拟信号或波形输出，另一片用于对第一片的参考电压进行实时数控，从而可自动控制模拟信号的输出幅度；又由于此系统是与 ROM/RAM 直接相接，因而可以实现高速模拟信号输出。系统还接有一个二阶有源滤波电路、一个一阶有源滤波电路，它受控于一个 8 阶可数控的滤波电容网络开关系统，从而可使输出波形在不同频率条件下都有良好的波形和幅频特性。

（6）A/D 转换系统：由 AD574，或 AD674 或 AD1674 构成，接成双极性输入方式，输入信号-10V 至 +10V，精度 12 位；最高位为符号位；内置+10V 精密参考电压；最大转换速度 1 次/10us；LM356 构成阻抗变换电路；4052 构成信号多路切换电路。由于与 FPGA/CPLD 直接相接，故可进行高速采样。

（7）串行 EEPROM：由 93C46 构成，与单片机直接相接，这是智能化仪表十分常用的电路存储器件。

（8）键控系统：GWDVP 板上已安排了 8 个键，可按逐次查询方式编程控制；如果要增加键，可在所给的 8 芯插座上插 16 键的插口，可按阵列扫描方式编程控制，8 个键控端口还能作输出复用。

【实践习题】

14-1　参考第 13 章§13.13 节的方法，在本章介绍的频率测试系统中，设计 RS232 通信模块，使测得的频率能在 PC 机得屏幕上显示（89C51 中得汇编程序和 ISP1032E 中的 VHDL 程序都必须修改）。

14-2　参考 93C46（第 2 节介绍的 GWDVP 板上含有 93C46）读写时序，试用 VHDL 完成 FPGA 对 93C46 的硬件读写电路模块的设计。

附录 1　GW48 型 EDA 实验开发系统使用介绍

为了使读者能具体地了解基于某种 EDA 平台的 VHDL 逻辑设计所必须的硬件仿真和实验验证的方法与过程，以下将介绍康芯公司的 GW48-CK 系统的特点和使用方法：

(1) GW48-CK 系统设有通用在系统编程下载 ASIC 器件，可对 Lattice 、Xilinx、Altera、Vantis、Atmel 和 Cypress 世界六大 PLD 供应商各种 isp 编程下载方式或现场配置的 CPLD/FPGA 各系列器件进行识别、实验或开发；主系统板与目标芯片板采用接插式结构，动态电路结构自动切换工作方式，含可自动切换的多种实验电路结构模式。

(2) 绿色能源电子系统要求器件低功耗、低噪声、高集成度和高电磁兼容性。因此低压器件的使用将更加重要和普遍，如 PC 机、笔记本电脑、现代嵌入式系统、DSP、便携式电子产品、导航系统等，其中的主要器件皆为低电压器件（2.5V 或 1.8V）。特别是低芯核电压的FPGA/CPLD器件已成为当今电子设计开发和应用的主流，因此在实用领域，5V的FPGA已基本淘汰，如 Altera 的 EPF10K、10KA 系列（目前较常用的是 10KE、1K、2K 和 20K 系列器件）。GW48 系统能适应此发展趋势，具备对不同芯核电压的 FPGA/CPLD 器件开发的混合电压兼容功能，即能对不同工作电压(5V、3.3V、1.5V、1.8V)的 FPGA 和 CPLD 进行实验、开发和编程下载。

(3) GW48 系统基于“电路重构软配置”的设计思想，采用了 I/O 口可任意定向目标板的智能化电路结构设计方案。利用美国 LG 公司在系统微控制器对 I/O 口进行任意定向设置和控制，从而实现了 CPLD/FPGA 目标芯片 I/O 口与实验输入/输出资源可以以各种不同方式连接来构造形式各异的实验电路的目的。

(4) GW48 系统的智能模块构成自动控制连线结构。用户仅需通过按键控制，即可自动连接成不同的实验电路结构，从而可完成几乎任意多种组合/时序逻辑设计、接口逻辑及数字系统设计等基于 FPGA/CPLD 的各类电子设计实验项目，其中包括诸如常规数字系统、通信系统和 DSP 系统的设计，以及移位寄存器、硬件乘法器、序列检测器、脉宽调制器、数控分频器、频率计、中断处理器、数字滤波器、硬件演奏器、硬件 FFT 变换、A/D 采样控制器、VGA 彩显控制器、PS/2 信号接收器、RAM/FIFO 控制器、数字函数发生器、FSK/PSK 信号发生器、硬件 RS232 通信、PC 机至单片机至 FPGA 的双向通信设计、计算机组成原理实验、电子设计竞赛 EDA 开发等等硬件系统设计项目。(附录 2 列出了部分可用于 GW48 系统的器件)。

一、GW48-CK 教学实验系统使用介绍

附图 1-1 为 GW48-CK 型 EDA 实验开发系统的主板结构图，该系统的实验电路结构是可控的。即可通过控制接口键 SW9，使之改变连接方式以适应不同的实验需要。因而，从

物理结构上看，实验板的电路结构是固定的，但其内部的信息流在主控器的控制下，电路结构将发生变化。这种“电路重构软配置”设计方案的目的有三：①适应更多的实验与开发项目；②适应更多的 PLD 公司的器件；③适应更多的不同封装的 FPGA 和 CPLD 器件。系统板面主要部件及其使用方法说明如下：

(1) SW9：按动该键能使实验板产生 12 种不同的实验电路结构。这些结构如后面第“二”部分 14 张实验电路结构图所示。例如选择了“NO.3”图，需按动系统板上的 SW9 键，直至数码管 SWG9 显示“3”，于是系统即进入了 NO.3 图所示的实验电路结构。但当 SWG9 显示为“A”时，系统即变成一台数字频率计，测频输入端为系统板右下角的 JP1B 插座。

(2) B2：这是一块插于主系统板上的目标芯片适配座。对于不同的目标芯片可配不同的适配座。可用的目标芯片包括目前世界上最大的六家 FPGA/CPLD 厂商几乎所有 CPLD 和 FPGA。后面第“三”部分已列出多种芯片对系统板引脚的对应关系，以利在实验时经常查用。

(3) J3B/J3A：如果仅是作为教学实验之用，系统板上的目标芯片适配座无须拔下，但如果要进行应用系统开发、产品开发、电子设计竞赛等开发实践活动，在系统板上完成初步仿真设计后，就有必要将连有目标芯片的适配座拔下插在自己的应用系统上（如 GWDVP 板）进行调试测试。为了避免由于需要更新设计程序和编程下载而反复插拔目标芯片适配座，GW48 系统设置了一对在线编程下载接口座：J3A 和 J3B。此接口插座可适用于不同的 FPGA/CPLD（+5V 工作电源）的配置和编程下载。注意，对于低压 FPGA/CPLD，下载接口座是“ByteBlasterMV”。

(4) J2：J2 为并行通信接口，通过通信线与微机的打印机口相连。EDA 软件的下载控制信号和 CPLD/FPGA 的目标码将通过 J2 接口，完成对 B2 上的目标芯片的编程下载。编程 ASIC 识别目标芯片适配座上不同 PLD 公司的 CPLD/FPGA 芯片及其下载方式，并作出相应的下载适配操作，这为实验和系统的安全运行与技术开发带来极大的方便。

(5) 键 1~键 8：为实验信号控制键，它在每一张电路图中的功能及其与主系统的连接方式随 SW9 的模式选择而变，使用中需参照第“二”部分内容。

(6) 数码 1~8/D1~D16：它们的显示方式和连线形式也需参照第 2 节。

(7) JP1A/JP1B/JP1C：为时钟频率选择模块。通过短路帽的不同接插方式，使目标芯片获得不同的时钟频率信号。对于 JP1C，同时只能插一个短路帽，以便选择输向“CLOCK0”的一种频率。由于 CLOCK0 可选的频率比较多，从 1Hz 至 50MHz 共 14 种可选频率，所以比较适合于目标芯片对信号频率或周期测量等设计项目的信号输入端。JP1B 分 3 个频率源组，即如系统板所示的“高频组”、“中频组”和“低频组”。它们分别对应三组时钟输入端。例如，将 3 个短路帽分别插于 JP1B 座的 2Hz、1024Hz 和 12MHz；而另 3 个短路帽分别插于 JP1A 座的 CLOCK4、CLOCK7 和 CLOCK8，这时，输向目标芯片的 3 个引脚：CLOCK4、CLOCK7 和 CLOCK8 分别获得上述 3 个信号频率。需要特别注意的是，每一组频率源及其对应时钟输入端，分别只能插一个短路帽。也就是说，通过 JP1A/B 的组合频率选择，最多只能提供 3 个时钟频率。

(8) S1：目标芯片的声信输出，可以通过在 JP1B 最上端是否插短路帽来选择是否将喇叭接到目标芯片的“SPEAKER”口上，即 PIO50。通过此口可以进行数字奏乐或了解信号的频率高低。

(9) J7：为 PS/2 接口。通过此接口，可以将键盘或鼠标与 GW48 系统的目标芯片

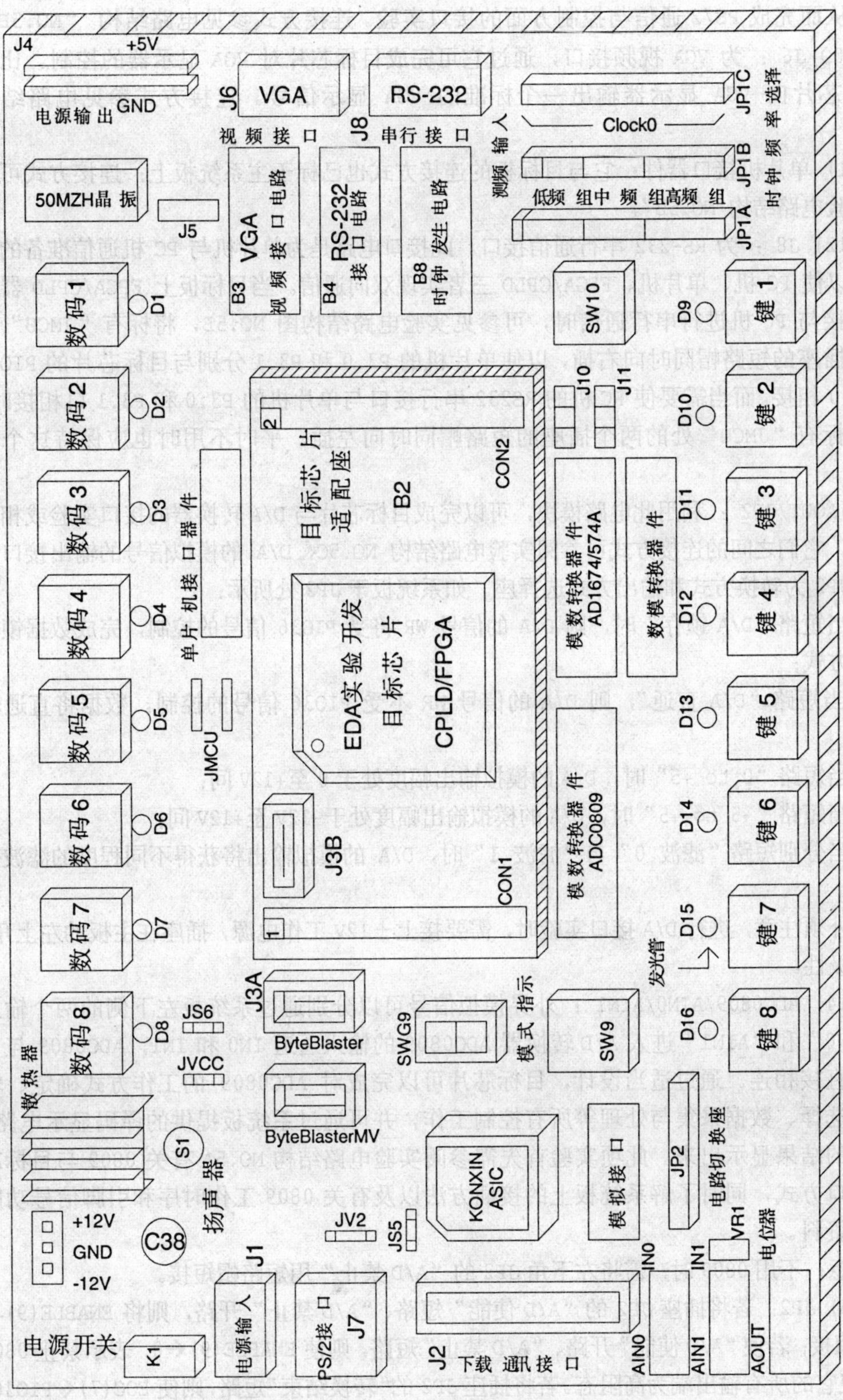

附图 1-1　GW48-CK 实验开发系统的板面结构图

相连，从而完成 PS/2 通信与控制方面的接口实验。连接方式参见电路结构 “NO.5B”。

(10) J6 ：为 VGA 视频接口，通过它可完成目标芯片对 VGA 显示器的控制。比如使目标芯片向 VGA 显示器输出一个标准的 VGA 显示信号。连接方式参见电路结构 NO.2”。

(11) 单片机接口器件：它与目标板的连接方式也已标于主系统板上：连接方式可参见“实验电路结构 NO.5B”。

(12) J8 ：为 RS-232 串行通信接口。此接口电路是为单片机与 PC 机通信准备的，由此可以使 PC 机、单片机、FPGA/CPLD 三者实现双向通信。当目标板上 FPGA/CPLD 器件需要直接与 PC 机进行串行通信时，可参见实验电路结构图 NO.5B，将标有“JMCU”处的两个插座的短路帽同时向右插，以使单片机的 P3.0 和 P3.1 分别与目标芯片的 PIO31 和 PIO30 相接。而当需要使 PC 机的 RS232 串行接口与单片机的 P3.0 和 P3.1 口相接时，则应将标有“JMCU”处的两个插座的短路帽同时向左插。平时不用时也应保持这个位置。

(13)AOUT/JP2 ：利用此电路模块，可以完成目标芯片与 D/A 转换器的接口实验或相应的开发。它们之间的连接方式可参阅实验电路结构 NO.5C，D/A 的模拟信号的输出接口是 AOUT。JP2 为转换方式和输出方式选择座。如系统板于 JP2 处所示：

①当短路“D/A 锁存”时，则 D/A 的信号 WR 将受 PIO36 信号的控制，完成数据锁存的输入方式；

②当短路“D/A 直通”，则 D/A 的信号 WR 不受 PIO36 信号的控制，数据将直通输入；

③当短路“0 to +5”时，D/A 的模拟输出幅度处于 0 至+12V 间；

④当短路“-5 to +5”时，D/A 的模拟输出幅度处于-12V 至+12V 间；

⑤当分别短路“滤波 0”与“滤波 1”时，D/A 的模拟输出将获得不同程度的滤波效果 。

另外须注意，进行 D/A 接口实验时，需要接上±12V 工作电源，插座在主板的左上角，请注意极性。

(14) ADC0809/AIN0/AIN1 ：外界模拟信号可以分别通过系统板左下侧的两个输入端“AIN0”和“AIN1”进入 A/D 转换器 ADC0809 的输入通道 IN0 和 IN1，ADC0809 与目标芯片直接相连。通过适当设计，目标芯片可以完成对 ADC0809 的工作方式确定、输入端口选择、数据采集与处理等所有控制工作，并可通过系统板提供的译码显示电路，将测得的结果显示出来。此项实验首先需参阅实验电路结构 NO.5A 有关 0809 与目标芯片的接口方式，同时了解系统板上的接插方法以及有关 0809 工作时序和引脚信号功能方面的资料。

注意：不用 0809 时，需将左下角 JP2 的“A/D 禁止”用短路帽短接。

(15) JP2：若将插座 JP2 的“A/D 使能”短路、“A/D 禁止”开路，则将 ENABLE(9)与 PIO35 相接；若使“A/D 使能”开路、“A/D 禁止”短路，则使 ENABLE(9)←0，表示禁止 0809 工作，使它的所有输出端为高阻态。若将插座 JP2 的“转换结束”短路，则使 EOC(7)←PIO36，由此可使目标芯片对 ADC0809 的转换状态进行测控。

(16) VR1/AIN1：VR1 电位器，通过它可以产生 0V~+5V 幅度可调的电压。其输入口是 0809 的 IN1（与接口 AIN1 相连，但当 AIN1 插入外输入插头时，VR1 将与 IN1 自动断开）。若利用 VR1 产生被测电压，则需使 0809 的 25 脚置高电平，即选择 IN1 了。

(17) AD574：就一般的工业应用来说，AD574 属高速高精度 A/D 器件，应用十分广泛。系统所附的 AD574 插座已接成双极性输入方式。

(18) AIN0 的特殊用法：系统板上设置了一个比较器电路，主要以 LM311 组成。若与 D/A 电路相结合，可以将目标器件设计成逐次比较型 A/D 变换器的控制器件。

(19)SW10：系统复位键。此键是系统板上负责监控的微处理器的复位控制键，同时也与接口单片机 AT89C2051 的复位端相连。因此，可兼作单片机的复位键。

(20)JS5/JS6：系统板硬件升级备用跳线插座，当需要硬件升级时，有关商家会通知接插方式和使用方法，平时分别跳线选择“COMMON”和“5-VENDORs”。

(21) J4：电源输出插座，输出极性如图 1-1 所示，供实验之用。

(22) 实验系统板使用提示：如上所述，若目标适配座上的芯片是 1032E，并已通过模式选择键 SW9，选中电路结构图 NO.1，这时的 GW48 系统板所具有的接口方式变为：1032E 的 I/O31~28、27~24、23~20 和 19~16 ，共 4 组 4 位二进制 I/O 端口分别通过一个全译码型的 7 段译码器输向系统板的数码管。这样，如果 1023E 16 进制码从上述任一组 4 位输出，就能在数码显示器上显示出相应的数值，其数值对应范围为：

FPGA/CPLD 输出	0000	0001	0010	…	1100	1101	1110	1111
数码管显示	0	1	2	…	C	D	E	F

键控输出的高低电平由键前方的发光二极管 D16 和 D15 显示，高电平输出为亮。此外，可通过按动键 4 至键 1，分别向 1032E 的 PIO0~PIO15 输入 4 位十六进制码。每按一次键将递增 1，其序列为 1，2，…9，A，…F。注意，对于不同的目标芯片，其引脚的 I/O 标号数一般是同 GW48 系统接口电路的 PIO 标号是一致的，但具体引脚号是不同的，可参见附录 2。而在逻辑设计中引脚的锁定数必须是该芯片的具体的引脚号。

(23)混合工作电压使用：对于低压 FPGA/CPLD 目标器件，在 GW48 系统上的设计方法与使用方法完全与以上叙述的一致，只主板的跳线作一选择：跳线 JV2 对芯核电压 2.5V 或 1.8V 作选择；跳线 JVCC 对芯片 I/O 电压 3.3V(VCCIO)或 5V(VCC)作选择，对 5V 器件，必须选“VCC”。

例如，若系统上插的目标器件是 EP1K30/50/100 或 EPF10K30E/50E 等，要求将主板上的跳线座“JVCC”短路帽插向“VCCIO”一端；将跳线座“JV2”短路帽插向“+2.5V”一端（如果是 5V 器件，跳线应插向“VCC”）。

二、实验电路结构图

结合附图 1-2，以下对实验电路结构图中出现的信号资源符号功能作出一些说明：

（1）附图 1-2（a）是十六进制 7 段全译码器，它有 7 位输出，分别接 7 段数码管的 7 个显示输入端：a、b、c、d、e、f 和 g；它的输入端为 D、C、B、A、D 为最高位，A 为最低位。例如，若所标输入的口线为 PIO19~16，表示 PIO19 接 D、18 接 C、17 接 B、16 接 A。

（2）附图 1-2（b）是高低电平发生器，每按键一次，输出电平由高到低或由低到高变化一次，且输出为高电平时，所按键对应的发光管变亮，反之不亮。

（3）附图 1-2（c）是十六进制码（8421 码）发生器，由对应的键控制输出 4 位二进制构成的 1 位十六进制码，数的范围是 0000~1111，即^H0 至^HF。每按键一次，输出递增 1，输出进入目标芯片的 4 位二进制数将显示在该键对应的数码管上。

（4）直接与 7 段数码管相连的连接方式的设置是为了便于对 7 段显示译码器的设计学习。以附图 1-5（NO.2）为例，如图所标“PIO46-PIO40 接 g、f、e、d、c、b、a”表示 PIO46、PIO45…PIO40 分别与数码管的 7 段输入 g、f、e、d、c、b、a 相接。

（5）附图 1-2（d）是单次脉冲发生器，每按一次键，输出一个脉冲，与此键对应的发光管也会闪亮一次，时间为 20ms。

（6）实验电路结构图 NO.5、NO.5A、NO.5B 和 NO.5C 是同一种电路结构，只不过是为了清晰起见，将不同的接口方式分别画出而已。由此可见，它们的接线有一些是重合的，因此只能分别进行实验，而实验电路结构图模式都选“5”。

（7）附图 1-2（e）是琴键式信号发生器，当按下键时，输出为高电平，对应的发光管发亮；当松开键时，输出为高电平。此键的功能可用于手动控制脉冲的宽度。具有琴键式信号发生器的实验结构图是 NO.3。

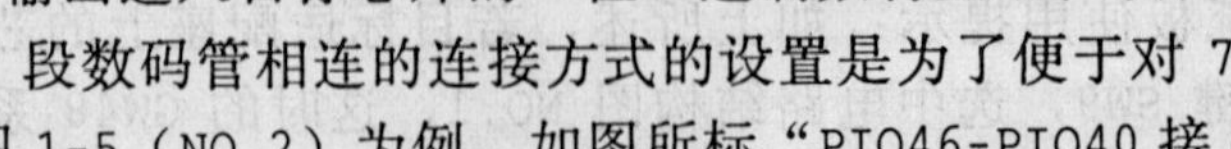

附图 1-2　实验电路信号资源符号图

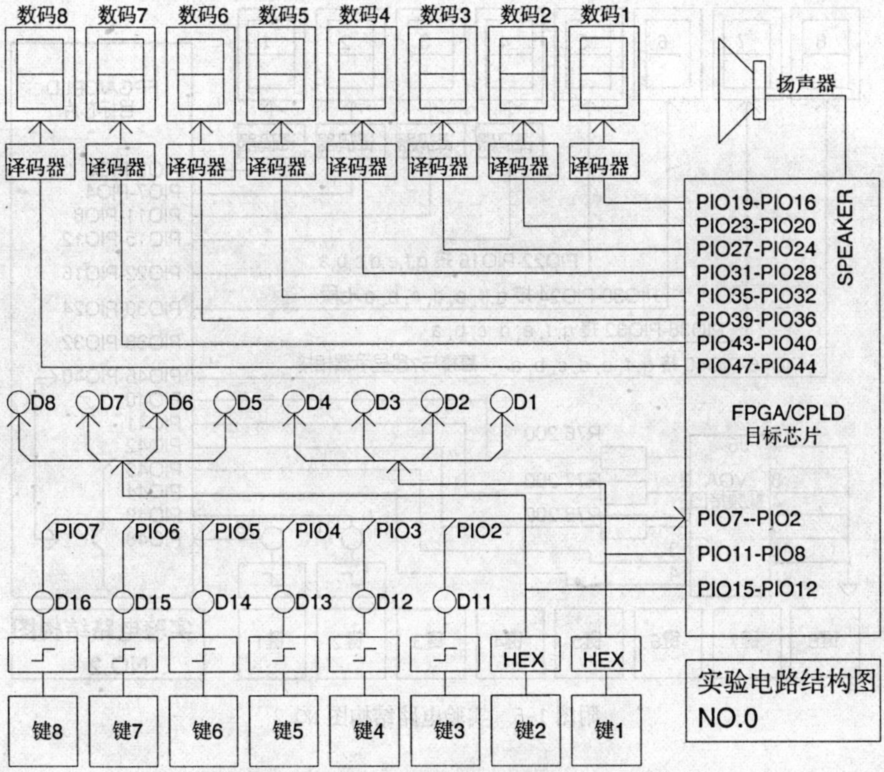

附图 1-3　实验电路结构图 NO.0

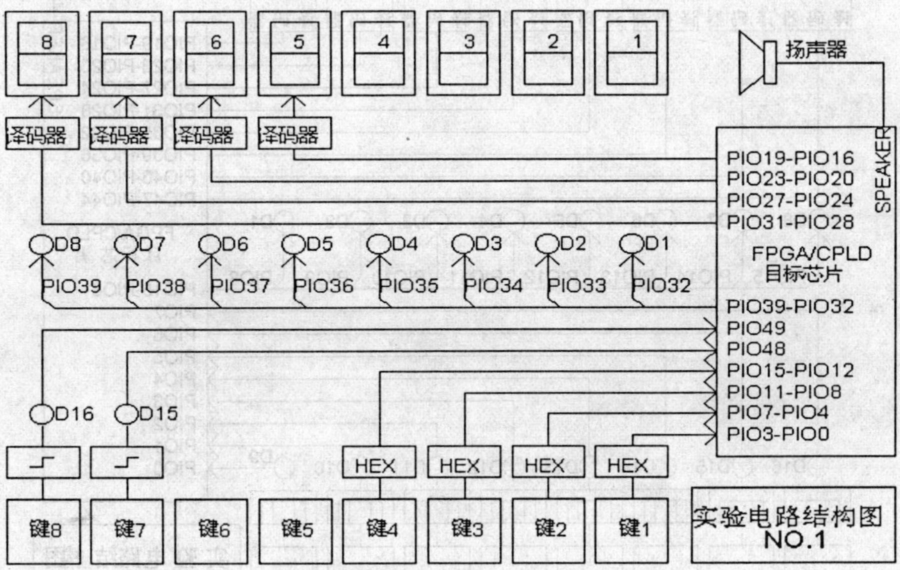

附图 1-4　实验电路结构图 NO.1

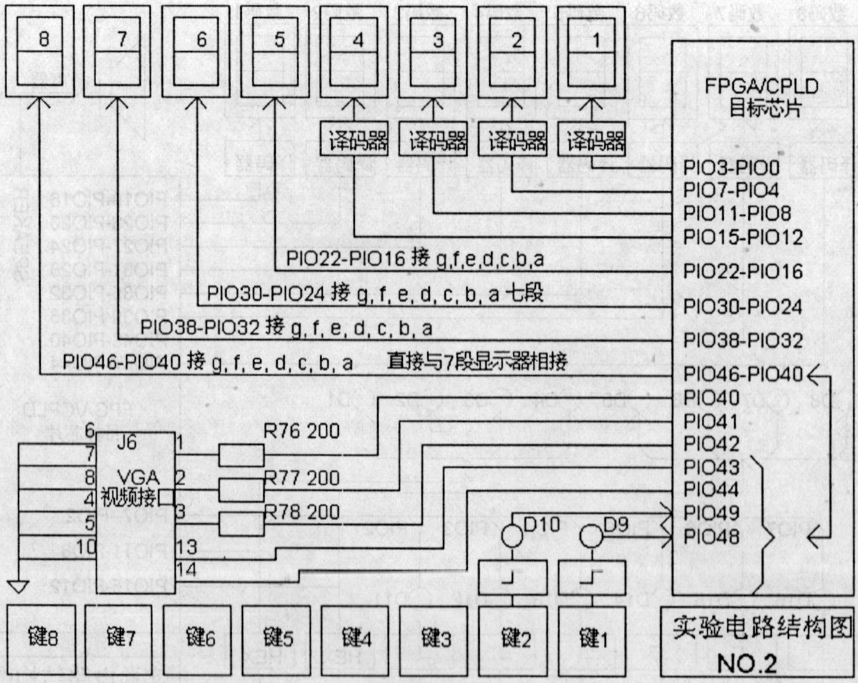

附图 1-5　实验电路结构图 NO.2

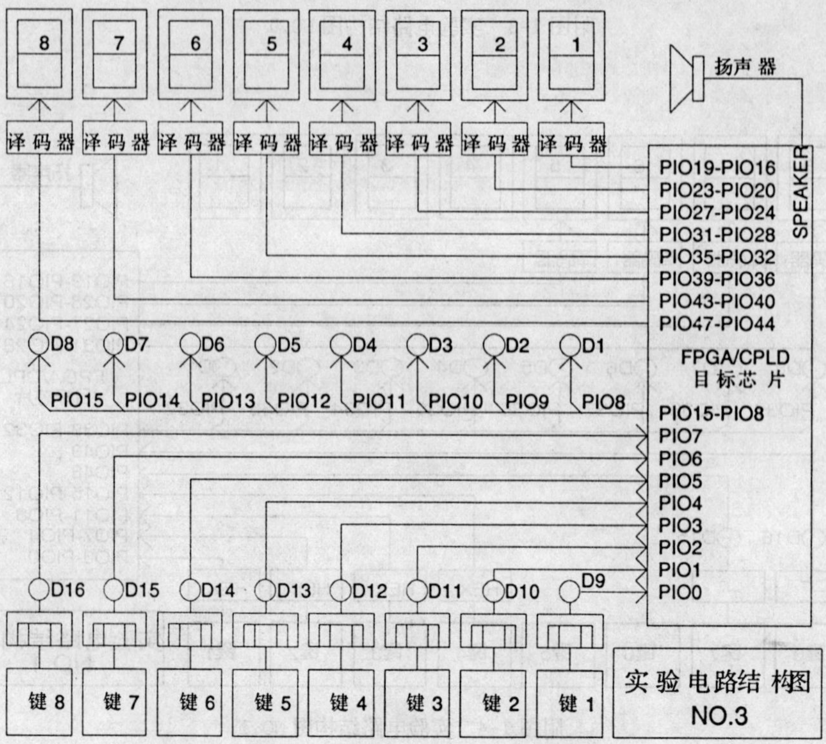

附图 1-6　实验电路结构图 NO.3

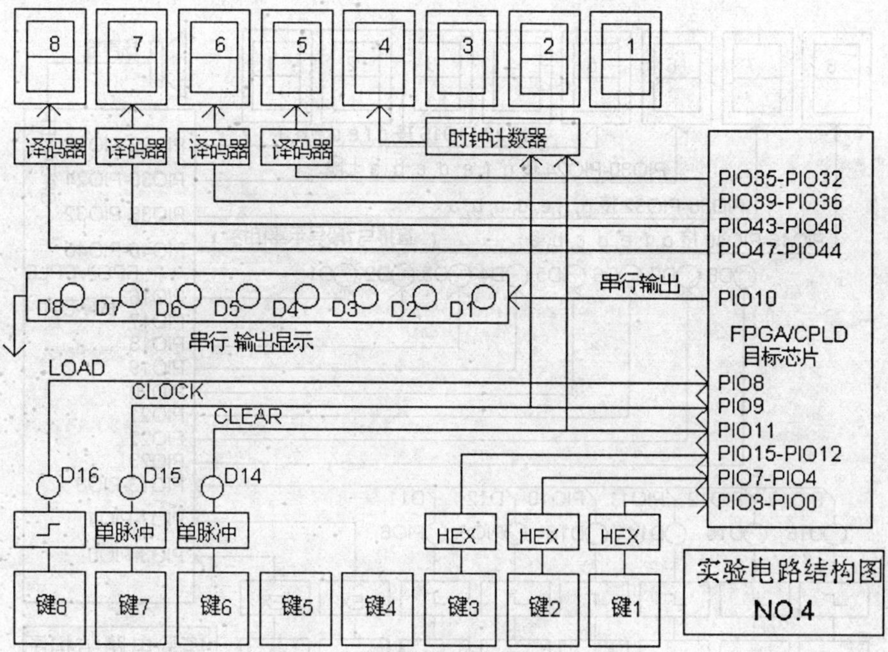

附图 1-7　实验电路结构图 NO.4

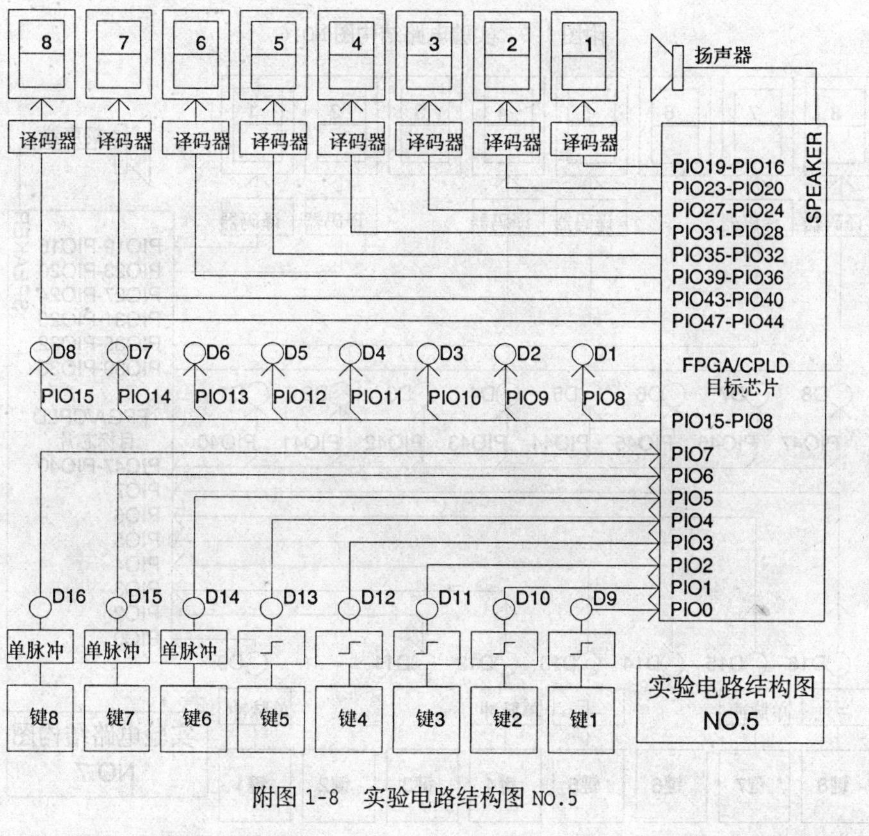

附图 1-8　实验电路结构图 NO.5

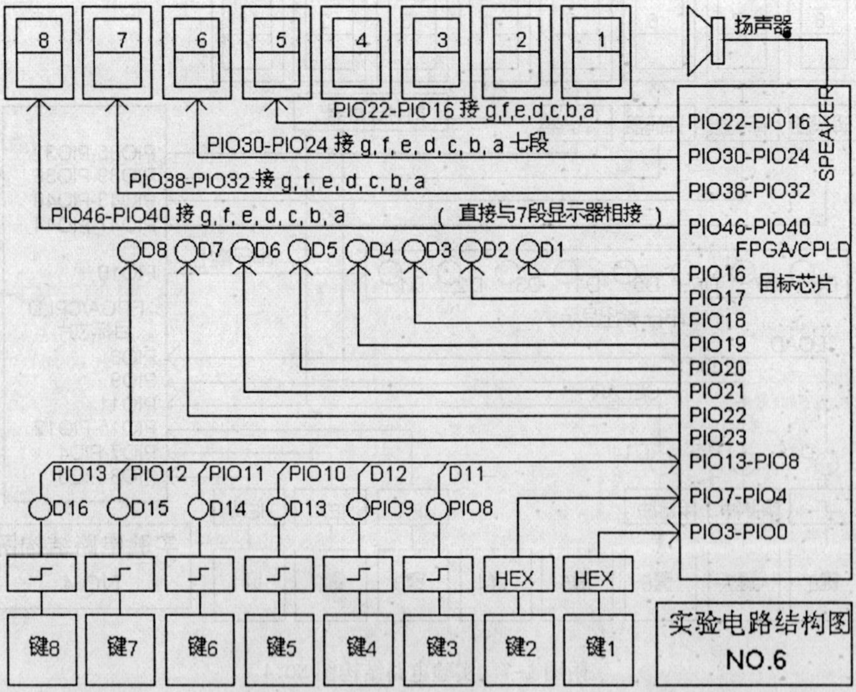

附图 1-9 实验电路结构图 NO.6

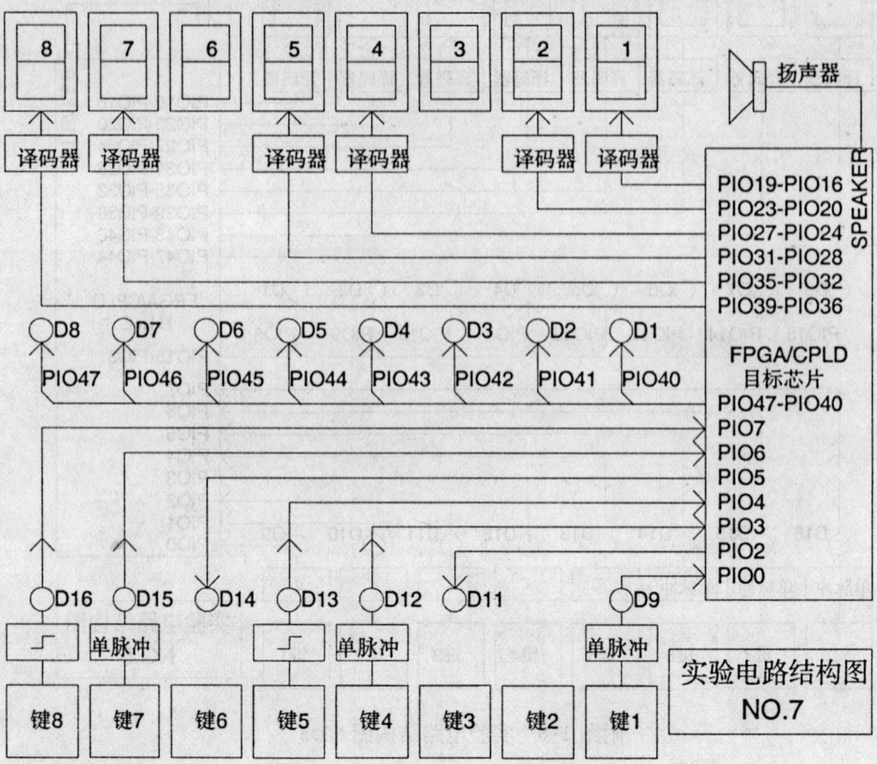

附图 1-10 实验电路结构图 NO.7

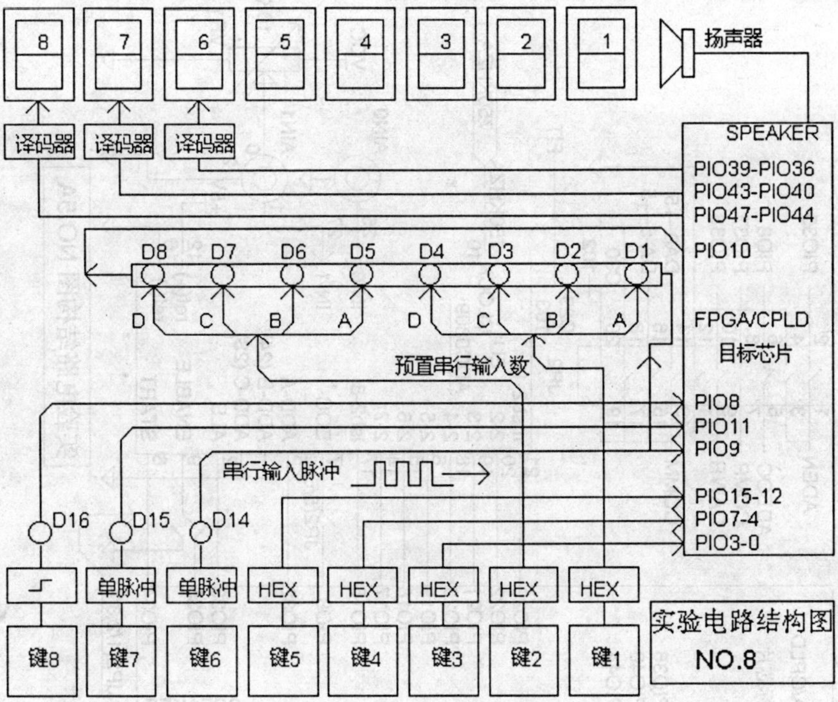

附图 1-11　实验电路结构图 NO.8

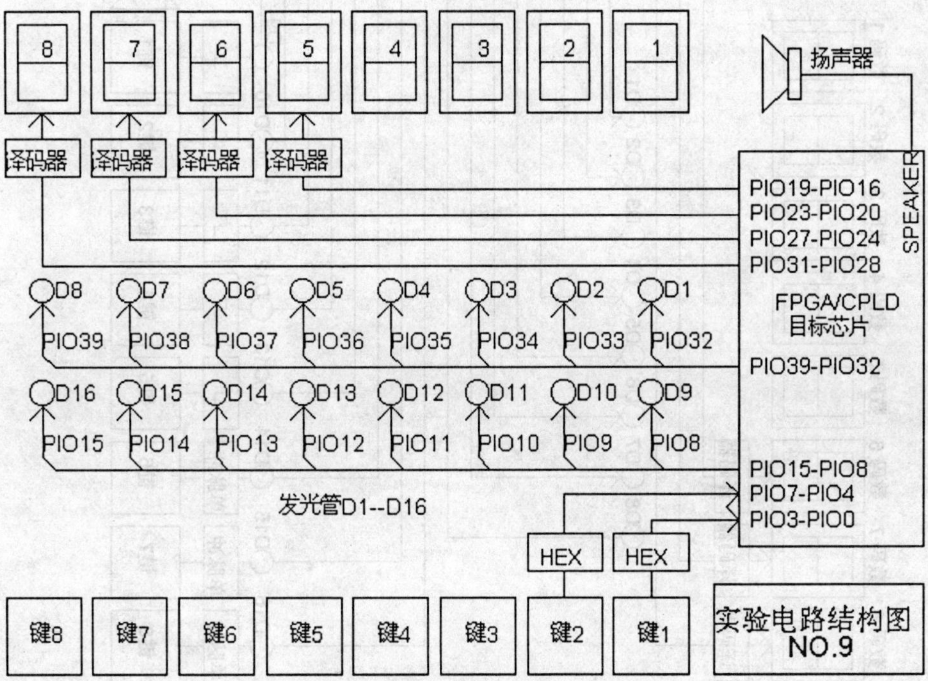

附图 1-12　实验电路结构图 NO.9

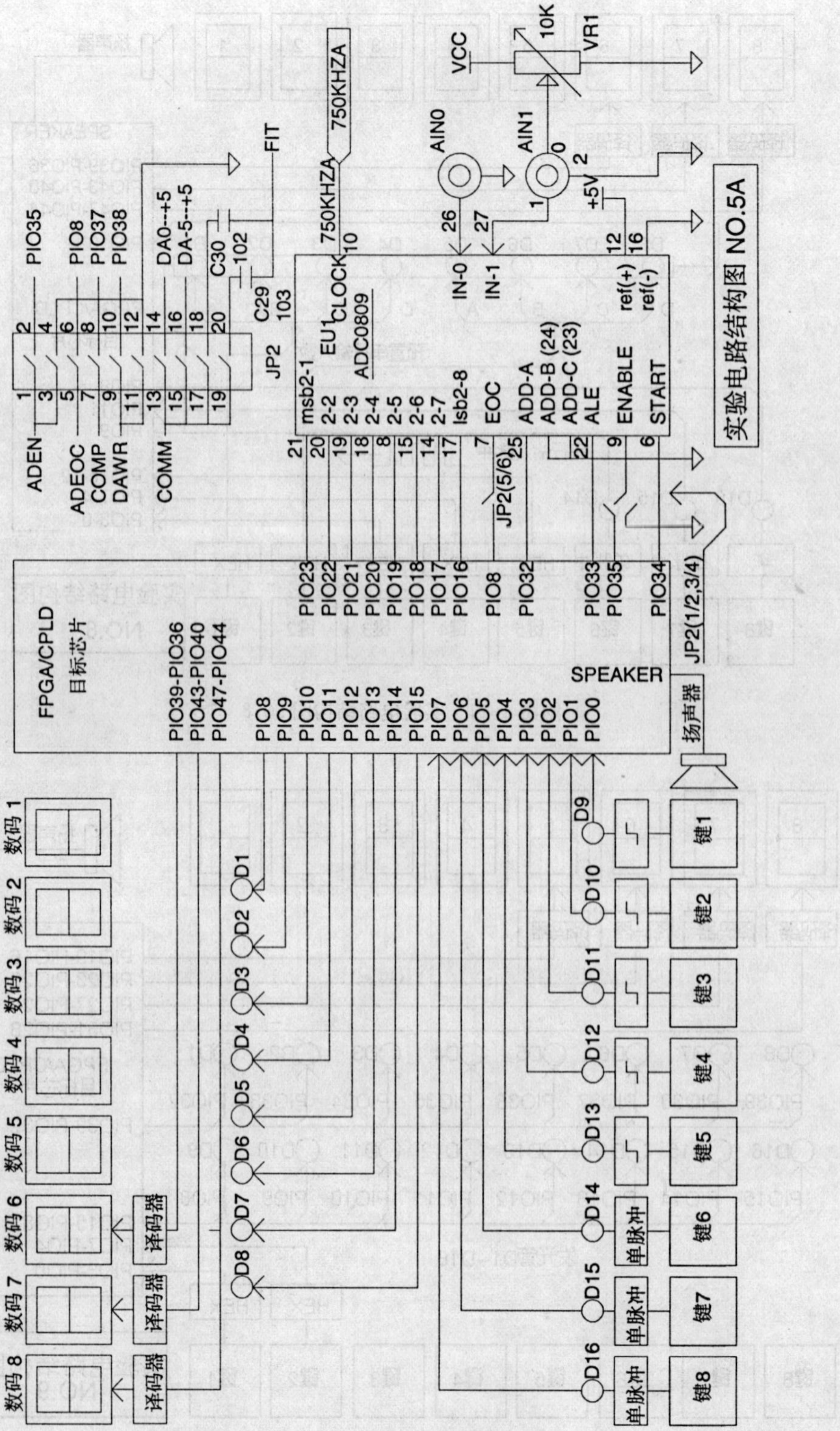

附图 1-13 实验电路结构图 NO.5A

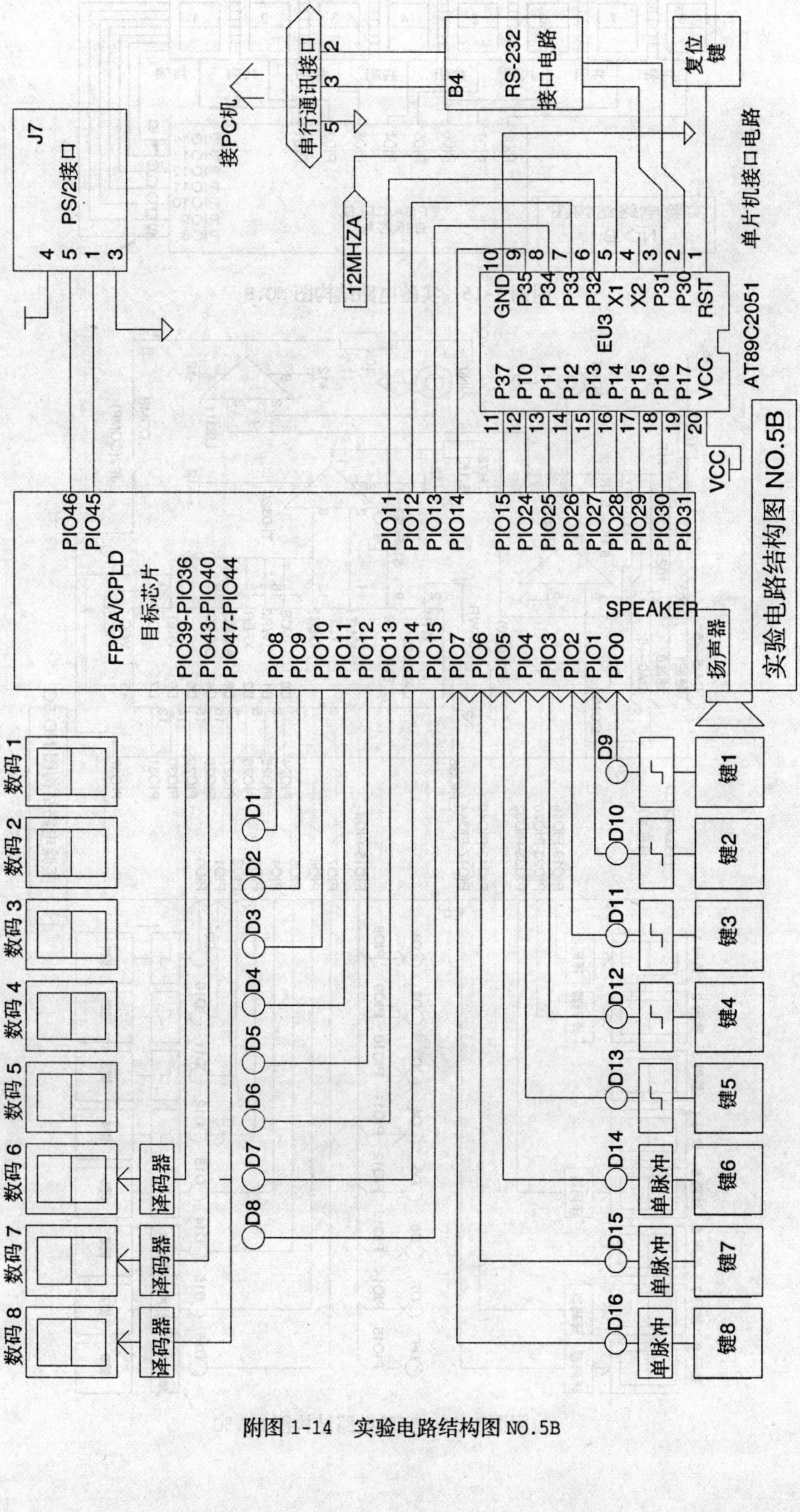

附图 1-14　实验电路结构图 NO.5B

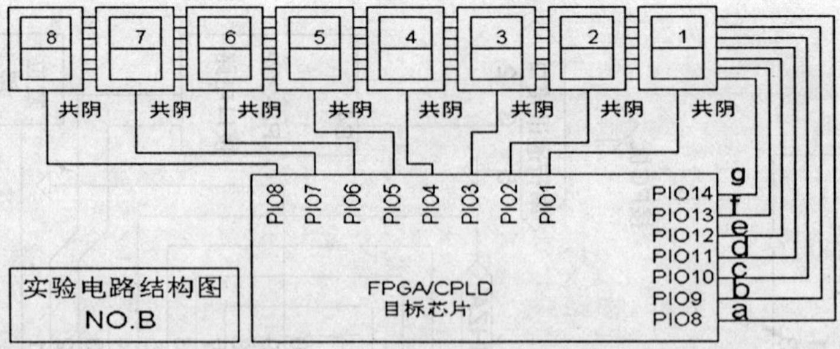

附图 1-15 实验电路结构图 NO.B

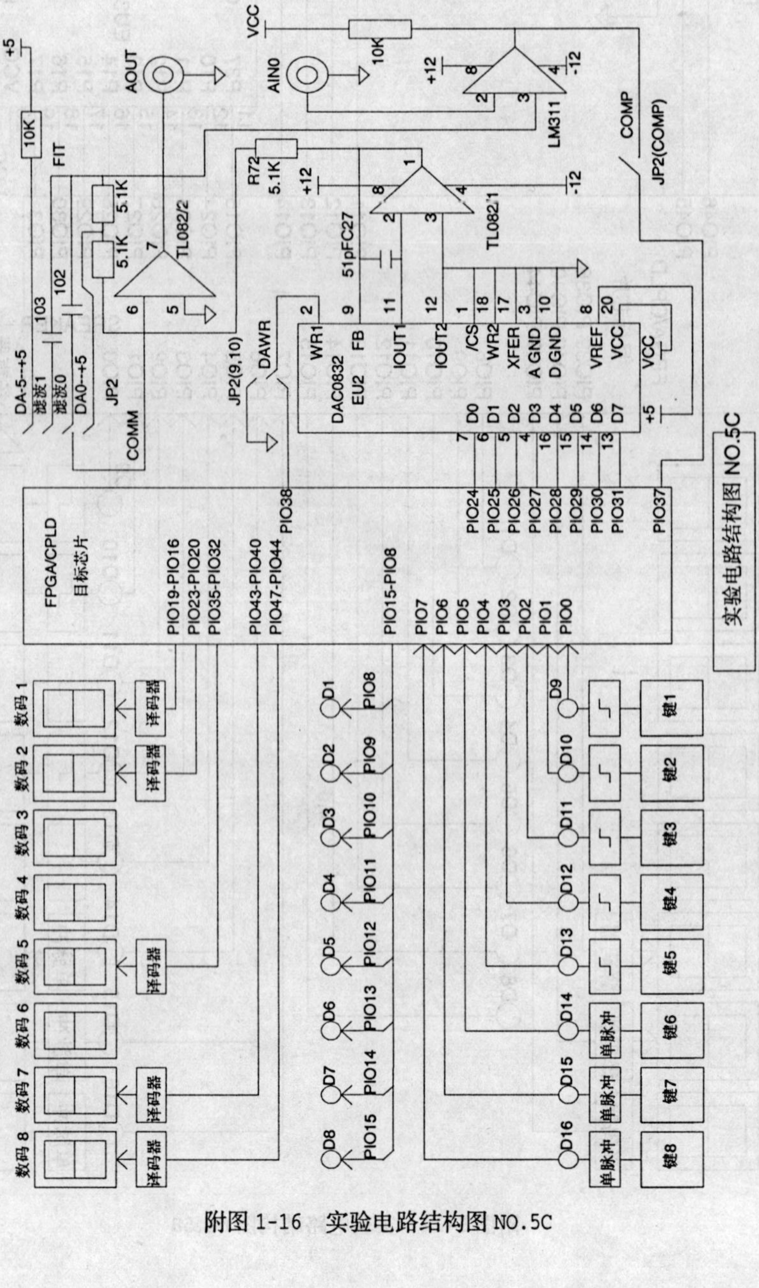

附图 1-16 实验电路结构图 NO.5C

三、GW48 系统结构图信号名与芯片引脚对照表

结构图上的信号名	ispLSI1032E-PLCC84		ispLSI1048E-PQFP128		FLEX EPF10K10-PLCC84		XCS05/XCS10-PLCC84		EPM7128S-PL84 EPM7160S-PL84	
	引脚号	引脚名称	引脚号	引脚名称	引脚号	引脚名称	引脚号	引脚名称	引脚号	引脚名称
PIO0	26	I/O0	21	I/O0	5	I/O0	3	I/O0	4	I/O0
PIO1	27	I/O1	22	I/O1	6	I/O1	4	I/O1	5	I/O1
PIO2	28	I/O2	23	I/O2	7	I/O2	5	I/O2	6	I/O2
PIO3	29	I/O3	24	I/O3	8	I/O3	6	I/O3	8	I/O3
PIO4	30	I/O4	25	I/O4	9	I/O4	7	I/O4	9	I/O4
PIO5	31	I/O5	26	I/O5	10	I/O5	8	I/O5	10	I/O5
PIO6	32	I/O6	27	I/O6	11	I/O6	9	I/O6	11	I/O6
PIO7	33	I/O7	28	I/O7	16	I/O7	10	I/O7	12	I/O7
PIO8	34	I/O8	29	I/O8	17	I/O8	13	I/O8	15	I/O8
PIO9	35	I/O9	30	I/O9	18	I/O9	14	I/O9	16	I/O9
PIO10	36	I/O10	31	I/O10	19	I/O10	15	I/O10	17	I/O10
PIO11	37	I/O11	32	I/O11	21	I/O11	16	I/O11	18	I/O11
PIO12	38	I/O12	34	I/O12	22	I/O12	17	I/O12	20	I/O12
PIO13	39	I/O13	35	I/O13	23	I/O13	18	I/O13	21	I/O13
PIO14	40	I/O14	36	I/O14	24	I/O14	19	I/O14	22	I/O14
PIO15	41	I/O15	37	I/O15	25	I/O15	20	I/O15	24	I/O15
PIO16	45	I/O16	38	I/O16	27	I/O16	23	I/O16	25	I/O16
PIO17	46	I/O17	39	I/O17	28	I/O17	24	I/O17	27	I/O17
PIO18	47	I/O18	40	I/O18	29	I/O18	25	I/O18	28	I/O18
PIO19	48	I/O19	41	I/O19	30	I/O19	26	I/O19	29	I/O19
PIO20	49	I/O20	42	I/O20	35	I/O20	27	I/O20	30	I/O20
PIO21	50	I/O21	43	I/O21	36	I/O21	28	I/O21	31	I/O21
PIO22	51	I/O22	44	I/O22	37	I/O22	29	I/O22	33	I/O22
PIO23	52	I/O23	45	I/O23	38	I/O23	35	I/O23	34	I/O23
PIO24	53	I/O24	52	I/O24	39	I/O24	36	I/O24	35	I/O24
PIO25	54	I/O25	53	I/O25	47	I/O25	37	I/O25	36	I/O25
PIO26	55	I/O26	54	I/O26	48	I/O26	38	I/O26	37	I/O26
PIO27	56	I/O27	55	I/O27	49	I/O27	39	I/O27	39	I/O27
PIO28	57	I/O28	56	I/O28	50	I/O28	40	I/O28	40	I/O28
PIO29	58	I/O29	57	I/O29	51	I/O29	41	I/O29	41	I/O29
PIO30	59	I/O30	58	I/O30	52	I/O30	44	I/O30	44	I/O30
PIO31	60	I/O31	59	I/O31	53	I/O31	45	I/O31	45	I/O31
PIO32	68	I/O32	60	I/O32	54	I/O32	46	I/O32	46	I/O32
PIO33	69	I/O33	61	I/O33	58	I/O33	47	I/O33	48	I/O33
PIO34	70	I/O34	62	I/O34	59	I/O34	48	I/O34	49	I/O34
PIO35	71	I/O35	63	I/O35	60	I/O35	49	I/O35	50	I/O35
PIO36	72	I/O36	66	I/O36	61	I/O36	50	I/O36	51	I/O36
PIO37	73	I/O37	67	I/O37	62	I/O37	51	I/O37	52	I/O37
PIO38	74	I/O38	68	I/O38	64	I/O38	56	I/O38	54	I/O38
PIO39	75	I/O39	69	I/O39	65	I/O39	57	I/O39	55	I/O39
PIO40	76	I/O40	70	I/O40	66	I/O40	58	I/O40	56	I/O40

结构图上的信号名	ispLSI1032E -PLCC84		IspLSI1048E -PLCC84		EPF10K10 -PLCC84		XCS05/XCS10 -PLCC84		EPM7128S-PL84 EPM7160S-PL84	
	引脚号	引脚名称	引脚号	引脚名称	引脚号	引脚名称	引脚号	引脚名称	引脚号	引脚名称
PIO41	77	I/O41	71	I/O41	67	I/O41	59	I/O41	57	I/O41
PIO42	78	I/O42	72	I/O42	70	I/O42	60	I/O42	58	I/O42
PIO43	79	I/O43	73	I/O43	71	I/O43	61	I/O43	60	I/O43
PIO44	80	I/O44	74	I/O44	72	I/O44	62	I/O44	61	I/O44
PIO45	81	I/O45	75	I/O45	73	I/O45	65	I/O45	63	I/O45
PIO46	82	I/O46	76	I/O46	78	I/O46	66	I/O46	64	I/O46
PIO47	83	I/O47	77	I/O47	79	I/O47	67	I/O47	65	I/O47
PIO48	3	I/O48	85	I/O48	80	I/O48	68	I/O48	67	I/O48
PIO49	4	I/O49	86	I/O49	81	I/O49	69	I/O49	68	I/O49
SPKER	5	I/O50	87	I/O50	3	CLRn	70	I/O50	81	I/O59
CLOCK0	6	I/O51	88	I/O51	2	IN1	72	I/O52		
CLOCK1	66	Y1	83	Y1	42	IN2	77	I/O53	69	I/O50
CLOCK2	7	I/O52	89	I/O52	43	GCK2	78	I/O54	70	I/O51
CLOCK3	8	I/O53	90	I/O53	44	IN3	79	I/O55	73	I/O52
CLOCK4	9	I/O54	91	I/O54			80	I/O56	74	I/O53
CLOCK5	63	Y2	80	Y2	83	OE	81	I/O57	75	I/O54
CLOCK6	10	I/O55	92	I/O55			82	I/O58	76	I/O55
CLOCK7	11	I/O56	93	I/O56					79	I/O57
CLOCK8	62	Y3	79	Y3	84	IN4	83	I/O59	80	I/O58
CLOCK9	12	I/O57	94	I/O57	1	GCK1	84	I/O60	83	IN1
CLOCK10	13	I/O58	95	I/O58					2	IN4

* * * * ** * * * * ** *

结构图上的信号名	XCS30 144-PIN TQFP		XC95108 XC9572 -PLCC84		EP1K100 EPF10K30E/50E2 08-PIN P/RQFP		EPF10K20 EP1K30/50 144-PIN TQFP		IspLSI 3256/A -PQFP160	
	引脚号	引脚名称	引脚号	引脚名称	引脚号	引脚名称	引脚号	引脚名称	引脚号	引脚名称
PIO0	138	I/O0	1	I/O0	7	I/O0	8	I/O0	2	I/O0
PIO1	139	I/O1	2	I/O1	8	I/O1	9	I/O1	3	I/O1
PIO2	140	I/O2	3	I/O2	9	I/O2	10	I/O2	4	I/O2
PIO3	141	I/O3	4	I/O3	11	I/O3	12	I/O3	5	I/O3
PIO4	142	I/O4	5	I/O4	12	I/O4	13	I/O4	6	I/O4
PIO5	3	I/O5	6	I/O5	13	I/O5	17	I/O5	7	I/O5
PIO6	4	I/O6	7	I/O6	14	I/O6	18	I/O6	8	I/O6
PIO7	5	I/O7	9	I/O7	15	I/O7	19	I/O7	9	I/O7
PIO8	9	I/O8	10	I/O8	17	I/O8	20	I/O8	11	I/O8
PIO9	10	I/O9	11	I/O9	18	I/O9	21	I/O9	13	I/O9
PIO10	12	I/O10	12	I/O10	24	I/O10	22	I/O10	14	I/O10
PIO11	13	I/O11	13	I/O11	25	I/O11	23	I/O11	15	I/O11
PIO12	14	I/O12	14	I/O12	26	I/O12	26	I/O12	16	I/O12
PIO13	15	I/O13	15	I/O13	27	I/O13	27	I/O13	17	I/O13
PIO14	16	I/O14	17	I/O14	28	I/O14	28	I/O14	25	I/O14
PIO15	19	I/O15	18	I/O15	29	I/O15	29	I/O15	26	I/O15

结构图上的信号名	XCS30 144-PIN TQFP		XC95108 XC9572 -PLCC84		EP1K100 EPF10K30E/50E 208-PIN P/RQFP		EPF10K20 EP1K30/50 144-PIN TQFP		ispLSI3256/A -PQFP160	
	引脚号	引脚名称	引脚号	引脚名称	引脚号	引脚名称	引脚号	引脚名称	引脚号	引脚名称
PIO16	20	I/O16	19	I/O16	30	I/O16	30	I/O16	28	I/O16
PIO17	21	I/O17	20	I/O17	31	I/O17	31	I/O17	29	I/O17
PIO18	22	I/O18	21	I/O18	36	I/O18	32	I/O18	30	I/O18
PIO19	23	I/O19	23	I/O19	37	I/O19	33	I/O19	32	I/O19
PIO20	24	I/O20	24	I/O20	38	I/O20	36	I/O20	33	I/O20
PIO21	25	I/O21	25	I/O21	39	I/O21	37	I/O21	34	I/O21
PIO22	26	I/O22	26	I/O22	40	I/O22	38	I/O22	35	I/O22
PIO23	28	I/O23	31	I/O23	41	I/O23	39	I/O23	36	I/O23
PIO24	29	I/O24	32	I/O24	44	I/O24	41	I/O24	37	I/O24
PIO25	30	I/O25	33	I/O25	45	I/O25	42	I/O25	38	I/O25
PIO26	75	IO26	34	I/O26	113	I/O26	65	I/O26	82	I/O26
PIO27	77	I/O27	35	I/O27	114	I/O27	67	I/O27	83	I/O27
PIO28	78	I/O28	36	I/O28	115	I/O28	68	I/O28	84	I/O28
PIO29	79	I/O29	37	I/O29	116	I/O29	69	I/O29	85	I/O29
PIO30	80	I/O30	39	I/O30	119	I/O30	70	I/O30	86	I/O30
PIO31	82	I/O31	40	I/O31	120	I/O31	72	I/O31	87	I/O31
PIO32	83	I/O32	41	I/O32	121	I/O32	73	I/O32	88	I/O32
PIO33	84	I/O33	43	I/O33	122	I/O33	78	I/O33	89	I/O33
PIO34	85	I/O34	44	I/O34	125	I/O34	79	I/O34	90	I/O34
PIO35	86	I/O35	45	I/O35	126	I/O35	80	I/O35	92	I/O35
PIO36	87	I/O36	46	I/O36	127	I/O36	81	I/O36	93	I/O36
PIO37	88	I/O37	47	I/O37	128	I/O37	82	I/O37	94	I/O37
PIO38	89	I/O38	48	I/O38	131	I/O38	83	I/O38	95	I/O38
PIO39	92	I/O39	50	I/O39	132	I/O39	86	I/O39	96	I/O39
PIO40	93	I/O40	51	I/O40	133	I/O40	87	I/O40	105	I/O40
PIO41	94	I/O41	52	I/O41	134	I/O41	88	I/O41	106	I/O41
PIO42	95	I/O42	53	I/O42	135	I/O42	89	I/O42	108	I/O42
PIO43	96	I/O43	54	I/O43	136	I/O43	90	I/O43	109	I/O43
PIO44	97	I/O44	55	I/O44	139	I/O44	91	I/O44	110	I/O44
PIO45	98	I/O45	56	I/O45	140	I/O45	92	I/O45	112	I/O45
PIO46	99	I/O46	57	I/O46	141	I/O46	95	I/O46	113	I/O46
PIO47	101	I/O47	58	I/O47	142	I/O47	96	I/O47	114	I/O47
PIO48	102	I/O48	61	I/O48	143	I/O48	97	I/O48	115	I/O48
PIO49	103	I/O49	62	I/O49	144	I/O49	98	I/O49	116	I/O49
SPEAKER	104	I/O	63	I/O50	148	I/O50	99	I/O50	117	I/O50
CLOCK0	111		65	I/O51	182	IN2	54	INPUT1	118	I/O
CLOCK1	113		66	I/O52	183	DCLK1	55	GCLK1	119	I/O
CLOCK2	114		67	I/O53	184	IN3	124	INPUT3	120	I/O
CLOCK3	106		68	I/O54	149	I/O51	100	I/O51	121	I/O
CLOCK4	112		69	I/O55	150	I/O52	101	I/O52	103	Y2
CLOCK5	115		70	I/O56	157	I/O53	102	I/O53	122	I/O
CLOCK6	116		71	I/O57	170	I/O65	117	I/O61	123	I/O
CLOCK7	76		72	I/O58	112	I/O130	118	I/O62	102	Y3
CLOCK8	117		75	I/O60	111	I/O129	56	INPUT2	124	I/O
CLOCK9	119		79	I/O63	104	I/O128	125	GCLK2	126	I/O
CLOCK10	2				103	I/O127	119	I/O63	101	Y4

附录2 一些FPGA和CPLD芯片引脚图

附图 2-1 LATTICE ispLSI1048C/E 顶视引脚图

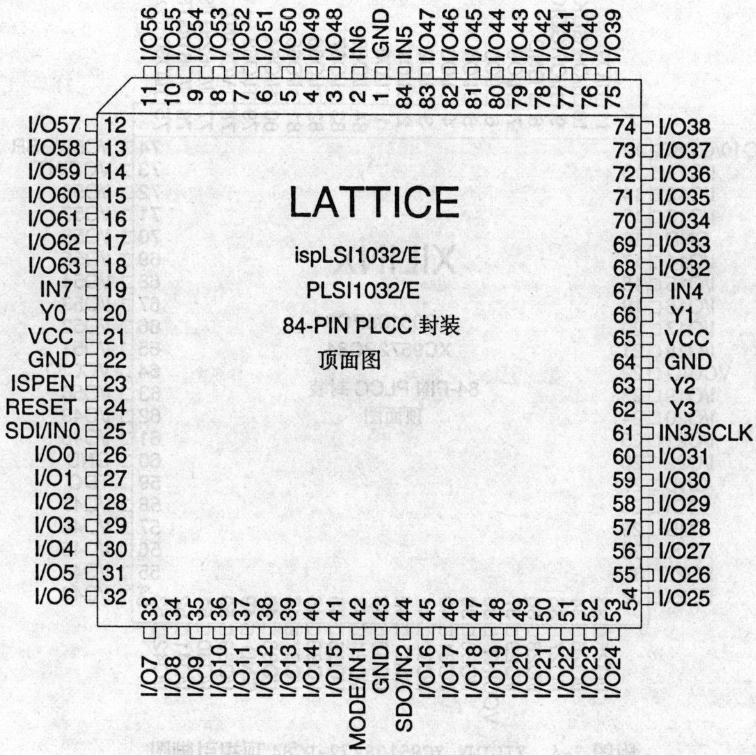

附图 2-2　LATTICE ispLSI1032E 顶视引脚图

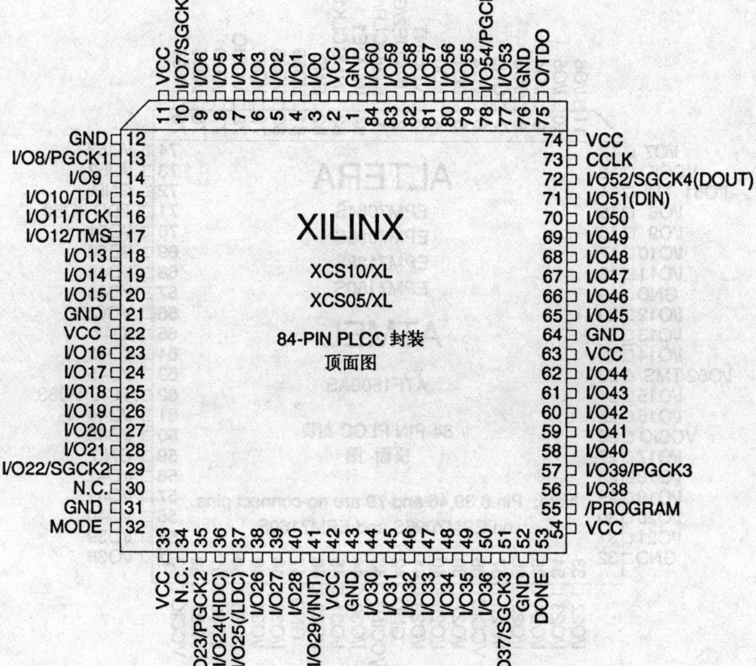

附图 2-3　XILINX XCS10/05 顶视引脚图

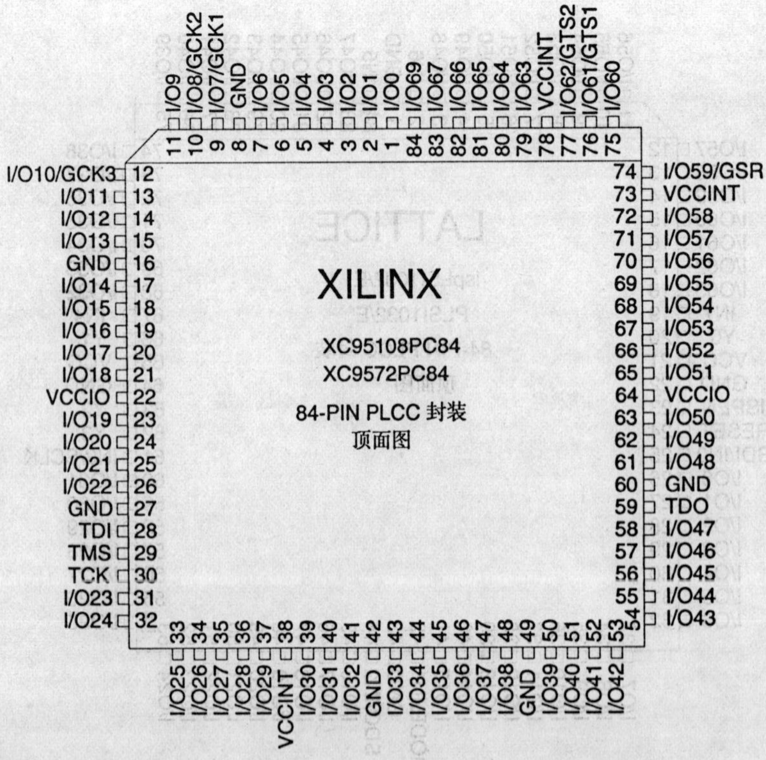

附图 2-4 XILINX XC95108/72-PC84 顶视引脚图

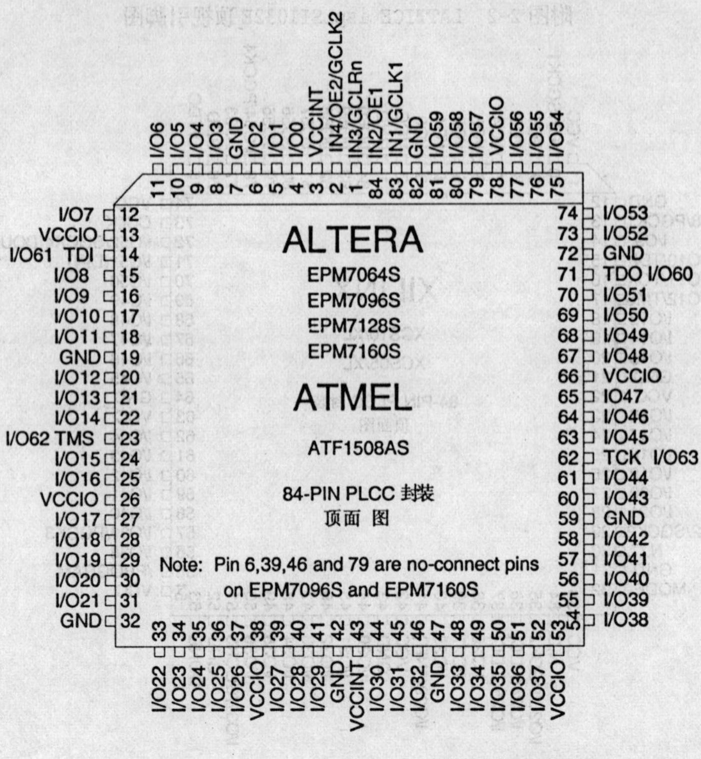

附图 2-5 ALTERA EPM7128S-PC84 等顶视引脚图

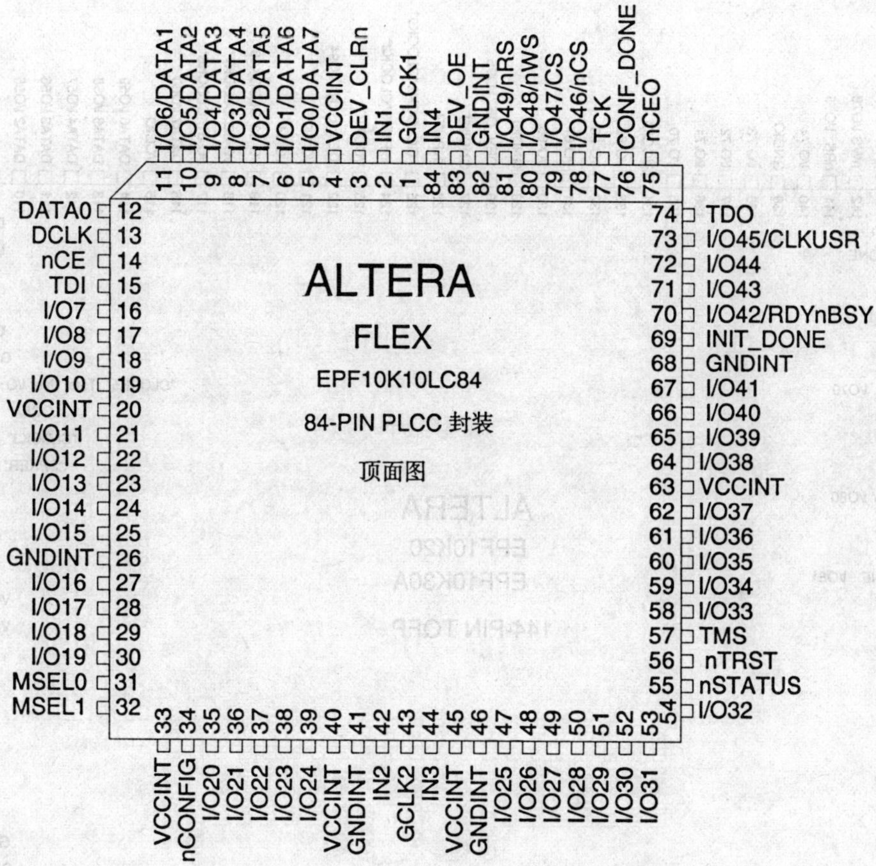

附图 2-6　ALTERA EPF10K10-PC84 顶视引脚图

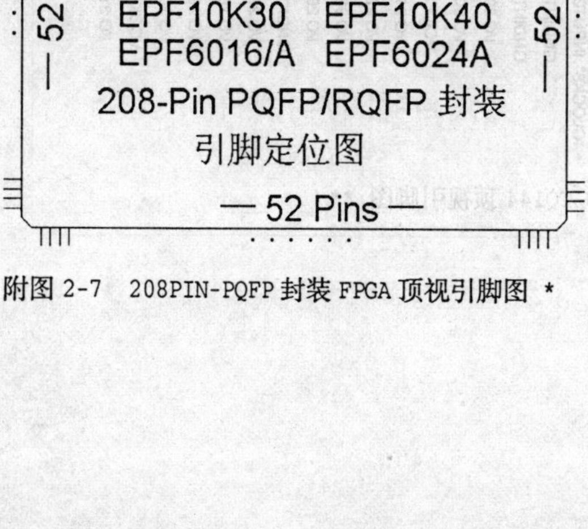

附图 2-7　208PIN-PQFP 封装 FPGA 顶视引脚图 *

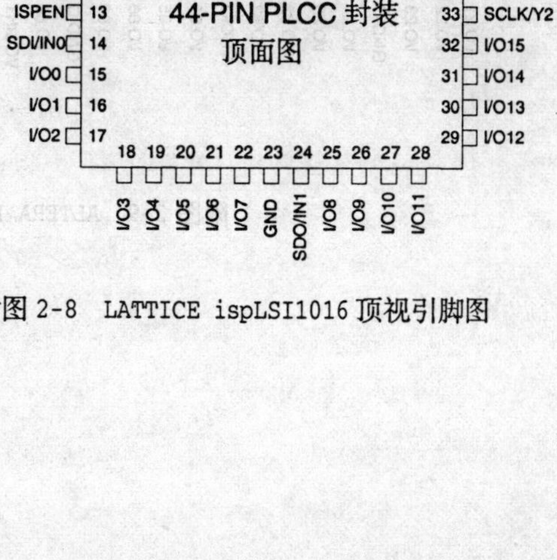

附图 2-8　LATTICE ispLSI1016 顶视引脚图

附图 2-9 ALTERA EPF10K20-TQ144 顶视引脚图 **

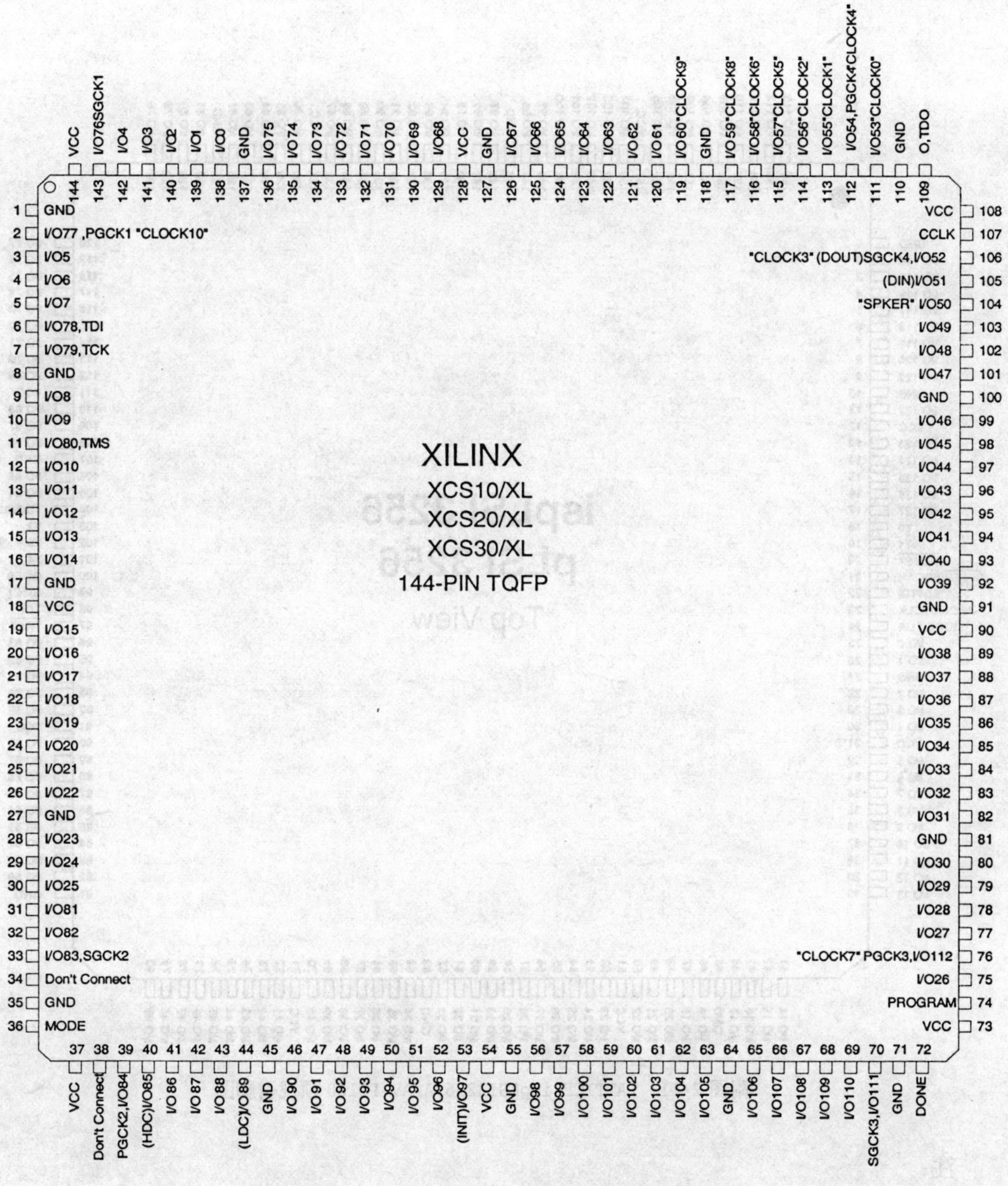

附图 2-10　XILINX XCS30-TQ144 顶视引脚图

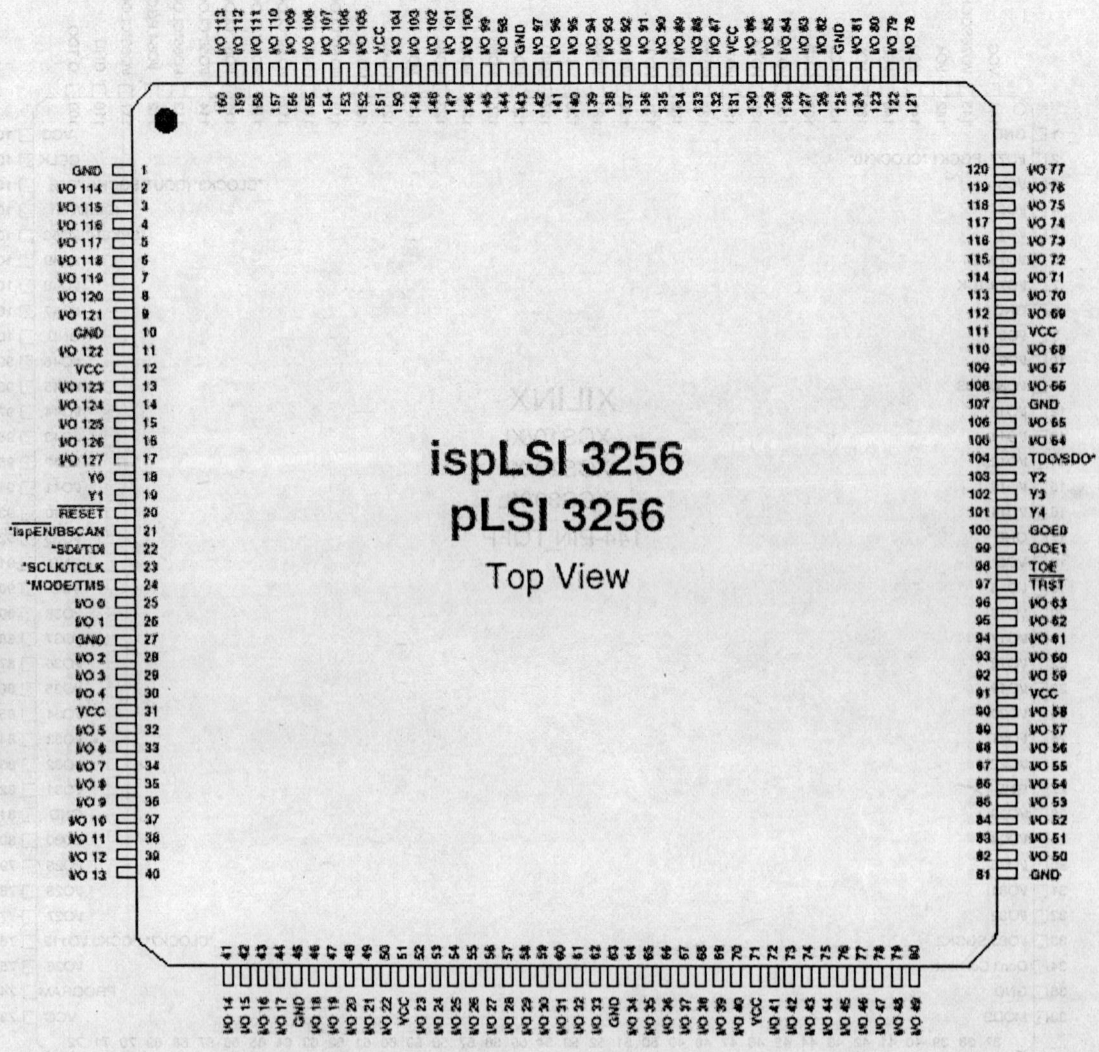

附图 2-11　LATTICE ispLSI3256/A/AV-PQ160 顶视引脚图

注：

*：就 GW48 系统可配接的目标器件中，附图 2-7 所示的 208PIN-PQFP 封装的还有 EP1K100、EPF10K30E、EPF10K50E、EPF10K100E、EPF6016 等。

**：除电源引脚（VCCIO、VCCINT、GND）的定义有所不同外，对于附图 2-9 所示的 TQ144 封装器件中，ALTERA 的许多器件间的 I/O 引脚和纯输入引脚的功能与位置定义都是兼容的，它们有 EPF10K10、EPF10K20、EP1K30（VCCINT=2.5V、VCCIO=3.3V）、EP1K50（VCCINT=2.5V、VCCIO=3.3V）等，这些都可作为 GW48-CK 系统的目标器件。

参 考 文 献

[1] VHDL Reference Guide, Xilinx Inc. San Jose USA, 1998.

[2] DATA I/O INC. Synario Design Automation VHDL Reference, Lattice Semiconductor Redmond Washington USA, 1999.

[3] VHDL Language Reference Guide, Aldec Inc. Henderson NV USA 1999.

[4] Lattice Inc. DATA BOOK Lattice Semiconductor Incorporation, Redmond Washington USA, 1999.

[5] Xilinx Inc. DATA BOOK Xilinx Incorporation San Jose USA, 1999.

[6] Altera Corporation DATA BOOK Altera Corporation San Jose CA 95134 USA, 1999.

[7] Vantis Corporation DATA BOOK Vantis Corporation Sunnyval CA 94088 USA, 1998.

[8] 边计年，薛宏熙．用 VHDL 设计电子线路．北京：清华大学出版社，2000.

[9] 薛宏熙，边计年，苏明．数字系统设计自动化．北京：清华大学出版社，1996.

[10] 王小军．VHDL 简明教程．北京：清华大学出版社，1997.

[11] 侯伯亨．顾新．VHDL 硬件描述语言与数字逻辑电路设计(修订版)．西安：西安电子科技大学出版社，1999.

[12] 朱明程，孙普译．可编程逻辑系统的 VHDL 设计技术．南京：东南大学出版社，1998.